HISTORY OF CHINESE SOCIETY FOR
TROPICAL CROPS （1963—2022）

中国热带作物学会

发展史

（1963—2022）

中国热带作物学会　组编

中国农业出版社

北京

编委会

组　编　中国热带作物学会

顾　问　吕飞杰　李尚兰　黄三文

主　编　刘国道　刘　倩　邬华松

副主编　白菊仙　赵松林　巩鹏涛　杨礼富　孙爱花　陈开魁

编　委（按姓氏笔画排序）

马德勇	王小芳	王文强	王进闯	王金辉	王祝年
王家保	王瑞娟	韦卓文	文尚华	尹　峰	尹俊梅
邓远宝	龙宇宙	龙海波	叶剑秋	白菊仙	宁娅蕊
纠凤凤	巩鹏涛	朱　琳	朱有才	朱严瑾	朱鹏锦
邬华松	刘　奎	刘　倩	刘　敏	刘光华	刘国道
刘海清	刘家训	刘智强	刘攀道	江　彪	江海强
汤　浩	阮林光	孙爱花	严　炜	杜丽清	李　威
李　琼	李卫国	李开绵	李青青	李欣勇	李学俊
李积华	李海亮	李菊馨	李维锐	李智全	李勤奋
杨礼富	吴　刚	吴少华	吴秋妃	邹学校	宋国敏
张　雪	张小庆	张以山	张江文	张兴银	张志坚
张荣华	张艳玲	陈士伟	陈开魁	陈月异	陈文英

陈东奎　陈叶海　陈松笔　陈荣豪　范源洪　林国华
林佳磬　林宗铿　林培群　欧阳欢　易克贤　罗　微
罗秀芹　罗金辉　周　伟　周　晶　周汉林　周建伟
周海慧　庞新华　郑　玉　郑惠玲　赵松林　胡新文
姚　春　秦晓威　校现周　顾小玉　徐　林　徐　飙
徐迟默　徐梓宁　高爱平　郭安平　唐　冰　唐　军
唐　弼　黄　强　黄贵修　黄思婕　黄香武　梁　宸
寇田田　彭　明　彭娇洋　董文化　董定超　董荣书
韩沛新　曾力旺　曾继吾　曾黎明　游　雯　谢大森
谢江辉　蒲金基　虞道耿　蔡　杰　谭贤教　戴好富
戴陆园　魏　艳　魏舒娅

序

　　中国热带作物学会是由我国热带作物科技工作者和相关单位自愿组成的全国性、学术性、非营利性社会团体，是国家热带农业科技创新体系的重要组成部分，是推动我国热带作物科技事业发展的重要社会力量。业务主管单位是中国科学技术协会，登记管理机关为民政部，支撑单位为中国热带农业科学院。

　　20世纪60年代初，随着我国海南、广东、广西、福建、云南等地橡胶种植业的发展，从事热带作物的科研、教学、生产单位不断增多，科研人员、教师、生产技术人员队伍也在不断壮大，但我国热带、亚热带区域土壤、气候、种质资源等类型丰富多样、复杂多变，在发展天然橡胶等热带作物产业方面也出现了很多亟待解决的问题。

　　为了进一步促进热带作物的学术活动，推动学科发展，加强从事橡胶等热带作物产业相关人员的学习交流，在经历了整整一年的申请和筹备后，1963年10月5日，中国热带作物学会筹备委员会成立并启用公章。

　　60年来，中国热带作物学会始终坚持"四服务"的职责定位，团结引领广大会员和科技工作者，积极开展学术交流、决策咨询、专题调研、科学普及、技术培训与示范推广以及优秀人才培养举荐等活动，为推动热带作物科技创新、促进我国热区农业农村经济健康快速发展做出了重要贡献，具有广泛的引领力、影响力和凝聚力。

　　《中国热带作物学会发展史（1963—2022）》是一部全面系统记述中国热带作物学会建立与发展历程的图书。书中不但对学会的成立背景、筹备情况、发展过程、组织建设、学术交流、分支机构等方面进行了专门介绍，还特别收录记述学会重大活动情况的大事记、历届理事长情况，以及学会一些极有史料价值的历史照片。旨在反映学会在不同时期的活动概况及其在中国热带作物学界中发挥的学术引领、桥梁与纽带作用。

　　在新形势下，我国已经进入全面建设社会主义现代化国家的新征程。巩固脱贫攻坚成果，全面推进乡村振兴，加快建设农业强国是新时期"三农"工作的重要战略部署，扩大国际科技合作，形成强大的全球竞争力是农业强国的核心要义。中国热带作物学会要按照中央关于科协系统深化改革实施方案的要求，进一步强化组织建设和能力建设，持续深化治理结构和治理方式改革。通过体制机制创新，充分激发和释放内生动力，加快提升学术引领力、会员凝聚力、社会影响力以及自我发展能力，更好地服务于广大会员和热带作物科技工作者，支撑引领热带农业科技创新、学科发展和产业转型升级。科技支撑中国热带农业走出去，服务国家科技外交。

以史为镜，可知兴替。只有了解我们热带作物科技与发展的历史，才能不忘初心、牢记使命，将老一辈热带农业科技工作者的精神、热带作物科学技术与历史文化传承下去。

展望未来，中国热带作物学会正站在新的历史起点上，肩负着更富有挑战性的历史重任。让我们以习近平总书记关于"三农"工作的重要论述为指引，紧紧围绕农业和农村经济发展的中心工作，更加广泛地团结广大热带农业科技工作者，不断推进热带农业科技进步，为发展特色高效热带农业，建设社会主义新农村，实现中华民族的伟大复兴做出新的更大贡献，开创中国热带作物学会的美好未来。

以此为序，并祝贺中国热带作物学会成立60周年。

中共中央党校政治理论部 教授 滕建国

2023年7月

前　言

　　中国热带作物学科是伴随着我国天然橡胶事业的诞生而建立起来的全新学科，并随着我国热带作物产业的发展壮大而不断发展和完善。经过近70年的发展，热带作物学科形成了以天然橡胶为重点，多种热带作物为研究对象，从种质资源、遗传育种、耕作栽培、病虫防控、加工利用和机械化，到产前、产中、产后全产业链过程研究在内的热带作物学科研究体系，并向农、林、牧综合生态系统融合发展的综合性热带农业学科体系发展。

　　中国热带作物学会的建立与热带作物学科的诞生和热作产业的发展紧密相连，应国家战略而生，拥有一批为国家使命而战、具有科学报国壮志、为我国热作事业做出杰出贡献的科学家，如何康、黄宗道等。

　　中国热带作物学会是热作群贤毕至的科学大家庭。团结广大科技工作者，提供国内、国际合作交流平台，为科技发展和社会进步建言献策并做出了重大的贡献。

　　为及时回顾历史，全面系统总结中国热带作物学会的建立和发展历程，本人于2021年初萌生组织编写会史的念头，并在学会理事长会议上与邬华松秘书长做了安排和部署。两年多来，组稿工作非常艰辛。首先是早期资料缺失，其次是老一辈学会领导多已离世。档案馆查找和拜访早期学会领导子女是我们最重要的工作方式。期间涌现出一批会史编写的热心人，如学会秘书长邬华松同志、云南省热带作物学会秘书长李维锐同志等。邬华松同志花了大量时间在档案馆查找早期材料，基本弄清了学会筹备和成立的过程，并完成了会史骨干材料的编写。李维锐同志通过走访老同志，将成立较早的云南省热带作物学会发展脉络弄得非常清楚。学会首任秘书长梁萌东先生的女儿梁彬同志提供了梁先生回忆录《热土耕耘》和大量早期的珍贵照片。

　　经过学会秘书处、各分支机构及各省级热带作物学会的共同努力，会史终于成稿，并付诸出版。本书以学会为主线，细述了热带作物学科和热带作物研究的发展历程。用平实的笔调还原了相关历史事件，用粗犷的线条勾勒了已经远去和仍在默默奉献的热带作物科学家的身影。以史为鉴，启迪社会，助推决策，展望未来。希望本书的出版，成为读者了解学会发展历程的窗口。

本书编辑过程中，得到许多退休专家的鼎力协助，也得到了一些学会早期领导子女的热心帮助，他们提供了宝贵的历史资料。同时，还得到各分支机构、各省级热带作物学会的积极响应。仍在热作一线岗位上工作的骨干、精英们挤出时间参与构思和编写。可以说，本书编撰的过程，是凝聚和团结热作科技队伍的过程。

谨以此书献给热作先辈，致敬仍在默默奉献的热作专家！

由于时间仓促，加之早期史料缺失严重，史实考评不足，对现有资料的搜集与验证不够全面，尽管大家非常努力，编写中也几易其稿，但作为一部史书，仍然显得粗糙与单薄，不足之处，敬请读者指正，以期再版时进一步补充完善。在此，希望未来在编写新时代会史时，不再有资料的缺失。

中国热带作物学会第十届理事长　**刘国道**

2022年10月1日

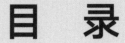

序

前言

1

第一篇
中国热带作物学会概要

第一章
中国热带作物学会成立60周年贺词

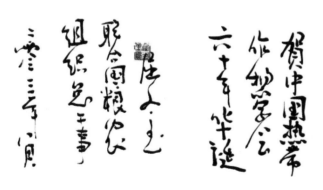

联合国粮食及农业组织总干事屈冬玉贺：热带好全球更好

发挥桥梁纽带作用　服务热区乡村振兴

祝中國熱帶作物学會六十年華誕

文化部中國詩書畫院九十五歲院長胡忠元書賀

凝聚熱作精英　構築創新平台

祝賀中國熱帶作物學會六十周年華誕

劉國道撰　許國立筆

文化文旅部中国诗书画院院长胡忠元贺：发挥桥梁纽带作用　服务热区乡村振兴

国务院礼宾司特供书画家许国立贺：凝聚热作精英　构筑创新平台（刘国道　撰）

Penang, 07 September 2022

LIU Guodao, PhD
Chairman
Chinese Society for Tropical Crops (CSTC)
Haikou City, Hainan Province
China

CONGRATULATORY NOTE TO THE CHINESE SOCIETY OF TROPICAL CROPS

Dear Dr. Liu,

As I know this year is the 60th Anniversary of the Chinese Society for Tropical Crops (CSTC), I would like to send you my greetings and warm congratulations for this milestone. I would also like to recognize the contributions CSTC has made towards developing tropical agriculture and eradicating poverty and hunger!

Wishing you and the Society a bright future!

Best regards,

Stephan Weise

Managing Director, Asia
Alliance of Bioversity International and CIAT

CGIAR

Bioversity International and the International Center for Tropical Agriculture (CIAT) are part of CGIAR, a global research partnership for a food-secure future.

Bioversity International is the operating name of the International Plant Genetic Resources Institute (IPGRI).

Asia Hub
c/o WorldFish Headquarters (Malaysia),
Jalan Batu Maung, Batu Maung,
11960 Bayan Lepas,
Penang, Malaysia
Tel. (+604) 628 6888

alliancebioversityciat.org/
www.bioversityinternational.org
www.ciat.org
www.cgiar.org

国际生物多样性中心与国际热带农业中心致贺信
日期：2022年9月7日
致：中国热带作物学会　刘国道 理事长
中国海南省海口市

致中国热带作物学会贺信

亲爱的刘博士：

据我所知，今年是中国热带作物学会成立60周年，在这里程碑意义的时刻，我谨向您致以问候和热烈祝贺。中国热带作物学会在发展热带农业，消除贫穷和饥饿方面做出了贡献！

祝您和学会有一个美好的未来！

此致。

国际生物多样性中心与国际热带农业中心联盟
亚洲区域主任
Stephan Weise

Prof. Dr. Iqrar Ahmad Khan

UNIVERSITY OF AGRICULTURE, FAISALABAD, PAKISTAN

Vice Chancellor

Ph. Off.: +92-41-9200200, +92-41-9200161-70, Ext.2000, Fax: +92-41-9200764
Email: vc@uaf.edu.pk, Web: www.uaf.edu.pk

D.O. No. VC/2022/ **331**

Dated: **05—10-22**

Dr. Liu Guodao
Chairman of the Chinese Society for Tropical Crops (CSTC)

SUBJECT: **CONGRATULATORY NOTE TO CHINESE SOCIETY FOR TROPICAL CROPS**

Dear Dr. Liu，

Greeting!

As I know this year is the 60th Anniversary of the Chinese Society for Tropical Crops (CSTC), I would like to send warmly congratulations on the 60th Anniversary of CSTC for its contribution to developing tropical agriculture and eradicating global poverty and hunger!

Regards,

Yours sincerely

(PROF. DR. IQRAR AHMAD KHAN)

来自：巴基斯坦费萨拉巴德农业大学常务副校长

伊克拉尔·艾哈迈德·汗（Iqrar Ahmad Khan）博士/教授

电话：+92-41-9200200，+92-41-9200161-70，分机号2000

传真：+92-4 1-9200764

电子邮箱：vc@uaf.edu.pk.，网址：www.uaf.edu.pk

编号：VC/2022/331

日期：2022年10月5日

致：刘国道博士

中国热带作物学会理事长

主题：致中国热带作物学会贺信

尊敬的刘博士：

您好！

据我所知，今年是中国热带学会成立60周年，我谨对中国热带学会成立60周年表示热烈祝贺，学会为发展热带农业、消除全球贫困和饥饿作出了贡献！

谨上。

伊克拉尔·艾哈迈德·汗 博士/教授

ព្រះរាជាណាចក្រកម្ពុជា

ជាតិ សាសនា ព្រះមហាក្សត្រ

ក្រសួងកសិកម្ម រុក្ខាប្រមាញ់ និងនេសាទ

សាកលវិទ្យាល័យភូមិន្ទកសិកម្ម

Royal University of Agriculture

លេខ / N°: 1915 .... សវភក / RUA

Date: September 30, 2022

To: Dr. Liu Guodao

Chairman of the Chinese Society for Tropical Crops (CSTC)

Congratulatory Note to Chinese Society for Tropical Crops

Dear Dr. Liu,

As I know this year is the 60th Anniversary of the Chinese Society for Tropical Crops (CSTC), I would like to send warmly congratulations on the 60th Anniversary of CSTC for its contribution to developing tropical agriculture and eradicating global poverty and hunger!

Best regards,

Yours sincerely

NGO Bunthan, Prof. Dr.
Rector of Royal University of Agriculture

សាកលវិទ្យាល័យភូមិន្ទកសិកម្ម (សវភក) អាសយដ្ឋាន៖ ចង្ការដូង សង្កាត់ / ខណ្ឌដង្កោ រាជធានីភ្នំពេញ កម្ពុជា
Royal University of Agriculture (RUA) address: Sangkat/Khan Dangkor, Phnom Penh, Cambodia
E-mail: info@rua.edu.kh. P.O. Box 2696

ប្រអប់សំបុត្រលេខ៖ ២៦៩៦
Tel: (+855) 23 219 829

致：刘国道博士

中国热带作物学会理事长

2022 年 9 月 30 日

致中国热带作物学会的贺信

亲爱的刘博士：

　　我知道今年是中国热带作物学会成立60周年，我谨对中国热带作物学会成立60周年表示热烈祝贺，感谢它为发展热带农业、消除全球贫困和饥饿所作出的贡献！

　　最诚挚的问候。

　　祝好！

柬埔寨皇家农业大学校长

NGO Bunthan 教授/博士

第二章
中国热带作物学会领导一览表

届次	时间	理事长/主任	副理事长/副主任	秘书长	支撑单位
筹备委员会	1963年5月至1978年11月	何康	罗耘夫、张维之	王永昌	华南亚热带作物研究所
第一届	1978年12月至1982年12月	梁文墀	陈重、许成文、黄宗道、张维之、徐广泽、刘松泉、王科	梁荫东	农业部（1982年4月后称农牧渔业部）农垦局
第二届	1982年11月至1986年12月	黄宗道	徐广泽、许成文、潘衍庆、王科	梁荫东	农牧渔业部农垦局
第三届	1986年12月至1990年6月	黄宗道	潘衍庆、曾毓庄、姜天民、王科	恽奉世	农牧渔业部（1988年4月称农业部）农垦局
第四届	1990年12月至1994年12月	潘衍庆	曾毓庄、吕飞杰、张鑫真、唐朝才、童玉川、李纯达	郑文荣	农业部农垦局
第五届	1994年12月至1999年3月	曾毓庄	余让水（常务）、郑学莉、胡耀华、张鑫真、古希全、洪金波、陆明廷、王文壮、郑文荣	郑文荣	中国热带农业科学院、华南热带农业大学、农业部农垦局
第六届	1999年3月至2004年10月	曾毓庄	郑文荣、陈秋波、古希全、洪金波、张鑫真、雷勇健、陈锦祥、郭奕秋	郑文荣	中国热带农业科学院、华南热带农业大学
第七届	2004年10月至2009年7月	吕飞杰	陈生斗、谭基虎、林玉权、郭奕秋、何天喜、雷勇键、陈锦祥、高咸周	杨培生	中国热带农业科学院、华南热带农业大学（海南大学）

（续）

届次	时间	理事长/主任	副理事长/副主任	秘书长	支撑单位
第八届	2009年7月至2015年10月	吕飞杰	龚菊芳、刘康德、吴金玉、雷勇健、郭奕秋、何天喜、陈锦祥、王宏良、高咸周、王文壮	吴金玉	中国热带农业科学院、海南大学
第九届	2015年10月至2020年6月	李尚兰	郭安平、吴金玉、符月华、刘波、张治礼、刘国道、胡新文、范源洪、吕林汉、陈东奎、钟广炎	刘国道（兼）	中国热带农业科学院
第十届	2020年6月至今	刘国道	邬华松、汤浩、杨礼富、邹学校、陈东奎、范源洪、胡新文、韩沛新、曾继吾、戴陆园	邬华松赵松林	中国热带农业科学院

第三章

中国热带作物学会分支机构一览表

序号	分支机构名称	成立时间	支撑单位
1	机械应用专业委员会	1985年5月13日	广东省农垦总局（第一届）；农牧渔业部农垦司（第二届）；农业部农垦局（第三届、第四届）；中国热带农业科学院农业机械研究所（第五届至第七届）
2	剑麻专业委员会	1985年11月12日	（第一届、第二届主任在中国热带农业科学院南亚作物研究所）；广东省湛江农垦局（第三届开始）
3	农产品加工专业委员会	1987年6月6日	中国热带农业科学院农产品加工研究所（第一届至第六届）
4	天然橡胶专业委员会	1989年5月11日	中国热带农业科学院橡胶研究所（第一届至第九届）
5	园艺专业委员会	1991年4月18日	中国热带农业科学院南亚热带作物研究所（第一届至第六届）
6	植物保护专业委员会	1993年	中国热带农业科学院环境与植物保护研究所（第一届至第十届）
7	农业经济与信息专业委员会	1999年	海南大学经济管理学院（第一届）；中国热带农业科学院信息研究所（第二届至第三届）
8	遗传育种专业委员会	2002年11月15日	中国热带农业科学院热带生物技术研究所（第一届至第四届）
9	牧草与饲料作物专业委员会	2006年4月18日	中国热带农业科学院热带作物品种资源研究所（第一届至第四届）
10	棕榈作物专业委员会	2006年4月18日	中国热带农业科学院椰子研究所（第一届至第三届）

（续）

序号	分支机构名称	成立时间	支撑单位
11	生态环境专业委员会	2010年10月10日	中国热带农业科学院环境与植物保护研究所（第一届至第二届）
12	薯类专业委员会	2012年11月6日	中国热带农业科学院热带作物品种资源研究所（第一届至第三届）
13	南药专业委员会	2010年11月7日	云南省德宏热带农业科学研究所（第一届至第二届）
14	香料饮料专业委员会	2012年11月25日	中国热带农业科学院香料饮料研究所（第一届至第二届）
15	咖啡专业委员会	2014年10月10日	中国热带农业科学院香料饮料研究所（第一届至第二届）
16	南方瓜类蔬菜专业委员会	2019年4月24日	广东省农业科学院蔬菜研究所（第一届）
17	热带作物种质资源保护与利用专业委员会	2021年11月15日	中国热带农业科学院热带作物品种资源研究所（第一届）
18	坚果专业委员会	2022年6月15日	广西壮族自治区亚热带作物研究所（第一届）
19	农产品质量安全与标准专业委员会	2022年6月15日	中国热带农业科学院分析测试中心（第一届）
20	科普工作委员会	2002年11月15日	中国热带农业科学院热带作物品种资源研究所（第一届）；云南省农业科学院热带亚热带经济作物研究所（第二届至第三届）
21	青年工作委员会	2005年7月30日	华南热带农业大学（第一届）；云南农业科学院热区生态农业研究所（第二届）；2021年9月30日变更为云南农业大学热带作物学院
22	国际合作工作委员会	2006年4月18日	中国热带农业科学院国际合作处（第一届至第三届）
23	科技推广咨询工作委员会	2007年	中国热带农业科学院海口实验站（第一届）；中国热带农业科学院湛江实验站（第二届）；广西田园生化股份有限公司（第三届）；广西壮族自治区亚热带作物研究所（第四届）
24	图刊工作委员会	2010年11月7日	中国热带农业科学院信息研究所（第一届至第二届）

第四章
省级热带作物学会一览表

序号	名称	成立时间	支撑单位
1	福建省热带作物学会	1962年11月26日	福建省农垦厅与中国科学院华东亚热带植物研究所（第一届）；福建省农业厅（第二届至第八届）；福建省农业农村厅
2	广东省热带作物学会	1978年12月28日	广东省农垦总局；广东省农垦热带农业研究院有限公司（2021年变更支撑单位）
3	广西热带作物学会	1979年1月5日	广西壮族自治区农垦局（1979—2019年），广西壮族自治区亚热带作物研究所（2019年至今）
4	云南省热带作物学会	1979年8月6日	云南省农垦总局（2014年取消挂靠单位）
5	海南省热带作物学会	1989年7月18日	海南省农垦总局；现已取消挂靠单位
6	普洱市热带作物学会	2008年11月15日	云南农业大学热带作物学院

第五章
中国热带作物学会服务站一览表

序号	名称	成立时间	支撑单位
1	成都服务站	2018 年 10 月 24 日	四川国光农化股份有限公司
2	福州服务站	2018 年 10 月 24 日	福建省乡村休闲发展协会；福建省农业科学院农业经济与科技信息所（2021 年 3 月新增支撑单位）
3	南宁服务站	2019 年 12 月 11 日	广西田园生化股份有限公司和广西热带作物学会
4	昆明服务站	2019 年 12 月 19 日	云南天然橡胶产业集团有限公司

第六章

全国热带作物科普基地一览表

序号	名称	批准时间	支撑单位
1	广垦热带农业科普基地	2019年9月23日	广东广垦热带农业公园有限公司
2	广东农工商职业技术学院校园热带植物园	2019年9月23日	广东农工商职业技术学院
3	湛江现代热带农业科普基地	2019年9月23日	湛江农垦现代农业发展有限公司
4	中国热带农业科学院南亚热带植物园	2019年9月23日	中国热带农业科学院南亚热带作物研究所
5	西双版纳热带作物科普基地	2019年9月23日	云南省热带作物科学研究所
6	保山热带作物科普基地	2019年9月23日	云南省农业科学院热带亚热带经济作物研究所
7	广西亚热带植物园	2019年9月23日	广西壮族自治区亚热带作物研究所
8	贵州南亚热带作物科普基地	2019年9月23日	贵州省亚热带作物研究所
9	兴隆热带植物园	2019年9月23日	海南兴科兴隆热带植物园开发有限公司
10	热带棕榈作物科普基地	2019年9月23日	中国热带农业科学院椰子研究所
11	海口热带农业科技博览园	2021年11月12日	中国热带农业科学院
12	中国热带农业科学院试验场科普基地	2021年11月12日	中国热带农业科学院试验场
13	德宏热带作物科普基地	2021年11月12日	云南省德宏热带农业科学研究所
14	广西南亚热带农业科普教育基地	2021年11月12日	广西南亚热带农业科学研究所
15	中国热带农业科学院广州实验站科普基地	2021年11月12日	中国热带农业科学院广州实验站

第二篇
中国热带作物学会成立背景及历届理事会

第七章
中国热带作物学会成立背景

一、背景历程

中国热带作物学会是由我国海南、广东、云南、广西、福建、四川、重庆、贵州、湖南等省（自治区）的热带、南亚热带作物产业部门和企事业单位以及科研、高等教育单位的科技工作者自愿组成并依法登记的学术性、公益性、非营利性社会团体，是中国科学技术协会的组成部分。

20世纪60年代初，随着我国海南、广东、广西、福建、云南等华南地区橡胶种植业的发展，我国其他热带作物产业也得到了较大的发展，从事热带作物产业的科研、生产、教学单位不断增多，科研人员、教师、生产技术人员队伍不断壮大。但我国广大热带、亚热带区域土壤、气候、种质资源等类型丰富多样、复杂多变，发展天然橡胶等热带作物产业面临着很多亟待解决的问题。为了进一步促进热带作物的学术活动，推动学科发展，加强从事橡胶等热带作物产业相关人员的学习交流，1962年9月20日，中国科学技术协会副主席范长江等领导指示中国作物学会副理事长何康向上级有关部门报请成立"亚热带作物学会"。1962年10月23日，时任华南亚热带作物科学研究所所长的何康，根据中国科学技术协会副主席范长江、农垦部副部长刘型及中国作物学会等上级领导的指示精神，向中国农学会所属的中国作物学会金善宝理事长报请成立"中国热带作物学会"。1962年11月5日，中国农学会向农垦部报请成立"亚热带作物学会"。1962

年11月15日，农垦部科学技术委员会报请中国科学技术协会，在中国农学会作物学会之下设立"亚热带作物学会"，并成立筹备委员会，拟于1963年2月在北京召开筹备小组会议，讨论正式成立热带作物学会和学会活动计划等有关问题。1963年5月15日，农垦部科委同意"中国亚热带作物学会筹备委员会"更改为"中国热带作物学会筹备委员会"。筹备委员会由15人组成，何康任筹委会主任，罗耘夫、张维之任副主任，王永昌任秘书。1963年10月5日中国热带作物学会筹备委员会正式成立并启用公章（中国热带作物学会的历史从公章启用之日算起）。

筹备委员会成立后，创办了会刊《热带作物通讯》，为学会的正式成立作了大量的准备工作。但学会正式成立大会因筹备委员会主要成员出国考察等原因，多次延期。后因"四清运动""文化大革命"等原因，学会筹备委员会的一切活动停止，会刊《热带作物通讯》也被迫停刊。学会正式成立大会一直没有召开。

打倒"四人帮"后，学会获得了新生。中国热带作物学会筹备委员会于1978年12月2—9日在广东省湛江市召开学会成立大会。大会选出理事51名、常务理事17名、正副理事长7名。梁文墀同志任第一届理事会理事长。支撑单位为农业部农垦局。

（一）1962年9月26日中国作物学会关于督请作物学会副理事长何康报请成立亚热带作物学会的函（手稿）

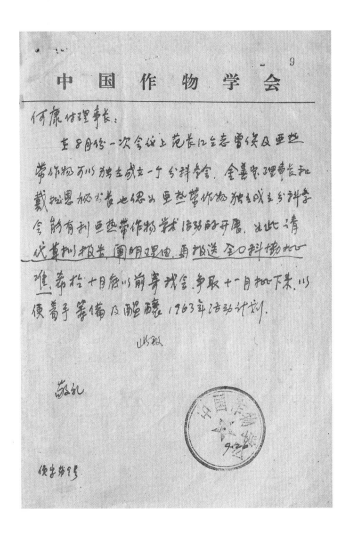

（二）1962年10月22日何康向中国作物学会及金善宝理事长报请《关于成立中国热带作物学会》的报告（手稿）

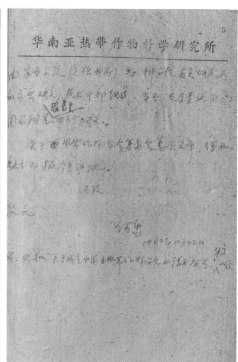

（三）1962年10月22日何康代拟中国作物学会向中国科学技术协会报请成立中国热带作物学会的请示报告（手稿）

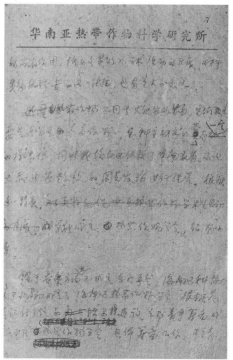

（四）1962年11月2日何康代拟华南亚热带作物科学研究所报请农垦部成立亚热带作物学会的函、筹备委名单及初步工作安排

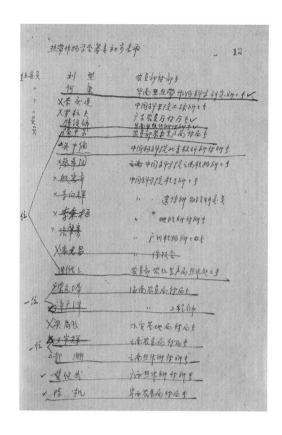

（五）1962年11月2日华南亚热带作物科学研究所报请农垦部成立亚热带作物学会筹委函、名单及工作安排

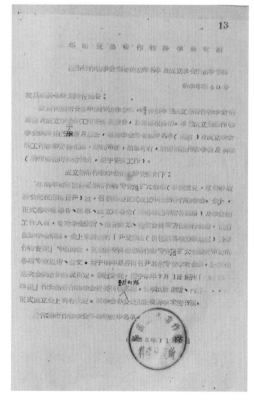
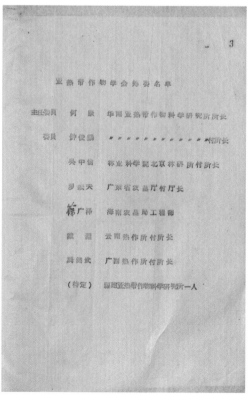

（六）1962年11月5日中国农学会报请农垦部成立亚热带作物学会函

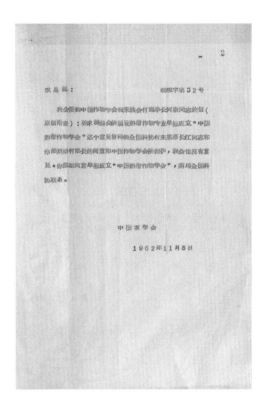

（七）1962年11月15日农垦部科委向全国科协报请成立亚热带作物学会函

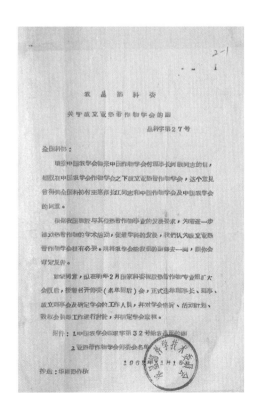

（八）1963年5月15日农垦部科委给中国农学会关于同意更改中国亚热带作物学会筹备委员会为中国热带作物学会筹备委员会的函

（九）1963年9月19日中国农学会督请中国热带作物学会筹备委员启用公章的函（手稿）

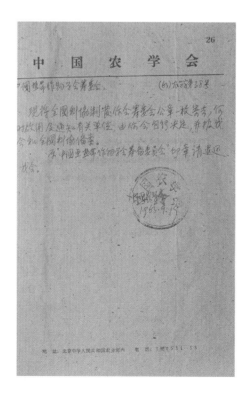

（十）1963年10月4日中国热带作物学会筹备委员会关于启用公章并取消中国亚热带作物学会筹备委员会公章的函（手稿）

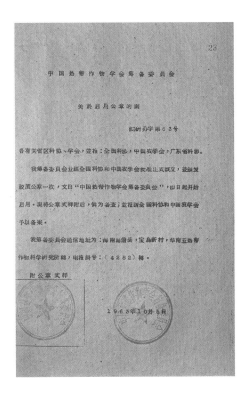

（十一）1963年10月4日中国热带作物学会筹备委员会关于启用公章的函（打印稿）

（十二）1963年10月4日中国热带作物学会筹备委员会关于启用公章给各有关单位的函（手稿）

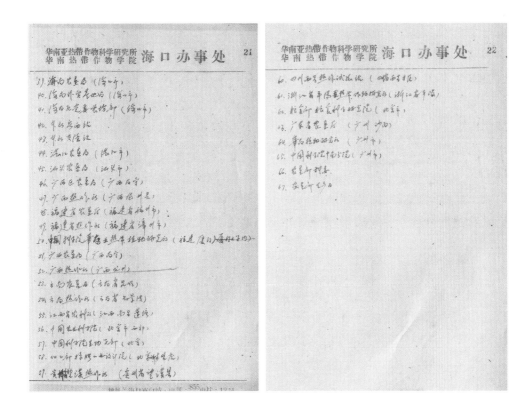

（十三）1963年10月5日中国热带作物学会筹备委员会报告中国农学会关于启用公章的函（打印稿）

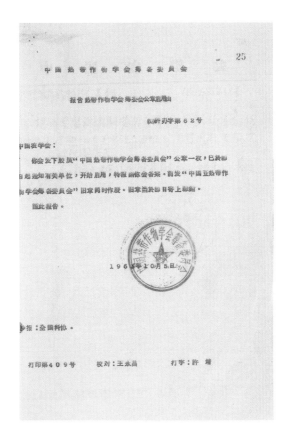

二、中国热带作物学会筹建委员会

筹建人员名单

主任委员

何康，华南亚热带作物研究所所长，农学专业。

副主任委员（2人）

罗耘夫，广东省农垦厅副厅长、华南亚热带作物研究所副所长，热带作物学专业。

张维之，农垦部热带作物局热带作物处处长。

委员（11人）

王守辉，云南省农垦局副局长。

李庆逵，中国科学院土壤研究所副所长（南京）、研究员，土壤农业化学专业。

何敬真，华南亚热带作物科学研究所研究员、热带作物系系主任，林业专业。

吴中伦，中国林业科学院林业研究所副所长（北京），林业专业。

何景，厦门大学生物系系主任，植物学专业。

梁文墀，广东省海南农垦局副局长。

黄宗道，华南亚热带作物科学研究所副研究员、橡胶系系副主任，土壤农业化学专业。

陈枫，湛江农垦局副局长。

蔡希陶，中国科学院昆明植物研究所副所长、研究员，植物学专业。

钟俊麟，华南亚热带作物科学研究所副所长、研究员，果树专业。

龚建武，广西壮族自治区热带作物科学研究所副所长。

秘书（1人）

王永昌，华南亚热带作物科学研究所秘书，林学专业。

附件1

中国农学会中国热带作物学会筹备委员会名册

姓名	学会职务	服务机关及职务		专业
何康	主任委员	海南儋县：	华南亚热带作物科学研究所所长 〃学院院长	农学
罗耘夫	付主任委员	广州：	广东省农垦厅付厅长 总技师 华南亚热带作物科学研究所付所长	热带作物
张维之	〃	北京：	农垦部热带作物局热带作物处处长	
王守辉	委员	昆明：	云南省农垦局付局长	
李庆逵	〃	南京：	中国科学院土壤研究所付所长、研究员	土壤农化
何敬真	〃	海南儋县：	华南热带作物科学研究所研究员 热带作物系系主任	林业
吴中伦	〃	北京：	中国林业科学院林业研究所付所长	〃〃
何景	〃	厦门：	厦门大学生物系系付主任	植物
梁文墀	〃	海南海口：	海南农垦局付局长	
黄宗道	〃	〃儋县：	华南热带作物科学研究所付研究员 橡胶系系付主任	土壤农化
陈枫	〃	湛江：	湛江农垦局付局长	
蔡希陶	〃	昆明：	中国科学院昆明植物研究所付所长 研究员	植物
钟俊麟	〃	海南儋县：	华南热带作物科学研究所付所长、研究员	果树
龚建武	〃	南宁：	广西僮族自治区热带作物科学研究所付所长	
王永昌	秘书	海南儋县：	华南热带作物科学研究所秘书	林业

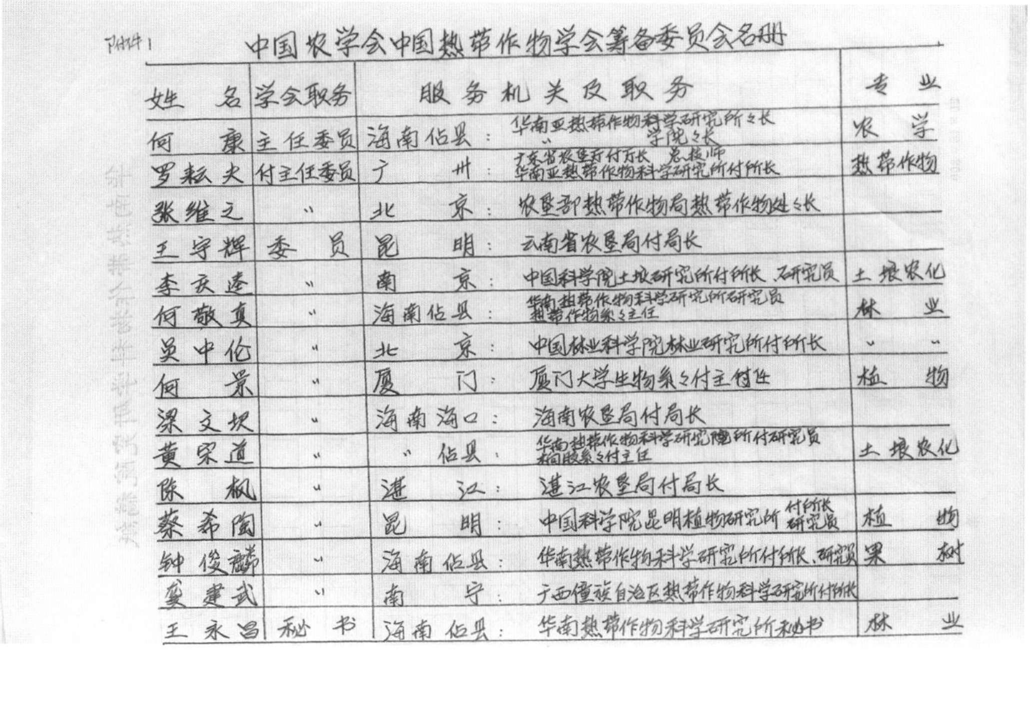

第八章

中国热带作物学会理事会事记[*]
（1978年12月至2022年12月）

一、第一届理事会（1978年12月至1982年12月）

（一）理事会组成

理事长：梁文墀

副理事长（7人）：陈重、许成文、黄宗道、张维之、徐广泽、刘松泉、王科

常务理事（17人）：梁文墀、陈重、许成文、黄宗道、张维之、徐广泽、刘松泉、王科、何敬真、肖敬平、王重民、庞廷祥、杨志、龚建武、冯宝虎、段发骥、丁慎言

理事（51人）：梁文墀、陈重、许成文、黄宗道、张维之、徐广泽、刘松泉、王科、何敬真、肖敬平、王重民、庞廷祥、杨志、龚建武、冯宝虎、于光、郑冠标、陆虑远、梁盛森、李一鲲、冯耀宗、李良政、于纪元、梁荫东、郑学勤、贺鹰抟、潘衍庆、段发骥、王履祥、郭俊彦、袁子成、周卓辕、李云亭、李挺盛、陆行正、陈文高、张世杰、曾延庆、邓励、丁慎言、杨崇东、吉来喜、刘国宁、刘祖铿、陈金表、黎焱、曾冬助、杨成龙、房坤、赵恒宏、阮圣宏

秘书长：梁荫东

---

* 来源于会议纪要或档案馆。

附件2

中国热带作物学会第一届理事会名册

姓名	学会职务	服务机关及职务	专业
梁文汉	理事长	华南热带作物科学研究院付院长	
黄宗道	付理事长	" 付院长 研究员	土壤农化
陈重	"	农垦部科教局长	
许成文	"	农垦部生产局教授	森林
徐宁泽	"	广东农垦局科技付处长 高级工程师	农学
张磐之	"	农垦部生产局热作处处长	
王科	"	云南热作所付所长	林业
刘松泉	常务理事	华南热作研究院橡胶所所长 研究员	遗传育种
何敬真	"	热作所所长 研究员	森林
肖敬平	"	广东农垦局科技副处长 高级工程师	植物生理
王重民	"	云南农垦局总工程师	橡胶加工
庞廷祥	"	华南热作研究院营西站付站长 助研	育科
杨志	"	广东林业厅付厅长	林科
袁子成	常务理事	华南热作学院加工系付教授	橡胶加工
周华振	"	研究院义隆试验站站长	热作
李云章	"	广西农垦局付局长	
李桃盛	"	" 技师	植保
陈行政	"	华南热作研究院橡胶所付所长 付研究员	土壤农化
陈文高	"	广东省农垦局付局长	
张也杰	"	广东农垦保存橡胶所	育科
曾延英	"	云南农垦局设计院工程师	园艺
邓励	"	华南热作研究院热作所研究员	森林
杨荣东	"	机械化所付所长	机械
吉来春	"	云南农垦局付局长	
刘国守	"	湛江农垦东方红农场生产科长 工程师	农艺
刘祖镫	"	华南热作品加工所助理研究员	橡胶加工
陈金表	"	福建亚热带植物研究所育种室负责人	热带果树
黎茨	常务理事	湛江农垦局化州橡胶所付所长	农艺
曾冬易	"	汕头农垦局科长	
杨成龙	"	海南农垦热作所科办主任	橡胶
莫建武	"	广西农学院热作分院革委会付主任	农学
冯宝亮	"	广西橡胶所所长	森林
段发耀	"	福建农业局跟技师	橡胶
丁慎言	"	华南热作研究院热作所负责人 助研	植物
于光	理事	海南区党委书记 热作院院长 付书记	
郑冠标	"	华南热作研究院植保所所长	植保
陈志远	"	福建热作所科研室主任	橡胶
梁蓝森	"	广东华侨农场管理局工程师	生物
李一程	"	云南农垦局科技付处长	土壤农化
冯耿家	"	中国科学院云南热带植物研究所付研究员	实验科语
李良政	"	华南热作研究院情报所编辑	

（二）重点工作事记

1. 1978年12月在广东湛江召开中国热带作物学会成立大会暨学术研讨会

1978年12月2—9日中国热带作物学会筹备委员会在广东湛江湖光岩（湖光农场）召开成立大会及学术讨论会。参加会议的除热带作物科技人员代表外，还有中国科学院有关单位的代表，共130人。中国科学技术协会刘述周副主席、中国农学会杨显东理事长及农垦部科技局陈重局长等莅临指导。北京农业大学裘维藩教授应邀参加了会议。会议选举产生了中国热带作物学会第一届理事会，选出理事51名、常务理事17名、正副理事长8名，梁文堀任理事长。

会议期间，还举行了学术交流会。这是自1966年"文化大革命"后12年来的第一次大型的热带作物学术交流活动。会议收到学术论文和科研报告71篇，内容涉及热带植物资源的引种试种，橡胶等热带作物的育种、栽培、植保、产品加工及综合利用等方面。一定程度上反映了我国当时橡胶等热带作物的科技水平。

2.1979年6月召开热作资源开发利用科学讨论会

1979年6月10—19日，农垦部与学会在海口联合召开热作资源开发利用科学讨论会。来自热作垦区及中国科学院、中国林业科学研究院以及广东和云南林业部门的科技工作者、专家65人参加了会议。会议就合理利用热带资源、保护生态平衡问题进行了交流。农垦部张修竹副部长在会上作了总结讲话。

3.1979年12月在云南召开热带作物现代化学术讨论会

1979年12月，根据国家农业委员会、中国农学会的指示，学会在云南西双版纳召开热带作物现代化学术讨论会，历时11天。参加会议的除华南广东、广西、福建、云南从事热带作物科研、教学、生产的科技工作者和有关领导干部外，中国科学院、中国农业科学院、中国林业科学研究院、北京农业大学、北京大学、中国人民大学、南京农学院、内蒙古大学、云南农学院等单位的专家、教授和科技工作者作为特邀代表参加了会议。云南省和西双版纳傣族自治州的农业林业部门领导、学术部门和科技部门的代表也参加了会议。另外，还有新闻、出版部门的同志参会。与会人员共计130人。西双版纳傣族自治州农业、林业、科技、气象和农垦有关单位250多人列席会议。这次会议是继1957年春天，中国科学院和农垦部在广州召开了首次华南热带作物资源开发利用科学讨论会之后的又一次盛会。会议共收到学术论文、科研报告50多篇。代表们围绕着热带作物现代化和热带资源开发利用与保护这个中心议题，从生态学、植物资源保护、森林对气候环境的影响、发展橡胶热作的意义等方面，分别在大会和分会上作了发言和交流。与会代表遵循"百花齐放 百家争鸣"的方针，各抒己见，阐明自己的观点和意见，并在如何开发利用与保护我国热带资源等许多问题上达成共识。会议还对我国热带资源，特别是西双版纳地区的开发利用和自然保护提出了积极的建议。

4.1980年加入国际橡胶研究与发展委员会（International Rubber Research and Development Board，简称IRRDB）

中国热带作物学会1980年正式加入国际橡胶研究与发展委员会（International Rubber Research and Development Board，简称IRRDB）。至今，一直保持两个理事席位。1980—1984年，理事为黄宗道、刘松泉。1985—1991年，理事为黄宗道、潘衍庆。1991—1995年，理事为吕飞杰、潘衍庆。1996—2000年，理事为余让水、陈秋波。2000—2003年理事为余让水、陈秋波。2004年理事为陈秋波。2005年理事为陈秋波、林位夫。2005年理事为陈秋波、林位夫。2009—2010年理事为陈秋波、林位夫和彭政。2010—2012年理事为刘国道、林位夫、黄华孙。2013—2015年理事为刘国道、林位夫、周建南。2015—2021年理事为刘国道、黄华孙、周建南。其中，2004—2006年陈秋波同志任该委员会副主席；2006—2008年陈秋波同志任该委员会主席。

陈秋波研究员2004年9月10日在中国云南省昆明召开的国际橡胶研究与发展委员会（IRRDB）理事会上当选国际橡胶研究与发展委员会副主席。2006年11月17日在越南胡志明市举行的IRRDB理事会上当选国际橡胶研究与发展委员会（IRRDB）主席，任期两年。2008年10月17日在马来西亚举行的理事会上完成任期，获该委员会"出色履行主席职务"的褒奖。陈秋波是我国首位当选该委员会主席的科学家，也是全球首位当选该组织主席的华人科学家。

周建南研究员2016年11月25日在柬埔寨暹粒举办的IRRDB理事会上当选国际橡胶研究与发展委员会（IRRDB）副主席。2018年10月26日在科特迪瓦阿比让举行的IRRDB理事会上当选国际橡胶研究与发展委员会（IRRDB）主席，任期两年。任期本应于2020年10月召开的理事会上结束，但由于新冠疫情的影响，2021年3月31日在马来西亚举行的IRRDB理事会视频会议才完成任期，并获得褒奖，被授予IRRDB会士。

5. 1980年9月筹办出版《热带作物学报》学术期刊

中国热带作物学会和华南热带作物研究院、华南热带作物学院共同筹办了《热带作物学报》。学报每年出版二期，主要刊登我国热带作物学术论文及报道相关科技成果的文章。刊物除在国内发行外，还与国外有关热带作物科研单位进行资料交换。期刊成立了编委会和编辑部，确定了主编、副主编，并落实了出版、印刷、发行、征稿等业务。经多方努力，期刊由广东省海南新华印刷厂印刷，华南热带作物研究院科技情报研究所发行。第一卷第一期于1980年9月出版。

6. 1980年冬组织召开我国南方亚热带山地建设学术讨论会

在中国科学技术协会统一安排下，中国热带作物学会与有关兄弟学会于1980年冬组织筹备了我国南方亚热带山地建设学术讨论会。为做好会议准备，理事长梁文墀亲自带队对海南的开发情况进行了考察，并形成了专题报告。

7. 1981年黄宗道理事长参加海南岛开发建设综合考察

1981年，为了动员我国科技力量，从多方面探讨海南岛开发建设中的问题，由国家科学技术委员会、国家农业委员会和中国科学技术协会共同组织了中国林学会、中国生态学会、中国地理学会、中国热带作物学会等16个学会的66名科学家，先后两次对海南岛的开发建设进行了多学科的综合考察。黄宗道理事长亲自领导并参与这次考察。考察形成的报告全面系统地介绍了海南岛以橡胶为主的热带作物开发建设情况以及保护生态平衡与发展热作科技事业的关系等方面的情况，为领导决策提供了重要的参考。

8. 1981年3月召开一届四次理事会暨热带作物布局学术讨论会

1981年3月17—21日中国热带作物学会在海南儋州华南热作两院召开学术会议暨全体理事会，决定重要事项：

选举华南热作研究院院长黄宗道研究员为理事长。

讨论确定成立《热带作物学报》编辑委员会（24人）和常务编辑（7人），增补华南热带作物研究院科技情研究报所所长赵灿文同志为学会科普委员。

会议围绕热带作物合理布局和我国热带作物资源利用议题进行学术研讨。共收到学术论文和科研报告42篇，会上交流了24篇。大多数报告都围绕热带作物合理布局和我国热带作物资源利用议题，从土地资源、气候条件、作物生长习性及经济结构布局等方面，进行讨论和交流。通过讨论和交流，与会代表加强了对合理利用热带作物资源、合理布局热带作物生产等方面的认识。并对今后如何合理利用热带土地资源、合理安排热带作物布局提出了意见和建议。

会议认为，我国热作事业发展30年来实践证明，根据各地的土地、气候等特点，因地制宜，合理发展胡椒、咖啡、剑麻、椰子、南药等热带作物能够增加广大农民的经济收入，十分有利于提高广大社员的劳动生产积极性。

参加会议的有广东、云南、广西、福建省（自治区）热作学会的专家、教授、科教工作者和领导干部。中国科学技术协会、农垦部和中国农学会等上级单位也派员到会指导。中国农业科学院农业经济研究所、广州地理研究所也派员参加了会议。应邀参加会议的还有新华社广州分社、羊城晚报、海南日报和海南广播电台的记者，共计79人。其中参会理事24人。广东省科学技术协会贾云飞副主席出席了会议闭幕式并讲话。

9. 1981年12月召开了橡胶加工学术讨论会

1981年12月学会与农垦部在广东省湛江市联合召开了橡胶加工学术讨论会，会期7天。广东、云南、广西、福建等省份农垦部门主管制胶的领导和技术人员，上述省份热带作物学会的代表和我国天然橡胶生产、供销、使用（制品）部门及热带作物科研、教学单位的代表和专家共100人出席。会议提交论文47篇。会议对我国天然胶制胶生产的技术、理论问题进行了广泛的交流、讨论，并着重探讨了国产胶抗张强力低和批次间质量差异大的原因。为了提高国产胶的质量，会议制定了《提高标准胶质量的十条措施》《关于"标准胶生产技术规程"修收意见》和《橡胶和热带作物产品检验条例（试行草案)》等三个文件，报农垦部批准后执行。

二、第二届理事会（1982年12月至1986年12月）

（一）理事会组成

理事长：黄宗道

副理事长（4人）：徐广泽、许成文、潘衍庆、王科

常务理事（13人）：黄宗道、徐广泽、许成文、潘衍庆、王科、肖敬平、李一鲲、李挺盛、段发骧、刘松泉、赵灿文、邓鸣科、梁荫东

理事（44人）：黄宗道、徐广泽、许成文、潘衍庆、刘松泉、郑冠标、恽奉世、郑学勤、王科、钱明达、李一鲲、段发骧、陆虑远、刘国宁、张世萎、郭俊彦、曾庆延、潘华荪、曾冬勖、肖立强、李挺盛、张佐周、冯耀宗、梁盛森、贺鹰挢、杨成龙、梁荫东、陈又新、陈新、肖敬平、丁慎言、袁子成、要奇峰、陈华春、邓鸣科、连士华、刘祖铠、毛祖舜、张火电、胡光烈、刘元梯、于纪元、徐振、周卓辕

秘书长：梁荫东

（二）科普工作组成员

组长：赵灿文

成员：袁子成、李一鲲、陈又新、陆虑远、徐振、陈华春

（三）重点工作事记

1. 1982年11月召开第二次全国会员代表大会暨学术研讨会

中国热带作物学会于1982年11月9—15日在福建厦门市召开第二次全国会员代表大会。参加会议的代表共119人。除广东、云南、广西、福建各省（自治区）热带作物学会和华南热带作物学院、华南热带作物研究院的代表外，福建省农业厅，厦门市农业局、农垦局的有关领导和中国科学普及出版社的代表也参加了会议。中国农学会、农牧渔业部派员出席指导会议，中国科学院南京土壤研究所李庆逵教授向大会发来贺信并提交了学术论文。

这次代表大会是在党的十二大和全国科技发明奖大会之后召开的。会议以党的十二大的精神为指导，着重讨论了热带作物总产值实现"翻二番"的目标计划。黄宗道理事长传达了全国科技发明奖励大会上"我国在北纬18°—24°大面积种植天然橡胶成功"获得一等奖的授奖情况，给与会代表极大鼓舞。

理事长黄宗道同志代表第一届理事会在大会上作了《中国热带作物学会第一届理事会工作报告》，总结了学会四年来的工作，提出了学会今后的工作计划。

会议选举产生了第二届理事会，常务理事，正、副理事长和秘书长。讨论、通过了《中国热带作物学会章程》。

会议共收到论文70篇。其中热带、亚热带资源利用研究8篇；植胶生态学8篇；橡胶生物学1篇；橡胶选育种12篇；橡胶栽培管理18篇；其他热带作物13篇。20篇论文在大会上进行了交流。代表们还实地参观了福建亚热带植物研究所的引种园和地处北纬24°北缘的福建省热带作物研究所的橡胶、剑麻种植园。

2. 1983年在桂林召开多种经营学术讨论会

20世纪80年代初期，热带作物产区的农垦、地方和华侨系统，都在进行生产结构的调整，已取得初步成效。除橡胶生产，特别是民营橡胶有较快发展外，其他各种热带作物无论是种类、面积和产量均有迅猛增加。但同时在调整中也出现了一些问题。因此，学会根据这一形势，组织了有关的学术考察和讨论。

3. 1983年5月参与组织海南岛大农业建设与生态平衡学术讨论会

1983年5月，学会参与组织由中国科学技术协会主持的在广州市召开的海南岛大农业建设与生态平衡学术讨论会。这次讨论会是对海南岛大农业建设和生态环境建设30年的一次科学总结。对今后调整海南岛大农业建设和生态环境建设的战略方向、探索开发建设途径与方法、规划产业结构与作物布局等重大问题都是极为有益的。

4. 1983年11月召开橡胶树死皮学术讨论会

橡胶树的死皮是生产中存在的突出问题。据广东和云南调查，发病率占开割树的8%～14%。

因死皮停割减产干胶达10%以上，给生产造成很大损失。针对这一问题，科研单位及生产部门开展了广泛的防治工作，在病树处理和复割试验等方面，取得了一定的成果，积累了一定的经验。根据这些情况，学会于1983年11月在国营卫星农场召开了橡胶死皮防治的讨论会，参观了该场防治的现场，交流了各地的经验。学术讨论会对今后橡胶树死皮病的防治，特别是病树处理和停割树的复割等问题的解决起了很好的促进作用。

5. 1984年召开民营橡胶与椰子生产科技交流会

中央关于加速海南岛的开发决定，把热带作物的发展提到了重要位置。为了进一步加快海南热带作物生产的发展，应海南热带作物学会的要求，中国热带作物学会于1984会同海南省热带作物学会联合召开了民营橡胶生产和椰子生产的科技交流会。会上交流了民营橡胶生产和椰子生产发展中的经验，并对进一步发展民用橡胶等方面的问题进行了讨论，提出了建议。

6. 1984年6月创办《热带作物科技报》

1984年6月在农业部农垦局的大力支持下，学会创办了《热带作物科技报》科普刊物，刊物向热带作物各省（自治区）发行。刊物宗旨为广泛传播科学技术，普及科普知识，交流生产经验，报道科技信息，受到了广大读者的欢迎。不少读者反映，《热带作物科技报》帮助他们开阔了视野，沟通了信息，指导了生产，受益匪浅。

7. 1984年9—10月组织多种经营学术考察

1984年9—10月组织多种经营学术考察。学会组织广东、云南、广西各地区农垦生产部门科研、教学单位、广东华侨农场以及华南热作两院的生产技术干部、科教人员约20人到广西和湛江有关农场进行了考察。调查总结了各地开展多种经营的经验，指出了存在的问题，并对进一步开展多种经营提出了建议。

8. 1985年召开橡胶园更新及新胶园建设学术讨论会

进入20世纪80年代，我国在20世纪50年代大面积种植的第一、二批的橡胶园，树龄已达30多年，大部分已进入了更新期，胶园的更新已成为橡胶生产中的一个重大课题。学会于1985年在组织海南和通什农垦局有关同志进行调查的基础上，在东兴农场召开了胶园更新和新胶园建设的学术讨论会，交流了相关研究成果。

9. 1985年3月成为中国科学技术协会全国一级学会

随着学会活动的开展，学会的组织也有了新的发展。中国热带作物学会报请中国科学技术协会审定后，1985年3月5日国家体改委发文（〔体改办字〕第17号），正式批准中国热带作物学会成为全国一级学会。学会受中国科学技术协会领导，并归口中国农学会，成为中国农学会的组成部分。

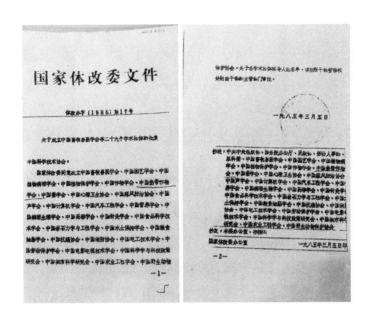

10. 1985年10月召开二届四次理事会暨新技术革命和农垦产业结构调整学术讨论会

学会于1985年10月7—11日在深圳市光明华侨畜牧场召开理事会暨新技术革命和热作垦区产业结构调整的学术讨论会。到会的理事和特邀代表51人，收到论文29篇。会议形成了《对我国热带作物生产结构调整中几个问题的建议》。该《建议》对产业结构调整中有关橡胶生产、加工以及农副产品、食品的加工等方面的问题，进行了论证，还对加强信息交流以及稳定、引进人才等方面的问题也提出了具体的建议。

会议由理事长黄宗道，副理事长许成文、徐广泽、王科主持。黄宗道作了科技、教育体制改革情况的讲话。徐广泽作了广东农垦产业结构调整的学术报告。许成文作会议总结。中国农学会李怀尧秘书长莅临会议指导，并作了中国农学会工作情况的报告。

会议表彰了一批从事热作科研、生产、教学30年以上的会员。表彰他们长期以来为我国热作事业的发展所作出的贡献。为便于开展专业学术活动，会议决定，条件成熟的分科学会可以独立开展各类专业活动，有副研究员以上职称的学科带头人可以独立组织学术活动，有一定数量的专业技术队伍和服务对象，有挂靠单位和经费支持来源的专业学科，经过中国科学技术协会的审查批准后，可以申请成立独立的专业委员会。

11. 1986年7月召开二届十次常务理事会

1986年7月28—30日学会在华南热带作物科学研究院粤西试验站召开了常务理事会暨各省（自治区）学会和专业委员会秘书长会议。

学会正副理事长、常务理事及各省（自治区）学会和专业委员会秘书长等19人参加会议。会议由理事长黄宗道和副理事长潘衍庆主持，并作出如下决定：

1986年11月上旬在广西桂林召开第三次会员代表大会；办好《热带作物科技报》；吸纳团体会员；发展通讯会员；授予荣誉会员；制定专业委员会设立要求标准；设立会员小组事宜；对从事热作科技30年以上的会员表彰。

三、第三届理事会（1986年12月至1990年6月）

（一）理事会组成

名誉理事长： 何康

理事长： 黄宗道

副理事长（4人）：潘衍庆、曾毓庄、姜天民、王科

常务理事（20人）：黄宗道、潘衍庆、曾毓庄、姜天民、王科、许成文、恽奉世、郑学勤、袁子成、梁荫东、李道和、区晋汉、于纪元、危刚、李一鲲、潘华苏、冯宝虎、刘明举、蔡礼文、王永昌（1987年8月增选）

理事（59人）：王永昌、曾毓庄、许成文、恽奉世、翁永庆、黄宗道、潘衍庆、刘松泉、郑学勤、丁慎言、张开明、莫善文、刘祖镗、陈作泉、连士华、陈封宝、毛祖舜、孔德睿、袁子成、范广业、梁荫东、徐广泽、姜天民、肖立强、许绪恩、方复初、危刚、刘国宁、钟华洲、张鑫真、于纪元、杨成龙、陈明秋、张火电、区晋汉、郑任才、陈华春、徐日东、唐朝才、李一鲲、王重民、曾延庆、王科、潘华苏、张佐周、冯耀宗、冯宝虎、丁俊文、刘明举、何国祥、陈又新、陆虎远、雷永明、蔡礼文、王世平、李道和、郑冠标、贺鹰抟、郭俊彦

秘书长： 恽奉世

副秘书长： 梁荫东、1987年3月改由王文壮担任

科普工作委员会主任委员： 莫善文

科普工作委员会成员： 张世杰、李一鲲、丁俊文、陆虑远

（二）重点工作事记

1. 1986年11月召开第三次全国会员代表大会暨学术讨论会

1986年11月5—9日在广西桂林召开第三次全国会员代表大会暨学术讨论会。中国农学会发来了祝贺函。

2. 1986年11月召开剑麻学术讨论会

剑麻专业委员会，针对广西剑麻产量低、经济效益不高的问题，于1986年11月组织学会56

名专家和专业技术人员在广西举行学术讨论会。与会代表通过实地考察，集中会诊，找出症结，为广西剑麻生产献计献策。1988年后，广西剑麻每年平均增产纤维1 000多吨，增加收入100多万元。

3. 1987年3月召开三届二次常务理事会

1987年3月23—24日，学会三届二次常务理事会在华南热作两院广州办事处召开。黄宗道理事长、恽奉世秘书长分别传达了中国科学技术协会第三届二次常委全会以及中国科学技术协会1986年10月16日召开的全国学会秘书长座谈会的情况。理事会认真研究了学会工作如何改革的问题，并对以下各项作出了决议：

①编写《中国橡胶栽培手册》，由全国学会负责组织。

②发展我国热带、南亚热带的企事业单位为中国热带作物学会团体会员，团体会员的会费大体控制在每年500 ~ 1 000元。

③由于梁荫东副秘书长已有新的任命，难以兼顾学会的工作，同意改由王文壮同志担任副秘书长。

④同意中国热带作物学会以团体会员的名义参加中国农学会。

4. 1987年7—8月组织热带、南亚热带水果贮运保鲜问题考察

受农业部南亚办的委托，1987年7—8月，学会与中国农学会、中国园艺学会联合组织有关专家对我国热带、南亚热带水果贮运保鲜的有关问题进行了考察，写出了考察报告。同年11月，在广西南宁市联合召开了热带、南亚热带水果贮运保鲜学术讨论会。会上作了9个专题报告，对菠萝、荔枝、龙眼、香蕉、芒果等进行了专题研讨，并写出多个专题报告和一份《我们的建议》。这些报告和建议，为发展我国热带、南亚热带水果生产提供了科学依据。

5. 1988年12月召开三届三次常务理事会

1988年12月10—11日在华南热带作物研究院召开学会三届三次常务理事会。会议决定重要事项：一是开展我国热带亚热带地区庭院经济的调查，在此基础上，召开热带亚热带庭院经济学术研讨会；二是同意成立割胶和生理专业委员会，并成立由许闻献、李乐平、林子彬、罗伯业、王伍智、敖硕昌、张承运七位同志组成的筹备组；三是同意成立华南热作两院分会，由刘松泉、周德藻同志负责筹备；四是同意成立剑麻协会，由剑麻专业委员会负责筹备建立。

6. 1989年12月召开三届四次常务理事会

1989年12月5—6日，在海南华南热作两院宾馆召开三届四次常务理事会。出席本次会议的有：黄宗道、潘衍庆 姜天民、郑学勤、袁子成 梁荫东、黄文成、李道和、于纪元、李一鲲、潘华苏、冯宝虎、戴业平、张开明、要奇峰、莫善文、许闻献、周德藻、陈成海。《热带作物科技报》编辑陈波同志，学会秘书黄慧德列席了会议。

会议决定成立"栽培育种专业委员会"，并成立由郑学勤、姜天民、于纪元，潘华苏、韦庆龙、张承志组成的筹备组。

会议通过了《中国热带作物学会关于发展团体会员的暂行规定》《中国热带作物学会优秀学术论文评选和奖励试行办法》《中国热带作物学会优秀学会工作者评选办法》等议案。

会议决定1990年11月中旬在广州召开中国热带作物学会第四次会员代表大会。

会议决定组织开展"热带立体农业调查研究"，项目由黄宗道同志主持，李一鲲、要奇峰、刘远清、韦庆龙、张承运同志负责配合开展工作。

黄宗道理事长在总结时要求中国热带作物学会1991年要做好三件大事：一是响应党的十三届五中全会号召，深入农业生产第一线，扎扎实实地工作，为热带农业生产服务。二是为1990年9月在我国云南昆明市召开国际橡胶研究与发展委员会的年会做好准备和服务，特别是橡胶育种、割胶与生理、橡胶病理等方面的学术研讨方面。三是1990年11月，召开第四次会员代表大会暨学术讨论会。

7. 1990年4月组织海南立体农业调查

受农业部农垦司热带作物处的委托，学会于1990年4—5月间组织了华南热作两院热作学会和海南省热作学会的有关专家，对海南省农垦国营农场立体农业状况进行了考察。撰写出《海南农垦国营农场立体农业考察报告》《海南农垦发展立体农业的意见》（讨论稿）和《对海南农垦四个农场作物布局调整的意见》（讨论稿）。同年6月，学会与海南省热带作物学会联合召开了热带立体农业研讨会，邀请了海南、云南、广东、广西、福建等省份相关单位的专家，共同研讨发展热带立体农业的最佳模式，并对《海南农垦发展立体农业的意见》（讨论稿）等材料进行讨论，最后形成了《海南农垦发展立体农业的意见》和《对海南农垦四个农场作物布局调整的意见》两份文件。这些材料分别报送国务院发展南亚热带作物指导小组办公室和海南省农垦总局等单位，为有关领导和部门提供决策参考，受到有关单位和领导的重视。海南省农垦总局还根据本次会议的精神和垦区的实际情况，因地制宜地调整作物布局，重新确定发展高产值高效益作物的生产模式，使垦区生产朝着崭新的方向发展。

8. 1990年8月召开《热带作物科技报》编辑工作会议暨编辑学术讨论会

《热带作物科技报》编辑工作会议暨编辑学术讨论会于1990年8月召开。会议提出办刊要继续坚持"百花齐放，百家争鸣"的方针，在学术上敢于标新立异，独树一帜；编辑对期刊要有连续性的总体设计构思，发挥科技报刊的系统作用和整体作用；急读者之所急，想读者之所需；对科学事业负责，对国家荣誉负责。本次会议还就热作科技报刊编辑出版方面的问题进行了学术交流。

9. 1990年12月召开三届二次理事会暨三届五次常务理事会

1990年12月2—3日召开三届五次常务理事会和三届二次理事会。会议听取了关于第四次会员代表大会筹备工作的汇报；审议了中国热带作物学会第三届理事会工作报告和中国热带作物学会章程修改稿，酝酿了第四届理事会理事及常务理事的人选。会议还审批了各省热带作物学会和华南热作两院热作学会及各专业委员会推荐申报的优秀学术论文和优秀《热带作物科技报》及优秀学会工作者。

四、第四届理事会（1990年6月至1994年12月）

（一）理事会组成

名誉理事长：何康、黄宗道

理事长：潘衍庆

副理事长（6人）：曾毓庄、吕飞杰、张鑫真、唐朝才、童玉川、李纯达

常务理事（24人）：潘衍庆、曾毓庄、吕飞杰、张鑫真、唐朝才、童玉川、李纯达、郑文荣、周德藻、吴祖坤、许成文、王永昌、郑学勤、刘松泉、毛日东、李一鲲、危刚、刘明举、郑福树、王世平、李道和、张开明、许闻献、莫善文

理事（65人）：潘行庆、曾毓庄、吕飞杰、张鑫真、唐朝才、童玉川、李纯达、郑文荣、周德藻、吴祖坤、许成文、王永昌、郑学勤、刘松泉、吴嘉琏、毛日东、李一鲲、危刚、刘明举、郑福树、王世平、李道和、袁子成、张开明、许闻献、莫善文、崔振军、骆建民、梁娥英、胡耀华、韦玉山、郝永禄、连士华、梁荫东、林维纲、于纪元、张火电、林子彬、林垂荣、陈怀楠、潘华苏、王科、王正国、周光武、邓中梧、林洪培、董春耀、张再科、区晋汉、郑任才、姜天民、刘远清、董华民、钟华洲、李兴贵、何国祥、朱朝恋、雷永明、陆虑远、张天林、陈作泉、陈成海、黄文成、代正福、陈肇皖

秘书长：郑文荣

副秘书长：周德藻（常务）、吴祖坤

（二）重点工作事记

1. 1990年12月召开第四次全国会员代表大会暨四届一次理事会及热带作物发展新战略学术讨论会

1990年12月4—6日，学会在广州召开了第四次会员代表大会暨学术讨论会。会上，第三届理事会理事长黄宗道代表第三届理事会作题为《团结奋斗，为振兴热作事业献身》的工作报告，报告系统地总结了四年来学会的工作，提出了今后奋斗的目标。郑文荣秘书长作了关于修改《中国热带作物学会章程》的说明。代表们认真审议和讨论了《第三届理事会工作报告》和《中国热带作物学会章程》修改稿，以无记名投票方式选举了新的理事会，通过了新的学会章程。会上还进行了表彰活动，奖励优秀学术论文47篇、优秀热作科技报刊11种；表彰优秀学会工作者23名。会议还为曾担任本会第三届理事会而不再担任第四届理事会理事的28名同志颁发了荣誉证书。

大会召开了第四届理事会第一次会议。会议选举华南热作两院研究员潘衍庆为理事长，选举曾毓庄高级工程师、吕飞杰教授、唐朝才高级农艺师、张鑫真高级农艺师、童玉川农艺师、李纯达工程师为副理事长。推举26名理事组成常务理事会。选举郑文荣工程师为秘书长，周德藻副研究员为常务副秘书长、吴祖坤工程师为副秘书长。鉴于原农业部部长何康和华南热作两院院长黄宗道为我国热作事业做出了突出的贡献，德高望重，会议一致推举两位老前辈为第四届理事会名誉理事长。会议还研究了中国热带作物学会第四届理事会的主要工作。

大会期间，针对自然灾害和市场经济疲软对橡胶为主的热带作物带来的严峻考验，特别是1989年五次大台风对我国最大的天然橡胶生产基地造成的严重损失，以及国际市场天然橡胶干胶价格下跌，进口胶冲击了国产胶，可能会对我国继续发展天然橡胶和其他热带作物产生不良影响等现状，举行了热带作物发展新战略学术讨论会。研讨会就热带作物发展的方向、对策、措施和步骤，天然橡胶科学研究的新动向、新成就，天然橡胶干胶的深加工及其他热带作物产品的综合利用，我国热带生态农业生产模式等问题进行了交流和讨论。通过交流讨论，代表们认为，在新时期发展天然橡胶等热带作物，仍然有较大的经济效益和社会效益。且天然橡胶是工业的重要原料之一，具有重大战略意义。我国广大热区须进一步调整热带作物生产布局，依靠科学技术，提高产品质量，降低生产成本，提高经济效益，把热带作物生产推上新的台阶。

2. 1991年6月召开四届一次常务理事会

1991年6月22—24日在福建省漳州市农垦大厦召开第四届一次常务理事扩大会，常务理事，各省热带作物学会秘书长（或理事长）、本会各专业委员会秘书长（或主任委员）出席会议。会议主要内容：一是传达中国科学技术协会"四大"会议精神；二是研究"八五"期间学会重点学术活动，讨论1991—1992年学会工作计划；三是各省份热带作物学会和本会各专业委员会汇报近两年来学术活动情况及1991—1992年学术活动计划；四是审批本会团体会员。

3. 1991年12月召开全国热带、亚热带水果与食品学术讨论会

1991年12月5—8日，学会在广西桂林市召开热带、南亚热带水果与食品学术讨论会。

会议由中国热带作物学会秘书处、广西热带作物学会联合组织举办。农业部农垦司、广西壮族自治区农垦局、广西亚热带作物研究所、桂林农垦企业公司等单位给予了会议大力支持。来自北京、广东、广西、云南、福建各省（自治区、直辖市）各部门的领导以及科研、教学和生产单位的73名代表参加了会议。会议收到论文40篇。大会开幕式由学会常务理事，高级农艺师王永昌同志主持，学会副理事长吕飞杰教授致开幕词。大会进行了两天的学术交流，共宣读论文34篇。主要交流了以下内容：热带、南亚热带水果生产发展的宏观区划、规划和生产布局的建议意见；应用多学科研究热带水果，包括生理、生化、病理等微观探索研究所取得的进展；各种热带、南亚热带水果生产、栽培、育种、病虫害防治及产品包装、贮运、加工等技术；国内外水果产销情况和发展趋势的综述等。会议还形成了《关于发展我国热带、南亚热带水果种植和加工业的若干建议》。

4. 1992年9月召开四届二次理事会

1992年9月24—26日在云南省西双版纳东风农场召开学会四届二次理事会暨全国热带作物发展战略学术讨论会。会议由云南省热带作物学会和云南省农垦总局承办。来自北京、广东、广西、福建、海南、云南、四川、贵州的专家和有关部门的领导共65人参加了会议。会议由唐朝才副理事长、童玉川副理事长、周德藻常务副秘书长、李一鲲常务理事和刘明举常务理事共同主持。学会理事长潘衍庆教授致开幕词。开幕式上，云南省农垦总局刘衍任副局长、西双版纳傣族自治农垦分局刘韵莞局长及云南省科学技术协会和西双版纳傣族自治州科学技术协会的代表分别致辞。会议共收到论文39篇。27位专家在大会上宣读了论文。

与会代表认为，40年来，在中央的重视与大力支持下，经过热区广大职工和科技人员的艰苦创业，我国的热带作物生产取得了很大的成绩，尤其天然橡胶生产，已经建立起海南、云南、广东省三个大植胶生产基地和广西、福建两个植区。至1991年，我国的植胶面积和干胶产量已经分别跃居世界植胶国的第四位和第五位。国内天然胶自给率已达50%。其他热带作物也有相应的开发种植，较合理地开发利用了热带自然资源，不仅支援了社会主义经济建设，也有力地推动了热区经济的发展。但是，随着改革开放步伐的加快和社会主义市场经济的发展，我国热作生产也面临着严峻的挑战。为迎接市场经济的挑战，使农垦经济跨上新的台阶，与会专家就热作发展战略提出了良好的建议。

潘衍庆理事长作了工作报告。与会理事对工作报告和《发展热带作物战略的建议》进行了讨论，大家一致认为，热带作物发展战略的研究仍然是今后两年学会应重点研究的问题。会议通过《关于热带作物发展战略的建议》和学会章程的修改意见。补选华南热带作物两院梁荫东副研究员为常务理事，增选李爱英副研究员为理事。会议期间，成立了中国热带作物学会农业经济专业委员会，梁荫东副研究员当选为主任委员，郝永路副研究员、王凤轩副教授、陈怀楠高工和余政、傅兴同志为副主任委员。

5. 1993年3月召开四届三次常务理事会

1993年3月31至4月2日在海南省儋州市华南热作两院召开四届三次常务理事会。来自北京、广东、广西、云南、海南的本会常务理事、各省（自治区、直辖市）热作学会理事长（或秘书长）、本会各专业委员会主任委员共20人参加了会议。黄宗道名誉理事长出席了会议并讲话。会议传达了中国科学技术协会四届三次全委会议和第六次科技咨询工作会议精神。与会人员对在市场经济条件下如何更好地为热区经济发展服务，如何增强为热区建设服务的实力，建立起强有力的自我发展机制等问题进行了深入的讨论。与会代表认为，学会的学术活动要更进一步面向经济建设，把解决生产上存在的问题放在首位；要开辟各种途径筹集经费，保证学会的各项活动顺利开展。

6. 1993年10月组织召开"橡胶芽接树新割制推广先进单位和先进个人表彰"大会

为了表彰先进，总结经验，推动橡胶生产发展，中国热带作物学会和农业部农垦司于1993年10月14—16日联合组织召开了橡胶芽接树新割制推广先进单位和先进个人表彰大会。会议对在我国天然橡胶割制改革推广工作中做出重要成绩的25个先进单位和37名先进个人进行了表彰，颁发了奖状。会议还讨论通过了中国热作学会割胶与生理专业委员会提出的《关于我国天然橡胶割胶生产开展高效活动的建议书》。

7. 1993年实施中国科学技术协会"金桥工程"方案效果良好

1993年中国热带作物学会认真贯彻中国科学技术协会实施"金桥工程"的方案，在科技推广、科技咨询和人才培训方面做了大量的工作，进一步加强了生产与科技的结合，促进了科学技术的进步和生产的发展。加工专业委员会重点推广了28箱干燥线，双列干燥线改造和自动点火控温装置，举办了橡胶浓缩胶乳技术培训班、标准胶质量检验员培训班、浓缩天然胶乳质量检验员培训班及离心机手培训班各一期。学会协助农业部食品监测中心完成了对"两广一琼"10多家获得"绿色食品"标志使用权的企业进行了有关产品的抽样、检验及环境评价等工作。剑麻专业委员会举办了一期主要由农场领导、技术员参加的剑麻基本知识学习班。割胶与生理专业委员会组织部分专家对正在进行的RRIM600开发性试验项目进行了现场技术咨询，并大力推广新割制。据统计，垦区推广新割制面积达114万亩[*]，占应推广面积的80%，如果以每亩年增干胶12千克计，全国每年将净增干胶1.37万吨，新增产值1亿多元，节省胶工2万多人。这将带来显著的经济效益和社会效益。

8. 1994年4月召开四届四次常务理事会

1994年4月21—22日在广东省湛江农垦局召开了第四届四次常务理事会议，来自北京、广东、广西、云南、海南和华南热作两院的常务理事、省（自治区）热带作物学会理事长（或秘书长）、各专业委员会主任委员（或学术秘书）等共25人参加了会议。湛江农垦局巫开华副局长与会参加了讨论。

会议讨论了召开学会第五次全国会员代表大会有关事宜。潘衍庆理事长传达了温家宝同志在中国科协四届四次全委会议上的讲话精神、朱光亚同志在中国科学技术协会四届四次全委会议上作的《贯彻党的十四届三中全会精神，深化科协改革，实现凝聚力、影响力、实力协调发展》工作报告及《中国科协1994年工作要点》等文件。郑文荣秘书长作了全国农垦经济形势的发言，各省（自治区）热带作物学会和我会各专业委员会简要汇报了近期活动情况及今后的活动安排。会议还讨论了关于召开第五次全国会员代表大会的有关事宜。潘衍庆理事长作总结发言指出，学会要不断扩大学科面。学会活动以后以专业委员会的活动为主。学会的改革要围绕如何为经济建设服务进行。

五、第五届理事会（1994年12月至1999年3月）

（一）理事会组成

名誉理事长：何康、黄宗道、吕飞杰

理事长：曾毓庄

副理事长：余让水（常务）、郑学莉、胡耀华、张鑫真、古希全、洪金波、陆明廷、王文壮、郑文荣

常务理事（40人）：曾毓庄、余让水、郑学莉、胡耀华、张鑫真、古希全、洪金波、陆明廷、王文壮、郑文荣、王正国、毛日东、韦玉山、江式邦、邢贻桥、刘明举、朱建华、许闻献、吴嘉琏、陈鹰、李纯达、李道和、何忠春、何普锐、杨尚彩、马孟发、周德藻、周钟毓、郑学勤、郑福树、张开明、罗仲全、罗泽君、郝永禄、黄循精、曾庆、谢燕萍、董宝凤、蔡世英、潘惠民

理事（80人）：曾毓庄、余让水、郑学莉、胡耀华、张鑫真、古希全、洪金波、陆明廷、王文壮、郑文荣、王正国、毛日东、韦玉山、江式邦、邢贻桥、刘明举、朱建华、许闻献、吴嘉琏、陈鹰、李纯达、李道和、何忠春、何普锐、杨尚彩、马孟发、周德藻、周钟毓、郑学勤、郑福树、张开明、罗仲全、罗泽君、郝永禄、黄循精、曾庆、谢燕萍、董宝凤、蔡世英、潘惠民、

---

[*]　亩为非法定计量单位，1亩约为667米²。——编者注

王庆煌、毛祖舜、邓兴元、江博文、刘远清、刘韵莞、余心佳、吴祖坤、陈成海、陈立丰、陈怀楠、陈积贤、陈锦祥、陈肇皖、李兴甫、何凡、何世强、何国祥、巫开华、杨汉全、杨应松、杨谦镇、张劲、张火电、张伟雄、张琼芝、林垂荣、林维纲、范会雄、梁渭洲、梁泽文、梁庆普、曾维英、傅国华、钟盏、董华民、董春耀、曾永明、蔡盛春、林洪培

秘书长：郑文荣

副秘书长：周德藻（常务）、董宝凤、吴祖坤

（二）重点工作事记

1. 1994年12月召开第五次全国会员代表大会暨五届一次理事会

1994年12月6—9日，在海南省海口市海南省农垦总局召开了第五次全国会员代表大会暨五届一次理事会。大会期间进行了学术交流，共收到25篇学术论文。论文涉及产业结构和作物布局的调整、发展规划、国内外主要热作生产科技现状及发展趋势等方面的内容。这些论文不仅有较高的学术价值，还对我国热带农业的发展具有重要的指导和实际应用价值。

2. 1995年12月召开五届二次常务理事会

1995年12月16—17日在广东省珠海市召开学会第五届理事会第二次常务理事会，来自北京、海南、云南、广西、广东、福建的本会常务理事、省（自治区）热带作物学会理事长（或秘书长）、专业委员会主任委员（或学术秘书）等共34人参加了会议。会议由曾毓庄理事长和郑学莉、古希全、胡耀华、郑文荣副理事长共同主持。常务副秘书长周德藻副研究员传达全国地方科协学会部工作座谈会和学会学术研讨会的精神，着重传达了关于学会的属性、作用、现状和面临的困难，以及学会的改革发展几个问题。

会议传达了中国科学技术协会有关会议精神，听取了中国热带作物学会和各省（自治区）热带作物学会及各专业委员会的工作汇报，增补了理事、常务理事，会议通过讨论和表决，一致同意增补罗泽君、邢诒桥、杨尚彩、曾维英、江博文、谢燕萍、梁渭州、陈鹰8位同志为学会理事，增补罗泽君、邢诒桥、杨尚彩、黄循精、谢燕萍、何普锐、陈鹰7位同志为学会常务理事，陈栋同志为学会联络员。会议还审批了有关专业委员会组成机构。理事们还对如何搞好学会工作进行了热烈讨论。会议听取了曾毓庄理事长和郑学莉副理事长的专题报告。广东省农业厅罗泽君副厅长出席会议并讲话。

胡耀华副理事长作"中国热作学会1995年工作报告及明年工作意见"的发言。曾毓庄理事长作总结发言。

3. 推选中国科学技术协会"五大"代表和委员候选人

在中国科学技术协会"五大"会议前，学会进行了推选中国科学技术协会"五大"代表和委员候选人的工作。根据中国科学技术协会分配给我会的代表名额和代表产生办法的要求，学会推选我会常务副理事长余让水研究员为中国科学技术协会"五大"代表和委员候选人，在"五大"会议上，余让水同志被选为中国科学技术协会第五届全国委员会委员。

4.1996年推举割胶与生理专业委员会主任许闻献为中国科学技术协会第二届先进工作者

根据中国科学技术协会关于开展第二届"中国科学技术协会先进工作者"评选表彰活动的通知要求，学会推荐割胶与生理专业委员会主任许闻献研究员为候选人。许闻献同志最终荣获第二届"中国科学技术协会先进工作者"称号。

5.1996年12月召开五届二次理事会暨学术研讨会

1996年12月22—24日，在重庆市召开学会第五届第二次理事会暨学术研究会，会议由曾毓庄理事长、余让水、郑学莉、张鑫真、陆明延、郑文荣副理事长主持。会议传达江泽民总书记在中国科学技术协会"五大"会议开幕式上的讲话和中国科学技术协会"五大"会议的精神，听取了本会1996年工作总结及1997年工作计划的汇报。会议还讨论了学会如何贯彻中国科学技术协会"五大"会议精神，进一步作好学会工作的有关事项。

6.1996年11月召开学术研讨会

1996年11月，学会在重庆市召开了以热带农业持续发展为中心议题的综合性的学术研讨会，出席会议的专家53人，收到科技论文27篇。

7.1997年推举黄宗道等为院士候选人

根据中国科学技术协会的科协组发教字〔1997〕019号文《关于推荐、提名中国科学院、中国工程院院士候选人的通知》的精神，学会成立了以余让水常务副理事长为组长的中国热带作物学会推荐、提名两院院士候选人工作小组。按照候选人的标准和条件，推荐黄宗道研究员、许闻献研究员为中国工程院院士候选人，郑学勤研究员为中国科学院院士候选人，并按文件要求上报候选人的有关材料。最终，黄宗道研究员经中国工程院评审通过为中国工程院院士。

8.1997年开展学会清理整顿工作，更改学会支撑单位为中国热带农业科学院

根据中国科学技术协会的科协发学字〔1997〕129号《关于认真做好全国性学会清理整顿工作的通知》、农人发〔1997〕12号《农业部清理整顿社会团体工作实施办法》和民政部的民社函〔1997〕73号《关于在清理整顿工作中对社会团体进行财务审计的通知》的精神和要求，学会成立了清理整顿工作领导小组。曾毓庄理事长、余让水常务副理事长分别任正、副组长，周德藻常务副秘书长任联络员。在组织有关人员学习文件，掌握文件精神实质，明确清理整顿内容与方法的基础上，布置我会所属的科普工作委员会和八个专业委员会进行自查工作。在各级领导重视和有关工作人员的努力下，按时完成了学会清理整顿的各项工作，取得了较完满的结果。

学会及所属专业委员会自成立以来，始终坚持中国共产党的领导，坚持学会宗旨，紧密结合我国热区经济建设的实际，积极组织开展各项科技活动，为科教兴国、科教兴农做出了贡献。

根据财务审计的要求，学会委托海南儋州精诚会计师事务所对我会1995年和1996年的财务收支状况进行了审计。审计结果认为，会计报表符合《行政、事业单位会计制度》的规定，重大活动中的财务收支状况清晰，会计处理方法正确得当。

根据农业部文件精神，学会挂靠单位由农业部农垦局改为中国热带农业科学院、华南热带农业大学。学会法定代表人由潘衍庆教授改为曾毓庄理事长。

9. 1998年5月召开五届三次常务理事会

1998年5月23—24日在广东省深圳市召开中国热带作物学会第五届三次常务理事会。前五届的常务理事、专业委员会主任或学术秘书，以及海南、广东、云南、广西（省、自治区）热带作物的理事长或秘书长，共38人参加了会议。

会议由曾毓庄理事长主持。周德藻常务副秘书长首先传达了温家宝同志在中国科学技术协会五届三次全委会议上的重要讲话和周光召主席的工作报告及张玉台副主席的总结讲话等中国科学技术协会五届三次全委会议的主要精神。余让水常务副理事长代表本届常务理事会作了学会1997年工作报告。专业委员会和海南、广东、云南、广西等省（自治区）热带作物学会汇报了学会1997年学会工作情况及1998年工作安排。会议还讨论了召开学会第六次会员代表大会的有关问题。

六、第六届理事会（1999年3月至2004年10月）

（一）理事会组成

理事长：曾毓庄

常务副理事长：余让水

副理事长：郑文荣、陈秋波、古希全、洪金波、张鑫真、雷勇健、陈锦祥、郭奕秋

常务理事（22人）：董宝凤、曾庆、马孟发、肖若海、王文壮、巫开华、陈积贤、郭金铭、王绥通、何普锐、李纯达、江博文、高海筹、郑福树、李标、李谦、郑学勤、陈鹰、郑服从、黄循精、魏小弟、傅国华

理事（60人）：李维锐、黄国成、袁绍明、王筱丽、林泽川、黄向前、潘在琨、何子育、王木周、林芳吉、庞世卿、陈献财、周孝礼、陈振容、黄治成、梁泽文、张伟雄、李亚理、杨谦镇、董华民、陈栋、余款经、邱章泉、叶南真、梁谓洲、苏明华、梁娥英、李伟方、秦福增、刘康德、周兆德、王澄群、陈文河、王庆煌、周钟毓、郑成木、廖建和、刘国道、吴莉宇、黄慧德、周仕峥、罗仲全、张劲、李一鲲、李晓霞、赵光材、龙乙明、倪书帮、李文伟、谭伏美、吴嘉涟、王万方、王春田、何国祥、覃杨斌、梁庆甫、王永朗、张智铭、淡毅、张凯峰

秘书长：郑文荣

常务副秘书长：方佳

副秘书长：钟思现

（二）重点工作事记

1. 1999年3月召开第六次全国会员代表大会暨六届一次理事会

1999年3月17—19日在云南省昆明市召开学会第六次会员代表大会。出席代表大会的代表

有125人。

中国科学技术协会学会部马阳部长、云南省科学技术协会、云南民政厅的有关部门负责人出席了代表大会的开幕式。马阳部长代表中国科学技术协会宣读了贺信。会议审议并表决通过了曾毓庄理事长代表第五届理事会所作的《团结拼搏为热区经济建设再立新功》的工作报告和《中国热带作物学会章程》。

会议期间，由曾毓庄同志主持召开了第六届一次理事会全体会议，理事会议还决定设立专家咨询委员会，聘请何康、黄宗道、吕飞杰、龚菊芳、郑学莉等5位同志为中国热带作物学会顾问。

2.1999年7月组织召开全国割胶制度改革先进单位和先进个人表彰大会

1993年以来，全国割制改革不断深化，发展迅猛，尤其是在新割制推广方面。中国热带作物学会的割胶与生理专业委员会与热区生产管理部门合作，采取多种形式做了大量的组织推广工作，并取得了很好的成绩。仅仅几年时间，全国农垦系统推广面积达28万公顷，占农垦割胶总面积的95%以上，其中d/4、d/5割制推广率超过50%。割制改革的推广走在世界植胶国家的前面，有力地推动了我国植胶业的发展。在割制改革的研究和推广中，涌现出大批的先进单位和先进个人。为了总结经验，表彰先进，把我国橡胶树割制改革推进到新阶段，农业部农垦局委托中国热带作物学会于1999年7月召开了全国割胶制度改革先进单位和先进个人表彰大会。会议共表彰先进单位24个、先进个人41人。

3.1999年10月组织科技下乡活动

1999年10月，学会与中国热带农业科学院共同组织一批科技专家深入到海南省文昌市的4个乡镇，进行为期一周的科技下乡活动。活动内容包括：专题讲座、深入田间技术指导、集市技术咨询、图片展览、发送科普小册子和技术资料等内容。参加活动的农民有千余人。广大农民非常欢迎我会组织的这次科技下乡活动，尤其欢迎使农民受益匪浅的科技专家深入田间进行具体技术指导的科技活动。

4.2000年4月召开理事长扩大会

2000年4月13—14日在海口市召开了理事长扩大会议，到会的有学会本届理事会的正、副理事长、正副秘书长、各专业委员会主任及海南省农业厅、中国农业科学院的代表共21人。

会议由曾毓庄理事长主持。方佳副秘书长传达了中国科学技术协会五届五次全委会的会议精神，并作了学会1999年的工作总结报告。各专业委员会主任作了1999年的工作总结和2000年的工作计划的发言。余让水常务副理事长、郑文荣秘书长在会上讲话。与会代表针对热作学会的改革与发展、学会今后的工作方向与任务、学会在新时期如何适应形势发展的要求等问题，进行了深入的探讨。

会议决定成立学会专家咨询委员会，建议以热区农业院校的专家为主，各省（自治区）热带作物学会选派人员参与，共同组成一个专家组。会议要求，充分发挥热带作物学会各个专业委员会的优势，努力为热作垦区农业经济发展服务。

5. 2000年10月召开六届二次理事会

2000年10月10—12日在四川省成都市蓉城宾馆召开六届二次理事会、常务理事会会议暨学术研讨会。出席会议的有学会理事及各专业委员会的专家、各省（自治区）热带作物学会的科技人员共104人，提交论文38篇。

会议由常务副理事长余让水研究员主持。四川省人民政府省长助理马开明同志代表省政府到会致辞，对本次会议在蓉召开表示欢迎。四川省农业厅冯丹副厅长到会讲话并介绍本省南亚热作生产情况和发展计划。四川省政府部门、省科学技术协会部门和四川省农垦局领导吴仁杰、姚陆逸、马继良等同志到会指导。学会理事长曾毓庄同志作了题为《迎接挑战，克服困难，深化改革，开创学会工作的新局面》的工作报告。学会常务理事黄循精研究员传达了中国科学技术协会全国二届学术年会精神。学会常务副秘书长方佳副研究员对秘书处提交大会讨论的两个文件即《中国热带作物学会专家咨询委员会组成方案》和《中国热带作物学会关于改革和加强学会工作的几点意见》作了说明。

专题报告与学术研讨会于10月10日下午举行。学会副理事长兼秘书长农业部南亚办主任郑文荣同志和学会副理事长、中国热带农业科学院副院长陈秋波研究员分别作了《审时度势，迎接挑战》《国外热带农业近况》的专题报告。橡胶育种专家、热带作物生物技术国家重点实验室郑学勤教授，中国热带农业科学院橡胶所周钟毓研究员，广东省湛江农垦科学研究所文尚华工程师，海南省热作学会、海南省国营保安农场王木周场长，中国热带作物学会割胶与生理专委会魏小弟研究员，广西热作办李钰经济师，福建热作学会、福建省龙海苍板农场郑明海场长等七位代表分别作了题为《热带生物资源的生物技术研究进展和新构思》《21世纪推广种植胶木兼优品种势在必行》《关于我国香蕉产业发展问题与对策的探讨》《推进产权制度改革，促进橡胶产业发展》《21世纪天然橡胶产业化几个问题的思考》《加入WTO我国水果业的对策思考》《建设生态旅游农业，提高农场经济效益》的学术报告。

6. 2001年10月参加中国国际果蔬产业博览会并作报告

2001年10月，学会派出专家26人，出席农业部、科技部、中国工程院和联合国亚太地区经济社会理事会等单位联合举办"中国国际果蔬产业博览会"，并协助主办单位组织召开"国际果蔬技术论坛"会。学会与会专家向论坛提交论文15篇。著名果蔬专家何国祥教授在会上作了《我国油梨生产现状及发展前景》的专题报告，受到与会者的很高评价。

7. 2001年10月在江西九江召开六届三次常务理事会

2001年10月28—30日在江西九江市召开了六届三次常务理事会议，传达、学习中国科学技术协会"六大"文件，贯彻落实中国科学技术协会"六大"精神，研究部署学会工作。会议讨论研究了推进学会改革有关问题；会议讨论通过了《关于扩大发展企业会员的试行办法》；讨论研究了加强学会领导等问题。会议决定增补雷勇健等8人为学会理事，增补雷勇健、郭奕秋、李标等3人为学会常务理事。同时，推荐雷勇健、郭奕秋2人为副理事长候选人，并报学会理事会审定确认。会议讨论研究了加强学会科技咨询服务部建设的有关问题，审议通过了《中国热带作物学会科技咨询服务实施办法》及《中国热带作物学会科技咨询服务部管理试行办法》，同时决定聘任王文壮研究员为科技咨询服务部主任，聘任黄慧德副研究员为常务副主任，聘任陈锦祥等八位同志为副主任。

中国热带作物学会六届三次常务理事会议代表合影
2001年10月28—30日 于庐山

8. 2001年完成地方政府重要决策咨询报告

受海南省政府委托，学会和中国热带农业科院共同承担"海南省中部山区生态扶贫示范项目"的综合考察论证。学会派出了以著名热带农业生态学家胡耀华教授为首席专家的10人考察组，深入海南省中部山区实施综合考察论证。考察后提交了论证报告并制定了实施方案。实施方案经省政府批准后下达实施。

在学会科技咨询服务部于2000年完成的"湘、黔、桂三省（自治区）南亚热带作物生产考察"和"云南民营橡胶生产考察"等项目的基础上，针对西南热区生产中存在的关键科技问题，向农业部和有关省份部门提出了《在云南民营胶园推广橡胶树割胶新制度》和《退耕还草综合技术试验示范》等两项建议。与云南省孟连县科学技术协会联合向中国科学技术协会申报了"在云南省民营胶区推广橡胶生产实用技术"项目。该项目通过了中国科学技术协会评审并实施。

9. 2002年4月召开理事长扩大会

2002年4月15—16日在海口市召开理事长扩大会议。参加会议的有本届理事会正、副理事长，学会正、副秘书长，各专业委员会主任、秘书以及有关单位的代表共36人。

会议由理事长曾毓庄同志主持。常务副理事长余让水同志传达中国科学技术协会《关于推进所属全国性学会改革的意见》文件精神。常务副秘书长方佳同志对提交会议审议的《中国热带作物学会2002年工作计划》作了说明。学会科技咨询服务部常务副主任黄慧德同志在会上汇报了科技咨询服务部工作开展情况。《热带作物学报》副主编王锋同志汇报了办刊工作情况。常务理事、海南省农业厅厅长肖若海同志就海南省热带农业和专业协会发展等问题作了专题发言。副理事长兼秘书长郑文荣、副理事长古希全、张鑫真、雷永健等同志也先后发言。

会议期间，与会代表认真学习《关于推进所属全国性学会改革的意见》，结合当前形势和热作学会的实际情况，展开讨论。通过学习和讨论，提高了认识，明确了学会改革的方向，增强了信心。会议还审议了本年度学会的工作计划，确定了工作重点。

会议一致认为，抓住有利时机，推进学会改革，促进学会发展，是当前学会工作的当务之急。加入WTO使我国经济发展面临严峻的挑战和前所未有的发展机遇。热带作物事业和热带作物学会的发展也是挑战与机遇并存。我们要进一步解放思想，树立改革意识，认真贯彻中国科学技术协会《关于推进所属全国性学会改革的意见》精神，结合我会的实际，深入调查研究，广泛征求意见，制定我会的改革发展方案。

会议要求，要进一步抓好科技咨询服务部的工作。建立科技咨询服务部，加强科技咨询服务工作。科技咨询服务部在抓紧组织落实上级下达项目的同时，要抓住加入WTO给热带农业带来的良机，努力发挥自身人才科技优势，拓展科技咨询范围，承担政府部门和企业的委托，开展项目论证，加强决策咨询工作，为热带农业发展作出新的贡献。

会议还要求要进一步办好《热带作物学报》。《热带作物学报》是我会的重点学术期刊，在推动热带作物科技创新，促进学术交流方面发挥了重要作用。在国内外同行业中有一定的影响。但由于办刊经费投入不足、设备陈旧、稿源不足等原因，学报质量受到一定的影响。为了进一步办好《热带作物学报》，学会要与承办单位共同努力，加大对办刊的支持力度，改进管理，专款专用，更新设备。同时，加速期刊信息化进程，早日实现期刊电子化，以提高学报的质量和水平。

会议要求要按中国科学技术协会的指示，落实《2001年学科发展蓝皮书》撰稿任务。《2001年学科发展蓝皮书》撰稿工作由学会秘书处牵头，《热带作物学报》编辑部、学会科普工作委员会、育种专业委员会和中国热带农业科学院农牧研究所、海南省热带作物学会、云南省热带作物学会、福建省热带作物学会等单位参加，分工负责完成相应的撰稿任务。

10. 2002年9月召开六届三次理事会暨学术研讨会

2002年9月11至9月16日在新疆乌鲁木齐市召开六届三次理事会暨学术研讨会。出席会议的有来自农业部农垦局、各省（区）热作、南亚热作区的生产、科研和高校单位的学会理事及代表共计73人。

大会由理事长曾毓庄主持。农业部农垦局董宝凤同志代表局领导讲话。农业部农垦局曾庆同志到会祝贺。学会常务副理事长余让水传达"中国科学技术协会2002年学术年会"精神并作学会工作报告。学会秘书长郑文荣对《中国热带作物学会改革方案》（讨论稿）作说明。各省（自治区）热作学会、各专委会分别汇报本会一年来的工作情况。

会议针对加入WTO后热带农业科技创新及热带农业产业结构调整与经济全球化对策等问题举行了学术研讨会。学术研讨会收到研究论文54篇。研讨会特邀中国热带农业科学院测试中心主任吴莉宇研究员、副院长陈秋波教授、植物保护研究所副所长符悦冠副研究员、科研处处长方佳研究员、热带作物生物技术国家重点实验室副主任金志强研究员分别作了《无公害食品质量安全及市场准入与国内外需求现状》《热带作物种子种苗质量标准与实施运作》《无公害农产品生产中的产地环境与技术规程》《无公害食品行动计划简介》和《香蕉转基因技术研究进展》等报告。报告受到与会者好评。

11. 2002 年 7 月组织海峡两岸热带、亚热带农业学术研讨会及台湾考察活动

由中国热带作物学会、海南省科学技术协会、海南省国际科技发展促进、台湾农训协会、新竹市农会、基隆市农会共同组织的"海峡两岸首届热带、亚热带农业学术研讨会"暨台湾热带、亚热带农业考察活动于 2002 年 7 月 3—16 日在台湾地区台北市农训协会天母国际会议中心等地举行。以四川省农业厅副厅长冯丹为团长、中国热带农业科学院科研处处长方佳为副团长、海南省科学技术协会国际部副部长蒋峰为团长助理的赴台研讨考察团一行 36 人与会。在研讨会和考察期间，台湾农训协会秘书长陈明吉、基隆市农会理事长陈绍文和总干事陈胜隆、新竹市农会总干事钟祥铭等各方人士出面接待并介绍台湾农业方面的情况。

研讨会上，海峡两岸与会代表就两岸农村发展及热带、亚热带农业发展等问题进行深入广泛的交流。与会代表两岸代表还提交了《大陆热带、亚热带作物发展的成就与展望》《大陆热带南亚热作物生产概况》《大陆热带、亚热带农产品加工业概况》《海南热带农业发展现状与思考》《四川省农业发展现状、问题及展望》《贵州省贵阳市农业发展状况及思想》《台湾农业发展与政策》《台湾农会发展与政策》《台湾农村发展与建设》《台湾农业发展与现行农业政策》《台湾热带暨亚热带作物之生产》《台湾热带暨亚热带水果发展方向》等 12 篇学术论文。文章编印成论文集，在研讨会上进行了交流。

代表团在台湾同仁的陪同下，先后考察访问了台北市花卉运销公司、台北文山农场、基隆市农会碧沙渔港、基隆市农会、新竹市农会、台湾食品工业研究所、台中市梧棲镇农会农业综合馆、田屋乡农会花卉产销班、南投县渔池乡农会花卉产销班、雾峰乡农会菇类文化馆、嘉义市农会堆肥场、名间乡农会牧草产销班、大树乡农会菠萝产销班、高雄农友种苗公司、高雄市屏东县恒春镇农会、东港市农会超市等单位，还参观访问了以农业教育科研为主的屏东科技大学。通过研讨和实地考察，双方增进了了解，促进了交流，加深了友情。

海峡两岸首届热带·亚热带農業學術研討會2002.7.12農訓協會

12. 2003 年组织到儋州科技下乡活动

2003 年，学会组织科技人员和大学生到儋州市南丰镇武教村委会，进行为期 6 天的科技、文化、科普下乡活动。分别在武教村委会12个自然村进行了土地法、民法、治安管理条例、行政法、刑法、婚姻法、橡胶田间管理、橡胶死皮病防治、橡胶病虫害防治、水稻病虫害防治等专题讲座。活动培训农村青少年270多人，2 380多村民受益。大学生还利用中午和黄昏时间进行农村家庭情况调查，共调查192个家庭1 267人，获得农村家庭情况的第一手材料，为进一步的放矢地开展"三农"服务提供了参考。

13. 2003年组织专家到四川、云南、广西、福建等热区进行科技培训

2003年，学会组织专家到四川攀西、云南弥渡推广热带优良牧草新品种，同时为种草农户举办"牧草栽培管理与加工利用培训班"。在广西武鸣县和防港市推广木薯优良新品种同时举办与之配套的"木薯丰产栽培技术培训班"，促进科技成果的推广应用。根据垦区生产科技工作的需要，派出资深专家为云南垦区各级管理干部和科技人员举办"橡胶丰产高效栽培新技术高级培训班"，为福建漳州市农业部门干部、科技人员举办"热带农产品质量安全、无公害农产品标准化生产与认证"培训班。

14. 2003年3月召开六届四次常务理事会

2003年3月31日至4月2日，六届四次常务理事会在广东省珠海市召开，学会常务理事及各省（自治区）热作学会、各专业委员会代表共41人出席，其中常务理事25人。会议对当前学会组织建设的几项重要工作进行了认真的讨论审议。会议决定：

学会第七次全国代表大会定于2004年4—5月在广西召开。为使学会活动适应我国农业产业结构调整、加速发展热区优势农业的需要，学会决定增设2个分支机构，成立天然橡胶生产者工作委员会；聘请何康、黄宗道、吕飞杰、龚菊芳、郑学莉等5位同志为中国热带作物学会专家咨询委员会委员。

15. 2003年3月成立天然橡胶生产者工作委员会

2003年3月31日至4月2日，六届四次常务理事会在广东省珠海市召开，为使学会活动适应我国农业产业结构调整、加速发展热区优势农业的需要，会议决定成立天然橡胶生产者工作委员会，同时将"科技咨询服务部"更名为"科技推广咨询工作委员会"。

七、第七届理事会（2004年10月至2009年7月）

（一）理事会组成

理事长：吕飞杰

常务副理事长：王庆煌

副理事长：陈生斗、谭基虎、林玉权、郭奕秋、何天喜、雷勇键、陈锦祥、高咸周

常务理事（29人）：董宝凤、杨培生、王木周、李学忠、黄向前、王澄群、陈献财、刘平东、赵鸿阳、蔡汉荣、吕林汉、蔡汉雄、李标、高卫国、施向东、张汉荣、张凯锋、袁绍明、孙玉忠、陈鹰、张劲、孙光明、魏小弟、郑服从、郑学勤、傅国华、黄循精、支小纪、郑文荣

理事（75人）：黎光华、杜亚光、马子龙、彭明、刘国道、黄俊生、易克贤、吴莉宇、吴继林、胡新文、廖建和、武耀廷、黄慧德、王绥通、陈均隆、林泽川、潘在琨、唐济民、何兆鹏、刘燕飞、余火明、曾令强、王家位、李畅昌、陈奕雄、邓孚孝、庞世卿、林尤奋、杨天武、李维锐、陈勇、李国华、岳建伟、李文伟、高东风、董国洪、胡英、沙毓沧、苏智伟、张伟雄、黄治成、胡乃盛、彭远明、李大胜、莫基华、杨谦镇、余款经、曾莲、郑如钦、刘远清、杨君、黄党源、陈东奎、宋福添、黄强、崔明显、钟思强、黄景剑、李建兴、林福桂、郑福树、高海筹、叶南真、苏明华、林远崇、黄国成、郑海明、郭诚、周礼才、郭建、郑康庆、温波、韩大祥、王犁、易洪芳

秘书长：杨培生

副秘书长：杜亚光、武耀廷、黄慧德

（二）重点工作事记

1. 2004年10月召开第七次全国会员代表大会暨学术讨论会

第七次全国会员代表大会暨学术讨论会于2004年10月18—20日在海南省海口市隆重召开。出席这次会议的代表和特邀代表共203人。会议代表来自学会11个专业委员会（工作委员会）和全国八省（自治区）的教育、科研、生产等有关单位。农业部、海南省以及中国热带农业科学院、华南热带农业大学对这次会议高度重视。海南省人民政府林方略副省长、农业部农垦局龚菊芳副局长到会并做了重要讲话。中国热带农业科学院、华南热带农业大学王庆煌院校长到会致辞。中国科学技术协会、海南省农垦总局、云南省农垦总局、广东省农垦总局、广西壮族自治区农垦局、福建省南亚办分别向大会致信、致电表示祝贺。会议组织学习了《中共中央关于加强党的执政能力建设的决定》以及张玉台同志在2003年学会改革工作座谈会上的讲话、冯长根同志在2003年学会改革工作座谈会上的讲话。会议审议通过了第六届理事会工作报告，修改并通过了中国热带作物学会章程，选举产生了第七届理事会，举行了学术报告会。

受曾毓庄理事长委托，余让水常务副理事长代表第六届理事会作题为《与时俱进，凝聚力量，为我国热区全面建设小康社会做贡献》的工作报告。

大会期间举行了学术讨论会，会议共收到论文84篇，并编印成论文集。在大会作学术报告的有中国热带作物学会第七届理事会理事长、国务院扶贫办原主任吕飞杰教授。第七届理事会常务副理事长、中国热带农业科学院、华南热带农业大学院校长王庆煌作了《世界主要热带作物产品的生产与贸易》的报告。中国热带农业科学院、华南热带农业大学原副院校长梁荫东研究员作了《加强科技创新，开拓我国天然橡胶发展的新里程——巴西橡胶引进中国100周年》的报告。

2. 2004年9月联合举办中国天然橡胶100周年——产业发展高级论坛

农业部和海南省主办，中国热带作物学会积极筹办的中国天然橡胶100周年——产业发展高级论坛，2004年9月15日在海口市召开。论坛内容包括天然橡胶产业升级与发展战略、天然橡胶技术创新与市场前景、橡胶产业政策与发展环境等专题。云南省热带作物学会与云南农垦集

团有限责任公司共同编印了会议论文集。文集收编优秀论文100篇，作为纪念中国引种天然橡胶100周年的活动之一。

3. 2004年9月举办国际天然橡胶学术讨论会

国际橡胶研究与发展委员会（IRRDB）年会暨学术讨论会于2004年9月7—12日在中国昆明顺利召开。IRRDB秘书长Dr. Abdul. Aziz、国际橡胶研究组（IRRG）秘书长Budiman以及来自法国、马来西亚、泰国、印度尼西亚等11国专家代表60人出席了会议，国内36名代表出席了会议。学会副理事长陈秋波教授主持了开幕式。法国CIRAD副主席欧曼和IRRDB主席坡拉沙分别主持了大会发言。

大会共收到论文63篇，主题为"天然橡胶产业如何面对全球经济一体化"。大会期间，（IRRG）秘书长Dr. AFS Budiman作了《发展天然橡胶的重要性以及天然橡胶的经济、社会、环境效益》的发言；IRRDB秘书长Dr. Abdul. Aziz以及陈慈萱博士作了《面对全球化，天然橡胶研究与发展中的挑战与机遇》和《天然橡胶、全球化和共同行动》的发言。陈秋波博士介绍了我国天然橡胶发展的历史以及当前面临的机遇与挑战的情况；郝秉中研究员作了《橡胶乳管生物学与胶乳产量》的发言。魏小弟研究员、Dr. ASna othman、泰国的Chantuma、印度尼西亚的M. Supriacdi等9篇研究论文在大会进行了交流。

4. 2004年10月召开七届一次常务理事会

2004年10月19日在海南省海口市召开学会七届一次常务理事会，出席会议的常务理事共33人，会议由吕飞杰理事长主持。会议作出如下决议：

由吕飞杰理事长提名，会议一致通过王庆煌副理事长为常务副理事长；由杨培生秘书长提名，会议一致通过武耀廷、杜亚光、黄慧德三位同志任副秘书长；由吕飞杰理事长提议，一致通

过聘请农业部农垦局龚菊芳副局长、六届理事会曾毓庄理事长、余让水、古希全、张鑫真、洪金波、陈秋波副理事长为第七届理事会顾问。

5. 2004年12月在广东湛江召开秘书长联席会

为及时贯彻七届一次理事会精神，2004年12月23—24日学会秘书处在广东省湛江市召开秘书长联席会议。会议传达了中国科学技术协会学会改革工作座谈会精神；交流了各单位2004年工作总结和2005年工作设想；修改了《中国热带作物学会2005—2008年工作规划和2005年工作计划（讨论稿）》，此次会议为七届理事会的开局工作打下良好的基础。

6. 2005年4月在海南儋州、白沙、五指山等地组织开展科技培训工作

2005年4月7日至5月29日，学会秘书处与海南省扶贫办及海南省农业厅热作处联合，先后4次在海南省儋州市、五指山市和白沙县举办了"橡胶低频采胶技术培训""橡胶树高产高效栽培新技术培训"和"木薯栽培技术"的科技培训班。参加培训班的人员包括各市县选派的扶贫干部12人、民营企业技术骨干60人、种植户200人。木薯栽培技术培训班，为了让学员更好地掌握先进技术，还向参训人员发放了木薯和牧草等科普手册和光盘400多份，并在现场展示木薯和甘薯的良种挂图及收获木薯的简易农具。培训结束后还将农民急需的热作良种和木薯专用肥等送到农户家里。

7. 2005年4月召开七届二次理事长会议暨七届二次常务理事会

2005年4月19日，在全国南亚工作会议期间，召开了七届二次理事长会议。决定随着产业结构调整，热带领域拓宽，多学科科技创新与推广日益活跃，成立新的专业委员会，以加强学术交流与合作。会议决定成立热带牧草与饲料、棕榈作物、香蕉、国际合作与交流以及青年工作等5个委员会，同时聘请7名院士为中国热带作物学会顾问。会议还讨论了学会每年将开展十大科技成果和二十大优秀论文评奖活动。

8. 2005年8月在海口召开秘书长工作会

2005年8月8日在海口召开中国热带作物学会2005年秘书长会议。出席会议的代表有41人，包括5个省级热带作物学会的秘书长及代表，中国热带作物学会各专业（工作）委员会的主任委员和学术秘书，学会新筹建的专业（工作）委员会和省级分会的代表。吕飞杰理事长到会作了《抓住机遇、开拓思路创建和谐的热带作物学会工作新局面》的报告。会议听取了各省级学会、各专业（工作）委员会自学会七大以来的工作汇报和新筹建的专业（工作）委员会和省级分会的组建工作报告；听取了学会秘书处关于在广西南宁召开的学术（青年学术）研讨会暨七届二次理事会会议的准备情况的汇报。会议还部署2005年下半年秘书处工作任务。

9. 2005年9月召开七届二次理事会暨学术讨论会

2005年9月29日在广西南宁召开学会七届二次理事会。会议由学会理事长吕飞杰同志主持。参加会议的理事有103人。

副理事长谭基虎同志做2004—2005年七届理事会工作报告。报告全面总结学会2004年一年的工作，并提出2005年第四季度和2006年的工作计划。副秘书长李海清同志作2004—2005年度七届理事会财务报告。会议增补张锡炎、彭艳为香蕉专业委员会委员，增补吴井光、李开绵、黄钢为棕榈作物专业委员会委员，增补奎嘉祥、韦勇为热带牧草和饲料作物专业委员会委员，增补陈正优、周孝怀为青年工作委员会委员，增补黄俊忠、周建南为国际合作和交流工作委员会委员，增补王文壮、何进威为科技推广咨询工作委员会委员，增补梁振功为科普工作委员。同意增补马子龙、刘国道、陈正优、黄俊忠、王文壮5位同志为学会七届常务理事会常务理事。

会议期间，于9月27—28日在广西南宁召开中国热带作物学会2005年学术（青年学术）研讨会。来自农业部农垦局和海南、广东、广西、福建、云南、四川、贵州、湖南八省区的农垦局、南亚办、扶贫办领导和有关科研教学单位、生产经营单位专家、科技工作者、企业家、论文作者（其中青年论文作者73人）共168人参加了会议。会议主题为"应对加入东盟自由贸易区，开发热带资源"。学会理事长吕飞杰，学会顾问、农业部农垦局巡视员龚菊芳，中国工程院院士刘更另，广西壮族自治区科学技术协会蒋应时副主席出席研讨会。学会副理事长林玉权、陈锦祥、何天喜、高咸周同志和学会秘书长杨培生同志分别主持了会议。学会顾问、农业部农垦局巡视员龚菊芳在开幕式上致辞。学会理事长吕飞杰对研讨会做总结。研讨会期间中国工程院院士刘更另作了《农田基本建设与土地肥力》的学术报告。本次会议共收到云南、广东、海南、广西、福建、四川、湖南、贵州八省区的论文89篇，其中有83篇收录会议论文集。

中国热带作物学会学术（青年学术）研讨会暨七届二次理事会与会人员合影留念
2005.9.28.南宁

10. 2005年9月召开七届二次常务理事会

2005年9月29日在广西南宁召开七届三次常务理事会。学会理事长吕飞杰同志主持了会议。参加会议的常务理事有38名。

审议通过将育种专业委员会更名为遗传育种专业委员会，割胶与生理专业委员会更名为天然橡胶专业委员会。审议通过了聘请刘康德同志以及6位院士为七届理事会顾问的决定。会议同意授予《关于我国荔枝产业发展的研究》等20篇论文为2005年中国热带作物学会优秀论文。会议还审议决定新增设香蕉专业委员会、棕榈作物专业委员会、热带牧草和饲料作物专业委员会、科技推广咨询工作委员和国际合作与交流工作委员会。

11. 2005年9月决定聘任方智远等六位院士为中国热带作物学会第七届理事会顾问

为了提高学会的学术水平和知名度，根据学会发展需要，2005年9月29日，经中国热带作物学会第七届三次常务理事会研究决定聘任方智远、卢永根、刘更另、张子仪、郭予元、董玉琛（以姓氏笔画为序）等6位院士为中国热带作物学会第七届理事会顾问。6位院士的单位和专业分别是（以姓氏笔画为序）：方智远，中国农业科学院，中国工程院院士（园艺）；卢永根，华南农业大学，中国科学院院士（遗传育种）；刘更另，中国农业科学院，中国工程院院士（土壤肥料植物营养）；张子仪，中国农业科学院，中国工程院院士（动物营养）；郭予元，中国农业科学院，中国工程院院士（植物保护）；董玉琛，中国农业科学院，中国工程院院士（品种资源）。

12. 2005年11月在海南省海口市召开"依靠科技，防范台风，促进热带作物产业持续发展"研讨会

2005年11月21—22日在海南省海口市召开主题为"依靠科技，防范台风，促进热带作物产业持续发展"研讨会。来自农业部农垦局和海南、广东、云南等省份的农垦局、农业厅（南亚办）和有关科研教学单位、生产经营单位的专家、科技工作者、企业家代表共56人参加了会议。学会副理事长何天喜和学会秘书长杨培生同志分别主持了研讨会。学会理事长吕飞杰作会议总结。农业部农垦局南亚办董宝凤处长在研讨会期间作指导性发言，她从主管部门的角度和全局高度，谈了对防范台风的看法与认识。经过两天的研讨和交流，会议取得了圆满的成功。研讨会上有11位同志作正式报告，9位同志即席发言，研讨内容涉及6种主要热带作物：橡胶、香蕉、槟榔、胡椒、木薯、椰子。研讨会上，与会者从多角度回顾总结了20世纪50年代以来热区科技工作者历次与台风斗争的经历和经验。

13. 2006年2月在海南文昌召开秘书长工作会议

2006年2月20—21日，在海南省文昌市召开了2006年学会秘书长工作会议。共有48人出席了会议。吕飞杰理事长和谭基虎副理事长出席会议并讲话。会议传达和学习党的十六届五中全会有关精神，研究明确了学会2006年工作计划要点，并分解落实了任务。

14. 2006年6月在湖南省长沙市召开热带作物产业发展研讨会

2006年6月14—15日在湖南省长沙市召开热带作物产业发展研讨会。农业部南亚热带作物优势区域布局规划暨天然橡胶、香蕉、荔枝、龙眼、芒果、菠萝和木薯规划的主笔人和各省（自治区）热带作物学会、各专业（工作）委员会专家代表98人出席了会议。会议收到论文92篇，有28篇论文在大会和分组会上进行了交流。

15. 2006年9月在广西南宁召开木薯产业发展论坛

2006年9月6—7日在广西南宁召开木薯产业发展论坛,有关热区、垦区的领导,木薯生产、科研、教学领域专家以及木薯加工企业、新闻媒体有关人员共计180多人参加此次论坛。学会副理事长陈生斗、何天喜、陈锦祥、谭基虎,顾问龚菊芳,秘书长杨培生,副秘书长杜亚光、高锦合、李海清和广西、海南、云南、广东、福建、湖南等省级学会(分会)以及各专业(工作)委员会代表参加会议。吕飞杰理事长为大会作总结发言。

木薯产业发展论坛讨论具体作物作为生物能源的现实问题,国内尚属先例。在促进我国木薯产业的快速健康发展方面具有里程碑意义。

16. 2006年12月主办青年科学家论坛

2006年12月5日在广东省湛江市举办了主题为"现代栽培技术与生物技术在热带作物产业发展中的应用研究"的中国青年科学家论坛。来自广东、广西、云南、海南等热带地区的118位专家,学会36位常务理事、121位理事以及37位各省(自治区)热带作物学会秘书长(负责人)、各专业(工作)委员会主任委员及学术秘书、《热带作物学报》编辑部负责人及代表共计258名代表与会并参加了此次论坛。此次论坛收到论文98篇,有28篇在大会上进行交流。

论坛的目的在促进热区科技工作者进一步提高对热带作物科学前沿动态的认识,更加深入了解热带作物学科存在的问题,并就热带作物发展前景做客观的分析和预测。

17. 2006年12月组织现代热带农业考察

2006年12月6日,在中国热带作物学会召开2006理事会年会期间,组织现代热带农业考察,实地考察了湛江农垦的热作产业状况。理事们考察了幸福农场甘蔗地埋式滴灌示范基地、东方红剑麻高产种植示范基地、广垦橡胶湛江集中加工中心、广东省丰收糖业发展有限公司、剑麻集团东方剑麻地毯厂等，并考察了南华农场的社会主义新农村建设情况。理事们对湛江农垦依靠科技，在节水农业、循环农业、产业化经营等方面取得成绩予以高度评价。

18. 2006年12月成立中国热带作物学会香蕉专业委员会

2006年12月1—2日在海南省海口市中改院召开中国热带作物学会香蕉专业委员会成立大会。大会由秘书长杨培生主持，钟思现介绍了香蕉专业委员会筹备情况，选举产生了香蕉专业委员会组织机构人员名单，研究专委会2007年工作，交流了各地香蕉产业发展情况，并做了国内外香蕉产业发展专题报告。

19. 2006年12月在广东湛江联合主办中国热带花卉产业发展论坛

2006年12月7—9日，中国热带作物学会、广东省科学技术协会和湛江市人民政府在广东湛江联合举办中国热带花卉产业发展论坛。本次论坛是推动我国热带花卉产业发展的一次积极有效的探索。来自广东、广西、云南、海南等热带地区的236位专家参加此次活动。此次论坛收到论文86篇，有18篇在大会上进行交流。与会者主要从资源、市场、技术和政策四个方面，就我国热带花卉产业发展现状、问题和对策展开了广泛研讨。

20. 2007年1月在海口共同主办热区有害生物检测预警与控制技术学术研讨会

2007年1月20—24日，与支撑单位——中国热带农业科学院共同主办、植物保护专业委员会承办的热区有害生物检测预警与控制技术学术研讨会在海口市召开。来自农业部农垦局和海南、广东、福建等省（自治区）科研教学单位的专家、科技工作者和部分在读研究生约150人参加了会议。会议贯彻落实了《国家中长期科学和技术发展规划纲要（2006—2020年)》农业科技优先发展主题"建立有害生物检测预警与防范外来有害生物入侵体系"精神，加强了同行间的交流合作，提升了我国热区有害生物检测预警与控制技术研究水平。常务副理事长王庆煌表示，希望通过这次会议，同行间在加深了解的基础上，能更进一步统一对热区有害生物的认识，团结起来为全面建设热区小康社会而努力。

21. 2007年3月在海口联合主办海南省第四届科技论坛

2007年3月22—23日，海南省第四届科技论坛在海南省海口市拉开帷幕。论坛由学会与海南省科学技术协会、中国热带农业科学院、华南热带农业大学、中国农村专业技术协会、国家民间组织管理局、海南省科学技术厅、海南省农业厅、台湾神农科技发展协会联合主办。来自全国各地的知名专家学者、科技工作者就"热带农业发展与新农村建设"主题展开探讨和交流，为热区及海南省农业发展和新农村建设出谋划策。论坛吸引了海南省有关厅局、市县有关部门及北京、上海、安徽、广东、福建、云南、广西等20个省（自治区、直辖市）和台湾地区的领导、专家学者、科技人员共750多人参加，其中来自全球五大洲的国外专家学者和知名企业家有120人。

22. 2007年9月在云南西双版纳召开理事年会暨学术年会

23. 2008年9月组织抗震救灾和抵御寒害，技术帮扶当地方政府灾后重建

2008年我国发生较严重的地震及低温等自然灾害，学会积极响应，发挥平台与组织优势，组织各会员及支撑单位，为地方政府的抗震救灾和抵御寒害提供技术帮扶。

技术帮扶四川攀枝花灾后重建。2008年8月30日，四川省攀枝花市发生6.1级地震，给当地广大人民群众的生命财产造成了重大损失。当地的农业生产和农村基础设施也遭受了严重的破坏。作为攀枝花市的科技合作单位，灾害发生后，学会支撑单位中国热带农业科学院高度重视，于9月1日召开专门会议，为派出专家组赴攀枝花市抗震救灾工作做了周密部署。9月4日，植保、水果、畜牧等专家先行赴攀枝花调查地震灾害情况。专家组在攀枝花市农牧局相关领导的陪同下，深入攀枝花市平地镇和大田镇等受灾较严重的村庄、学校等地了解灾情。专家组还深入果园，了解芒果和石榴等的生产和销售情况，指导灾农自救。学会植保专委会向灾区发放各类科技资料合计200多份，并实地进行了技术咨询服务，指导灾后恢复农业生产工作。专家组不仅受到了当地政府的热烈欢迎，也得到了当地农户的高度认可。

技术帮扶四川会理、仁和灾后重建。2008年8月30日四川会理、仁和地震发生后，四川攀枝花市农牧局、攀枝花市农林科学院、凉山州亚热带作物研究所（学会在四川热区的主要联系单位）等单位积极响应当地政府的号召，积极组织专家团队深入地震灾害第一线，冒着余震不断的危险，对农民伤亡情况、房屋受损情况和农业生产的受灾情况进行了认真、详细调查，掌握了第一手资料。因地震灾害的影响，攀枝花当年的晚熟芒果一度出现滞销现象，为了解决商品销路问题，攀枝花市政府组织攀枝花市农牧局、攀枝花市农林科学院等单位的有关专家和技术人员，赴成都、重庆等城市进行晚熟芒果商品推介活动，疏通流通环节，有效解决了农民的后顾之忧，也推动了攀枝花市晚熟芒果产业的发展。凉山州亚热带作物研究所组织有关专家团队，协助地震重灾县会理县农业局进行沿金沙江南亚热带区域热作产业的调研和规划工作。通过实地调研后，确定该县的热作产业主要发展芒果、早市蔬菜、香蕉、玫瑰茄、甘蔗（含果蔗）、脐橙等经济作物，并制定了《会理县沿金沙江南亚热带经济作物产业带发展规划》。

技术帮扶贵州等地抗御雪灾。2008年2月19—24日，植物保护专委会挂靠单位中国热带农业科学院环境与植物保护研究所派出专家参加了由中国热带农业科学院热带作物品种资源研究所牵头组织的贵州抗寒救灾工作组。针对寒害后病虫害发生的特点，组织多名植保专家编写了热带果树、瓜菜等热带作物寒害后的病虫害防治技术的《热带作物病虫害防治技术》《香蕉寒害预防及灾后补救措施》《芒果寒害预防及灾后病虫害防治》《瓜菜主要病虫害及其防治》《番木瓜寒害处理及灾后病虫害防治技术》《菠萝寒冻害防治技术》等手册，发放了植保小册子1 000余份。救灾工作组赶赴贵州黔西南州的兴义市、安龙县、册亨县、望谟县，与贵州省农业厅和州市县农业局的领导和专家进行了座谈，并深入田间地头，考察和了解当地受灾情况和农民的灾后重建状况。

技术帮扶海南抗御特大寒害。学会棕榈作物专委会高度重视科技抗寒救灾活动，支撑单位椰子研究所于2008年2月6日召开科技人员科技抗寒救灾动员大会，动员科技人员投入抗寒救灾的活动中。棕榈专业委员会分为3个工作小组深入田间地头，分别从栽培措施、灾后补救、病虫害防治等方面对农户们进行了技术指导，帮助农民早日恢复生产。

积极参与灾后重建学术讨论会。2008年8月21—22日，广东热作学会在茂名市举办抗灾复产灾后重建研讨会。参会代表和论文作者共60多人，会议邀请学会支撑单位中国热带农业科学院的橡胶研究所黄华孙、魏小弟、林位夫、李维国等4位专家莅临指导并作主题学术报告。代表们围绕热区抗灾复产，重建美好热作新家园这个主题，开展了热烈的探讨。参会代表对推进热作事业特别是橡胶产业发展，发表了很多很有见地的意见和建议。

八、第八届理事会（2009年7月至2015年10月）

（一）理事会组成

理事长：吕飞杰

常务副理事长：张凤桐

副理事长（10人）：龚菊芳、刘康德、吴金玉、雷勇健、郭奕秋、何天喜、陈锦祥、王宏良、高咸周、王文壮

秘书长：吴金玉

常务理事（51人）：马驰、马子龙、支小纪、王文壮、王庆煌、王宏良、王澄群、刘国道、刘康德、吕飞杰、吕林汉、孙光明、何天喜、何朝族、吴金玉、张凤桐、张汉荣、张凯锋、李标、李学忠、杨培生、陈光、陈鹰、陈业渊、陈正优、陈献财、陈锦祥、武耀廷、郑文荣、郑服丛、郑康庆、郑惠典、赵邵林、赵鸿阳、钟思强、郭奕秋、高东风、高咸周、梁运强、黄强、黄俊忠、黄循精、龚菊芳、傅国华、彭明、曾莲、雷茂民、雷勇健、雷相成、蔡汉荣、魏小弟

理事（154人）：马驰、马子龙、尹光天、支小纪、方佳、文尚华、王犁、王文壮、王庆煌、王宏良、王春田、王锦文、王澄群、邓孚孝、邓晓玲、冯为桓、叶娘炎、白昌军、白燕冰、刘平东、刘永华、刘志崴、刘国民、刘国道、刘海波、刘康德、刘燕飞、吕飞杰、吕林汉、孙光明、江海强、许林兵、许能锐、过建春、严家春、何平、何天喜、何朝族、余火明、吴金玉、宋

国敏、张劲、张凤桐、张汉荣、张伟雄、张存岭、张凯锋、张锡炎、李冉长、李标、李琼、李大胜、李传辉、李国华、李学忠、李建兴、李畅昌、李美凤、李海清、李维锐、李智全、杜亚光、杨军、杨君、杨春城、杨培生、沙毓沧、苏明华、苏智伟、陈伟、陈光、陈勇、陈茗、陈鹰、陈业渊、陈叶海、陈正优、陈均隆、陈奕雄、陈喜明、陈献财、陈锦祥、周一中、周礼才、岳建伟、庞新华、林尤奋、林位夫、林泽川、林顺福、武耀廷、罗大全、罗关兴、范武波、郑少泉、郑文荣、郑东晖、郑如钦、郑服丛、郑康庆、郑惠典、胡乃盛、胡新文、赵邵林、赵鸿阳、钟思现、钟思强、唐正星、唐济民、徐芳钧、莫基华、袁潜华、郭安平、郭奕秋、高东风、高咸周、梁运强、章程辉、符气恒、黄志、黄洁、黄强、黄东益、黄兑武、黄华孙、黄国成、黄国弟、黄茂芳、黄俊忠、黄党源、黄家雄、黄富宇、黄循精、龚菊芳、蒋昌顺、傅国华、彭明、彭艳、彭远明、彭善亚、曾莲、曾令强、谢江辉、韩高级、蒙绪儒、雷茂民、雷勇健、雷相成、廖建和、蔡汉荣、潘东明、黎光华、魏小弟、魏海波

（二）重点工作事记

1. 2009年7月召开第八次全国会员代表大会暨学术讨论会

2009年7月27—28日，由中国热带作物学会主办，广东省农垦总局承办，中国农垦经济发展中心（农业部南亚热带作物开发中心）、中国热带农业科学院和海南大学协办的中国热带作物学会第八次全国会员代表大会在广州召开。来自海南、广东、云南、广西、福建、四川、贵州和湖南等8个省（自治区）的187名代表及部分列席代表参加了此次大会。

农业部高鸿宾副部长、中国科学技术协会学术部分别给大会发来贺信。农业部农垦局胡建锋副局长到会并讲话。

大会审议通过了学会第七届理事会工作报告、财务报告及关于修改《中国热带作物学会章程》的报告，选出学会新一届理事会理事157名，常务理事52名。

会议期间举办了现代热带农业发展研讨会，开设局长论坛。广东省农垦总局、海南省农垦总局和云南省农垦总局以及四川、湖南南亚办分别作了关于本省热作产业发展思路方面的专题报告。本次研讨会共收到论文百篇，汇编并出版了论文集。经专家认真评审，评选出学会2009年度廿大优秀论文并在大会上进行了表彰。吕飞杰理事长在会上作了《热区农村与现代热带农业建设》的主题报告。

2. 2009年11月组织参加国际天然橡胶生产国联合会（ANRPC）橡胶年会

2009年11月3—9日，学会组织参加国际天然橡胶生产国联合会（ANRPC）橡胶年会，共有10多位同志到越南胡志明市参加国际天然橡胶生产国联合会（ANRPC）橡胶年会。

3. 2009年12月举办第二届中国科学技术协会会员日活动暨2009年热带果树和南药产业发展研讨会

2009年12月22日，根据中国科学技术协会关于开展第二届中国科学技术协会会员日活动的通知要求以及农业部发展南亚热带作物办公室委托，中国热带作物学会2009年热带果树和南药产业发展研讨会暨中国科学技术协会会员活动在海南海口市隆重举行。来自学会5个专业委员会和海南、广东、云南、广西和福建5个省级热带作物学会以及中国农垦经济发展中心等单位的约50名专家和代表参加了大会。

农业部农垦局胡建锋副局长出席会议并讲话。他希望各位代表就我国热带果树和南药产业的发展献计献策，为农业部农垦局制定相关规划提供决策参考。他还对学会当好政府参谋提出了具体要求。农业部发展南亚热带作物办公室彭艳处长、学会常务副理事长张凤桐、副理事长龚菊芳、刘康德、王文壮，副秘书长李琼、杜亚光和李海清参加了研讨会。

4. 2010年10月在云南德宏召开八届二次理事会暨学术年会

2010年10月26—29日在云南德宏召开八届二次理事会暨学术年会。学会121名理事和来自北京、海南、云南、广东、广西、福建、湖南、四川等省（自治区、直辖市）的30多名热带农业科技工作者参加了会议。农业部农垦局彭艳处长代表农业部发展南亚热带作物办公室讲话。白建坤局长代表云南农垦总局、苏洪涛副州长代表德宏傣族景颇族自治州政府在开幕式上致欢迎词。吴金玉副理事长兼秘书长受理事会委托作2010年学会工作报告。李海清副秘书长做2010年学会财务报告。李琼副秘书长做增补理事及常务理事说明。四川等省南亚办代表本省份做了

"十二五"发展思路的报告。遗传育种专业委员会等专业委员会代表本专业做了"十二五"发展思路的报告。会议表彰了2010年二十大优秀论文和优秀农业科技示范基地。会议还表决通过了增补常务理事6名、理事8名名单；表决通过了增补刘康德、杨伟林为学会副理事长。吕飞杰理事长做了总结讲话。会议期间，全体代表还实地考察了云南德宏热带农业科学研究所。

5. 2010年5月在海口召开秘书长会议

2010年5月4日，在海口市召开2010年秘书长会议。来自海南、云南、广东、广西、福建等省级热带作物学会、中国热带作物学会各专业委员会（工作委员会）的代表共40多人出席了会议。会上传达了2010年全国南亚热带作物工作会议精神，报告了2009年中国热带作物学会工作情况及2010年工作计划安排。各省级热带作物学会、分会及各专业委员会（工作委员会）介绍了2009年工作概况及2010年的工作打算，同时对增补学会理事及专业委员会等工作了安排。

6. 2010年5月在海口组织召开了国际旅游岛热带现代农业发展研讨会

2010年5月5日，在海口组织召开了国际旅游岛热带现代农业发展研讨会。与会领导和专家围绕热带现代农业与国际旅游岛的关系、热带现代农业的内涵与功能、具体产业发展的建议、发展热带现代农业要把握的原则等议题作了发言。

会议汇总了各方专家意见，以学会的名义向海南省政府递交了"发展国际旅游岛热带现代农业的建议"，得到海南省有关部门高度重视。吕飞杰理事长的建议作为省政府参阅件印发全省各部门、各市县。

7. 2011年5月在福建厦门召开秘书长会议

2011年秘书长会议于5月5日在福建省厦门市召开。会议由中国农垦经济中心副主任、学会副理事长兼秘书长吴金玉同志主持，农业部农垦局热带作物处雷相成处长到会讲话。来自海南、云南、广东、广西、福建等省级热带作物学会、分会，各专业委员会、工作委员会的代表共60多人出席了会议。会上传达了在广州市召开的"2011年全国南亚热带作物工作会议"精神和"中国科学技术协会工作会议"精神。各省级热带作物学会、分会及专业委员会、工作委员会汇报了2010年工作总结及2011年的工作计划。同时对增补学会理事、增加专业委员会、评优及学会年会等工作作了安排。

8. 2011年10月在四川攀枝花召开八届三次理事会暨学术年会

八届三次理事会和学术年会于10月9—12日在四川省攀枝花市召开，学会120名理事参加了会议。会议通过了增补学会理事及常务理事的决定，表决通过增补常务理事3名、理事9名，表决通过增补符月华为学会副理事长。

会议审议通过了2011年学会工作报告，2011年学会财务报告。

会议表彰了"2011年二十大优秀论文""农业科技示范基地""先进集体"和"先进个人"。

会议期间，还召开了学术研讨会。来自北京、海南、云南、广东、广西、福建、湖南、四川等省（自治区、直辖市）的热带农业科技工作者参加了研讨会。各省级热带作物学会、分会、

各专业委员会共提交论文84篇。王文壮等7位专家做了特邀学术报告。

彭艳处长代表农垦局讲话并对全国热带作物"十二五"规划进行了解读。吕飞杰理事长做了总结讲话，他指出，八届三次理事会是贯彻落实中国科学技术协会八大精神的大会，会议得到了农业部南亚办的高度重视。

9. 2011年5月在福建厦门召开立体农业研讨会

2011年5月5日，学会在福建厦门召开热带现代立体农业发展研讨会。海南、云南、广东、广西、福建、湖南等省（自治区、直辖市）热带作物生产、科研、教学和管理部门的50多名专家与会。

与会代表围绕热带现代立体农业的内涵与功能、热带作物间套种和林下经济实践经验，以及发展热带现代立体农业产业建议等3个主题展开了热烈研讨。中国热带农业科学院橡胶所副所长林位夫、海南农垦设计院副院长董保健、海南省东方市广坝农场高级农艺师莫东红分别作了主题报告，还有多位专家在会上作了交流发言。通过研讨交流，与会代表开阔了眼界、增长了见识、了解了信息、交流了经验，对更好地推动热带现代立体农业发展起到了积极作用。

10. 2011年组织参加全国南亚热带作物工作会议

2011年全国南亚热带作物工作会议在广东省广州市召开。会议的主要任务是贯彻落实今年中央农村工作会议、全国农业工作会议和《国务院办公厅关于促进我国热带作物产业发展的意见》精神，总结热作"十一五"和2010年工作，研究部署热作"十二五"及2011年工作。理事长吕飞杰，副理事长龚菊芳，常务理事王庆煌等参加了会议。

11. 2011年8月组织参加第九届海峡两岸休闲农业与乡村旅游研讨会

为推动海峡两岸休闲农业与乡村旅游的发展事业，台盟中央、海南省人民政府、海南省科学技术协会、海南省农业厅、海南省台联等机构，2011年8月18日在海口市共同主办了第九届海峡两岸休闲农业与乡村旅游研讨会。学会积极派员参会，并组织撰写论文10篇。

12. 2011年积极组织科技救灾工作

抗寒救灾。为应对2011年入冬以来持续低温，学会积极配合支撑单位，组织割胶与生理专业委员会、植物保护专业委员会、牧草与饲料专业委员会、剑麻专业委员会、科普工作委员会以及各省级热带作物学会的专家们对我国南方各省（云南、广西、贵州等）的科技抗寒工作进行调研，指导橡胶越冬抗寒及其他热带作物的抗寒保丰收工作。

抗风救灾。2011年10月，海南遭受台风灾害。学会积极配合支撑单位，组织割胶与生理专业委员会、植物保护专业委员会、科普工作委员会、热带牧草与饲料专业委员会、棕榈作物专业委员会、遗传育种专业委员会等专家队伍奔赴救灾一线，开展救灾抗灾技术服务，从技术、专家队伍、资金等多方面保障了抗风救灾工作的顺利进行。

13. 2012年4月召开秘书长会议暨热作产业化学术研讨会

2012年4月12—15日，2012年秘书长会议暨热作产业化学术研讨会在广西北海市召开。

会议由中国热带作物学会和广西热带作物学会共同主办。学会副理事长兼秘书长吴金玉和学会副理事长王文壮共同主持会议。学会吕飞杰理事长、农业部农垦局热带作物处彭艳处长及相关领导到会讲话。学会部分理事，各分支机构正副理事长和正副主任委员，各省（自治区）学（分）会、专（工）委会秘书长和秘书以及研讨会论文作者近80人参加会议。会议的主要内容是全面总结和深入交流中国热带作物学会2011年工作，研究如何发挥中国热带作物学会产学研、农科教三结合的优势，确定农业科技促进年拟开展的主要工作。

彭艳处长系统介绍了我国热作发展情况和国家扶持热作产业的主要政策措施，以及热作领域正在和拟开展的主要工作。吕飞杰理事长对热作学会的工作给予了充分肯定，对学会规范化管理、稳步发展新的分支机构以及组织活动等提出了明确要求。

吴金玉秘书长传达了中央1号文件、全国农业工作会议、南亚热作会议精神；杜亚光副秘书长就热带作物学会分支机构的现状、日常管理和报批程序进行了介绍；各省（自治区）学（分）会、专业（工作）委员会就2011年工作总结和2012年工作计划进行了汇报。

经学会副理事长兼秘书长吴金玉同志提名，会议表决通过中国热带农业科学院科技处杨礼富副处长任学会副秘书长。

14. 2012年10月召开八届八次常务理事会

2012年10月15日八届八次常务理事会在宁夏回族自治区银川市召开。会议由吕飞杰理事长主持。会议形成如下决议：通过学会2012年度工作报告、学会2012年度财务报告；同意增补理事会成员名单并提交理事会审议表决；通过国际合作与台湾事务工作委员会机构人员名单，并要求增加副主任人选；审议并通过2012年度中国热带作物学会优秀论文、中国热带作物学会农业科技示范基地、中国热带作物学会热带农业十大适用技术评选结果。

15. 2012年10月召开理事年会暨学术论坛

学会2012年理事年会暨学术论坛于10月15—18日在宁夏回族自治区银川市隆重召开。宁夏回族自治区人民政府副主席屈冬玉，学会常务副理事长张凤桐，农业部农垦局副局长胡建锋，宁夏回族自治区农垦局副局长常利民，中国植物营养与肥料学会秘书长白由路，学会副理事长龚菊芳、王文壮，中国热带农业科学院副院长郭安平，中国农垦经济发展中心副主任、学会副理事长兼秘书长吴金玉，云南农垦总局副局长、学会副理事长何天喜，广西壮族自治区农垦局副局长、学会副理事长杨伟林，海南省农垦总局副局长、学会副理事长符月华以及学会理事和来自海南、云南、广西、广东等热区的代表200余人参加会议。会议由学会理事长吕飞杰主持。

宁夏回族自治区人民政府副主席屈冬玉发表热情洋溢的致辞。农业部农垦局副局长胡建锋传达了农业部对热带作物产业发展的要求，指明了热带作物产业发展的方向。

理事长吕飞杰作主题报告。在报告中，吕飞杰理事长剖析了当前热作产业的发展形式和特征，探究了热作产业发展的道路。

会议审议通过了学会2012年度工作报告、财务报告和增补理事会成员名单的决议；表彰了2012年度中国热带作物学会优秀论文、农业科技示范基地、热带农业十大适用技术。

此次会议主题为提高热带作物综合生产能力。会议围绕热带作物科技创新、热带农业科技人才培养等内容展开学术研讨。中国热带农业科学院副院长郭安平研究员、海南大学副校长胡新文教授、中国植物营养与肥料学会秘书长白由路研究员、中国热带作物学会遗传育种专业委员会主任彭明研究员、中国热带作物学会农产品质量安全专业委员会（筹）主任罗金辉研究员等5位专家分别作大会特邀报告。会议还安排两个分会场进行了专题报告和学会工作交流。

此次会议具有规模大、规格高、民主办会、广泛开展学术交流等特点，并启动十大实用技术的评选，将学会发展推进到新的里程，使学会工作迈上了新的台阶。

16. 2013年4月召开秘书长会议暨热作标准化生产经验交流会

4月14—16日，为贯彻中国科学技术协会2013年学会工作会议和2013年全国南亚热带作物工作会议精神，落实学会2013年工作任务，进一步推进学会各项工作的顺利开展，学会秘书处在三亚组织召开2013年秘书长会议暨热作标准化生产经验交流会。各省（自治区）学（分）会、专（工）委会秘书长和秘书，以及部分分支机构的负责人等60余人参加会议。农业部农垦局热作处林建明副处长应邀到会指导。会议由王文壮副理事长主持，理事长吕飞杰到会讲话。

林建明副处长强调了农业标准化生产的意义、特性和核心任务，介绍了天然橡胶、剑麻等热作标准化生产的历史与现状。

吕飞杰理事长作了题为《热区"三农"的新特点和新任务》的主题报告。

杜亚光副秘书长传达了中国科学技术协会2013年学会工作会议和2013年全国南亚热带作物工作会议精神，对中国热带作物学会工作提出了新的期望。杨礼富副秘书长就学会建设和日常管理工作提出了明确、具体的要求。

与会人员就2012年工作总结和2013年工作计划进行了交流，广西热带作物学会等5个机构作了典型发言；茂名市广垦富果业有限公司等5家标准化生产示范园建设单位围绕热作标准化生产议题，作了交流发言。

17. 2013年9月学会副理事长王文壮带队前往福建调研热作产业发展情况

2013年9月9—14日，由副理事长王文壮研究员带队的调研组前往福建厦门、漳州、泉州等地开展热作产业发展情况调查。

18. 2013年11月召开全国热带作物学术年会

2013年11月25—28日，由中国热带作物学会主办，中国热带农业科学院承办的中国热带作物学会2013年学术年会在四川省成都市召开。来自全国各地近60家企事业单位的240余名代表齐聚一堂，共商热带作物产业转型发展大计。常务副理事长张凤桐，副理事长郭安平、龚菊芳、王文壮、符月华、何天喜，中国热带农业科学院孙好勤副院长，农业部农垦局热作处林建明副处长等领导出席会议。大会由副理事长兼秘书长吴金玉主持。

中国热带农业科学院副院长、学会副理事长郭安平致辞。

农业部农垦局林建明副处长就热带作物产业现代化、热带作物产业经济效益等，分析了当前热带作物产业的发展形势，通报了有关我国热带作物产业发展的支持政策。常务副理事长张凤桐对学会2013年的工作给予充分肯定。

会议审议通过了学会2013年工作报告、财务报告和增补理事会成员名单。表彰了2013年学术年会优秀论文（摘要）和优秀分会场报告。会议还通报了单位会员会费收缴情况。

会议以"创新驱动热带作物产业转型发展"为主题，围绕种质资源及创新利用、高产优质高效理论与技术、热带水果科技创新与产业升级等内容展开学术研讨。中国热带农业科学院孙好勤研究员、中国农业大学李晓林教授、广西大学何龙飞教授、中国热带农业科学院彭明研究员、学会秘书处杨礼富研究员分别作了题为《经济转型新背景下的农业新业态——休闲农业》《建设科技小院，实践高产高效》《植物铝毒害机理的研究进展》《香蕉枯萎镰刀菌的致病机制及其香蕉对其侵染的响应》《创新学会管理，激发学会活力》的主题报告。

19. 2013年11月召开八届十次常务理事会

2013年11月26日，学会八届十次常务理事会在成都召开，会议由常务副理事长张凤桐主持。

会议审议通过了中国热带作物学会2013年工作报告、2013年财务报告、增补理事会成员名单、2013年学术年会优秀论文（摘要）等议案。

20. 2013年12月中国科学院院士吴常信应邀作科学道德和学风建设报告

12月24日上午，中国科学院院士、教育部学风建设委员会主任、中国农业大学吴常信教授应中国热带作物学会邀请，到会员单位中国热带农业科学院作题为《科研诚信与学术规范》的宣讲报告。报告会由副理事长、中国热带农业科学院副院长郭安平主持。

此次宣讲报告会主要采取视频会议的形式进行，共6个会场近400名科研人员及在读研究生参加了报告会。

21. 2014年3月组织院士开展第十六届中国科学技术协会年会会前调研

2014年3月3—7日，学会组织特邀参加第十六届中国科学技术协会年会的中国科学院谢华安院士、中国工程院朱有勇院士赴云南省开展实地调研，云南省农业厅厅长助理李洪涛，学会副理事长吴金玉、何天喜，副秘书长杨礼富陪同调研。

本次调研的内容主要包括云南红河谷热区资源、热作产业以及云南省生态农业。座谈会上，云南省农业厅、红河州农业局、科技局、科协、植保站以及相关县市农业局等单位领导介绍了云南省以及红河州农业产业现状和存在的主要问题。朱有勇院士全面分析了红河谷丰富的生物资源与得天独厚的光热资源，提出了开发利用红河谷热区资源的系列设想。谢华安院士结合生态农业和现代农业的概念从培育特色产业带、科技支撑品牌农业、扶持龙头企业联动发展等几个方面对红河谷的发展进行了构想。座谈会后，调研人员深入云南红河流域干热河谷地区开展实地调研。

第十六届中国科学技术协会年会定于2014年5月24—26日在云南省昆明市举行，由中国科学技术协会和云南省人民政府共同主办。受中国科学技术协会委托，学会协办"高原特色农业发展论坛暨院士专家助推农业产业行动"专题论坛，并参与筹备组党政领导与院士专家座谈会。

22.2014年8月召开秘书长扩大会

2014年8月27—29日，2014年秘书长会议在海口顺利召开。会议由副理事长王文壮主持，副理事长（秘书长）吴金玉、副理事长杨伟林及学会各分支机构的主任、秘书长等40余人参加了会议。

吴金玉秘书长传达了中国科学技术协会关于学会有序承接政府转移职能的相关文件精神；杨伟林副理事长传达了中国科学技术协会关于学会能力提升有关文件精神，并就中国科学技术协会关于全国学会分支机构、代表机构登记审批新变化作了介绍；各省级学（分）会、专业（工作）委员会交流了2013—2014年上半年工作概况及2014年下半年工作计划；与会代表就学会2014年学术年会方案等进行了充分讨论。

23. 2015年4月召开第九次全国会员代表大会筹备会

2015年4月29日，在海口市召开学会第九次全国会员代表大会暨2015年学术年会第一次筹备会议。会议由学会常务理事刘国道研究员主持。会议邀请挂靠单位中国热带农业科学院办公室、财务处、人事处的领导出席。

秘书处介绍了学会的整体情况以及第九次全国会员代表大会暨2015年学术年会召开的背景、大会筹备方案和换届方案。与会领导针对学会发展的若干问题提出了建设性意见。大家认为，学会的学术会议管理可以与挂靠单位分开，不受挂靠单位财务及会议管理的束缚。要多渠道筹措经费，落实学会专职工作人员。刘国道常务理事建议秘书处进一步完善大会筹备方案和换届方案，向挂靠单位院常务会通报大会筹备工作进展，并提交学会常务理事会审议，以便尽早报送中国科学技术协会批复。

24. 2015年9月召开年度工作会议

2015年5月19—21日，2015年工作会议暨常务理事会在广东省广州市顺利召开。会议由学会常务副理事长张凤桐和副理事长兼秘书长吴金玉共同主持。农业部农垦局彭剑良副局长，中国热带农业科学院党组书记李尚兰，广州市果树科学研究所所长陈健，学会常务理事，以及来自海南、云南、广东、广西、福建等省级热带作物学会，中国热带作物学会各专业委员会（工作委员会）的代表70余人出席会议。

常务副理事长张凤桐在讲话中指出，中国热带作物学会作为跨地区、跨行业、跨学科的社会团体，要切实加强自身的组织建设和能力建设，充分发挥学会的组织优势、人才优势和资源优势，围绕国家需求、社会需求、会员单位需求，组织开展产业调研、联合攻关以及政府职能转移研究。中国热带农业科学院李尚兰书记指出，学会要进一步加强制度建设，理顺学会管理的体制机制，明确学会的发展方向、目标任务和具体措施，积极承接政府转移职能，促进学会规范管理、健康发展。

吴金玉秘书长从学术交流、产业调研、热带作物品种审定、科学普及、服务"三农"、学术期刊管理、组织和能力建设等方面汇报了中国热带作物学会2014年工作完成情况，并部署了2015年工作重点。广东省热带作物学会、云南省热带作物学会、热带香料饮料作物专委会、剑麻专委会、割胶与生理专委会就2014年工作情况与2015年工作计划作了典型发言。

25. 2015年8月召开管理培训会

为了规范和加强中国热带作物学会内部管理，指导学会按照《章程》规定的业务范围积极主动开展活动，引导和推进分支机构创新发展，不断提升学会的公信力、凝聚力、影响力以及自我发展的能力，2015年8月5—7日，学会在贵州省贵阳市举办2015年管理工作培训。培训由学会副理事长王文壮研究员和学会挂靠单位中国热带农业科学院刘国道副院长共同主持。第九次全国会员代表大会暨2015年学术年会组委会的领导和筹备工作组成员，学会各专业委员会、工作委员会的主任委员和秘书30余人参加了培训。

刘国道副院长指出，在国家深化行政体制改革和科技体制改革以及中国科学技术协会所属学会有序承接政府转移职能扩大试点的新形势和新机遇下，学会管理面临一系列新变化，对做好学会工作提出了新的、更高的要求。学会及其分支机构应充分发挥自身组织优势、学科优势、人才优势和独特作用，广泛开展学术交流、产业调研、决策咨询、技术培训、科学普及等工作，加快提升学会影响力。同时，通过建章立制，进一步规范和加强内部管理，为学会及其分支机构各项工作的有序开展提供制度保障。

王文壮副理事长对大家提出要求，希望大家认真学习管理制度，通过学习和交流，转变思维，规范和创新管理，推进学会规范管理和健康发展。

学会副秘书长杨礼富对颁布的《中国热带作物学会分支机构管理办法》《中国热带作物学会财务管理办法》《中国热带作物学会先进集体和先进工作者评选办法》进行了解读。学会秘书处唐弼对《中国热带作物学会会议费管理办法》进行了解读，并对实际操作中的一些重要环节和事项作了重点说明，还对培训人员提出的问题进行详细解答。

秘书处对中国热带作物学会2015年学术年会筹备进展情况进行了通报。会议还研究确定了热带牧草与饲料作物、植物保护、割胶与生理、热带香料饮料、棕榈作物5个专委会和科技咨询与推广工作委员会申请承办2015年学术年会6个分会场的事宜。

九、第九届理事会（2015年10月至2020年6月）

（一）理事会组成

名誉理事长：吕飞杰

理事长：李尚兰

副理事长（11人）：郭安平、吴金玉、符月华、刘波、张治礼、刘国道、胡新文、范源洪、吕林汉、陈东奎、钟广炎

秘书长：刘国道（兼）

副秘书长：杨礼富、刘建玲、刘光华

常务理事（61人，排名不分先后）：李尚兰、郭安平、吴金玉、符月华、刘波、张治礼、刘国道、胡新文、范源洪、吕林汉、陈东奎、钟广炎、刘建玲、汪铭、郑文荣、陈文生、翁伯琦、苏明华、彭远明、谢大森、白先进、李标、黄强、杨伟林、雷朝云、唐正星、张锡炎、何德佳、邹学校、余传源、雷茂民、刘建军、白燕冰、殷世铭、何天喜、郭建春、易克贤、刘恩平、谢江辉、李积华、张劲、彭明、马子龙、李开绵、白昌军、陈业渊、范武波、邬华松、黄华孙、校现周、林文雄、何新华、傅国华、郑服丛、章程辉、黄东益、胡桂兵、李富生、过建春、江海强、黄香武

理事（184人，排名不分先后）：李尚兰、郭安平、吴金玉、符月华、刘波、张治礼、刘国

道、胡新文、范源洪、吕林汉、陈东奎、钟广炎、刘建玲、汪铭、郑文荣、陈文生、翁伯琦、苏明华、彭远明、谢大森、白先进、李标、黄强、杨伟林、雷朝云、唐正星、张锡炎、何德佳、邹学校、余传源、雷茂民、刘建军、白燕冰、殷世铭、何天喜、郭建春、易克贤、刘恩平、谢江辉、李积华、张劲、彭明、马子龙、李开绵、白昌军、陈业渊、范武波、邬华松、黄华孙、校现周、林文雄、何新华、傅国华、郑服丛、章程辉、黄东益、胡桂兵、李富生、过建春、杨礼富、刘光华、李琼、蒋昌顺、徐兵强、罗金辉、符悦冠、黄贵修、李勤奋、陈青周、文钊、詹儒林、黄茂芳、杨春亮、李明福、王祝年、刘志昕、周鹏、张家明、陈松笔、尹俊梅、戴好富、赵建平、田维敏、雷新涛、郭丽秀、陈建波、钟思现、李冉、应朝阳、陈清西、黄国成、汤浩、叶新福、郑少泉、黄毅斌、陈振东、杨君、黄志、陈茗、王锦文、陀志强、房伯平、许林兵、田兴山、陈小平、苏智伟、陈叶海、李春雨、文尚华、陈健、陈海生、黄兑武、汤君君、邓国富、张述宽、谭宏伟、韦善富、赖志强、庞新华、马锦林、马玉华、吴明开、莫本田、董保健、何凡、陈绵才、云勇、冯学杰、陈业光、孟卫东、吉建邦、范鸿雁、肖日新、谢兴怀、邓光辉、戴雄泽、徐芳钧、朱校奇、廖家槐、彭春瑞、刘光荣、周文忠、郑朝东、刘志英、向跃武、李洪雯、薛世明、张洪波、李守岭、李维锐、李传辉、李志云、朱红业、曾莉、黄家雄、马伟、金航、岳建强、沙毓沧、李国华、韩高级、张卫明、许能锐、韦开蕾、张德生、廖双泉、缪卫国、翁绍捷、冯斗、陈厚彬、陈建业、王建武、韦春、田洋、刘永华、符气恒、黄富宇、王菲捷、张小玲、李普旺、陈锦东、陈植基、王树明、宋国敏

（二）重点工作事记

1. 2015年10月召开第九次全国会员代表大会暨学术研讨会

2015年10月21—22日，中国热带作物学会第九次全国会员代表大会暨2015年学术年会在海口召开。年会的主题为"发展高端热作，创新驱动转型升级"。来自全国各地的近400名专家学者齐聚一堂，交流热作科技领域新进展，共商热作产业发展大计。

中国科学院院士谢华安、海南省科学技术协会副主席林峰、农业部农垦局热带作物处处长彭艳、中国热带农业科学院王庆煌院长、李尚兰书记、福建省农业科学院刘波院长、云南省农业科学院范源洪副院长、海南省农业科学院张治礼院长、海南大学胡新文副校长等出席会议。会议由学会常务副理事长张凤桐主持。

中国热带农业科学院王庆煌院长表示，作为中国热带作物学会的支撑单位，会一直将中国热带作物学会的发展当成自身的责任和义务，今后将一如既往地全力支持学会开展工作，凝聚热区九省份的力量与科技资源，共同把热作学会的作用发挥得更好，把热作学会的影响力发挥得更大。

会议选举产生了中国热带作物学会第九届理事会、常务理事会以及学会负责人。中国热带农业科学院李尚兰书记当选为中国热带作物学会第九届理事会理事长。

李尚兰理事长代表新一届理事会在闭幕式上致辞，就推进中国热带作物学会创新发展提出要求。

会议审议了第八届理事会工作报告、财务报告、章程草案、"十三五"发展规划、学术发展规划（2016—2018年）、学术自律规范、会费标准以及相关事项。介绍了黄宗道院士和何康老部

长的事迹，激励广大热作科技工作者学习和发扬前辈科学家无私奉献、艰苦奋斗、团结协作、勇于创新的精神。会议还邀请了中国科学院谢华安院士以及农业部农垦局、中国农业科学院、中央民族大学和中国热带农业科学院的专家，分别作大会特邀报告和分会场专题报告，广泛开展学术交流。

会议由中国热带作物学会主办，中国热带农业科学院、海南省热带作物学会、海南大学、海南省农业科学院共同协办。会议还表彰了2015年学术年会优秀分会场组织单位和优秀分会场学术报告获奖者。

会议期间，举办"我国南方草牧业科技发展与产业现状研讨会"。

中国热带作物学会2015年学术年会第一分会场"我国南方草牧业科技发展与产业现状研讨会"于2015年10月22日在海口成功召开。

会议以"我国南方草牧业科技发展与产业现状"为主题，对牧草种质资源保护、牧草育种技术及新品种选育、南方牧草栽培利用模式、南方草牧业发展现状及展望进行了交流。来自海南、广东、广西、福建、云南、贵州、湖南等省份的46名代表参加了会议。代表们分别就《海南莎草科植物资源考察、收集及分类学修订》《柱花草活化利用外源有机磷的分子机制》《狼尾草加工技术及在养猪上利用研究》《甘蔗尾叶在海南黑山羊舍饲养殖中的应用研究》《纳罗克非洲狗尾草种子生产及产业前景》等报告进行了汇报交流。会议评选出了优秀报告和优秀分会场组织奖。

2. 2015年12月举办海南（儋州）热带农业成果博览会

2015年12月10—11日，由中国热带作物学会、中国热带农业科学院、海南省农业科学院、海南大学、海南省海洋与渔业科学院、海南省林业科学研究所、海南儋州国家农业科技园区管委会、广物地产等单位共同主办的2015年海南（儋州）热带农业成果博览会（以下简称"热博会"）在海南省儋州市隆重举行。儋州市市长张耕、海南大学党委书记刘康德、海南省工信厅厅长韩勇、海南省农业科学院党委书记钟鸣明等领导出席开幕式。学会理事长、中国热带农业科学院党组书记李尚兰出席开幕式并致辞。

李尚兰理事长在致辞中表示，热博会为展示我国热带农业最新科技成果，强化科研院所、高等院校、企事业单位以及政府部门之间的相互了解、交流与合作提供了重要平台。必将对加快推进热带农业科技成果转化、促进热带农业产业转型升级、实现海南绿色崛起和实施热带农业走出去战略等产生重要推动作用。

本届热博会以"展示与转化科技成果、发展热带特色高效农业"为主题，举行了投资洽谈、项目签约、成果论坛、评选表彰、参观考察等一系列活动。热博会共展示热带农业新技术76项、新方法45个、新品种86个、新产品98个。

来自云南、广西、广东、浙江、福建等省（自治区）的科研院校和行业协会的专家学者，哥伦比亚、阿根廷、巴西、泰国等国家的专家，国家内外客商，海南省内市县农业部门代表、农业生产经营企业，儋州市相关部门、各镇政府、农民专业合作社、种养殖大户、农民代表等近万人参加本届热博会。

3. 2015年12月与中英可持续农业创新协作网签订合作协议

12月11日，中国热带作物学会与中英可持续农业创新协作网SAIN在海口签订合作协议，学会刘国道副理事长与SAIN吕悦来秘书长分别代表双方在协议书上签字。

双方拟在农业可持续集约化技术与政策研究、农业技术转移、农业科研创新及成果转化利用、共建国际科研平台、申报国际合作项目等方面开展合作与交流，建立知识共享和互学互鉴机制。

中国热带作物学会秘书处和中国热带农业科学院品种资源研究所有关专家参加了合作协议签字仪式。

4. 中国热带作物学会与国际热带薯类学会签署合作协议

2016年1月24日，中国热带作物学会（CSTC）与国际热带薯类学会（ISTRC）在海口市签署合作协议，刘国道副理事长与Keith Tomlins主席分别代表双方在协议书上签字。座谈会上，刘国道副理事长与Keith Tomlins主席分别介绍了CSTC与ISTRC的情况。双方拟在人才培养、专业培训、技术支持以及国际合作项目的申报和共同主办学术会议等方面开展合作。协议的签署，有利于促进中国热带作物学会的国际学术交流与合作，快速提升学术交流能力与水平，加快推动中国热带作物学会健康发展。中国热带作物学会海口市的部分理事、有关专家、国际块根类作物国际会议部分代表近40人参加协议签署仪式。

5. 2016年3月召开2016年工作会议暨九届一次常务理事会

2016年3月23—25日，中国热带作物学会2016年工作会议暨九届一次常务理事会在云南腾冲召开。会议深入贯彻落实党的十八大和十八届三中、四中、五中全会精神，传达全国学会2016年工作会议精神，系统总结中国热带作物学会2015年工作，研究和部署2016年工作重点。

云南省农业科学院范源洪副院长、热带亚热带经济作物研究所党委书记刘光华代表承办单位在会上致辞，并介绍云南热区、热带作物生产概况和云南省农业科学院的基本情况。中国热带作物学会副理事长、福建省农业科学院院长刘波传达了国家副主席李源潮、中国科学技术协会主席韩启德、中国科学技术协会党组书记尚勇等领导同志在"全国学会2016年工作会议"上的讲话精神。

刘国道副理事长兼秘书长作2015年工作报告。

会议一致同意推选李尚兰理事长为中国科学技术协会第九次全国代表大会代表和第九届全国委员会委员候选人。

会议审议并通过《中国热带作物学会2015年工作报告》《中国热带作物学会及其分支机构2016年主要活动计划》《中国热带作物学会分支机构变更事宜》《中国热带作物学会会费管理办法》《中国热带作物学会劳务报酬管理办法》等议题。

会议对学会公开征集的会徽进行评选并确定了会徽。从此学会有了

自己的会徽。

会议还就提高会刊《热带作物学报》办刊质量、为产业发展建言献策、为政府提供决策咨询以及强化民主办会等事项进行交流。会议还研究确定了学会2016年学术年会举办地点和承办单位。

学会第九届理事会常务理事，各专业委员会、工作委员会、省（自治区）热带作物学会（分会）负责人和秘书长，学会秘书处工作人员等90多人参加会议。

6. 2015年5月中国科学技术协会党组书记尚勇到中国热带作物学会调研

2015年5月25日，中国科学技术协会党组书记、常务副主席、书记处第一书记尚勇赴中国热带作物学会调研。中国科技馆党委书记殷皓，海南省人大常委会副主任、海南省科学技术协会主席康耀红，海南省科学技术协会党组书记胡月明，中国热带作物学会理事长李尚兰、副理事长郭安平、副秘书长杨礼富和部分常务理事代表参加调研。

7. 2016年11月中国热带作物学会召开党建工作专题会议落实"两个全覆盖"工作任务

2016年11月10日，中国热带作物学会党建工作专题会议在广西南宁召开。理事长李尚兰主持会议，并对学会落实"两个全覆盖"工作提出要求。第九届理事会常务理事中的中共党员参加会议，学会挂靠单位中国热带农业科学院机关党委负责同志列席会议。

刘光华副秘书长传达了《中国科协关于加强科技社团党建工作的若干意见》《中国科协科技社团关于推进中国科学技术协会所属学会党建"两个全覆盖"专项工作方案》等文件精神，同时传达中国科学技术协会党组书记、常务副主席、书记处第一书记尚勇在中国科学技术协会党建工作上的会议精神。会议研究决定在中国热带作物学会理事会层面成立学会功能型党委，并研究提出党委会领导班子组成及人选。

8. 2016年11月召开全国热带作物学术年会

2016年11月9—12日，中国热带作物学会2016年学术年会在广西南宁召开。来自全国各地从事热带作物科学研究、教学、生产和管理的400多名专家学者分享了热带农业科技创新成果，探讨"一带一路"倡议与热带农业"走出去"，助推热带作物产业和热带农业学科发展。学会名誉理事长吕飞杰、中国工程院院士吴孔明、学会理事长李尚兰、英国格林威治大学教授Keith Ian Tomlins、广西农业科学院院长白先进、广西热带作物学会理事长杨伟林等领导出席会议开幕式。学会副理事长兼秘书长刘国道主持大会。

中国工程院吴孔明院士、英国格林威治大学Keith Ian Tomlins教授以及一批国内知名科学家作特邀大会报告，70余名专家学者在7个分会场做专题学术报告。

会议组织了热带作物科学领域优秀科学家事迹报告会，介绍广西农业科学院原副院长彭绍光研究员先进事迹。表彰了"全国优秀科技工作者"彭政研究员、中国热带作物学会2015—2016年度先进集体和先进工作者。

会议由中国热带作物学会主办，广西农业科学院承办，广西发展亚热带作物领导小组办公室和广西热带作物学会协办。

9. 2017年2月召开中国热带作物学会2017年院士候选人推选初审会

2017年2月18日，中国热带作物学会2017年院士候选人推选初审会议在海口召开，学会理事长李尚兰主持会议。会上，评审专家全面审阅了候选人的推选材料，经过集中评议和无记名投票，3名候选人获得学会向中国科学技术协会推选中国工程院院士候选人资格。

10. 2017年3月召开理事会党委会

2017年3月22日，中国热带作物学会党委会2017年第一次会议在成都召开。会议由党委副书记陈东奎主持，党委委员吕林汉、刘光华、雷朝云出席会议。副理事长兼秘书长刘国道和副秘书长杨礼富列席会议。

会议讨论通过《中国热带作物学会2017年工作会议暨九届七次常务理事会议程》。审议通过拟提交九届七次常务理事会审议的《中国热带作物学会2017年工作报告》《中国热带作物学会2017年活动计划》《中国热带作物学会分支机构拟聘任负责人名单》《中国热带作物学会香料饮料作物专业委员会主任变更事宜》《中国热带作物学会秘书处机构设置及其拟任负责人名单》《中共中国热带作物学会功能型委员会工作规则》等议题。

根据《中共中国热带作物学会委员会工作规则》的相关要求，学会党委实行党委会议事决策制度。学会在召开理事会或常务理事会等重要会议前召开党委会，对拟提交理事会或常务理事会审议的重大问题提前研究。充分发挥党委在学会建设中的政治核心、思想引领和组织保障作用。

11. 2017年3月召开九届七次常务理事会

为深入贯彻落实中央对中国科学技术协会工作的指示精神，总结2016年学会工作成效，部署2017年学会工作安排，推动学会工作取得新实效，3月21—24日，在四川成都召开2017年工作会议暨九届七次常务理事会。会议由四川国光农化股份有限公司承办，学会副理事长兼秘书长刘国道主持会议。

学会副秘书长杨礼富传达了2017年中国科学技术协会学术工作会议精神。学会副理事长张治礼作学会2017年工作报告。

会议审议并通过《中国热带作物学会2017年工作报告》《中国热带作物学会2017年活动计划》《中国热带作物学会分支机构拟聘任负责人名单》《中国热带作物学会香料饮料作物专业委员会主任变更事宜》《中国热带作物学会秘书处机构设置及其拟任负责人名单》《中共中国热带作物学会功能型委员会工作规则》等议题。

云南热带作物学会、广西热带作物学会在会上作了学会工作经验交流。

会议组织开展了学会分支机构2016年度考核，14个专业委员会和5个工作委员会围绕2016年工作情况及2017年工作计划进行了考核汇报。在分组讨论环节，参会人员就《中国热带作物学会2017年工作报告》、深化学会改革、学会分支机构管理、如何充分发挥学会理事会作用等相关问题进行了充分讨论。

会议期间，参会人员参观了国光公司的历史文化馆，考察了"冬保护"示范基地。

学会第九届理事会常务理事，各专业委员会、工作委员会、省级热带作物学会（分会）负责人和秘书长，学会秘书处工作人员等80余人参加会议。

12. 2017年4月中国科学技术协会党组成员、书记处书记吴海鹰一行到中国热带作物学会调研

2017年4月19日，中国科学技术协会党组成员、书记处书记吴海鹰，海南省科学技术协会副主席林峰一行调研中国热带作物学会。

13. 2017年10月召开首届青年科学家论坛

为加强全国热带作物领域青年学者之间的交流与合作，开阔青年学者的视野，激发青年学者的创新性，为广大青年学者提供一个高水平的学术交流平台，10月24—26日中国热带作物学会在海口举办第一届青年科学家论坛。全国热带作物领域的50余名青年学者参加了论坛。学会副理事长兼秘书长刘国道主持论坛开幕式。

本次论坛主要包括四个内容，一是中国科学技术协会青年人才托举工程介绍；二是中国科学技术协会青年人才托举工程第三届（2017—2019年度）项目答辩评审；三是中国科学技术协会青年人才托举工程第一届（2015—2017年度）项目实施成效汇报；四是青年学者自由交流。

本次论坛共有16名青年学者围绕自己的研究领域作了学术报告，并与现场专家及青年学者进行了深入的交流。

14. 2017年11月举办学习宣传贯彻党的十九大精神专题报告会

11月13日，在贵阳举办学会学习宣传贯彻党的十九大精神专题报告会。报告会由党委委员雷朝云主持，副理长、党委副书记陈东奎主讲。

陈东奎副理事长分享了党的十九大会议精神的学习体会，解读了党的十九大对科技创新提出的新部署和新要求，提出了在学会层面学习贯彻落实党的十九大会议精神的思路与方法。

会议要求，学会各级党组织要把学习宣传贯彻党的十九大精神作为今后一段时期的首要政治任务，学会第九届理事会理事尤其是党员要坚定理想信念，加强党性修养，增强"四个意识"、坚定"四个自信"、做到"两个维护"，将党员干部的先锋模范作用转化为做好学会工作、推动学会改革发展的强大动力。

学会第九届理事会全体理事、分支机构负责人，省级热带作物学会负责人，以及相关代表参加报告会。

15. 2017年11月召开九届三次理事会

2017年11月13日，中国热带作物学会九届三次理事会在贵州省贵阳市召开，第九届理事会理事132人相聚一堂共商学会发展大计。学会副理事长郭安平主持会议。

会上，陈东奎副理事长传达了中国共产党第十九次全国代表大会会议精神。杨礼富副秘书长汇报了一年来学会改革与发展进展以及第一届中国热带作物学会科学技术奖励评审情况，并宣布了获奖名单。与会理事一致认为学会在2017年脚踏实地，锐意进取，创新地开展了一系列卓有成效的工作，改革成效显著。

会议针对学会主办的《热带作物学报》管理改革事宜进行了研究。与会理事认为，要适应中国科学技术协会对期刊管理的新要求，《热带作物学报》改革势在必行。学会要进一步理顺《热带作物学报》的管理体制，推动《热带作物学报》回归学会理事会管理。要充分发挥学会的学科、人才和组织优势，通过转变办刊理念、引入新的经营模式、加强期刊人才队伍建设等措施，快速提升《热带作物学报》的办刊质量和水平。

经无记名投票表决，会议审议通过了《〈热带作物学报〉管理改革方案》《中国热带作物学会2017年度财务报告》和《中国热带作物学会第九届理事会理事调整建议名单》。2017年度增补江海强、黄香武为第九届理事会常务理事，增补唐冰、李普旺、陈锦东、陈植基、王树明、宋国敏为第九届理事会理事。

会议对学会将参加的2017年度全国性社会组织评估工作进行部署，强调要通过参与评估，以评促改，以评促建，推动学会工作更上新台阶。

16. 2017年11月常务理事邹学校研究员当选为中国工程院院士

2017年11月27日，中国工程院公布了2017年工程院院士增选名单。学会常务理事邹学校研究员当选为中国工程院院士。

邹学校院士，男，1963年7月出生，1983年7月本科毕业于湖南农业大学蔬菜专业，1986年7月获得湖南农业大学农学硕士学位，2002年12月获得华中科技大学管理学博士学位，2005年7月获得南京农业大学农学博士学位，2016年当选国家特色蔬菜产业体系首席科学家。

自1988年起，邹学校研究员一直在湖南省农业科学院从事辣椒遗传改良与育种研究，在辣椒种质资源创制、育种技术创新、新品种培育等方面取得了系列创新性成果。迄今为止，邹学校研究员率领的辣椒团队系统搜集、保存国内外辣椒种质资源3 219份，建立了我国材料份数最多的全国辣椒种质资源库。他利用湖南优异种质资源经多基因聚合和系统选择，育成的3个骨干亲本5901、6421和8214，被全国育种单位广泛利用，育成辣椒新品种165个，占全国同期审定辣椒新品种的23.34%，是我国育成品种最多的辣椒骨干亲本。育成品种累计推广面积达1.2亿亩。占同期新品种推广面积的42.07%，是我国育成品种种植面积最大的骨干亲本，累计新增社会效益584亿元。邹学校研究员在国内最先开展辣椒杂种优势利用研究，选育了系列强优势组合，突破了人工杂交规模制种技术，使我国辣椒生产20世纪就实现由地方品种向杂交品种更新换代的目标。在骨干亲本6421中发现了易恢复雄性不育源，育成了我国第一个通过审定的辣椒胞质雄性不育系9704A，明确了9704A不育的分子机理，创新了甜椒恢复系的选育方法，解决了我国辣椒杂种优势育种中长期存在的三系配套组合优势不强的问题。构建了辣椒多个重要性状分子标记辅助选择技术，率先在辣椒上引进"穿梭育种"技术。

30多年来，邹学校研究员主持、参与国家、省部级项目50余项，4次获得国家科技进步二等奖，6次获得湖南省科技进步奖奖励，两次被湖南省人民政府记一等功，先后获中国青年科技奖、全国"五一"劳动奖章、光华工程科技奖、何梁何利奖等奖项。申请和获授权专利30余项，制定湖南省地方标准20余个。出版《辣椒遗传育种学》等专著20多部，以第一或通讯作者在 *Molecular Plant*、《中国农业科学》等杂志发表论文300多篇。

17. 2017年12月召开社会组织评估工作部署会

2017年12月8日，在海口召开学会评估工作部署会。学会挂靠单位中国热带农业科学院王庆煌院长出席会议并作动员讲话，学会副理事长郭安平、符月华、钟广炎出席会议。会议由副理事长兼秘书长刘国道主持。

王庆煌院长对中国热带作物学会近年来开展的工作和取得的成绩给予充分肯定，并寄予厚望。王院长表示，中国热带农业科学院作为学会的支撑单位，将在人财物等各方面大力支持学会工作，为中国热带作物学会的改革和创新发展提供坚强保障。

杨礼富副秘书长介绍了评估工作组织机构、工作流程、任务分工以及时间安排等事项。

学会副理事长兼秘书长刘国道就评估工作提出三点要求。一是希望学会秘书处，各专业委员会、工作委员会及其挂靠单位，以及省级热带作物学会要高度重视此次评估工作，牢固树立大局意识，强化责任担当，为评估工作提供充足的人员和时间保障，确保评估各项准备工作高效、有序开展。二是学会各部门、各分支机构既要明确分工，又要强化沟通与合作，切实做到评估工作"一盘棋"。三是各单位务必严格按要求准备评估材料，力求材料内容充实、亮点突出，确保高标准、高质量完成各项工作，打赢这场评估攻坚战。

学会各分支机构主任、秘书长，省级热带作物学会理事长、秘书长，学会挂靠单位中国热带农业科学院办公室、人事处、财务处、机关党委、国际合作处负责人，以及《热带作物学报》编辑部负责人等50余人参加会议。

18. 2018年5月李尚兰理事长调研云南热带作物产业并看望科技工作者

4月25日—28日，学会理事长李尚兰一行深入到学会第九届理事会理事单位和产业部门调研，部署和指导2018年全国热带作物科技活动周活动，走访看望热带作物科技工作者。

李尚兰理事长一行还调研了普洱祖祥高山茶园有限公司、普洱金树咖啡产业有限公司、云南天士力帝泊洱生物茶集团有限公司，了解企业的运作模式、品牌构建、技术需求以及自主创新能力。

中国热带农业科学院副院长张以山，院办公室、人事处、相关单位和部门负责人，中国热带作物学会相关人员和理事代表等参加调研。

19.2018年5月召开秘书长工作会议

2018年5月11日，学会2018年秘书长会议在海口召开。中国农学会原秘书长、农业部人力资源开发中心原副主任邹瑞苍，学会支撑单位中国热带农业科学院纪检组组长、党组成员张晔应邀出席会议。会议由学会副理事长兼秘书长刘国道主持。

张晔组长对学会近年来开展的工作和取得的成绩给予充分肯定，对学会各专业委员会、工作委员会和省级热带作物学会长期以来支持并积极参与学会工作表示感谢。

邹瑞苍秘书长从大力推进学会治理结构和治理方式改革、建立适应改革要求的分支机构、着力提升新时期学会工作效率、学会管理工作体会以及建议等五个方面为与会人员作了一场精彩的报告。

会议就学会会议费管理办法、会议费收款规程进行了解读，秘书处各部门负责人汇报了2018年重点工作内容与要求，并就如何落实学会2018年工作会议精神进行了部署。参会代表还针对学会工作中出现的疑难问题以及创新发展等问题进行了深入交流和研讨。

学会各分支机构主任、秘书长、工作人员，省级热带作物学会理事长、秘书长以及学会秘书处工作人员等近50人参加会议。

20.2017年11月召开全国热带作物学术年会

2017年全国热带作物学术年会于11月12—15日在贵阳市隆重举行。来自全国各地的近500名科技工作者齐聚美丽的贵阳，分享和展示最新科研成果，探讨和展望热作科技发展趋势，研究和共商中国热带作物学会改革发展大计。

开幕式上，承办单位贵州省农业科学院周维佳副院长致欢迎辞，并向大会介绍了贵州省农

业现状及贵州省农业科学院的情况。

会议按议程举行了第一届中国热带作物学会科学技术奖颁奖仪式和热带作物科学领域杰出科学家事迹报告会。对"优质多抗冬瓜种质挖掘、创制及其利用研究"等7项成果授予第一届中国热带作物学会科技进步奖，授予黄华孙研究员中国热带作物学会杰出贡献奖，授予胡伟等5人中国热带作物学会青年科技奖。

在热带作物科学领域杰出科学家事迹报告会上，田维敏研究员生动地介绍了中国热带农业科学院郝秉中研究员、吴继林研究员的先进事迹。

学术年会的主题是"推进热带农业供给侧结构性改革"。与会代表对如何提升热带农产品的产量和品质，保障热带农产品的绿色健康安全等进行深入分析，探讨了热带农业供给侧结构性改革的新思路、新方法和新举措。中国工程院宋宝安院士等6位专家作特邀报告。

会议设立了五个分会场，近80位专家作专题学术报告，内容涉及热带作物种质资源、分子育种、栽培生理生态、病虫害防治和加工储藏等学科领域。

会议还组织专家对专题学术报告进行了评审，评选出《基于香蕉组学的MADS转录因子对果实品质的调控机制》等13个报告为2017年全国热带作物学术年会"优秀专题学术报告"。

21. 2018年召开年度工作会议暨九届十三次常务理事会

2018年5月9—11日，中国热带作物学会2018年工作会议暨九届十三次常务理事会在海口召开。会议传达了党的十九大精神、习近平总书记系列重要讲话和中国科学技术协会九届四次全会精神，系统总结了学会2017年工作成绩，部署了2018年重点工作。学会理事长李尚兰作工作报告。会议由学会副理事长兼秘书长刘国道主持。

会议表彰了学会2017—2018年度先进集体和先进工作者，审议并通过《中国热带作物学会2018年工作报告》《中国热带作物学会2017年度财务报告》《中国热带作物学会2018年度收支预算》《中国热带作物学会秘书处机构设置与主要职责》等议题。

会议期间，中国热带作物学会党委组织召开深入学习贯彻党的十九大精神报告会，中国热带作物学会党委委员刘光华研究员作专题讲座。

学会副理事长郭安平、吕林汉、符月华、陈东奎出席会议，第九届理事会常务理事，各专业委员会、工作委员会、省级热带作物学会负责人和秘书长，学会秘书处工作人员等80多人参加会议。

22. 2018年5月举办第二届全国热带农业科技活动周

2018年5月19日，由保山市委宣传部、保山市科技局、保山市科学技术协会与中国热带作物学会、中国农学会、保山学院联合主办，云南省农业科学院热带经济作物研究所等单位承办的2018年全国科技活动周暨第二届热带农业科技活动周暨保山市科技活动周启动仪式在云南保山五洲国际广场举行。学会副理事长刘国道研究员，保山市委常委、副市长姜涛、保山市人大常委会副主任李元标等领导出席启动仪式并致辞。

刘国道副理事长强调，全国科技活动周作为展示科技魅力、推动科学普及的重要平台。他希望社会各界高度重视、珍惜机会、广泛参与，在全社会营造尊重创新、尊重创造的良好氛围，让"爱科学、讲科学、学科学、用科学"在全社会蔚然成风。

姜涛副市长指出，要以这次科技活动周为契机，认真学习和运用科学的理念、方法，全面提升科学素质，把高新技术和先进科技成果融汇到建设创新型保山的伟大实践中。

启动仪式当天，开展了科普表演秀、科学实验秀、互动体验、科技产品展示及展销等一系列科技展示、宣传活动，为市民奉上了一场科学技术盛宴。

23. 2018年5月副秘书长杨礼富到广西调研中国科学技术协会青年人才托举工程项目

2018年5月29日下午，中国热带作物学会副秘书长杨礼富、学术部部长李海亮一行5人到广西农业科学院调研中国科学技术协会青年人才托举工程项目推进情况，并举行现场座谈会。广西农业科学院张述宽副院长参加座谈会。

24. 2018年6月召开中国热带作物学会青年人才托举工作会

2018年度中国热带作物学会青年人才托举工作会议于6月26日在昆明召开。学会副理事长范源洪、广西壮族自治区农业科学院副院长张述宽、云南省热带作物学会理事长何天喜、学会副秘书长杨礼富出席会议。来自中国热带农业科学院、福建省农业科学院、广西壮族自治区农业科学院、中国科学院等单位的有关人员和8位青年人才托举工程被托举人共30余人参加本次会议。会议由学会副理事长刘波主持。

范源洪报告了中国热带作物学会青年人才托举工作总体情况。

中国科学技术协会青年人才托举工程第一届（2015—2017年度）项目被托举人从三年的工作绩效、任务目标完成情况、个人成长及存在问题等方面进行了项目总结汇报。责任导师、指导导师、项目实施单位分管领导围绕项目实施的经验和做法、需要进一步探讨的学术问题，以及后续培养计划等方面进行了点评指导。中国科学技术协会青年人才托举工程第三届（2017—2019年度）项目及中国热带作物学会青年人才托举工程2017年度项目被托举人从规划目标、年度计划等方面进行了项目启动汇报。责任导师、指导导师、项目实施单位分管领导围绕如何强化对被托举人的学术引领，如何培养被托举人的科学精神、国际化视野、综合能力等方面进行点评指导。

25. 2018年7月学会党委荣获中国科学技术协会"不忘初心、牢记使命"——党的十九大精神知识竞答活动三等奖

为进一步推动中国科学技术协会系统深入学习宣传贯彻党的十九大精神，以迎接中国共产党97岁华诞、中国科学技术协会成立60周年为契机，6月29日，"不忘初心、牢记使命"——党的十九大精神知识竞答活动决赛在中国科技会堂隆重举行。经过激烈角逐，中国热带作物学会党委荣获集体三等奖，农产品加工专业委员会秘书长曾宗强和学会办公室彭莎荣获个人三等奖。

本次竞答活动由中国科学技术协会机关党委和科技社团党委主办，中国图书馆学会党委承办。

26. 2018年8月承办第二届中欧现代休闲农业论坛

8月2日，第二届中欧现代休闲农业论坛在海口举行，中外嘉宾齐聚一堂，为海南自由贸易试验区（港）建设背景下的现代休闲农业发展建言献策。中国热带农业科学院副院长李开绵出席论坛并为海南省"海智计划"中国热带科学院工作站揭牌。

本届论坛由中国科学技术协会海智办主办，海南省科学技术协会、中国热带作物学会、比利时金海农业集团、中国科学技术协会-FCPAE欧洲（比利时）海智创新创业基地和海南省欧洲海外高层次人才联络站共同承办。

海南省科学技术协会党组书记、副主席胡月明，海南省科学技术协会党组成员、副主席郑红，比利时弗拉芒大区土地局原局长，罗兰咨询公司总经理罗兰·梵高汶拜尔赫，比利时金海农业集团总裁、中国科学技术协会海智专家高继明等领导和专家出席会议。

德国汉堡大学院士张建伟等5位来自欧洲的专家分别围绕智能时代的休闲农业技术创新、欧盟的乡村政策、比利时的乡村政策及如何促进休闲农业发展、高科技农业、智能农业与农业产业发展等相关主题作了特邀报告。来自比利时金海农业集团、中国热带农业科学院生物技术研究所、香料饮料研究所的专家探讨交流了中欧及海南省休闲农业与乡村旅游的现状和发展对策，并就相关问题进行了案例分享和政策解读。论坛专门讨论和汇总了国内外与会嘉宾和代表的经验和建议，为海南省现代休闲农业发展提供决策咨询。

会上还举行了欧洲团队与本省企业合作意向签约仪式。中国热带农业科学院香料饮料研究所海南兴科兴隆热带植物园开发有限公司、信息研究所分别与比利时金海农业集团、德国汉堡科学院张建伟院士签署现代农业技术合作协议、农业领域的人工智能联合开发合作协议。约200余名国内外专家、学者和企业界代表参加本届论坛。

27. 2018年8月秘书处召开2018年年中会议

8月8日，学会秘书处召开了2018年年中会议。学会理事长李尚兰出席会议，秘书处全体人员参加会议。会议由学会副秘书长杨礼富主持。

会议听取了秘书处全体工作人员对2018年上半年开展的主要工作与成效、存在的问题以及下半年重点工作安排等方面的汇报。为加快推进学会的改革及各项工作，2018年及今后几年内学会将重点做好三项工作。一是持续深化治理体制改革；二是推动"互联网+"工作；三是打造高端学术交流品牌。

28. 2018年8月举办首届全球天然橡胶发展（广州）论坛

2018年8月28日，由广东省农垦集团公司、中国热带作物学会、上海期货交易所、中国天然橡胶协会共同主办的首届全球天然橡胶发展（广州）论坛在广州隆重召开，学会理事长李尚兰出席会议。

本次论坛旨在倡导全球天然橡胶产业共商合作大计、共建合作平台、共享合作成果，共同促进全球天然橡胶产业的健康发展。

论坛上，著名经济学家、国家发展改革委原副秘书长范恒山立足近年中国经济发展基本特征，以宏观视野和独到分析，表达了对中国经济未来发展走势逐年向好的乐观判断。泰国橡胶管理局局长Yium Tavarolit、印度尼西亚商务部国际事务司（亚太经济合作组织与国际组织谈判）司长Deny W. Kurnia、老挝天然橡胶协会副会长Chounramay Saneu、中国橡胶工业协会轮胎分会秘书长史一锋、华泰期货刘东东、白石资产王智宏等嘉宾发表了主题演讲，分别围绕泰国、印度尼西亚、老挝等主要产胶国的天然橡胶产业政策，中国2018上半年轮胎产业运行情况，金融衍生品在橡胶产业链风险管理中的运用，新形势下天然橡胶投资逻辑演变等业界焦点和热点问题进行了分析与解读。

论坛还组织"天然橡胶产业创新带来的机遇"和"第四季度天然橡胶市场行情研判"两场对话交流，邀请了天然橡胶上下游知名企业负责人，橡胶种植、加工技术专家，产业界代表，期货、投资等方面人士，就全球天然橡胶行业发展与政策方向、橡胶产业与金融期货的机遇、天然橡胶产品加工应用创新等进行了互动交流，引起了与会者的热烈反响。

29. 2018年9月李尚兰理事长调研广东农垦现代农业产业

为深入贯彻党的十九大精神和习近平总书记在庆祝海南建省办经济特区30周年大会上的重要讲话精神，8月25—27日，中国热带作物学会理事长李尚兰一行到广东省农垦集团公司（农垦总局）调研。

李尚兰理事长一行还调研了广东广垦所属糖业集团金丰分公司、畜牧集团股份有限公司、橡胶集团有限公司、绿色农产品公司、茂名粤西农副产品综合交易中心，了解企业的运作模式、品牌构建、技术需求以及自主创新能力等方面的情况。

广东省农垦集团公司（农垦总局）党组书记、董事长（局长）陈少平，副总经理（副局长）、学会副理事长吕林汉，学会常务理事彭远明、黄香武，中国热带农业科学院相关单位和部门负责人、中国热带作物学会秘书处相关人员等参加调研。

30. 2018年9月举办第二届全国热带作物科学青年科学家论坛

2018年9月5—8日，第二届全国热带作物科学青年科学家讲坛在贵州兴义举行。论坛由中国热带作物学会和云南省农业科学院热区生态农业研究所主办，中国热带作物学会青年工作委员会和贵州省农业科学院亚热带作物研究所承办。学会副秘书长杨礼富，中国热带作物学会青年工作委员会主任方海东，贵州省农业科学院亚热带作物研究所所长刘凡值、书记雷朝云出席论坛。来自全国高校和研究机构的68名青年科学家代表参加论坛研讨。

论坛设置了专题讲座和专题报告。专题讲座环节，邀请了中国热带农业科学院海口实验站金志强研究员作了题为《我对科研工作的一些体会》的专题讲座。中国农业科学院饲料研究所马锐研究员作了题为《SCI文章出版趋势及科技论文写作》的专题讲座。专题报告环节，全国热带作物科学及相关领域的15名青年学者围绕热带作物种质资源与遗传育种、组学与生物工程、耕作栽培与生理生态等方面，开展了系统的交流与研讨。

论坛对青年科学家的优秀学术报告进行了奖励。论坛还组织与会代表考察了贵州省农业科学院亚热带作物研究所望谟科技示范园。参加代表围绕科技园发展经验、科研成果、创新产品、服务内容、产学研合作发展等方面进行了深入交流。

31. 2018年10月召开全国热带作物学术年会

2018年10月23—26日，2018年全国热带作物学术年会在厦门召开。来自全国各地从事热带作物科研、教学、生产和管理的580多名专家学者参加会议。代表们围绕"做强做优热带高效农业，服务热区乡村振兴"开展学术交流，分享我国热带作物和相关学科领域最新科技创新成果。

中国工程院院士赵春江，福建省政协常委柯少愚，福建省科学技术协会副主席尤民生，福建省农业科学院院长翁启勇，学会副理事长、海南省农业科学院院长张治礼，副理事长、中国热带农业科学院副院长郭安平，副理事长兼秘书长、中国热带农业科学院副院长刘国道，副理事长、云南高原特色农业产业研究院副院长范源洪，副理事长符月华、钟广炎等领导和嘉宾出席开幕式。大会由中国热带作物学会副理事长刘波主持。

翁启勇院长代表承办单位致欢迎辞。

尤民生副主席在致辞中表示，福建省科学技术协会将与中国热带作物学会加强合作，为促进热带作物科技创新和福建农业农村经济健康快速发展贡献力量。

刘国道副理事长在讲话中回顾了学会成立以来的发展历程以及取得的成就。

开幕式上，举行了中国热带作物学会成都服务站、福州服务站签约暨授牌仪式和中国热带农业对外合作发展联盟揭牌仪式。

此次年会规模空前，内容丰富，是热带作物科技领域的盛会。中国工程院赵春江院士，中国科学院胡松年研究员、傅向东研究员，华南农业大学陈厚彬教授，福建农林大学郑宝东教授，浙江大学高中山教授，福建农业科学院黄敏玲研究员，上海交通大学卢江教授，南京农业大学张绍铃教授，中国热带农业科学院南亚所徐明岗研究员等国内知名科学家应邀作大会报告。会议设种质资源与遗传育种、组学与生物工程、耕作栽培与生理生态、病虫害防控与绿色农业、农产品储藏加工与质量安全、农业经济与信息、热带农业国际交流合作与科技创新7个专题论坛，110多名专家学者在专题论坛作报告。会议评选出优秀专题报告18个，专题论坛优秀组织奖4项，优秀会议论文10篇，优秀墙报4篇。

此次会议由中国热带作物学会主办，福建省农业科学院承办，四川国光农化股份有限公司和《热带作物学报》编辑部协办。

32. 2018年10月召开九届四次理事会暨九届十四次常务理事会

10月24日，中国热带作物学会九届四次理事会暨九届十四次常务理事会在福建厦门召开。副理事长郭安平、符月华、刘波、张治礼、范源洪、钟广炎出席会议。会议由副理事长兼秘书长刘国道主持。

会上，杨礼富副秘书长通报了学会在2017年度全国性学术类社会组织评估中荣获4A等级和2018年单位会员会费缴纳情况。

会议审议通过《中国热带作物学会第九届理事会理事调整建议名单》《中国热带作物学会分支机构年度考评管理办法》《中国热带作物学会科普基地管理办法》等事项。会议强调，从2018

年起，学会办公室将对各分支机构每年开展的工作按照综合考评指标体系进行定量考评。

会上，党的十九大代表、中国热带农业科学院香料饮料研究所副所长郝朝运研究员对党的十九大精神进行了宣讲。

第九届理事会全体理事、受理事委托的参会代表，省级热带作物学会的理事长、秘书长，各分支机构的主任、秘书长，秘书处全体工作人员共170多人参会。

33. 2018年8月举办第八届国际澳洲坚果大会

2018年10月16—19日，由云南省临沧市政府、云南省林业厅、云南坚果行业协会主办，中国热带作物学会和中国热带农业科学院参与承办、中国热带农业科学院南亚热带作物研究所协办的第八届国际澳洲坚果大会在云南临沧举办。来自全球25个国家和地区的近600名澳洲坚果专家学者、企业代表，围绕"加快绿色发展，实现生态富民"的宗旨和"绿色·希望·健康·共享"的主题，共同商讨澳洲坚果的全球化合作。

中国热带农业科学院国际合作处黄贵修处长、南亚热带作物研究所李端奇副所长参加了大会开幕式。南亚热带作物研究所曾辉博士在大会上作了《中国澳洲坚果优良品种选育及栽培关键技术研究与示范》的专题报告。中国热带作物学会组织选派了来自中国热带农业科学院、贵州省农业科学院和广西壮族自治区农业科学院的28名科研、管理人员及研究生参与了为期10天的大会服务工作。

此次大会就国际澳洲坚果产业概况、果园管理、种苗培育、病虫害管理、采后处理与加工、品种选育、新品种与新技术、全球市场等专题开展了交流，并成立了国际澳洲坚果大会委员会。大会宣布下一届国际澳洲坚果大会将于2021年在肯尼亚举行。

参与承办此次大会提升了我院服务大型国际会议的能力和水平，促进了中国热带农业科学院澳洲坚果团队与国际同行的交流，扩大了学会的国际影响力。

34. 2018年10月成立《热带作物学报》第五届编委会

为进一步发挥编委会作用，加快提升刊物质量和学术影响力，推动热带作物科技创新和学科发展，10月18日，《热带作物学报》编委会换届会议暨第五届编委会第一次会议在中国热带农业科学院召开。中国热带农业科学院党组书记、学会理事长李尚兰出席会议并致辞，会议由中国热带农业科学院副院长、《热带作物学报》主编郭安平主持。

《热带作物学报》第五届编委会由54名委员组成，中国工程院院士邹学校和中国热带农业科学院副院长郭安平任主编。

会上，李尚兰理事长为《热带作物学报》第五届编委会主编、副主编、编委颁发了聘书。

科学出版社何霙霙主任作了《科技期刊发展与思考》专题报告。与会人员围绕如何充分发挥编委的作用、吸引优质稿源，加快提升期刊质量和影响力、2019年度专栏专刊和专题的策划和组织等问题进行了充分研讨，提出了宝贵的意见和建议。

《热带作物学报》是我国热带作物领域最权威的科技期刊，由中国科学技术协会主管，中国热带作物学会主办。《热带作物学报》第四届编委会成立以来，在中国热带农业科学院的大力支持下，通过全体编委、审稿专家和编辑部人员的共同努力，编辑出版工作成效显著。共接收来稿3 670余篇，刊发论文1 535篇、2 050余万字。期刊质量和影响力不断提升，先后被认定为科技核心期刊和北大中文核心期刊，2018年最新影响因子为1.066，在全国20种同类期刊中排名第五，并荣获"第四届海南省出版物政府奖一等奖"。

35. 2018年12月召开《热带作物学报》第五届编委会第一次主编日活动

2018年12月7日，应中国热带作物学会邀请，《热带作物学报》副主编、中国热带农业科学院南亚热带作物研究所所长徐明岗研究员开展主编日活动，对《热带作物学报》编辑部工作进行现场指导并作专题报告。《热带作物学报》《热带农业科学》《热带农业工程》《世界热带农业信息》编辑部人员参加会议。会议由学会副秘书长杨礼富主持。

徐明岗研究员结合自身从事科学研究、科技论文审稿以及期刊编辑出版等工作的丰富经验，作了题为《克服论文中的常见问题，打造精品科技期刊》的专题报告。报告介绍了科技论文的意义、结构、常见问题等内容。他结合具体案例，重点介绍了科技论文写作、审稿和编辑过程中常见问题及解决措施。报告中，徐明岗研究员还针对《热带作物学报》编校方面存在的主要问题提出了改进建议。他的报告内容丰富、深入浅出，对提升论文撰写质量和编辑排版质量具有很强的指导意义。与会人员还就科技论文初审、编校等环节中存在的问题进行深入交流和探讨。

杨礼富副秘书长要求期刊工作人员结合徐明岗研究员的报告，系统梳理期刊存在的主要问题，转变办刊理念，创新办刊思路，严把编辑排版和学术质量关。同时，要加强专业知识和业务知识学习，加快提升自身能力，着力将《热带作物学报》打造成为精品科技期刊。

为了加快提升质量和影响力，《热带作物学报》第五届编委会设立主编工作日，要求主编、副主编每年到编辑部现场办公一天，落实综述、专栏、专刊、专题的组约稿工作，遴选确定封面文章，并对编辑部工作进行现场指导。本次报告会是《热带作物学报》第五届编委会成立以来的第一次主编日活动，也是《热带作物学报》自1980年创刊以来的第一次主编日活动。

36. 2018年12月中国热带作物学会荣获全国社会组织4A等级

2018年12月民政部公布了2017年度全国性社会组织评估等级结果，中国热带作物学会荣获全国性学术类社会组织4A等级。

全国社会组织评估是国内标准最高、程序最严、结果最权威的社会组织评估，得到社会各界高度关注和广泛认可。中国热带作物学会荣获全国社会组织4A等级，是民政部对学会基础保障、内部治理、学术发展、智库建设、科学普及以及改革创新等工作的充分肯定，是学会获得的重大荣誉，是献给学会55周年华诞的一份厚礼。在学会发展和改革史上具有重要的里程碑意义。

37. 2019年2月召开推举2019年度院士候选人会议

2019年2月20日，学会2019年院士候选人推选初审会议在海口顺利召开，学会理事长李尚兰主持会议。会上，评审专家听取了候选人的推选汇报，全面审阅了候选人的推选材料。经过集中评议和无记名投票，2名候选人获得学会向中国科学技术协会推选院士候选人资格。

38. 2019年3月开展《热带作物学报》第五届编委会第二次工作会

2019年3月28日，《热带作物学报》第五届编委会第二次工作会议在福州召开。会议全面总结2018年主要工作，部署2019年重点工作。副主编蒋跃明、杨礼富，部分编委，闽江学者、福建农林大学讲座教授徐涵，长沙理工大学教授、学报英文审校张运雄，以及编辑部全体成员参加会议。会议由郭安平主编主持。

39. 2019年4月召开年度工作会议暨九届十六次常务理事会

2019年4月23—26日，学会2019年工作会议暨九届十六次常务理事会在成都召开。会议的主要任务是传达中央和中国科学技术协会有关文件精神，全面总结2018年工作，部署2019年重点工作。学会理事长李尚兰，副理事长郭安平、符月华、范源洪、钟广炎出席会议。会议由副理事长陈东奎主持。

李尚兰理事长作了题为《深化改革创新　强化担当作为合力推动高质量发展》的工作报告。

会上，19个分支机构和5个省级热带作物学会就2018年工作情况及2019年工作计划向理事会作了汇报。在分组讨论环节，与会代表就《中国热带作物学会2019年工作报告》、深化学会改革和创新发展、学会日常管理、如何充分发挥理事会作用等问题进行了充分讨论。

会议传达学习了中央对中国科学技术协会的重要指示精神，以及中国科学技术协会科技社团党委2019年学会党建工作要点。表彰了学会2018—2019年度先进集体和先进工作者。审议通过《中国热带作物学会2019年工作报告》《中国热带作物学会2019年主要活动计划》《中国热带作物学会2018年度财务报告》《中国热带作物学会青年人才托举工程项目管理办法》等议题。

学会第九届理事会常务理事，各专业委员会、工作委员会、省级热带作物学会负责人、秘书长、工作人员90余人参会。会议由中国热带作物学会成都服务站和四川国光农化股份有限公司承办。

会议还表彰了2018—2019年度先进集体和先进工者。

40. 2019年5月徐明岗研究员入选中国工程院2019年院士增选有效候选人名单

中国工程院2019年院士增选候选人提名工作于3月31日结束。经中国工程院主席团审定，最终确定的有效候选人共531位。由学会推选的徐明岗研究员入选增选有效候选人名单。531名增选有效候选人共来自9个学部，徐明岗是农业学部57位候选人之一，也是此次唯一入选的热带农业研究人员。

徐明岗是我国土壤培肥与改良专家。长期致力于解决农田土壤肥力提升及退化土壤改良的关键科技问题，引领我国农田土壤肥力长期试验网的科学研究。探明了土壤有机质的演变规律及红壤酸化特征，创建了区域特色的有机质提升和红壤酸化防控关键技术，大面积应用效益显著，为我国耕地质量建设做出了杰出贡献。他以第一或通讯作者发表论文228篇，其中SCI论文59篇、他引1 652次，出版专著12部。获国家科技进步二等奖4项，省部级一等奖2项。

41. 2019年5月学会党委书记李尚兰到广西四川调研

为深入了解热带作物产业现状、存在的主要问题和重大技术需求，切实加强学会党委与理事单位的密切联系，促进党建与业务深度融合，4月22—23日，中国热带作物学会理事长、党委书记李尚兰一行深入到广西、四川开展热带作物产业调研。

学会副理事长、党委副书记陈东奎，党委委员、常务理事雷朝云，副秘书长杨礼富及中国热带农业科学院、广西农科院等单位的相关人员参加调研。

42. 2019年4月《热带作物学报》入选中国科学引文数据库核心库、日本科学技术振兴集团（中国）数据库

2019年4月，中国科学院文献情报中心发布《中国科学引文数据库（CSCD）来源期刊遴选报告（2019—2020年度）》，由学会主办的《热带作物学报》首次入选CSCD核心库。

中国知网（CNKI）最新统计结果显示，《热带作物学报》被日本科学技术振兴集团（中国）数据库 [JSTChina，Japan Science and Technology Agency（Chinese）Bibliographic Database] 收录，这是《热带作物学报》首次被国外数据库收录。

CSCD来源期刊每两年遴选一次，依据文献计量学理论和方法，通过定量与定性相结合的综合评审方式确定入选期刊。CSCD具有建库历史悠久、专业性强、数据准确规范、检索方式多样等特点，在国内学术界具有很高权威性和广泛影响力，被誉为"中国的SCI"。

JSTChina是在日本《科学技术文献速报》（被誉为世界六大著名检索期刊）的基础上发展起来，2007年首次出版，该数据库不接受推荐期刊。《热带作物学报》被JSTChina收录，表明在主办单位中国热带作物学会的正确领导和中国热带农业科学院的大力支持下，通过实施一系列重大改革举措，其学术质量和影响力快速提升，创新发展成效显著，在国际上具有了一定的知名度和影响力。

43. 2019年6月中国热带作物学会召开科技成果评价会

2019年6月29日，受贵州省亚热带作物研究所委托，中国热带作物学会在海口市召开贵州山地芒果新品种筛选及配套栽培技术集成与应用科技成果评价会。会议由副理事长刘国道主持。会上，专家组通过听取汇报，审阅相关材料，经质询和讨论，从创新性、科学性和实用性等方面，对科技成果进行了客观评价。

该科技成果由贵州省亚热带作物研究所、中国热带农业科学院热带作物品种资源研究所和广西壮族自治区亚热带作物研究所共同完成。该成果收集芒果品种资源50份，选育出适合贵州种植芒果新品种8个并大面积推广应用。获国家审定芒果品种6个，颁布行业标准2项，授权专利5件，制定芒果产业发展规划2个，出版专著2部，发表学术论文42篇。针对贵州石漠化区域特点，该成果创新裸根苗保湿、集水保水、生草覆盖等关键技术6项，建立示范基地4个，推动贵州芒果产业从2007年的零星种植发展到2018年的7.6万亩。实现了贵州芒果产业从无到有，补足8、9月我国芒果市场短缺。专家组认为该成果探索出山地特色芒果产业发展新模式，具有显著的经济、社会和生态效益，成果整体达到国内领先水平。该成果于2019年获贵州省科技进步二等奖。

44. 2019年7月《热带作物学报》新增中国热带农业科学院和科学出版社为共同主办单位

2019年7月，从国家新闻出版署获悉，学会变更《热带作物学报》主办单位的申请获得批

复，同意增加中国热带农业科学院和科学出版社为《热带作物学报》共同主办单位。

《热带作物学报》是学会主办的中文核心期刊。为加快提升学术质量和影响力，打造精品科技期刊，《热带作物学报》组织实施了一系列改革。新增加共同主办单位，有利于充分发挥学会的学科、人才和组织优势，有利于发挥中国热带农业科学院的办公条件和资源优势，以及国内权威学术出版机构——科学出版社的编辑排版和品牌打造优势。通过整合和凝聚优质学术资源，营造一流的改革创新发展生态和创新经营模式及体制机制，着力将《热带作物学报》打造成为热带作物科学领域的高端学术品牌。

45. 2019年8月中国热带作物学会召开海南莎草科资源研究及其分类学修订成果评价会

2019年8月10日，受中国热带农业科学院热带作物品种资源研究所委托，中国热带作物学会在海口市召开"海南莎草科资源研究及其分类学修订"科技成果评价会。会议由中国工程院院士邹学校主持。会上，专家组通过听取汇报，审阅相关材料，经质询和讨论，从创新性、科学性和实用性等方面，对科技成果进行了客观评价。

该科技成果由中国热带农业科学院热带作物品种资源研究所、海南大学和中国热带农业科学院环境与植物保护研究所共同完成。系统调查了海南莎草科区系，发现海南新记录属1个、新记录种22个。发现命名并在国际上公开发表海南特有新物种5个：分别是尖峰薹草、凹果薹草、伏卧薹草、吊罗山薹草、长柄薹草。该成果将海南莎草科植物的分布划分为湿生沼生性类型、高郁闭度林下分布类型等5大类型。修订了世界匏囊薹草组的分类检索，丰富并确认了该组13个成员的分类地位，改变了该组记载信息离散、成员不清的状况，推动了世界匏囊薹草组的系统学研究。修订了海南莎草科植物的分类检索，将海南莎草科植物由《海南植物志》原记载的23属142种1亚种更新为24属164种6亚种和9变种。拯救保存了海南164种莎草科植物资源，并对其饲用、药用价值进行了评价，建立了海南莎草科植物的保护平台。

该成果从区系普查、资源收集、分类修订及利用评价等方面对海南莎草科植物进行了系统研究，丰富和发展了海南莎草科植物资源的区系信息，为莎草科植物资源的保护利用提供了基础研究支撑。专家组认为整体研究成果达到国际领先水平。该成果于2022年获海南省自然科学特等奖。

46. 2019年8月第二届中国热带作物学会科学技术奖励评审会议召开

2019年8月11日，第二届中国热带作物学会科学技术奖励评审会议在海口召开。会议由评审委员会主任邹学校院士主持。

会议通报了第二届中国热带作物科学技术奖励有关情况。经推荐单位初评、奖励办公室形式审查、申报情况公示等环节，共有26项成果和个人进入终审环节。

评审委员会经过听取汇报，审阅相关材料，质询和讨论等环节，从创新性、科学性和实用性等方面，对13项科技进步奖候选成果（一等奖候选成果3项、二等奖候选成果10项），进行了综合评价。评审委员会实行主审和综合评价相结合的评审方法，对13项个人奖项候选人（杰出贡献奖候选人4人、青年科技奖候选人9人）进行了客观评价。

中国热带作物学会科学技术奖励是学会设立的重要社会科技奖励，是国家科学技术奖励的重要补充。旨在奖励热带作物科学领域的优秀集体和个人，激励热带作物科技创新，加速热带作物科技进步，推动我国热带作物科学事业发展。《中国热带作物学会科学技术奖励章程》规定学会科学技术奖励每两年评选和奖励一次；设立科技进步奖、杰出贡献奖和青年科技奖三类奖项；科技进步奖每次评选一等奖2项、二等奖5项，杰出贡献奖每次授奖3人，青年科技奖每次授奖5人；杰出贡献奖和青年科技奖不重复授奖。

47. 2019年8月中国热带作物学会科学技术奖励委员会会议召开

8月29日，2019年中国热带作物学会科学技术奖励委员会会议在海口召开。会议由学会理事长、奖励委员会主任李尚兰主持。

会议审定了第二届中国热带作物科学技术奖励评审结果，确定了第二届中国热带作物科学技术奖励拟授奖名单。第二届中国热带作物学会科技进步奖拟授奖7项成果，其中一等奖2项、二等奖5项；杰出贡献奖拟授奖1人；青年科技奖拟授奖5人。

48. 2019年9月全国科普日广西活动暨八桂科普大行动启动

9月11日，由中国农学会、中国热带作物学会、广西科协、广西农业农村厅共同主办，广西农学会、《广西农学报》编辑部、广西亚热带作物研究所、南宁市农业科学研究所承办的2019年全国科普日活动"礼赞共和国　智慧新生活——广西绿色农业行"启动仪式在南宁举行。

本次活动聚焦绿色农业、质量农业等前沿科技热点，以及和非洲猪瘟、农产品安全、人畜公共卫生等民生领域焦点问题，开展科普讲座、展览咨询、技术培训等系列活动。同铸食品安全点亮品质生活、党建领航红色科普主题活动、党建领航百名专家走基层、智慧新生活茶品鉴等活动也同期举行。

49. 2019年9月全国热带作物学术年会在西安召开

2019年9月24—27日，2019年全国热带作物学术年会在西安召开。来自全国各地从事热带作物科学研究、教学、生产和管理的近800名专家学者参加会议。会议围绕"聚焦产业转型升级决胜热区脱贫攻坚"主题开展学术交流，分享我国热带作物和相关学科领域最新科技创新成果。

中国工程院院士陈学庚、李天来、康振生，中国科学院院士刘耀光，西北农林科技大学副校长钱永华，陕西省科学技术协会二级巡视员曹文举，中国热带作物学会理事长李尚兰，副理事长刘波、郭安平、范源洪、符月华、陈东奎、钟广炎等领导和嘉宾出席会议。

大会由学会副理事长刘波主持。李尚兰理事长在开幕式上致辞。

开幕式上，举行了第二届中国热带作物学会科学技术奖励颁奖典礼和第一批全国热带作物科普基地授牌仪式。授予"海南莎草科资源及其分类学修订研究"等7项成果第二届中国热带作物学会科技进步奖一、二等奖。授予刘国道研究员杰出贡献奖，吴海滨等5人青年科技奖。授予兴隆热带植物园等10家单位为第一批全国热带作物科普基地。

此次年会规模空前，内容丰富，是热带作物科技领域的盛会。中国工程院陈学庚院士、李天来院士、康振生院士，中国科学院刘耀光院士，海南大学罗杰教授，中国科学院于军研究员、华中农业大学金双侠教授，西北农林科技大学马锋旺教授，中国热带农业科学院黄贵修研究员等知名科学家作大会特邀报告。会议设种质资源与遗传育种、组学与生物工程、耕作栽培与生理生态、病虫害防控与绿色农业、农产品储藏加工与质量安全、研究生论坛共6个专题论坛，118名专家学者在专题论坛作报告。会议评选出优秀专题报告18个，专题论坛优秀组织奖3项，优秀墙报8个。

会议由中国热带作物学会和西北农林科技大学共同主办，西北农林科技大学园艺学院、中国热带农业科学院南亚热带作物研究所和西北农林科技大学科学技术协会承办，陕西师范大学食品工程与营养科学学院、陕西省食品科学技术学会、武汉迈特维尔生物科技有限公司和《热带作物学报》编辑部协办。会议开设了视频直播功能，16 700 余人收看会议直播。

50. 2019 年 9 月召开九届五次理事会暨九届十七次常务理事会

2019 年 9 月 25 日，学会九届五次理事会暨九届十七次常务理事会在陕西西安召开。副理事长刘波、郭安平、符月华、范源洪、陈东奎、钟广炎出席会议。会议由理事长李尚兰主持。

学会党委委员雷朝云同志传达了中国科学技术协会党组书记怀进鹏在中国科学技术协会党的建设工作会议上的重要讲话精神。

副秘书长杨礼富对学会第十次全国会员代表大会事宜进行了部署。他强调，下一届将严格控制理事会和常务理事会规模，要着手制定"十四五"发展规划、学术发展规划、科普发展规则等系列规划和重要规章制度。各位理事和常务理事要切实履职尽责，促进学会改革与创新发展。会议通报了 2019 年度单位会员会费缴纳情况、创建全国学会星级党组织和《热带作物学报》专栏策划等重点工作进展情况。

第九届理事会全体理事、受理事委托的参会代表，省级热带作物学会理事长、秘书长，各分支机构的主任、秘书长，秘书处全体工作人员共 170 余人参会。

51. 2019年10月赴延安开展"不忘初心、牢记使命"主题教育培训

为深入贯彻落实习近平新时代中国特色社会主义思想和"不忘初心、牢记使命"主题教育工作会议精神，弘扬传承延安精神，9月27—29日，学会党委与秘书处党支部赴延安联合开展"不忘初心、牢记使命"主题教育培训。学会副理事长郭安平、符月华，党委委员兼副秘书长刘光华等参加培训。

52. 2019年10月召开科技支撑槟榔产业可持续健康发展高峰论坛

2019年10月11日，科技支撑槟榔产业可持续健康发展高峰论坛在海口成功举办。农业农村部、海南省相关部门领导和从事槟榔科学研究、教学、生产、管理等工作的150余人出席了论坛。

论坛以"促进槟榔产业学术交流，推动槟榔产业健康可持续发展"为主题。农业农村部农垦局林建明调研员，海南省农业农村厅莫正群副厅长、海南省科学技术厅李美凤副处长等出席了论坛。大会通过特邀报告、专题论坛等多种形式的研讨交流，积极为我国槟榔产业转型升级和可持续发展建言献策。

此次高峰论坛内容丰富全，是近年来槟榔相关领域的一次盛会。中国热带农业科学院覃伟权研究员就槟榔黄化灾害发生现状及绿色防控技术进行深入的分析和阐述。湖南农业大学李宗军教授、海南省环境科学研究院谢东海副研究员、海南省农业科学院吉建邦研究员等从多方面深入分析了槟榔产业发展现状和存在问题，并提出改革建议。中国热带科学院王祝年研究员、学会棕榈专业委员会卢克强研究员、海南大学柯佑鹏教授、海南省槟榔协会赵国庆执行秘书长等全方位剖析了槟榔产业发展方面存在的问题。中国果品流通协会槟榔分会筹备委员会负责人潘飞兵、湖南省槟榔食品行业协会杨勋会长、农民日报海南记者站操戈站长等从槟榔产业的文化、科普等方面进行了讲解。海南大学万迎朗教授、中国热带农业科学院李瑞副研究员等重点分享了槟榔在药用方面的价值和潜力。

论坛由海南省农业农村厅、海南省科学技术厅、中国热带农业科学院、中国热带作物学会主办，由中国热带作物学会棕榈专业委员会、中国热带农业科学院椰子研究所、中国果品流通协会槟榔分会、海南省槟榔协会、湖南省槟榔食品协会、海南省槟榔产业工程技术研究中心、海南省农业科学院农产品加工设计研究所共同承办。

53. 2019年10月副理事长郭安平研究员开展《热带作物学报》主编日活动

为进一步强化科学家在办刊中的主体地位，加快提升《热带作物学报》的学术水平和影响力，2019年10月24日，《热带作物学报》主编、中国热带农业科学院副院长郭安平研究员开展主编日活动，编辑部全体人员参加。

郭安平主编对《热带作物学报》的办刊思路和实施的一系列改革举措给予充分肯定。第五届编委会成立以来，审稿专家、编委、副主编和主编充分发挥各自优势，切实履职尽责，从严把控稿件的学术质量，编辑部与科学出版社通力合作，进一步缩短出版时滞，期刊编校质量和影响力快速提升。郭安平主编对《热带作物学报》下一步工作提出具体要求：一是动态调整和优化栏目设置，可增设组学、基因编辑、特邀综述等栏目，以简报、快报和评论等形式快速发表热点研究论文，突出刊物的时代性与时效性；二是加强特邀综述的组约稿工作，充分发挥期刊在热带农业领域的学科引领作用；三是进一步加强英文摘要的编辑润色，提升论文引用率和期刊国际影响力；四是组约优秀英文稿件，尝试双语办刊，为创办英文刊积累办刊经验和学术资源。与会人员还就科技论文审稿和编校等工作进行深入交流和探讨。

54. 2019年10月在福建开展院士专家结对帮扶活动

2019年10月25日，由福建省科学技术协会、中国热带作物学会、福州市人民政府联合主办的第十九届福建省科协年会系列活动"乡村振兴老区行——院士专家结对帮扶活动"在罗源县中房镇拉开帷幕。福建省乡村休闲发展协会会长柯少愚，福州市科学技术协会党组书记、副主席尤典真，中国热带作物学会副理事长刘波等领导和嘉宾出席活动。

专家们分组进行实地走访和调研了叠石村茶叶种植、下湖村养蜂产业、中房村食用菌产业、上宅村进林下养殖项目（土鸡）、林家村乡村休闲旅游产业等5个村级产业，以及小龙虾养殖基地、丰蓝春茶厂、生春源茶厂等3家企业，为当地农民和企业员工进行现场答疑和技术指导。

座谈会上，针对调研情况，专家们就帮扶产业和企业发展中存在的问题，提出了宝贵的建议。一要建立高层次的人才帮扶长效机制，为产业发展提供人才支撑；二要建立更加完善的产业扶持机制，为乡村振兴提供科技支撑和资金保障；三要深挖产业价值，打造特色品牌，提高产品辨识度、附加值；四要大力推进市场化运营的产业发展模式，促进产业发展；五要注重开发多元化产品组合，发挥产品的协同效应，提升价值。

55. 2019年11月召开第二届天然材料研究与应用研讨会

2019年11月8—10日，由中国热带作物学会主办，北京理工大学材料学院、中国热带农业科学院农产品加工研究所、农业农村部热带作物产品加工重点实验室、云南省农业科学院、中国热带作物学会农产品加工专业委员会联合承办的第二届天然材料研究与应用研讨会在昆明成功举办。会议开幕式由中国热带农业科学院农产品加工研究所李普旺副所长主持。大会主席、中国科学技术协会原副主席、欧亚科学院院士、北京理工大学冯长根教授，云南省农业科学院李学林院长，中国热带作物学会杨礼富副秘书长及北京理工大学材料学院副院长马壮教授出席本次会议并致开幕辞。

来自中国科学院、清华大学、武汉大学、北京理工大学、北京林业大学、华南理工大学、暨南大学、华南农业大学、青岛大学、深圳大学、厦门大学、美国瑞安新材料有限公司、重庆力

宏精细化工有限公司等高校、科研院所及企业共300多位专家、青年学生及企业代表参加会议。会议共接收论文114篇，特邀报告10个，分论坛邀请报告19个，分论坛口头报告54个，墙报36个。这些论文和报告深受广大师生和科研院所及企业同行们的认可和欢迎。

本次会议设立天然材料研究进展主会场，纤维素分论坛暨中国纤维素行业技术委员会会议，甲壳素、壳聚糖及其衍生物，海藻酸盐及其衍生物，淀粉及其衍生物，木质素及其衍生物，热带作物产品加工与新材料和天然产物提取物及其他天然材料等7个分会场及展台和墙报。

会议的成功举办，为全国天然材料研究学者搭建了良好的学习交流平台。不同领域的研究者分享了最新研究进展和前沿成果，对天然材料领域未来发展方向、技术难点及社会焦点问题进行了广泛深入的探讨。推动了我国天然材料研究与应用的发展，助力国家天然材料领域的科技创新。

56. 2019年11月赴福建革命老区开展甘蔗产业调研

2019年11月23—24日，应福建省松溪县科学技术协会的邀请，学会派国家糖料产业技术体系岗位科学家张树珍研究员前往松溪县"百年蔗"基地进行实地调研，学会副秘书长杨礼富一行4人参与调研。

在"百年蔗"基地，张树珍研究员详细地了解了"百年蔗"的历史文化，并查看了甘蔗的种植情况。学会和松溪县科学技术协会就"百年蔗"的研究与开发进行深入交流与探讨。松溪县是原中央苏区和革命老区，福建省扶贫开发重点县。此次调研，是双方深入开展产业合作的一次机会，学会将充分发挥人才、组织、学科优势，为革命老区的精准扶贫和脱贫提供强有力的人才和智力支撑，主动服务乡村振兴战略、创新驱动发展战略和区域发展战略。

享有世界第一蔗的松溪"万前百年蔗"是世界上寿命最长的宿根甘蔗，它种植于清代雍正四年（1726），距今已有近300年历史。2018年，"万前百年蔗"荣获国家地理标志证明商标。

57. 2019年12月《热带作物学报》开展第五届编委会第三次主编日活动

为深入学习《关于深化改革　培育世界一流科技期刊的意见》，推动热带农业科技期刊跨界融合与高质量发展，12月2日，《热带作物学报》第五届编委会主任、副主编杨礼富研究员开展主编日活动，对《热带作物学报》编辑部工作进行现场指导并作专题报告。

杨礼富副主编结合自身从事科学研究、科技管理以及《热带作物学报》编辑出版等工作的丰富经验，作了题为《抢抓机遇　深化改革　着力提升科技期刊质量》的专题报告。

与会人员就热带农业科技期刊集群化建设、编辑出版工作流程优化、加强编辑部与编委之间联系，以及如何将《热带作物学报》打造成为精品科技期刊等事项进行深入交流和探讨。

58. 2019年12月举办第三届全国热带作物青年科学家论坛

2019年12月10—13日，由中国热带作物学会和云南农业大学主办，中国热带作物学会青年工作委员会和科普工作委员会承办，云南农业大学食品科学技术学院、云南省农业科学院热区生态农业研究所、云南省农业科学院热带亚热带经济作物研究所、云南辣木研究所和《热带作物学报》编辑部共同协办的第三届全国热带作物青年科学家论坛在昆明举办。中国科学技术协会第八届副主席、英国工程技术院院士、国际欧亚科学院院士冯长根，学会理事长李尚兰，云南省高原特色农业产业研究院副院长、中国热带作物学会副理事长范源洪，学会副理事长刘波，学会副秘书长杨礼富，云南农业大学食品科学技术学院院长田洋等领导和嘉宾出席本次论坛。来自全国高校和研究机构的200余名青年科学家代表参加论坛。论坛开幕式由刘波主持。

李尚兰理事长在开幕式致辞中向从事热带农业科研的青年朋友提出三点希望：一是坚定信念，胸怀大志，积极作为；二是科学严谨，解放思想，大胆创新；三是潜心科研，厚积薄发，加大产出，服务经济社会发展。

范源洪副院长在致辞中介绍了论坛主办单位云南农业大学的发展历程和现状。

论坛设置了特邀报告和青年学者报告。中国科学技术协会第八届副主席冯长根作了题为《今天，我们怎样做科研》的特邀报告。华中农业大学二级教授、国家杰出青年科学基金获得者、长江学者郭文武，中国科学院研究员、国家杰出青年科学基金获得者白逢彦，中国农业科学院研究员、百千万人才工程国家级人选、国家优秀青年科学基金获得者易可可，中国热带农业科学院二级研究员、南药首席科学家王祝年，中国科学院研究员、国家优秀青年科学基金获得者、首届中国科学技术协会"青托工程"被托举人胡彦如，海南大学教授王守创，云南农业大学教授杨生超、田洋、范伟等9位知名科学家作特邀学术报告。本次会议还组织青年学者们考察了国家农业农村大数据中心云南分中心等科研平台。

59. 2019年12月获中国科学技术协会青年人才托举工程第五届项目立项资格

中国科学技术协会公布了青年人才托举工程第五届（2019—2021年度）项目立项单位名单，中国热带作物学会成功入选。

按照《中国科协青年人才托举工程管理办法》《中国科协青年人才托举工程实施管理细则》和《中国科协办公厅关于开展第五届中国科协青年人才托举工程项目申报工作的通知》的相关要求，中国热带作物学会高度重视，积极组织开展项目申报工作。经网上申报、形式审查、现场答辩等环节，最终获得中国科学技术协会青年人才托举工程第五届（2019—2021年度）项目立项资格，并获得3个资助名额。其中，中国科学技术协会经费资助名额2个，自筹资金资助名额1个。

60. 2019年12月在南宁召开青年人才托举座谈会

为激励和引导青年科技人员快速成长成才，2019年12月25日，学会2019年青年人才托举座谈会在广西壮族自治区农业科学院学术交流中心召开。学会副理事长兼秘书长刘国道、副秘书长杨礼富，广西壮族自治区农业科学院副院长张述宽、院长助理周忠实、科技处处长韦绍龙等领导出席会议。中国科学技术协会青年人才托举工程项目被托举人代表、项目承担单位以及热带作物领域青年科技工作者代表参加座谈会。

中国科学技术协会青年人才托举工程第三届（2017—2019年度）项目被托举人尹玲博士介绍了自己两年多来，在中国科学技术协会青年人才托举工程项目的支持下取得的科研成果。广西作物遗传改良生物技术重点开放实验室主任杨柳代表项目承担单位，介绍了广西壮族自治区农业科学院和广西作物遗传改良生物技术重点开放实验室对被托举人在团队建设、科研平台和配套经费等方面给予的支持情况。

刘国道副理事长和张述宽副院长对青年人才托举工程的实施情况进行点评，并就如何大力扶持青年科技人员成长，如何培养有基础、有需要、有潜力的优秀科研人才等进行深入探讨。国家优秀青年科学基金获得者周忠实院长助理分享了自身的成长经历和科研心得。杨礼富副秘书长希望青年科技人员充分利用中国热带作物学会的优质学术资源，将自己培养成为国家主要科技领域高层次领军人才和高水平创新团队的重要后备力量。

61. 2019年度科普工作获中国科学技术协会多项表彰

2019年12月中国科学技术协会科普部印发了《中国科学技术协会科普部关于对2019年度有关全国学会科普工作予以表扬的通知》（科协普函联字〔2019〕92号），对中国热带作物学会等70个全国学会2019年度的科普工作进行表扬。此前，中国热带作物学会还被评为"2019年全国科普日活动优秀组织单位"。联合中国农学会、广西科学技术协会等单位共同主办的"礼赞共和国、智慧新生活——广西绿色农业行"活动被评为"2019年全国科普日优秀活动"。

2019年，学会在中国科学技术协会的领导下，认真贯彻党的十九大会议精神和习近平总书记系列重要讲话精神，围绕热区民众需求组织开展了2019年全国科技活动周暨第三届热带农业科技活动周、2019年全国科普日（广西绿色农业行）等大型科普活动。活动期间，在海南、广西、云南等地共组织开展转基因科普讲座、食用菌科普讲座、探秘植物王国、咖啡冲泡文化体验、DIY蔬菜乐园绿色实践体验等青少年科普讲座和科普体验活动14场次，热带作物栽培技术培训和现场指导8场次，热带农业新技术咨询、新成果展览等5场次，直接受益群众逾4 000人次。活动内容丰富，形式多样，获得民众一致好评。同时，学会不断加强科普平台建设和人才队伍建设，认定广东农垦热带农业科普基地、兴隆热带植物园等10家基地为第一批全国热带作物科普基地。组建了一支116人的科技志愿服务队伍，选派5人参加中国科学技术协会举办的科普培训，为学会更好地开展热带农业科普工作奠定了坚实的基础。

62. 2020年1月召开学会2020年工作会议暨九届十九次常务理事会

2020年1月12—14日，学会2020年工作会议暨九届十九次常务理事会在海南澄迈召开。会议的主要任务是全面总结2019年工作，部署2020年重点工作；解读第十届理事会换届方案；审议学会2019年财务报告、2020年主要活动计划等议题。学会理事长李尚兰，副理事长郭安平、符月华出席会议，会议由副理事长兼秘书长刘国道主持。

会议审议通过了《中国热带作物学会2020年工作报告》《中国热带作物学会2019年财务报告》《中国热带作物学会2020年主要活动计划表》等议题。20个分支机构、4个省级热带作物学

会、2个学会服务站围绕2019年工作情况及2020年工作计划进行了汇报。

学会第九届理事会常务理事，各专业委员会、工作委员会、省级热带作物学会的负责人、秘书长、工作人员，学会服务站负责人和秘书处全体工作人员共70余人参会。

63. 2020年5月荣获全国十佳优秀科技志愿服务队称号

中国科学技术协会于2020年5月30日第四个"全国科技工作者日"，公布了获得"2020年全国科技工作者日优秀科技志愿者和优秀科技志愿服务队"名单。中国热带作物学会科技志愿者总队等10支优秀科技志愿服务队荣获表彰。

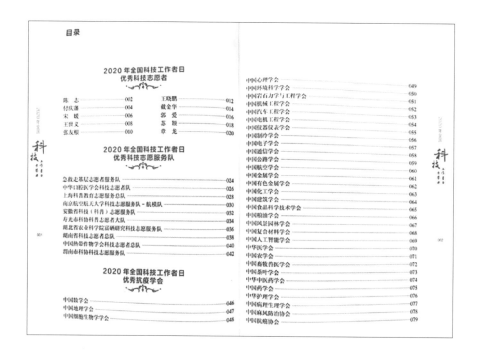

64. 2020年6月召开第十次全国会员代表大会预备会

2020年6月21日下午，学会第十次全国会员代表大会预备会议在海口召开。第九届理事会副理事长兼秘书长刘国道、副理事长陈东奎，第十届理事会副理事长候选人邬华松、杨礼富、曾继吾和第一届监事会副监事长候选人雷朝云出席会议，会议由副秘书长杨礼富主持。

会议介绍了学会第十次全国会员代表大会筹备情况、代表资格审查情况、大会议程安排和其他相关事项，审议通过了代表团审查资格和会议议程。大会主席团确定了学会第十次全国会员代表大会总监票人、监票人名单，指定了计票人。

十、第十届理事会（2020年6月至今）

（一）理事会组成

理事长：刘国道

副理事长：（10人）：邬华松、汤浩、杨礼富、邹学校、陈东奎、范源洪、胡新文、韩沛新、曾继吾、戴陆园

秘书长：邬华松

副秘书长：（4人）：孙爱花、李海亮、刘光华、韩忠智

常务理事：（35人）：方骥贤、龙宇宙、白燕冰、邬华松、刘光华、刘国道、刘家训、汤浩、杜丽清、李积华、李智全、李勤奋、杨礼富、吴振先、何新华、邹学校、张凯、陈卓、陈东奎、陈叶海、陈清西、范源洪、易克贤、罗杰、胡新文、胡福初、唐冰、黄强、黄华孙、黄香武、韩沛新、曾继吾、谢大森、赖钟雄、戴陆园

理事（110人）：卜范文、马玉华、王凯、王建武、王祝年、王健、韦绍龙、方海东、方骥贤、尹俊梅、龙宇宙、白先权、白燕冰、朱孝扬、朱国鹏、邬华松、刘凡值、刘永华、刘光华、刘光荣、刘国道、刘奎、刘恩平、刘海、刘家训、江军、汤浩、许灿光、许家辉、孙娟、孙健、孙爱花、麦全法、杜丽清、李开祥、李岫峰、李积华、李海亮、李智全、李普旺、李勤奋、李锦红、杨礼富、杨衍、吴振先、何铁光、何新华、邹学校、宋国敏、张万萍、张木清、张生才、张雨良、张凯、张娥珍、张曼其、张鹏、陈涛、陈东奎、陈叶海、陈松笔、陈卓、陈胜庭、陈振东（广西）、陈振东（福建）、陈海生、陈清西、范武波、范源洪、林国华、易克贤、罗杰、罗金仁、金航、郑开斌、郑道君、胡伟、胡新文、胡福初、柳觐、洪彦彬、校现周、徐玉娟、高丽霞、郭泽镔、郭家文、唐文邦、唐冰、唐其展、唐朝荣、宾振钧、陶大云、黄强、黄永芳、黄华孙、黄香武、黄家雄、董斌、韩沛新、曾继吾、谢大森、谢黎黎、赖钟雄、蔡俊谊、缪卫国、颜亚奇、薛世明、戴好富、戴陆园、韩忠智

（二）重点工作事记（2020年6月22日至2022年6月30日）

1. 2020年6月召开第十次全国会员代表大会

2020年6月22日，学会第十次全国会员代表大会在海口召开。第九届理事会副理事长、常务理事，第十届理事会理事候选人，第一届监事会监事候选人，以及会员代表出席会议。大会开幕式由副理事长范源洪主持。

郭安平副理事长代表中国热带作物学会支撑单位中国热带农业科学院致辞。他表示，中国热带农业科学院作为学会支撑单位，将继续为中国热带作物学会提供强有力的条件支撑。

张治礼副理事长宣读大会贺信。中国科学技术协会在贺信中向为推动我国热带作物事业发展贡献智慧和力量的广大科技工作者致以诚挚问候和崇高敬意，向大会召开表示热烈祝贺。

大会收到中国农学会、中国人工智能学会、中华医学会、中国航空学会、中国指挥与控制学会等78家全国学会的贺信贺电。

刘国道副理事长兼秘书长代表第九届理事会作了题为"持续深化治理体系改革 打造热带农业科技创新发展新引擎"的工作报告。

大会选举产生了学会第十届理事会、第十届理事会党委和第一届监事会。刘国道当选为第十届理事会理事长；杨礼富当选为第十届理事会党委书记；刘波当选为第一届监事会监事长；邹学校、范源洪、胡新文、戴陆园、韩沛新、汤浩、陈东奎、杨礼富、邬华松、曾继吾等10人当选为第十届理事会副理事长；卜范文等111人当选为第十届理事会理事，白燕冰等36人当选为第十届理事会常务理事；学会聘任邬华松为专职秘书长，刘光华、孙爱花、李海亮、韩忠智为副秘书长。

大会审议并通过《中国热带作物学会第九届理事会工作报告》《中国热带作物学会第九届理

事会财务报告》《中国热带作物学会章程（修改草案）》《中国热带作物学会会员会费管理办法》《中国热带作物学会理事会和常务理事会会议制度》《中国热带作物学会薪酬管理办法》等文件，表决并通过《中国热带作物学会第十次全国会员代表大会选举办法》《中国热带作物学会第十届理事会常务理事选举办法》《中国热带作物学会第十届理事会党委选举办法》以及相关决议。

2. 2020年8月在云南保山举行科技下乡活动

2020年8月28日，学会2020年全国科技活动周活动在保山举行。本次活动由中国热带作物学会与保山市科学技术局、保山市科学技术协会、保山市农业科学研究所、云南省农业科学院热带亚热带经济作物研究所共同主办。

中国热带作物学会科普工作委员会、保山市热带作物产业协会等多家单位、部门，精心筹划、统一部署，活动形式多样。

一是在保山市隆阳区瓦渡乡红泥地村开展科普巡展。二是组织7名专家，就核桃、畜牧、大麦、牧草、木薯等方面的内容，对农户进行农业科学技术普及和实用技术推广等培训。分支机构牧草与饲料作物专业委员会支撑单位——中国热带农业科学院热带作物品种资源研究所的王文强研究员作了《饲草栽培与利用》的讲座。保山市农业科学研究所的郑家文研究员作了《高黎贡山早熟优质丰产浅淮山药栽培技术》的讲座。保山市农业科学研究所的赵加涛副研究员作了《早秋

大麦丰产栽培集成技术》的讲座。云南省农业科学院热带亚热带经济作物研究所的李月仙副研究员作了《木薯食用化、饲用化利用技术》的讲座。本次活动共有40余名农户参加。

3. 2020年9月"剑麻产业与技术发展路线图研究"获中国科学技术协会学科发展项目资助

2020年9月中国热带作物学会联合常务理事单位广东农垦热带农业研究院申报的"剑麻产业与技术发展路线图研究"项目经过公开申报、资格审查、专家评选等程序，获中国科学技术协会学科发展项目资助。

中国科学技术协会学科发展项目是为进一步充分发挥全国学会在强化学术引领、推动学科发展中的独特作用而组织实施的。目的是组织全国学会联合相关高校、科研院所等单位，总结学科发展成果，研究学科发展规律，预测学科发展趋势，推进学科交叉融合和有机发展，构建具有中国特色的学科体系。同时，促使新兴学科萌芽，促进优势学科发展，为科技工作者提供资助，为党和国家科学决策提供参考。

4. 2020年9月召开"农业科研院所科研信息综合管理平台的构建与应用"科技成果评价会

2020年9月23日，受中国热带农业科学院橡胶研究所委托，学会在海口组织召开"农业科研院所科研信息综合管理平台的构建与应用"科技成果评价会。专家组通过听取汇报，审阅相关材料，并经质询和讨论，从创新性、科学性和实用性等方面，对科技成果进行了客观评价。

该项目由中国热带农业科学院橡胶研究所和海南易万高科信息技术有限公司共同完成。项目在实施过程中，针对橡胶研究所科研管理的情况，建立了以科研项目为核心的综合信息数据中心，打破了人事、财务与科研业务系统之间的"信息孤岛"，研发了基于高聚合低耦合体系构架的科研信息综合管理平台，实现了科研项目、经费、成果与档案的全链条信息化管理。通过数据多元统计与智能分析，实现了科研数据的最大化、便捷化、高效化利用。项目成果获批软件著作权9项，发表论文7篇。

管理平台的构建与应用创新了管理模式，简化了管理程序，提高了管理的效率和水平，为农业科研院所科研管理信息化建设做出了尝试、积累了经验。专家组一致认为，该成果在农业科研信息管理领域达到国内领先水平。

5. 2020年9月中国科学技术协会学会学术部刘兴平部长莅临考察

2020年9月28日，中国科学技术协会学会学术部部长、企业工作办公室主任刘兴平莅临学会，进行考察指导。学会副理事长兼党委书记杨礼富、副理事长兼秘书长邬华松、副秘书长孙爱花陪同考察。

刘兴平部长参观考察了学会支撑单位中国热带农业科学院展览馆、学会办公场所、科技工作者之家和《热带作物学报》编辑部，听取了学会相关工作情况汇报，并对学会在推动热带作物领域高水平学术交流、青年人才托举、学会党建等方面取得的成效给予充分肯定。

6. 2020年9月开展"牢记革命历程　传承红色基因"主题党日活动

2020年9月30日，学会秘书处党支部、驻海口的理事会党委委员、常务理事党员，与中国汽车工程学会党员干部一行前往冯白驹将军故居和云龙镇琼崖红军改编旧址，开展"牢记革命历程　传承红色基因"红色教育主题党日活动。

7. 2020年10月在广东佛山召开全国热带作物学术年会

2020年10月27—31日，2020年全国热带作物学术年会在广东佛山召开。会议主题为"助力科技经济融合发展　促进国际国内双向循环"。年会由中国热带作物学会主办，中国热带农业科学院科技信息研究所、广东省农业科学院果树研究所、广东农工商职业技术学院承办。中国工程院院士尹伟伦，美国国家科学院院士朱健康，原农业部农垦局副局长、发展南亚热带作物办公室主任胡建锋，佛山市人民政府副秘书长黄飞飞，广州泛珠城市发展研究院院长王廉，中国热带作物学会理事长刘国道，副理事长韩沛新、陈东奎、邬华松、曾继吾等领导和嘉宾出席会议。来自全国各地的600余名代表参会。大会开幕式由中国热带作物学会党委书记杨礼富主持。

佛山市人民政府副秘书长黄飞飞代表佛山市政府对大会的召开表示热烈祝贺。

原农业部农垦局副局长、发展南亚热带作物办公室主任胡建锋在致辞中指出，在佛山举办2020年全国热带作物学术年会，对今后办好中国国际热带博览会，推进热区交流、促进热区发展意义重大。

刘国道理事长在开幕式上致辞。他指出，2020年是打赢脱贫攻坚战和"十三五"规划的收官之年。学会要充分发挥人才、组织和智力优势，团结引领广大热带农业科技工作者，在推动我国"三农"事业中发挥更大作用。开幕式上，举行了中国科学技术协会和中国热带作物学会青年人才托举工程项目证书颁发仪式。王守创、房传营和刘攀道入选第五届中国科学技术协会青年人才托举工程；陈林、宫超、马宇欣、谭华东入选2019年中国热带作物学会青年人才托举工程。

年会设种质资源与遗传育种、病虫害防控与绿色农业、农产品储藏加工与质量安全、天然橡胶学术年会、剑麻与园艺产业发展、南药资源与开发利用、都市农业、热带农业发展与对外合作研讨8个专题论坛，收集专题报告132个，会议论文98篇，墙报32篇。

8. 2020年10月中国科学技术协会党组成员、书记处书记宋军莅临调研

2020年10月27日，中国科学技术协会党组成员、书记处书记宋军到中国热带作物学会调研。中国热带作物学会支撑单位中国热带农业科学院党组书记崔鹏伟，海南省科学技术协会党组成员、副主席郑红，中国热带作物学会理事长刘国道、党委书记杨礼富陪同调研。

调研座谈会上，刘国道理事长从中国热带作物学会的历史沿革、组织机构和工作业绩三个方面进行汇报。重点汇报了学会近几年在学术交流、科学普及、科技期刊、高端智库、政府职能转移、创新驱动发展和乡村振兴、国际交流与合作、会员发展与服务、党建强会等方面所取得的成效。

宋军书记充分肯定学会开展的工作和取得的成绩，并对今后的工作提出明确要求：一是学会秘书处工作人员专职化；二是成立国际部，建立"一带一路"培训中心，加强与政府、企业和民间组织的国际交流与合作，更好地服务国家外交大局；三是加强基地建设，柔性引进国际化人才，打造科技经济融合发展模式，推动"科创中国"建设。要充分发挥中国热带作物学会的学科、组织、智力等优势，推动实现跨越式发展。

崔鹏伟书记表示，中国热带农业科学院将为学会开展工作提供全方位支持。通过突出重点、打造品牌，强化国际交流与合作，创办英文科技期刊，充分发挥学会工作中党在政治核心、思想引领和组织保障方面的作用，推动学会在支撑引领学科发展、促进热带农业产业转型升级，以及服务"一带一路"倡议等方面发挥新的更大作用。

9. 2020年10月传达学习习近平总书记在科学家座谈会上的讲话

2020年10月28日，学会在广东佛山召开专题会议，传达学习习近平总书记在科学家座谈会上的重要讲话精神，研究部署贯彻落实工作。学会理事长刘国道及全体副理事长、理事会党委委员出席会议，理事会党委书记杨礼富主持会议。

10. 2020年11月刘国道理事长荣获2020年度何梁何利基金科学与技术创新奖

2020年11月3日，素有"中国的诺贝尔奖"之称的何梁何利基金2020年度颁奖大会在北京钓鱼台国宾馆隆重举行。中共中央政治局委员、国务院副总理刘鹤出席大会并讲话，全国人大常委会副委员长沈跃跃，全国政协副主席、中国科学技术协会主席万钢出席大会。学会理事长刘国道研究员因其在热带牧草领域的杰出成就和贡献，荣获本年度何梁何利基金科学与技术创新奖

（区域创新奖）。

何梁何利基金由香港爱国金融家何善衡、梁銶琚、何添、利国伟于1994年创立，旨在奖励中国杰出科学家，服务国家现代化建设。创立26年来，基金共遴选奖励1 414位杰出科技工作者，是我国社会力量创建科技奖项的范例。

本年度何梁何利基金共评选出52名获奖人，其中，钟南山院士和樊锦诗研究员获得科学与技术成就奖，30位科学家获得科学与技术进步奖，20位科学家获得科学与技术创新奖。

刘国道，中国热带农业科学院副院长，研究员，长期致力于热带牧草领域的研究工作。在热带牧草资源收集、鉴定、评价与创新利用研究方面，获海南省自然科学特等奖1项、省部级科技奖一等奖8项、二等奖3项、三等奖17项。完成我国热区及69个热带国家牧草资源考察，收集保存热带牧草种质资源1.5万余份。命名并在国际上公开发表莎草科新物种6个，培育国审热带牧草新品种29个，获植物新品种保护权2项，其中，热研4号王草和热研20号柱花草入选中国农业发展十年成就展。新品种累计推广3 800多万亩，经济、生态效益显著。发表论文460篇，出版《中国热带牧草品种志》《中国南方牧草志》《热带牧草学各论》等大型基础性专著19部。在开展热带牧草栽培生理和综合利用研究方面，获授权国家专利21件。研发了热带牧草高产栽培技术20套、间（套）作技术15套。集成构建"果—草—畜生态发展模式""石漠化区域特色作物种植模式"，并广泛应用于生产。2套（38册）科普丛书获神农中华农业科技科学普及奖，1套（17册）获全国农民培训优秀教材。牵头成立的"热区石漠化科技创新联盟"被评为国家标杆联盟。在国际合作方面，荣获国家"回国后作出突出贡献的回国人员奖"和海南省"国际合作贡献奖"。兼任联合国粮农组织热带农业平台执行委员会观察员、世界粮食计划署南南合作专家、联合国粮食系统协调中心科学咨询委员会委员、中国—刚果（布）农业示范中心主任等职务。组织举办热带农业国际培训班79期，培训了来自90多个国家的学员3 824名。先后完成萨尔瓦多、冈比亚、密克罗尼西亚联邦等国家资源考察及农业发展规划制定，出版"密克罗尼西亚常见植物图鉴系列丛书"（6册），"热带农业'走出去'实用技术系列丛书"（19册，中、英、法文），以及"'一带一路'热带国家农业共享品种与技术系列丛书"（5册）等3套。

11. 2020年10月在广东佛山召开十届二次理事会暨十届二次常务理事会

2020年10月28日，学会十届二次理事会暨十届二次常务理事会在广东佛山召开。会议由理事长刘国道主持，副理事长韩沛新、陈东奎、曾继吾、杨礼富、邬华松出席会议，监事列席。

理事会党委书记杨礼富传达了习近平总书记在科学家座谈会上的重要讲话精神。

秘书长邬华松通报了学会第九届理事长离任审计情况、法人变更情况、2020年度单位会员会费缴纳情况，以及2020年全国热带作物学术年会筹备情况等。

会议审议通过了《中国热带作物学会采购管理办法》《中国热带作物学会差旅费管理办法》《中国热带作物学会合同暂行管理办法》《中国热带作物学会货币资金办法（修订）》《中国热带作物学会财务管理办法（修订）》，以及增加中国热带农业科学院科技信息研究所为《热带作物学报》承办方和出版方等事宜。

刘国道理事长在总结讲话中强调，学会秘书处、各分支机构、省级热带作物学会、理事单位、会员单位要不断加强党的建设、学术交流、项目申报、人才举荐、青年人才培养、科学普及、组织建设等各项工作。各机构要在第十届理事会和第十届理事会党委的正确领导下，积极主动、高效顺畅履行"四服务"职责，团结引领广大热带作物科技工作者开拓创新、锐意进取，不断开创热带农业科技创新事业的新局面。

第十届理事会理事、受理事委托的参会代表及相关人员近90人参加会议。

12. 2020年10月在广东佛山召开首届中国国际热带博览会

2020年10月28—30日，首届中国国际热带博览会（简称"热博会"）在广东佛山潭州展览中心隆重举行。本届热博会由中国热带作物学会、广东热区科学技术研究院、广州泛珠城市发展研究院共同主办。全国政协农业农村委副主任、农业农村部原副部长陈晓华，中国热带作物学会理事长、中国热带农业科学院副院长刘国道，原农业部农垦局副局长、发展南亚热带作物办公室主任胡建锋等领导，埃塞俄比亚驻华大使，秘鲁驻广州总领事等多个使领馆官员，以及世界500强企业代表，共同出席开幕式。2020年全国热带作物学术年会代表和采购商共800余人参加开幕式。

学会党委书记杨礼富代表主办单位致辞时指出，热博会是全球热区国家的地缘经济文化平台。举办热博会的目的，在于通过建立多领域的大型综合性国际平台，强力推动热区农业、加工业、制造业、文化、旅游、医药、健康等产业向更加开放、包容、普惠、平衡、共赢的方向发展，促进热带亚热带地区经济社会协调、健康、快速发展。

联合国粮农组织总干事屈冬玉发来贺函："热博会的举办将加强热带、亚热带国家和地区的交流合作，促进互利共赢、共同发展，顺应了国际社会的期待，热带好、全球便好，联合国粮农组织对此高度赞赏。"发来贺信贺电的还有坦桑尼亚等国家及30多个国际组织。

学会理事长刘国道在总结讲话中指出，感谢国家、国际组织和社会各界对热博会的关心和支持，以及对热博会未来发展寄予的厚望。举办热博会的目的就是要打造136个热带国家交易、交流、交往合作的新平台，以促进中国同热带国家的全方位交往，充分展示和分享全球热带亚热带地区成果，谋求合作最大公约数，携手构建推动创新、加快发展的利益共同体。

本届热博会设国家科技馆和生态产品馆两大展馆。展示交易包括一、二、三产实物展，服务业展和知识产权展，线下有约1 000个展位，线上约2 000家企业参展。

本届热博会经商务部批复，农业农村部贸易促进中心、中国热带农业科学院、佛山市人民政府等作为指导单位，正大集团、广东省经济学家企业家联谊会、广州维方数据科技有限公司等单位协办。

13. 2020年12月在云南怒江举办"强化党建引领　科技助力怒江巩固脱贫攻坚成果"活动

2020年12月8—10日，"强化党建引领　科技助力怒江巩固脱贫攻坚成果"活动在云南怒江顺利举办。本次活动由中国科学技术协会科技社团党委指导，中国热带作物学会，中国热带农业科学院，云南省怒江州委、州人民政府主办。中国热带作物学会理事长、中国热带农业科学院副院长刘国道，云南省怒江州委常委、副州长潘卫康，学会党委书记杨礼富、副理事长范源洪、副书记邬华松、香料饮料作物专业委员会主任唐冰，中国热带农业科学院机关党委常务副书记方艳玲，怒江州科学技术协会主席熊汉峰，科学技术局局长胡剑等领导参加活动。开幕式由范源洪副理事长主持。

开幕式上，潘卫康副州长指出，近年来，在中国科学技术协会的有力指导下，怒江州以科技为引领、需求为导向，充分动员和组织专家，结合服务乡村振兴战略，团结和引领广大科技工作者助力精准扶贫工作，圆满完成工作目标任务，科技助力精准扶贫工作方面取得了积极成效。

刘国道理事长在致辞中指出，此次活动紧密围绕怒江生产实际，大力开展科技服务生产一线活动，为怒江建设社会主义现代化新农村、实现乡村振兴服务，为国家农业供给侧结构性改革服务。中国热带农业科学院要发挥技术优势，瞄准盯准怒江特色产业，持续给予关注和支持，让这些产业能够健康发展，让怒江脱贫成果能够持续保持下去。今后，中国热带农业科学院将继续主动担当，为怒江乡村振兴提供科技支撑，助力当地工作再创新局面，再上新台阶，加快推动怒江农业农村及经济社会发展。

杨礼富书记在讲话中指出，学会将把科技支撑怒江乡村振兴作为重要的政治任务，充分发挥组织优势、学科优势和人才资源优势，团结引领中国热带农业科学院等会员单位和科教机构，深入贯彻落实党的十九届五中全会精神，大力发展怒江的农业产业和优势特色产业，为巩固拓展怒江脱贫攻坚成果、助力怒江乡村振兴和全面建成小康社会作出新的更大贡献！

开幕式上，刘国道理事长向怒江州人民政府赠送了热研4号王草种茎。

本次活动邀请专家分别作《饲草栽培与利用技术》《肉牛营养与饲料配制技术应用》《草果栽培与加工》《草果高效栽培技术》等讲座。专家通过深入浅出的讲解和新成果、新技术的展示，向村民提供种养致富新思路。此外，专家们还深入上江镇蛮英村种草养畜、草果、芒果等基地开展现场培训，免费发放芒果等作物的技术资料200多份。

本次活动由云南省农业科学院，中国热带农业科学院科技信息研究所、香料饮料研究所、农产品加工研究所，云南省科学技术协会，中国热带作物学会牧草与饲料作物专业委员会、科普工作委员会，云南省农业科学院热带亚热带经济作物研究所承办。云南省高原特色农业产业研究院，中国热带农业科学院热带作物品种资源研究所，云南省热带作物学会，泸水市委、市人民政府，怒江州科学技术协会，泸水市科学技术协会，泸水市上江镇科学技术协会，中国热带作物学会青年工作委员会、香料饮料专业委员会、咖啡专业委员会协办。中国热带作物学会专业委员会和工作委员会代表，怒江种养殖大户、种养殖合作社及致富带头人、企业代表200余人参加培训。

14. 2020年12月李欣勇同志荣获"2016年以来全国科技助力精准扶贫先进个人"荣誉称号

2020年12月25日，在由全国科技助力精准扶贫工程领导小组办公室组织开展的2016年以来全国科技助力精准扶贫工作考核评审中，学会推荐的中国热带农业科学院热带作物品种资源研究所李欣勇同志荣获先进个人称号。此次全国科技助力精准扶贫工程领导小组办公室共对在2016年以来全国科技助力精准扶贫工作中成绩突出的20个团队、51名个人进行了表彰。

2016年10月，刚刚博士毕业、在中国热带农业科学院热带作物品种资源研究所工作1年的李欣勇，就积极响应党中央和海南省委、省政府的号召，走进海南省东方市俄乐村挂职"第一书记"。他充分发挥自身和中国热带农业科学院的农业科技资源优势，通过与派出单位及相关部门的调研与讨论，确定俄乐村脱贫的根本出路在科技兴农。同时，为俄乐村积极申请扶贫项目支持，于2017年成立了"裕民合作社"。以"合作社+扶贫项目+贫困户"的模式推进花卉"蔓花生"种植，引导贫困户种植黄秋葵、圣女果等特色农业，并利用中国热带农业科学院的专家资源多次进行相关种植技术培训，持续提高贫困户收入。使原来贫穷落后的村子变成了一个"宜居宜游"的美丽村庄。

15. 2021年1月中国科学技术协会党组书记怀进鹏莅临调研

2021年1月6日，中国科学技术协会党组书记、常务副主席、书记处第一书记怀进鹏一行到中国热带作物学会，就深入贯彻落实习近平总书记关于粮食安全和种业发展等重要讲话精神，发挥特色优势，谋划绿色生态与种业可持续发展格局等进行调研。中国科学技术协会办公厅主任王进展，海南省科学技术协会主席、海南大学校长骆清铭，中国热带农业科学院院长王庆煌，中国热带作物学会理事长刘国道、党委书记杨礼富等陪同。

座谈会上，刘国道理事长介绍了学会"十三五"以来，依托支撑单位并与支撑单位、全体理事单位紧密配合所取得的成效、开展的特色工作和所获荣誉，重点汇报了在服务国家外交、构建国际化布局、推进国际合作交流、提升国际化服务及成功举办首届中国国际热带博览会等方面开展的工作。中国热带作物学会理事会党委书记杨礼富汇报了学会理事会党委组织建设及党建工作开展情况。

中国科学技术协会党组书记怀进鹏表示，中国热带作物学会依托支撑单位，坚守特色，发挥优势，实现了"小学会，大事业，有品牌"的目标。团结全国广大热带农业科技工作者不懈奋斗，取得了丰硕成果，值得肯定。

中国热带农业科学院院长王庆煌表示，中国热带农业科学院将持续为中国热带作物学会发展提供支撑和支持，把谋划绿色生态与种业可持续发展等工作纳入国家热带农业科学中心建设之中，以更开阔的视野、更开放的国际合作，与世界一流专家和平台合作交流，切实发挥科学引领、科技创新和人才集聚的作用，不断开创热带农业科技创新、中国热带作物学会工作新局面。

怀进鹏书记一行还参观了中国热带作物学会，中国热带农业科学院科技信息研究所、院展览馆、海口热带农业科技博览园等，了解了中国热带作物学会及中国热带农业科学院的历史沿革及在科技创新、科学普及、国际合作等方面开展的工作情况。

中国科学技术协会、海南省科学技术协会、中国热带作物学会的相关负责人，中国热带农业科学院有关单位和负责人参加了座谈和调研。

16. 2021年2月召开2021年青年人才托举工程项目评审会

按照中国科学技术协会要求以及中国热带作物学会青年人才托举工作安排，2月22日，中国热带作物学会在海口组织召开2021年青年人才托举工程项目评审会。

会议通报了中国热带作物学会2021年青年人才托举工作情况。经单位推荐、形式审查和初评，共有25人进入答辩环节。会上，评审委员会通过听取汇报，审阅相关材料，并经质询和讨论，从现有基础、未来三年的主要规划与目标、所在单位的支撑保障等方面，采取项目评审和人才评价相结合的评审方法，对候选人进行综合评价。经专家现场评审，拟推荐曾兰亭、蒋凌雁2人为中国科学技术协会青年人才托举工程第六届项目人选，李婷玉、孙彬妹、李如一、廖格、陈秋惠、李彤彤、仲天娇7人为中国热带作物学会青年人才托举工程2021年度项目人选。

17. 2021年3月组织参加中国科学技术协会党史学习教育动员大会暨中国科协党校2021年开学典礼

2021年3月15日，学会组织参加了中国科学技术协会党史学习教育动员大会暨中国科协党校2021年开学典礼视频会议。

学会理事会党委书记、副书记，2名副秘书长，学会秘书处全体党员及工作人员集中在海南海口国家热带农业创新中心610会议室全程参加视频会议，其他学会理事会党委委员各自观看视频会议。

18. 2021年3月邹学校院士开展《热带作物学报》主编日活动

为充分发挥科学家在办刊中的主体地位和作用，推动《热带作物学报》在"十四五"期间高质量发展，3月21日，中国工程院院士、湖南农业大学校长邹学校研究员在海口开展《热带作物学报》主编日活动。中国热带作物学会理事长刘国道及《热带作物学报》部分编委出席会议，期刊编辑与图书出版课题组人员参会。会议由学报副主编杨礼富主持。

杨礼富副主编介绍了《热带作物学报》第五届编委会成立以来实施的一系列改革措施与取得的成效。

邹学校院士对《热带作物学报》近年的改革创新举措与发展成效给予充分肯定。他指出，破除"四唯"和改进科技评价体系为中文科技期刊的发展提供了历史机遇，《热带作物学报》应把握机遇，积极主动走出去，学习和借鉴其他科技期刊的办刊经验。邹院士针对如何吸引优质稿源、开展专题策划和创办英文刊等问题进行了具体指导。

与会编委和编辑部人员围绕提升编校质量、拓展优质稿源、扩大期刊影响力等进行了深入交流和探讨。

19. 2021年3月到海南万宁联合开展主题党日活动

2021年3月22—23日，中国热带作物学会秘书处党支部在海南万宁联合香料饮料专业委员会、咖啡专业委员会、兴隆热带植物园科普基地党支部开展主题党日活动。参加此次活动的有中国热带作物学会副理事长、党委副书记兼秘书长邬华松，中国热带农业科学院香料饮料研究所所长、中国热带作物学会香料饮料专业委员会主任唐冰，中国热带农业科学院香料饮料研究所副所长郝朝运，中国热带作物学会常务理事、咖啡专业委员会主任龙宇宙，兴隆热带植物园总经理魏来、常务副总经理邓文明，香料饮料专业委员会秘书长秦晓威，咖啡专业委员会秘书长闫林等20多人。

活动包括在兴隆热带植物园科普基地义务植树，参加活动的人员还参观了兴隆热带植物园、香料饮料研究所种质资源圃等特色热带作物基地。

20. 2021年4月组织集中学习党史学习教育

2021年4月2日，中国热带作物学会以视频会议形式组织参加中国科学技术协会党组理论学习中心组2021年度第三次集体学习扩大会议，深入学习习近平总书记在党史学习教育动员大会上的讲话。会议邀请中央党史学习教育宣讲团成员、中央党史和文献研究院院长曲青山作辅导报告并讲党课，中国科学技术协会党组书记、常务副主席、书记处第一书记怀进鹏主持会议。

中国热带作物学会党委书记杨礼富、副书记邬华松，秘书处全体党员及工作人员参加了本次会议。

21. 2021年4月在广西南宁传达学习习近平总书记在党史学习教育动员大会上的讲话精神

2021年4月14日，学会在广西南宁召开专题会议，传达学习习近平总书记在党史学习教育动员大会上的讲话精神，研究部署党史学习教育方案。中国热带作物学会理事长、副理事长、党委委员、监事、常务理事出席会议，会议由学会党委副书记邬华松主持。

会议共有学会常务理事、监事、副秘书长、秘书处全体工作人员等43人参加。

22. 2021年4月在广西南宁召开十届五次常务理事会，同意取消天然橡胶生产者委员会

2021年4月15日，学会十届五次常务理事会在广西南宁召开。理事长刘国道、副理事长范源洪、汤浩、邬华松出席会议，监事刘波、郭建春、庞新华、陈厚彬列席。会议由副理事长范源洪主持。

会上，刘国道理事长作了题为《创新引领　全面开启学会工作新局面》的中国热带作物学会2020年度工作报告。

会议听取了学会副理事长兼秘书长邬华松关于《中国热带作物学会"十四五"发展规划（2021—2025）》的汇报及工作人员关于《中国热带作物学会2020年度财务工作报告》的汇报。通报了中国热带作物学会十届五次理事长办公会决策事项和中国科学技术协会第十次全国代表大会和第十届全国委员会委员候选人选举情况及结果。审议并同意科技推广咨询工作委员会换届选举结果。根据天然橡胶生产者委员会的申请，鉴于天然橡胶生产者委员会近年来的相关业务与橡胶专业委员会具有重复性的现状，以及该委员会近年业务开展的现状，经审议，大会一致同意取消天然橡胶生产者委员会。

第十届理事会常务理事及相关人员30余人参加会议。

23. 2021年4月获批中国科学技术协会科技社团党委2021年度"党建强会计划"项目

2021年4月，中国科学技术协会科技社团党委发布《中国科协科技社团党委关于2021年度

"党建强会计划"项目立项的通知》，中国热带作物学会被列为承担单位之一，项目名称为"追寻红色足迹，开展党建强会特色活动"。

24. 2021年4月《热带作物学报》入选中国科学引文数据库核心库

2021年4月，中国科学院文献情报中心发布了中国科学引文数据库（CSCD）来源期刊遴选报告（2021—2022年度），《热带作物学报》入选CSCD核心库。这是学报继2019年来第二次入选CSCD核心库。

中国科学引文数据库（CSCD）以其专业性强，数据准确规范，检索方式完整、多样、便捷的优势，成为广大科研工作者广泛使用的文献检索工具。

25. 2021年推荐申报的国家食物营养教育示范基地项目通过评审

2021年5月7—8日，国家食物与营养咨询委员会组织全国食品营养、公共营养与卫生等领域6位专家对中国热带作物学会初审并推荐的由中国热带农业科学院香料饮料研究所申报的国家食物营养教育示范基地进行现场评审。

专家组一行先后考察了国家香料饮料作物种质资源保存基地，国家重要热带作物工程技术研究中心，胡椒、咖啡等香料饮料作物生态高效种植示范基地，海南省特色热带作物适宜性加工与品质控制重点实验室，热带农业科技成果转化基地等科技与科普平台。

国家食物营养教育示范基地申报评审需要经历形式审查、通讯评审、专家会议评审和现场评审4个环节。截至2021年5月，全国共建立29个示范基地。中国热带作物学会初审并推荐两个单位申报该项目。中国热带农业科学院香料饮料研究所成功通过项目评审，成为海南省首家国家食物营养教育示范基地。创建单位将承担政策宣贯、知识科普、试验示范、产业培育、三产融合、协同行动等6项职责，聚焦发展食物营养健康产业，开展食物营养教育示范活动。

26. 2021年5月在海南海口召开2021年工作会议

2021年5月12—14日，学会2021年工作会议在海南海口召开。会议分两个阶段进行：第一阶段对各分支机构、工作委员会2020年工作进行综合考评；第二阶段对学会2021年工作及"十四五"发展规划作了整体部署。

会议审议并通过了《中国热带作物学会"十四五"发展规划（2021—2025)》《中国热带作物学会2020年工作报告》《中国热带作物学会2020年财务报告》《中国热带作物学会理事会党委2020年工作报告》等议项。来自中国热带作物学会21个分支机构、9个全国热带作物科普基地、2个学会省级服务站共70余人参加了此次会议。

27. 2021年5月《热带作物学报》荣获第五届海南省出版物政府奖期刊二等奖

2021年5月，由中共海南省委宣传部组织开展的第五届海南省出版物政府奖评选结果揭晓，《热带作物学报》荣获期刊二等奖。这是《热带作物学报》第三次获得海南省出版物政府奖期刊奖。

海南省出版物政府奖是全省出版领域的最高奖，每三年评选1次，在全省出版界、学术界和文化界有重要影响。本届评选中，共有26种图书、10种期刊、6种作品获奖。近年来，《热带作物学报》坚持正确的办刊方针，持续创新体制机制，进一步转变办刊理念，强化质量体系建设，学术质量和影响力快速提升，获得各界的积极肯定。

28. 2021年5月学会领导参加两院院士大会和中国科学技术协会第十次全国代表大会，杨礼富当选为中国科学技术协会第十届全国委员会委员

2021年5月28—30日，中国科学院第二十次院士大会、中国工程院第十五次院士大会和中国科学技术协会第十次全国代表大会在人民大会堂隆重召开。中共中央总书记、国家主席、中央军委主席习近平出席大会并发表重要讲话。中共中央政治局常委、国务院总理李克强主持大会。中共中央政治局常委栗战书、汪洋、王沪宁、赵乐际、韩正出席。

学会理事长刘国道、党委书记杨礼富作为中国科学技术协会"十大"代表参加了此次盛会。

大会选举产生了中国科学技术协会第十届全国委员会和第十届委员会主席、副主席、常务委员，并向全国科技工作者倡议开展"自立自强创新争先"行动。万钢当选为中国科学技术协会第十届全国委员会主席，怀进鹏等18人当选为副主席，390人当选为委员。中国热带作物学会党委书记杨礼富当选为中国科学技术协会第十届全国委员会委员。

29. 2021年6月在北京参加中国科学技术协会党史知识竞赛，并获优秀组织奖

为庆祝中国共产党成立100周年，推动学会"学党史、悟思想、办实事、开新局"活动再上一个台阶，根据中国科学技术协会党组关于《科协系统开展党史学习教育工作方案》安排，中国热带作物学会党委组织学会参加中国科学技术协会科技社团党委组织的"百年党史 百家学会"自然乐跑党史知识竞赛线下活动。

学会由党委副书记、秘书处党支部书记邬华松带队参加。学会7名参赛选手发挥相互协作精神，在答题准确率、竞跑速度等方面均遥遥领先其他参赛人员。7名选手均进入比赛前16强，并有4名选手进入8强。其中，学会科普工作委员会、云南省农业科学院热带亚热带经济作物研究所的杨亚琳获得了总分第一名的成绩，学会科普工作委员会、云南省农业科学院生物技术研究所的李亚琼获得了总分第二名的成绩，学会秘书处郭诗筠获总分第四名的成绩，学会秘书处巩鹏涛获总分第六名的成绩。

30. 2021年6月开展"重温热作史，建功自贸港"的党史学习教育活动

2021年6月29日，学会党委组织各分支机构党组织联合中国热带农业科学院党委、中国热带农业科学院试验农场党委、中国热带农业科学院科技信息所党委等，到中国热带农业科研的发源地——海南儋州宝岛新村，共同开展"重温热作史，建功自贸港"的党史学习教育活动。来自各单位30多位党组织负责人、联系人及青年科技工作者参加了活动。

与会人员参观了位于海南儋州宝岛新村的中国热带农业科学院试验农场一队的联昌试验站旧址，慰问了联昌试验站建站初期参与建设并健在的老一代工作者，参观中国天然橡胶第一代老

胶园——百年胶王园。联昌试验站旧址和百年胶王园是中国热带农业科学院最早从事新中国天然橡胶选种、育种的科研试验基地，也是中国热带农业科研的发源地。在联昌试验站旧址，与会党员庄严重誓入党誓词，并参观了中国热带农业科学院、中国天然橡胶发展史展览。此次参观学习进一步加深了大家对中国热带农业科研艰难起步历程的了解和对老一辈科技工作者"为国家使命而战"的奋斗精神的认识。

31. 2021年7月在中国科学技术协会"党在我心中"党史知识竞赛决赛中获佳绩

2021年6月28日，中国科学技术协会"党在我心中"党史知识竞赛决赛在中国科技会堂圆满落幕。中国科学技术协会党组副书记徐延豪出席并致辞。

来自中国科学技术协会机关、事业单位和全国学会的12支代表队共36名选手参加决赛。经过激烈角逐，中国热带作物学会代表队获得总分第四的成绩；3名参赛选手郭诗筠、吴秋妃、李亚琼获中国科学技术协会"党在我心中"党史知识竞赛个人优胜奖；中国热带作物学会获优秀组织奖。

32. 2021年7月中国热带作物学会创始人何康逝世

2021年7月3日8时01分，中国热带作物学会创始人、中国热带农业科学院的重要创建人、世界粮食奖获得者何康在北京逝世。

何康，汉族，1923年2月生，福建福州人。我国著名的农学家、农业管理专家、社会活动家。1956年起，何康担任中国热带农业科学院院长（时称"华南亚热带作物科学研究所"）20余年，是我国在热带北缘大规模发展天然橡胶和热带农业生产的主要奠基人之一。

20世纪50年代初，何康带领新中国第一代橡胶科技工作者，筚路蓝缕，艰苦创业，肩负起为国家研究和发展天然橡胶的神圣使命，创造了在北纬

18°—24°大面积种植橡胶树的奇迹，打破了北纬15°以北不能大面积植胶的论断，为祖国的天然橡胶科教事业谱写了一部艰苦创业的壮丽诗篇。何康老院长带领老一辈热带农业科技创业者，扎根南疆，在无私奉献的非凡历程中，取得了许多具有国际先进水平的重大科研成果，培养了一大批热带农业专业人才，为中国热带农业科学院成为国家热带农业领域最高科研机构奠定了坚实基础。

1962年10月23日，时任中国农学会作物学会副理事长的何康提议并亲自撰写报告，向中国农学会作物学会申请成立中国热带作物学会，奠定了中国热带作物学会60年发展的基础。

何康同志虽然永远离开了我们，但是他留下的宝贵精神财富，将始终激励着我们不断前行。中国热带作物领域的科技工作者要学习和传承他高尚的人格品质和孜孜不倦的工作精神，化悲痛为力量，立足中国热区，面向世界热区，积极扛起国家战略科技力量的责任与担当，为创建世界一流的热带农业科技创新中心不断努力拼搏！

33. 2021年8月秘书处召开年中工作会议

2021年8月6日，学会秘书处召开2021年年中工作会议，分析形势，安排部署下半年重点工作，进一步统一思想、坚定信心。学会理事长刘国道、党委书记杨礼富、党委副书记兼秘书长邬华松、副秘书长孙爱花，以及秘书处全体工作人员参加会议。会议由邬华松秘书长主持。

邬华松秘书长汇报了学会上半年工作总结和下半年工作计划。杨礼富书记对学会党建工作作出部署。刘国道理事长在总结讲话中充分肯定了上半年的工作及取得的各项成绩，并对下半年的工作提出了具体的要求。

34. 2021年8月刘国道理事长荣获国际生物多样性中心与国际热带农业中心联盟突出贡献奖

国际生物多样性中心与国际热带农业中心联盟授予中国热带作物学会理事长刘国道及学会分支机构支撑单位——中国热带农业科学院品种资源研究所的牧草、木薯和国际合作管理团队突出贡献奖，以表彰我会为促进国际热带农业中心（CIAT）的发展作出的突出贡献。

刘国道理事长于1990—1991年在CIAT进修，学习热带牧草种质资源保存利用、选育种等技术。回国后，他持续推进学会支撑单位中国热带农业科学院与CIAT的合作，30余年来，先后派出21名科研人员到CIAT交流学习，双方合作项目30余项。建立中国热带农业科学院与CIAT合作办公室和联合实验室，合办国际学术期刊《热带草地》，形成了CIAT与中国热带农业科学院的长效合作机制。

学会分支机构支撑单位——中国热带农业科学院品种资源研究所的牧草团队和木薯团队从CIAT先后引进先进技术10余项、热带牧草种质资源1 946份和木薯种质资源900份；建立全国唯一的木薯种质资源圃、国内最大的国家级热带牧草种质资源保存中心、热带牧草选育引智成果示范推广基地。团队创新利用CIAT热带牧草、木薯种质，培育并推广适合中国和东南亚地区农业生产和生态保护需要的牧草新品种24个，华南5号等早熟、高产、优质的华南系列木薯新品种14个。选育的柱花草系列品种适用于我国南方9省，形成了"北有苜蓿，南有柱花草"的草业发展新格局。科研团队与CIAT合作形成的获奖成果有48项，其中木薯团队的合作成果获国家科技

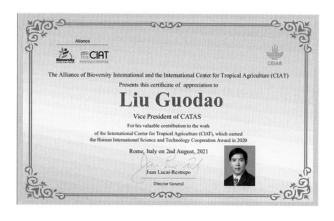

进步二等奖1项。牧草团队和木薯团队的工作促进了CIAT热带农业技术和品种在中国的推广和应用，同时也促进了我国热带作物新品种的培育和新兴产业的发展。

CIAT是全球热带农业领域最具影响力的国际组织，是国际农业研究磋商组织（CGIAR）下属15个研究中心之一。主要从事热带农业可持续发展研究，是世界热带牧草和木薯种质资源收集保存和创新利用中心。中国热带农业科学院与CIAT自1982年开始在木薯和热带牧草方面开展科技合作，在热作种质资源引进、品种培育、人才培养等方面取得了显著的合作成效。对我国热带农业科技进步和产业发展作出重要贡献。2020年，CIAT与同属CGIAR的国际生物多样性中心（Bioversity International）联合成立国际生物多样性中心与国际热带农业中心联盟。

35. 2021年8月《热带作物学报》入选《世界期刊影响力指数（WJCI）报告（2020科技版）》

据2021年8月发布的《世界期刊影响力指数（WJCI）报告（2020科技版）》（简称：WJCI报告），《热带作物学报》成功入选。WJCI报告是中国科学技术协会建立的新期刊评价系统，为世界学术评价融入更多中国观点、中国智慧，推动世界科技期刊公平评价、同质等效使用。此次入选表明《热带作物学报》的学术水平与国际影响力得到国际科学界的充分认可，进入了国际高水平科技期刊行列。

WJCI报告是由中国科学技术信息研究所、《中国学术期刊（光盘版）》电子杂志社有限公司、清华大学图书馆、万方数据有限公司、中国高校科技期刊研究会联合研制的期刊评价报告。该报告是中国科学技术协会专题资助课题《面向国际的科技期刊影响力综合评价方法研究》成果，入选"科创中国"项目。WJCI报告从全球63 000余种活跃的学术期刊中遴选出具有较高国际学术影响力的期刊14 287种，入选期刊具有广泛的地区代表性和学科代表性。WJCI报告共收录中国科技期刊1 426种，覆盖279个学科。

36. 2021年8月《热带作物学报》开展2021年第二次主编日活动

为加快建设高水平科技期刊，推动中国热带作物学会和中国热带农业科学院主办的《热带作物学报》等4种科技期刊高质量发展，2021年8月27日，《热带作物学报》副主编、编委会主任杨礼富研究员开展主编日活动。期刊编辑与图书出版课题组全体人员、中国热带作物学会相关人员参会。

杨礼富副主编结合自身多年从事科学研究、科技管理以及期刊出版工作的丰富经验，作了题为"提高认识　大胆创新　着力建设高水平热带农业科技期刊"专题报告。

杨礼富副主编从7个方面阐述了加快热带农业科技期刊高质量发展的路径。一是严格政治把关。期刊工作是意识形态工作的前沿阵地，要严把政治关，确保正确的政治方向，办刊人员要加强政治理论学习，提高政治敏感力和政治判断力。二是拓展优质稿源。要建立核心作者群，跟踪学科前沿和研究热点，与学术共同体建立密切关系。以期刊的名义组织学术会议和学术研讨，加强专题专刊策划等系列举措。三是优化管理流程。各刊应严格执行"三审三校"制度，提高编审质量和效率，缩短发表周期，为高质量论文设立快审快发通道。四是充分发挥编委会的作用。通过按期换届、召开年度工作会议、动态调整、评选优秀编委等举措加强编委会管理，真正实现科学家办刊。五是加强人才队伍能力素质建设。编辑人员要切实转变办刊理念，实现从"文字编辑"向"科学编辑"，从"闭门办刊"向"开放办刊"，从"纸质媒体"向"融合媒体"的"三个转变"。要加强业务学习，全面提升选题策划能力、学术能力和编校水平。六是恪守学术诚信，自觉抵制各种学术不端行为。七是强化对外宣传。依托编委、创新团队、中国热带作物学会等宣传渠道，通过多种方式进行广泛宣传。杨礼富副主编要求，编辑人员要大胆创新，主动作为，勇于担当，追求卓越，将我院主办的4种期刊打造成热带农业领域的旗舰期刊，更好地支撑引领热带农业科技创新、人才培养和学科发展。

与会人员围绕多渠道拓展优质稿源、严格执行"三审三校"制度和强化对外宣传等方面进行了深入探讨和交流。此次主编日活动，为加快提升热带农业科技期刊质量和影响力、推进期刊品牌建设以及提升我院的学术话语权提供了新思路和新路径。

37. 2021年9月刘国道理事长到广东农垦集团公司调研——合力推动"热博会"建设，积极打造国家战略和国际平台

2021年9月14日上午，学会理事长刘国道一行到广东农垦集团公司就中国国际热带产业博览会（简称"热博会"）相关事宜进行调研，合力推动热博会建设，积极打造国家战略和国际平台。农业农村部农垦局原常务副局长胡建锋，学会副理事长兼秘书长邬华松，广州泛珠城市发展研究院院长王廉，广东农垦集团公司（总局）党委委员、董事、副总经理（副局长）蔡亦农，广东农垦集团公司（总局）科技生产部（科技生产处）部长（处长）彭远明，广东农垦热带农业研究院党委副书记、总经理（院长）陈叶海等陪同调研。

双方就热博会相关事宜进行了热烈交流。刘国道理事长介绍了热博会的基本情况，并指出热博会是中国热带作物学会引领我国热带农业科技创新、科学决策的重要平台，也是服务国家农

业"走出去"和"一带一路"倡议的重要抓手。得到了联合国粮农组织等众多国际组织及东南亚、非洲、南美、太平洋等热带地区国家的高度关注与支持。广东农垦集团公司是我国热带农业"走出去"的重要力量，希望双方加强合作，共同把热博会办好。

胡建锋副局长就热博会产生的背景、重要性、必要性等进行了介绍。彭远明处长、陈叶海院长等分别从生产单位的角度，对热博会举办提出了意见和建议。蔡亦农副总经理表示，热博会是服务国家"一带一路"倡议的重要平台，是企业对外交流交往的重要平台，也是企业展示实力和能力的重要平台。广东农垦集团公司（总局）一定大力支持中国热带作物学会，共同办好热博会。

学会副秘书长韩忠智、学会会员单位中国热带农业科学院广州实验站的副站长陈秀龙、广东农垦集团公司（总局）办公室主任助理林东泓、广东农垦热带农业研究院总经理助理（院长助理）陈明文、广东农垦集团公司（总局）科技生产部（科技生产处）经理张全琪等参加了调研。

38. 2021年9月参加2021年"全国科普日"北京主场活动

2021年9月11—17日，2021年"全国科普日"北京主场活动在中国科学技术馆和北京科学中心举行。中共中央政治局委员、中宣部部长黄坤明，全国政协副主席、中国科学技术协会主席万钢出席活动。中国热带作物学会受邀参展，理事长刘国道、党委书记杨礼富参加活动。

学会以"绿野丹心铸胶魂"为主题，通过展品、实物、多媒体、展板等形式，展示了我国天然橡胶产业"应国家战略而生、为国家使命而战"的发展历程。

39. 2021年9月联合多家单位向云南省人民政府、绿春县人民政府建议建立我国云南优质黑胡椒生产基地

2021年9月11日，学会副理事长兼秘书长邬华松研究员牵头联合多家科研单位科技专家，在多年调研云南胡椒生产的基础上，起草《关于打造我国优质黑胡椒生产基地丰富云南热区固边特色产业的建议书》及《关于打造我国优质黑胡椒生产基地丰富绿春县热区固边特色产业的建议书》，分别提交云南省人民政府办公厅、绿春县人民政府。建议书详细分析胡椒在云南的种植规模、产业技术需求、生产加工及贸易等现状，提出了打造我国云南优质黑胡椒生产基地的建议。得到相关政府部门的高度重视。

40. 2021年9月中国科学技术协会党组书记张玉卓到中国热带作物学会考察

2021年9月16日，中国科学技术协会党组书记、副主席、书记处第一书记张玉卓到中国热带作物学会调研，看望学会干部职工和一线科技工作者。学会理事长刘国道、党委书记杨礼富陪同调研。

张玉卓书记听取了中国热带作物学会在学术交流、决策咨询、专题调研、科学普及、技术培训与示范推广、优秀人才培养举荐、学术期刊以及学会理事会党建等方面工作情况的汇报；对学会深入学习近平总书记关于科技创新、群团工作的重要指示精神，推动热带作物科技创新、促进我国热区农业农村经济健康快速发展作出贡献，以及学会工作人员的奉献精神给予充分肯定。他鼓励学会充分发挥特色和优势，锐意创新改革，推进治理体系现代化，加快高质量发展，在服务热带农业科技创新中不断取得新成绩。

中国科学技术协会、海南省科学技术协会、中国热带作物学会、中国热带农业科学院有关人员参加调研。

41. 2021年9月在贵州遵义开展"追寻红色足迹 众心向党 自立自强"党建+科普活动

2021年9月24—25日，学会组织党员科技专家走进贵州省遵义市，开展主题为"追寻红色足迹 众心向党 自立自强"的党建＋科普活动。中国热带作物学会、中国热带农业科学院、云南省农业科学院、贵州省农业科学院、遵义市播州区中等职业技术学校、遵义市科学技术协会、遵义市播州区科学技术协会和播州区园林果蔬协会等单位/组织共200余人参加活动。活动启动仪式由云南省农业科学院生物技术与种质资源研究所党委书记刘光华主持，学会党委书记杨礼富，遵义市科学技术协会党组书记雷洪分别致辞。

本次活动由中国科学技术协会党史学习教育第三巡回指导组第一工作组指导，中国热带作物学会、云南省农业科学院生物技术与种质资源研究所、云南省农业科学院热带亚热带经济作物研究所、贵州省农业科学院亚热带作物研究所主办，中国热带作物学会科普工作委员会、遵义市科学技术协会协办。

42. 2021年9月刘国道理事长带队到西藏墨脱地区开展热带作物种质资源普查

为落实农业农村部关于加强西藏墨脱地区种质资源保护与利用工作的指示精神，2021年9月22日至10月11日，刘国道理事长带队到西藏自治区墨脱县开展了为期20天的"种质资源调查与抢救性收集"工作。此次普查工作由中国热带农业科学院联合西藏自治区农牧科学院、西藏自治区农牧学院等单位共同开展。

普查队由蔬菜、果树、饲用植物、药用植物、花卉、香料饮料、大型真菌和濒危植物等领域的16名专家组成。

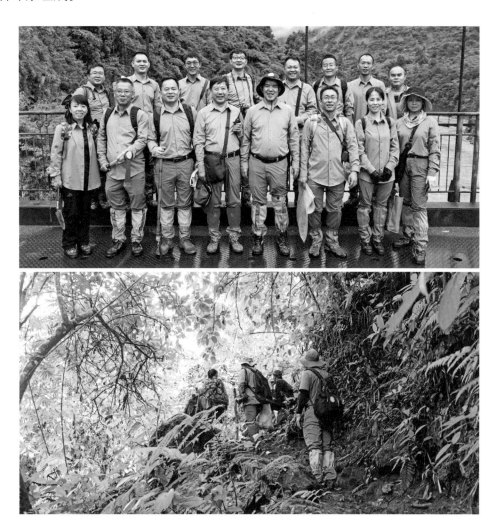

普查队采集热带作物种质资源植物324份，大型真菌96份。其中饲用植物165份，蔬菜、药用植物和花卉142份，香料饮料11份，果树6份。期间采集到藏咖啡（*Nostolachma jenkinsii*）、墨脱花椒（*Zanthoxylum motuoense*）、沉果胡椒（*Piper infossum*）、南迦巴瓦凤仙花（*Impatiens namchabarwensis*）、金耳石斛（*Dendrobium hookerianum*）、血红蕉（*Musa sanguinea*）、西藏豆蔻（*Amomum xizangense*）、藏南金钱豹（*Campanumoea inflata*）、西藏鳞果草（*Achyrospermum wallichianum*）、西藏核果茶（*Pyrenaria khasiana*）等一批我国西藏特有种质资源12份，黄瓜、杖藜、鸡爪谷、藏合欢、香橼、香桂、阿伦蕉、阿郎蕉等古老珍稀种质资源15份，分离云芝（*Coriolus versicolor*）、桂花耳（*Guepinia spathularia*）、紫蜡伞（*Hygrophorus purpurascens*）、银耳（*Tremella fuciforms*）、金耳（*Naematelia auantialba*）、皱木耳（*Auricularia delicata*）等珍稀食药用菌菌种11株，为西藏墨脱地区热带作物种质资源普查和保护奠定坚实基础。

期间，普查队还代表中国热带农业科学院向藏族同胞赠送了热研4号王草种茎，希望他们通过发展畜牧业，增加收入，改善生计。

43. 2021年10月召开《热带作物学报》第五届编委会第三次工作会议

2021年10月18日，《热带作物学报》第五届编委会第三次工作会议在长沙召开。中国工程院院士、湖南农业大学校长、《热带作物学报》主编邹学校，《热带作物学报》副主编山西农业大学徐明岗研究员，中国科学院华南植物园蒋跃明研究员，江西省农业科学院副院长余传源，福建省农业科学院副院长汤浩，中国热带农业科学院橡胶研究所所长黄华孙、环境与植物保护研究所原所长易克贤、热带作物品种资源研究所原所长陈业渊，科学出版社何雯雯主任，以及曾宋君、王瑛、陈松笔、何新华、尹俊梅、李洪雯等学报编委，优秀审稿专家代表和编辑部成员参加会议。会议由《热带作物学报》副主编、编委会主任杨礼富主持，主编邹学校院士致辞。

邹学校院士在致辞中指出，《热带作物学报》第五届编委会成立以来，通过各位编委、审稿专家和编辑部的共同努力，工作成效显著，学术质量和影响力快速提升，强有力推动了热带农业科技创新和学科发展；希望各位编委和审稿专家一如既往大力支持《热带作物学报》的改革和发展，着力将其打造成为精品科技期刊。

《热带作物学报》编辑部主任黄东杰作了题为《强化学术质量 着力打造精品科技期刊》的工作报告。

科学出版社何雯雯主任作了《中国科技期刊发展与挑战》特邀报告。

会议表彰了《热带作物学报》突出贡献编委、优秀编委和优秀审稿专家。9名突出贡献编委、21名优秀编委和29名优秀审稿专家获得表彰。

与会代表围绕《热带作物学报》2022年重点工作和改革创新发展进行了深入交流与研讨。大家一致认为，要进一步加强专题专刊策划和特邀综述组约，提升期刊的学术话语权。调整论文结构，增加英文摘要，以利于被国际数据库收录。组建青年编委会，吸纳更多优秀青年科技人员参与期刊建设。强化对外宣传，拓展优质稿源。充分发挥编委的核心作用，以及科学家的主体地位和作用。加强编辑部与编委之间的业务联系。

44. 2021年10月《热带作物学报》影响因子创新高，达到1.48

2021年10月《中国学术期刊影响因子年报（自然科学与工程技术·2021版)》正式发布。《热带作物学报》入选2021年《中国学术期刊影响因子年报》统计源期刊，最新影响因子（JIF）

达到1.480，影响力指数（CI）在全国所有同类期刊中排名上升至第三。

45. 2021年11月认定第二批全国热带作物科普基地

为贯彻落实《全民科学素质行动计划纲要（2021—2035年）》，鼓励社会力量参与科普工作，加强学会科普阵地和科普能力建设，促进热带农业科普事业发展，根据《中国热带作物学会科普基地管理办法》（中热学字〔2018〕31号），学会组织开展了第二批全国热带作物科普基地评审工作。经单位申报、材料初审、专家实地考察和评审、公示等程序，海口热带农业科技博览园、中国热带农业科学院试验场科普基地、德宏热带作物科普基地、广西南亚热带作物科普教育基地、中国热带农业科学院广州实验站等5家基地被认定为第二批全国热带作物科普基地。

46. 2021年11月全国热带作物学术年会在海南澄迈召开

2021年11月2—5日，2021年全国热带作物学术年会在海南澄迈顺利召开。本次大会聚焦热带作物种业高质量发展，邀请我国主要热带作物领域的资深专家对本领域种业高质量发展作全面系统权威报告，并围绕会议主题进行了研讨。

开幕式上，学会领导为获得中国科学技术协会和中国热带作物学会青年人才托举工程项目资助的9位青年骨干颁发了证书。曾兰亭和蒋凌雁获得中国科学技术协会青年人才托举工程项目资助；李婷玉、孙彬妹、李如一、廖格、陈秋惠、李彤彤、仲天娇7人获得中国热带作物学会青年人才托举工程项目资助。

本次学术年会克服新冠疫情波动等不利因素影响，邀请到12位热带农业领域国家现代农业产业技术体系的首席专家作主题报告。专家围绕甘蔗、枇杷、荔枝、芒果、火龙果、热带牧草、香蕉、木薯、南方瓜类蔬菜、特色南药资源等特色热带作物种质资源的开发与利用展开学术交流研讨。各分支机构积极举办分论坛，开设了种质资源与遗传育种、病虫害防控与绿色农业、农产品储藏加工与质量安全、民族特色药用植物资源挖掘与创新利用、热带农业国际合作管理研讨会、香料饮料作物年会、数字热作与热区乡村振兴7个分会场，并以墙报及论文等形式开展学术交流。本届学术年会共吸引113位不同领域的专家作学术报告，就热带作物领域开展广泛的学术交流。

会议由中国热带作物学会主办，中国热带农业科学院科技信息研究所、中国热带农业科学院热带作物品种资源研究所、中国热带农业科学院香料饮料研究所、广东农垦热带农业研究院、《热带作物学报》编辑部协办。来自全国各地的400余名代表参会。

47. 2021年11月第二届国际热带产业博览会在广州举行

2021年11月8—10日，以"健康与科学消费"为主题的第二届国际热带产业博览会（简称"热博会"）在广州举办。刘国道理事长出席开幕式并致辞，杨礼富书记参加有关活动。本届热博会由中国热带作物学会、中国热带农业科学院、仲恺农业工程学院、广东热区科学技术研究院、广州泛珠城市发展研究院共同主办。

热博会致力打造国际平台，服务国家战略。积极构建服务热带亚热带国家的交往、交流、交易平台，线上线下同步展示热带产业丰硕成果，全方位开展交流贸易与合作洽谈。本届热博会收到政府和企业发来的贺电贺函250余件。博览会吸引150多家国内外热带产业领域的科研单位和龙头企业参展，展览面积2万多米^2。5万多人次到场观摩。

开幕式上，刘国道理事长代表主办方致辞。原农业部发展南亚热带作物办公室主任、农垦局副局长胡建锋宣读了原农业部副部长陈晓华的讲话。广东省科学技术厅副厅长周木堂代表主办地致辞。联合国粮农组织（FAO）代表、农业与植保司司长、国际应用生物科学中心（CABI）驻中国代表、巴基斯坦农业与粮食安全部部长、巴布亚新几内亚卫生部部长和刚果共和国农牧渔业部农业局局长分别线上致辞。

会上，中非热带农业科技创新联盟正式成立。国内成员单位代表参加授牌仪式。会议通过了联盟章程、行动计划，宣布了联盟成员单位。目前已有12家国内农业科教机构和10个非洲国家的13家国家级农业科教机构自愿申请加入联盟。热博会组委会还与广州空港管委会产业链项目、国药集团健康产业项目等5项项目签署了合作协议。

48. 2021年11月刘国道理事长等热作专家采集野生棉资源被列为全国作物资源普查重大发现

2021年11月23日，农业农村部新闻办公室举行新闻发布会，发布全国农业优异种质资源，通报资源普查进展情况。发布会上，刘国道、王祝年等专家在三沙市西沙群岛永兴岛发现陆地棉半野生种"永兴168964棉花"，被列入"全国十大优异农作物种质资源"

2021年2月24—26日，学会刘国道理事长和热作专家王祝年研究员等带队赴三沙执行"南草调"和"南锋专项"科考任务。期间在三沙永兴岛发现一份栽培棉花的近缘野生资源，正值花果期。种质资源研究团队十分重视，随即采集了足量的种子和多份标本。清选、制备后的种质和制作好的腊叶标本于2021年3月12日送交国家作物种质资源库，备份材料保存于国家热带牧草种质资源备份库。

据报道，"永兴168964棉花"对研究棉花驯化历史具有重要价值。初步研究它的基因组，发现它的染色体构成与美洲地方种、现代栽培种均有较大的遗传分化。这对深入了解陆地棉的驯化历史和拓展遗传多样性具有重要意义。

49. 2021年11月荣获"全国科技工作者日"全国学会十佳优秀组织单位

2021年，学会在中国科学技术协会的领导下，认真贯彻执行党的十九大会议精神，围绕热区民众需求组建中国热带作物学会科技志愿者总队并长期持续开展活动。在弘扬科学家精神、普及科学知识、助力乡村发展等方面贡献突出。服务对象评价高，社会反响好。

50. 2022年4月参与完成的两项国际合作成果评价完成

2022年4月，农业农村部科技发展中心组织专家对中国热带作物学会参与完成的"热带农业境外试验站布局建设机制创新与运行成效"和"热带农业国际培训体系建设机制创新与实践成效"两项国际合作成果，进行了评价。

评价会采用线上线下相结合的方式进行。刘国道理事长作为成果第一完成人进行了汇报。专家组由来自中国农业科学院、中国水产科学研究院、中国农业大学、南京农业大学、云南农业大学、福建省农业科学院和广西壮族自治区农业科学院从事国际合作的7位资深专家组成。

评价会上，专家组对中国热带作物学会参与开展的境外试验站建设和国际培训工作给予了充分肯定。经过质询和讨论，一致认为"热带农业境外试验站布局建设机制创新与运行成效"的成果规划布局科学，建设思路清晰，运行机制创新，建设成效显著，为我国热带农业"走出去"和参与全球粮农治理发挥了重要的支撑作用，在热带农业境外试验站建设运行和技术示范等方面达到国际领先水平。"热带农业国际培训体系建设机制创新与实践成效"的成果原创度高，实用性强，辐射面广，创新发展和探索形成了我国农业国际培训的新内涵、新模式和新机制，引领了热带农业国际培训的新方向，成为我国国际科技培训的典范。

51. 2022年4月召开热科论坛"耕地保护"主题学术报告会

2022年4月29日下午，由中国热带作物学会和中国热带农业科学院学术委员会共同举办的热科论坛"耕地保护"主题学术报告会在海口成功召开。

受疫情影响，会议采取"现场+线上"方式进行。10余位中国热带农业科学院的专家、科技工作者、研究生参加现场会议，其他人员通过腾讯会议平台在线观看直播。本次会议由中国热带作物学会生态环境专业委员会主任、中国热带农业科学院环境与植物保护研究所副所长李勤奋研究员主持。

南京农业大学邹建文教授作《碳中和与农业绿色低碳》的报告。报告主要讲解了农田温室气体排放与固碳减排的研究进展。华南理工大学石振清教授作《土壤有机质－矿物动态相互作用机制及其影响》的报告，报告主要讲解了土壤多尺度多过程耦合反应动力学机制和定量预测的研究进展。中国热带农业科学院橡胶研究所吴敏研究员作《热带经济作物种植园酸化土壤改良技术与应用》报告。中国热带农业科学院环境与植物保护研究所吴东明助理研究员作《溶解性有机质对土壤有机污染物风险的调控效应：从分子特性到化学活性》交流报告。

热科论坛是中国热带作物学会和中国热带农业科学院学术委员会共同举办的大型学术交流活动，是热带农业领域的品牌论坛。

52. 2022年5月在云南召开年度工作会议暨2021年度工作考核会

2022年5月24日，学会2022年工作会议暨学会科普基地和分支机构2021年工作考核会议在云南普洱召开。会议总结考评2021年工作，部署2022年工作。赵松林秘书长主持会议。

考核专家组对各分支机构2021年工作和第一批全国热带作物科普基地进行综合考评。农产品加工专业委员会、科普工作委员会、天然橡胶专业委员会、棕榈作物专业委员会、香料饮料专业委员会、遗传育种专业委员会、国际合作工作委员会、薯类专业委员会、园艺专业委员会9个专业（工作）委员会考核结果为优秀等次。兴隆热带植物园、保山热带作物科普基地、棕榈热带作物科普基地、广西亚热带植物园科普基地、广垦（茂名）国家热带农业公园科普基地、广东农工商职业学院科普基地6个基地考核结果为优秀等次。

会议对分支机构2022年工作及《中国热带作物学会发展史（1963—2022）》的编写作了分工部署。董荣书同志以牧草与饲料专业委员会发展史为范例作详细说明及解读。

学会副秘书长白菊仙对《中国热带作物学会分支机构管理办法》的修订进行了说明。

赵松林秘书长对分支机构工作提出六点要求：一是加强分支机构建设；二是加强分支机构组织建设；三是加强对外活动规范化管理；四是按期保质完成项目申报；五是改革考核内容和形式；六是强化会员和会议系统管理。他强调，学会是国家热带农业科技创新体系的重要组成部分，是推动我国热带作物科技事业发展的重要社会力量。学会每年都要召集各分支机构、科普基地进行交流汇报，目的是进一步增强各机构责任意识，按照"四服务一加强"职责要求、工作规范推动工作，真正起到引领、带动广大热带农业科技工作者全身心投入国家热带农业科技创新工作的作用。

53. 2022年5月在云南召开十届四次理事会暨十届七次常务理事会——聚焦新时代学会发展使命，推动热带农业高水平科技自立自强

2022年5月24日，中国热带作物学会十届四次理事会暨十届七次常务理事会会议，采取"线上+线下"形式，在云南普洱召开。会议聚焦新时代学会发展使命，全面总结2021年学会工作，部署2022年学会工作。理事长刘国道，党委书记杨礼富，副理事长范源洪、胡新文、邬华松，副监事长雷朝云，以及第十届理事会理事出席会议。全体监事、部分参加考核会代表、2020—2021年受表彰人员代表列席会议。会议由副理事长胡新文主持。

　　刘国道理事长全面总结2021年学会工作，并对2022年重点工作进行部署。他强调，2022年要重点做好既定工作，一是认清学会工作面临的新机遇、新挑战。明确职责定位和使命担当，充分发挥学会的人才智力组织优势，推动热带农业高水平科技自立自强。二是强化开拓创新的责任与担当。通过策源科技创新、凝聚高端人才、培育学科发展、深化产学融合等方式，努力成为热带农业科技创新和科技治理的重要推动者。三是抓住重点带动整体工作提升。认真细化落实学会2022年工作计划，确保各项工作落地生根，全面促进学会的改革和创新发展。四是以史为鉴方可知兴替。要梳理学会及分支机构变迁脉络和发展历程，把编写《中国热带作物学会发展史（1963—2022）》作为当前的一项重要工作抓好抓实。

　　杨礼富书记传达中国科学技术协会第十届全国委员会系列会议精神，并对《中国科学技术协会全国学术学会出版道德公约》进行宣讲。

　　会议审议通过《中国热带作物学会2022年重点工作计划》和学会分支机构增设等事宜。选举产生新的副理事长和理事，增补了副理事长和秘书长。会议还对中国热带作物学会科普工作委员会等9个先进集体和庞新华等26位先进工作者进行表彰。

会议强调，征程凝聚力量，奋斗开创未来。各理事单位、分支机构、科普基地以及省级热带作物学会，要团结引领广大热带农业科技工作者，不忘初心、牢记使命，准确把握时代脉搏，持续推动改革和创新发展，更好地服务于热带农业科技创新和热区农业农村经济社会发展，共同谱写中国热带作物学会新篇章。

54. 2022年5月举办第二届中非热带农业科技合作论坛

2022年5月31日，第二届中非热带农业科技合作论坛在海口举办。论坛由中国热带作物学会、中国热带农业科学院主办。来自中国，以及埃及、尼日利亚、加纳、毛里求斯、利比里亚、喀麦隆等非洲国家的农业科研机构，以及联合国世界粮食计划署的代表共50余人出席论坛。刘国道理事长在开幕式上致辞。

本次论坛以"加强中非科技协同创新，共建热带农业国际合作智谷"为主题，围绕热带农业科技发展情况和热带农业产业发展的科技需求，以木薯、玉米、油棕、可可、甘蔗、腰果等热带作物产业与科技及水产、沼气科技为重点，开展交流研讨。

农业农村部国际合作司亚非处处长刘江表示，2021年12月，农业农村部在华设立了首批四家中非现代农业技术交流示范和培训联合中心。此次论坛是中非现代农业技术交流示范和培训联合中心的一项重要活动。

联合国世界粮食计划署驻华代表屈四喜认为，当前，全球粮食安全问题加剧，非洲粮食安全问题尤为突出，在农业领域的南南合作对广大发展中国家意义重大。他表示愿意继续加强与中国热带农业科学院和其他合作伙伴在实现零饥饿和联合国2030年可持续发展目标方面的合作，共同促进世界农业发展。

55. 2022年5月刘国道理事长出席中国国际科学技术合作奖颁奖仪式

2022年5月31日，中国国际科学技术合作奖颁奖仪式在中国驻意大利使馆举行，学会理事长、牧草专家刘国道，国际生物多样性中心与国际热带农业中心联盟（CIAT）总干事Juan Lucas Restrepo，联合国粮农组织（FAO）首席科学家Ismahane Elouafi，中国常驻FAO代表广德福大使以及有关专家出席。颁奖仪式由中国驻意大利使馆科技教育参赞沈建磊主持。

刘国道理事长代表中方合作单位介绍了自1982年以来，学会支撑单位中国热带农业科学院与CIAT围绕热带牧草和木薯两大作物，在新品种培育、技术推广、平台共建和人才培养等方面取得的合作成效；并表示将进一步深化与国际生物多样性中心与国际热带农业中心联盟的合作，拓展合作领域，共同开展热区农业生物多样性和农业可持续发展研究，为促进全球热带农业更高水平发展作出新的贡献。

CIAT成立于1967年，是热带牧草、木薯新品种选育及高效栽培利用技术研究中心，是国际农业研究磋商组织（CGIAR）下属的15个中心之一。2019年与国际生物多样性中心（Bioversity International）组建为国际生物多样性中心与国际热带农业中心联盟，2020年正式统一管理，总部在意大利罗马。

56. 2022年5月在广州开展系列都市农业科普活动

"走进科技，你我同行"。2022年5月科技活动周期间，中国热带作物学会联合会员单位及全国热带作物科普基地——中国热带农业科学院广州实验站，开展以"热科都市农业"为主题的系列科普活动。主办了科普嘉年华、科技活动周启动、科技开放日、科普自由行、万名专家讲科普——广州花都启动仪式等7场次活动。吸引了当地3 700余名市民参加，多家新闻媒体报道了本次活动。

科普嘉年华期间，科普基地还免费为会场提供咖啡、可可、香草兰茶等特色饮品，同时展示了咖啡、可可、香草兰等热带特色香料饮料产品实物；现场的咖啡研磨冲泡体验活动备受小朋友喜欢。

2022年5月27日，科普基地还举行了"全国科普教育基地""全国热带作物科普基地""中国热带农业科学院热带作物品种资源研究所广州示范基地"揭牌仪式。揭牌仪式上，花都区科学技术协会主席卢毅儿、中国热带作物学会常务理事邬华松研究员、广州实验站站长兼书记夏溢、国泰村委书记朱小毅为科普基地揭牌。

57. 2022年5月推荐理事单位入选首批科学家精神教育基地

2022年5月30日，中国科学技术协会、教育部、科技部等七部委共同发布了2022年科学家精神教育基地名单。由中国热带作物学会推荐的中国热带农业科学院香料饮料研究所（以下简称：香饮所），入选首批科学家精神教育基地。

香饮所是学会常务理事单位，学会首批认定的10家全国热带作物科普基地之一。是我国整建制从事胡椒、咖啡、可可、香草兰等热带香料饮料作物科学研究的国家级科研单位。1957年，以何康、黄宗道等为代表的老一辈科学家，将试验站选建在最艰苦、最贫困，但光热条件非常好的海南兴隆。此后几代科研工作者，执着地在这片热土坚守，打造了"以所为家、团结协作、艰苦奋斗、勇攀高峰"的精神文化，涌现出以陈封宝、张籍香、林鸿顿、张华昌、邢谷扬、王庆煌等为代表的一批求实奉献的"泥腿子"专家。他们用勤劳、智慧推动我国热带香料饮料作物科技事业自立自强，实现了我国热带香料饮料作物产业"从0到1"的突破。热带香料饮料产业成为热区百姓增收致富的特色富民产业。在巩固脱贫攻坚成果、助力乡村振兴和服务"一带一路"中发挥了重要作用。

据了解，全国首批科学家精神教育基地共有140家单位入选，涵盖科技馆、学校、科研院所、科技企业、国家重点实验室、重大科技工程纪念馆（遗迹）、科技人物纪念馆和故居等类别；覆盖航天、物理、数学、医学、农业、交通、核工业等多个领域。这项活动旨在从国家层面推动科学家精神教育基地命名工作规范化，充分发掘和利用科学家精神教育资源，大力弘扬以爱国、创新、求实、奉献、协同、育人为内核的科学家精神，在全社会形成尊重知识、崇尚创新、尊重人才、热爱科学、献身科学的浓厚氛围。

58. 2022年6月刘国道理事长应邀出席金砖国家农村发展和减贫研讨会

2022年6月8日，由农业农村部、国家乡村振兴局等单位共同举办的金砖国家农村发展和减贫研讨会以线上形式召开。会议开幕式由农业农村部副部长马有祥主持。农业农村部部长唐仁健出席会议并致辞。中国热带作物学会理事长刘国道研究员应邀出席会议。

会议以"深化金砖合作，促进农业农村协同发展"为主题，重点围绕全球粮食安全、减贫等领域，就进一步深化农业农村领域务实合作进行深入交流。

唐仁健部长指出，农村发展和减贫是广大发展中国家面临的共同任务，是全球可持续发展的重要议程。中国政府高度重视农业农村工作，全面推进乡村振兴，集中力量打赢脱贫攻坚战，完成了消除绝对贫困的艰巨任务。主要靠自己解决了14多亿人的吃饭问题，不仅端稳了中国人的饭碗，同时也为世界粮食安全作出重大贡献。

本次会议进一步深化了金砖国家农业农村发展领域的国际交流。中国热带作物学会将充分发挥资源和平台的优势，不断深化与金砖国家在热带农业领域的合作。

59. 2022年6月在海口举办第一届羽毛球团体赛

中国热带作物学会第一届羽毛球团体赛于2022年6月11—12日在海南海口举行。学会支撑单位中国热带农业科学院党组书记崔鹏伟，副院长李开绵、戴萍，纪检组组长何建湘，中国热带作物学会党委书记杨礼富出席开、闭幕式，并为比赛开球和颁奖。开幕式由学会刘国道理事长主持。

崔鹏伟书记在致辞中表示，推动热带农业高水平科技自立自强，需要我们每位科研工作者拥有强健的体魄和良好的精神风貌。举办学会第一届羽毛球团体赛，是为大家搭建展示球艺、强健体魄、促进交流、陶冶情操的平台。举办本次活动有利于强化理事单位之间的交流合作，促进科技工作者以更加饱满的精神状态投入工作；为加快推进高水平热带农业科技自立自强、促进我国热区乡村振兴和农业农村经济健康快速发展凝聚人心、汇集力量。

杨礼富书记讲话指出，举办比赛的目的，在于通过强化党建引领做实热带农业科技工作者之家，丰富会员的业余文化生活。希望各代表队和运动员尽情享受比赛的乐趣，赛出团结，赛出友谊，赛出水平，赛出激情，赛出开心和快乐。充分展现热带农业科技工作者健康向上、拼搏进取的精神风貌。

本次羽毛球团体赛共设自由双打、男双、混双、女双等参赛项目，整个赛事紧张而激烈。参赛人员个个精神饱满、斗志昂扬，展示着令人炫目的技巧，精彩场面迭出，羽毛球魅力被参赛人员完美展现。场上场下欢声笑语一片，喝彩声、助威声不断，大家充分享受着充满激情的羽毛球比赛。经过激烈角逐，中国热带农业科学院橡胶研究所荣获冠军，中国热带作物学会海大代表队、中国热带农业科学院热带作物品种资源研究所、中国热带农业科学院椰子研究所分别获亚军、季军和第四名，中国热带农业科学院科技信息研究所机关联队、四川国光公司海南分公司获优秀组织奖。

本次比赛以"党建引领、创新争先、自立自强、服务会员"为主题。由中国热带作物学会党委主办，中国热带农业科学院科技信息研究所承办。来自海南的理事单位单独或联合组成9支队伍，共123名会员参加了比赛。

60. 2022年2月刘国道理事长出席阿联酋椰枣树优化种植线上研讨会

61. 2022年3月4日，刘国道理事长出席咖啡、可可专题国际学术交流研讨会开幕式

62. 2022年3月24日，刘国道理事长与法国农业国际合作研究发展中心以视频方式举行新一轮框架协议签字仪式

63. 2022年5月31日，刘国道理事长线上出席由中国热带农业科学院和中国热带作物学会共同主办的第二届中非热带农业科技合作论坛

64. 2022年6月28日，刘国道理事长出席中国热带作物学会国际合作工作委员会年会暨热带农业国际合作能力提升培训班

65. 2022年7月25日，刘国道理事长出席发展中国家木薯食品加工技术培训班结业典礼

66. 2022年7月28日，刘国道理事长获张海银种业促进奖

67. 2022年9月13日，刘国道理事长出席发展中国家热带农业新技术培训班结业典礼并致辞

68. 2022年9月24日，刘国道理事长出席发展中国家药用植物生产利用技术培训班结业典礼并致辞

69. 2022年10月2日，联合国粮农组织（FAO）总干事屈冬玉博士邀请刘国道理事长担任联合国粮食系统协调中心科学咨询委员会（SAC）委员

70. 2022年10月10日，刘国道理事长出席基里巴斯外岛椰子发展交流活动并致辞

71. 2022年10月14日，刘国道理事长出席中国-FAO-斯里兰卡南南合作项目热带水果生产技术与产业发展能力提升活动并致辞

72. 2022年11月28日，刘国道理事长出席联合国粮农组织"一国一品"热带特色农产品绿色发展全球行动培训会并致辞

73. 2022年12月13日，刘国道理事长应邀出席世界粮食计划署（WFP）木薯价值链研讨会并致辞

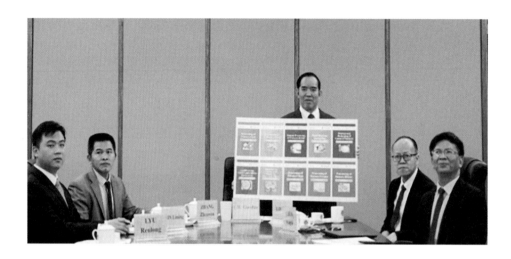

74. 2022年12月，世界粮食计划署（WFP）聘请刘国道理事长为WFP特聘专家

（三）中国热带作物学会获得的荣誉

1. 1996年，常务副理事长余让水当选为中国科学技术协会"五大"代表和中国科学技术协会"五大"委员

2. 1996年，橡胶割胶与生理专业委员会主任许闻献被评为中国科学技术协会第二届先进工作者

3. 1997年，名誉理事长黄宗道当选为中国工程院院士

4. 2012年12月，常务理事彭明和陈业渊荣获"全国优秀科技工作者"荣誉称号

5. 2016年6月，理事长李尚兰当选中国科学技术协会第九届全国委员会委员

6. 2016年6月，学会会员彭政研究员荣获第七届"全国优秀科技工作者"荣誉称号

7. 2017年6月，常务理事白先进研究员荣获"全国创新争先奖"

8. 2017年11月，常务理事邹学校研究员当选为中国工程院院士

9. 获评2016年度中国科学技术协会综合统计调查工作优秀单位

10. 获评2017年度全国学会科普工作优秀单位

11. 2018年7月，学会党委荣获中国科学技术协会"不忘初心 牢记使命"党的十九大精神知识竞答活动三等奖

12. 2018年12月，荣获全国社会组织4A等级

13. 2019年12月、2020年12月，分别获中国科学技术协会青年人才托举工程第五届、第六届项目立项资格

14. 2019年度科普工作获中国科学技术协会多项表彰

15. 2020年5月，荣获"全国十佳优秀科技志愿服务"称号

16. 2020年5月，学会常务理事刘光华获第二届"全国创新争先奖"

17. 2020年10月，获中国科学技术协会第九届"中国科普摄影大赛优秀组织单位"称号

18. 2020年11月，被评为2019年度科学技术协会系统统计调查工作优秀单位

19. 2020年12月，获评中国科学技术协会2020卷《中国科学技术年鉴》优秀组织单位

20. 2020年12月，秘书处郭诗筠、杨礼富被评为中国科学技术协会2020卷《中国科学技术年鉴》优秀撰稿人

21. 2020年12月，秘书处郭诗筠、杨礼富被评为中国科学技术协会2020卷《中国科学技术年鉴》十佳撰稿人

22. 2020年12月，获中国科学技术协会"2020年度全国学会科普工作优秀单位"称号

23. 2020年12月，获"2020年全国科普日活动优秀组织单位"称号

24. 2020年11月，刘国道理事长荣获2020年度"何梁何利基金科学与技术创新奖"

25. 2020年12月，学会会员李欣勇同志荣获"2016年以来全国科技助力精准扶贫先进个人"荣誉称号

26. 2021年6月，获中国科学技术协会"百年党史、百家学会"党史知识竞赛优秀组织奖

27. 2021年7月，获中国科学技术协会"党在我心中"党史知识竞赛决赛优秀组织奖

28. 2021年8月，刘国道理事长荣获"国际生物多样性中心与国际热带农业中心联盟突出贡献奖"

29. 2021年10月，获评中国科学技术协会2021卷《中国科学技术年鉴》优秀组织单位，秘书处刘倩被评为优秀撰稿人

30. 2021年11月，荣获2021年"全国科技工作者日""全国学会十佳优秀组织单位"称号

31. 2022年10月，获评中国科学技术协会2022卷《中国科学技术年鉴》优秀组织单位，秘书处刘倩被评为优秀撰稿人

32. 2022年11月，荣获"2022年全国科普日活动优秀组织单位"和"2022年度全国学会科普工作优秀单位"称号

33. 2022年12月，荣登"2022年11月科协系统科学传播榜"

第九章
中国热带作物学会历届理事长

一、何康　筹备委员会主任、第三届理事会名誉理事长

何康（1923—2021），男，曾用名王相国，祖籍福建福州，1923年2月出生于河北大名。中国热带作物学会的创始人，第三届理事会名誉理事长。农学家，教育家，农业管理专家，社会活动家。1939年5月加入中国共产党，1946年于广西大学农学院毕业。历任上海市军管会农林处处

长、华东军政委员会农林部副部长、林业部特种林业司司长、农业部热带作物司司长、华南热作"两院"院长、广东农垦总局副局长、农林部副部长、农牧渔业部部长及党组书记、农业部部长及党组书记。兼任中国科学技术协会第三届、四届副主席。担任全国农业区划委员会副主任、中国乡镇企业协会会长、中国花卉协会会长、全国人大常委等职务。

一生献身农业，创建了中国热带作物学会。是华南热带作物科学研究所、华南热带作物学院主要奠基人之一。是中国在热带北缘大规模发展橡胶和热带作物生产的主要奠基人。致力于天然橡胶及热带作物事业发展，主持制定了《天然橡胶技术规程》，推广技术革新和林业管理的机械化，切实保障了橡胶产量。倡导改革，重视热带农业发展，推进农业开发、商品粮基地建设与农业科教推广工作，为建设有中国特色的社会主义现代农业作出突出贡献。1993年，获得"世界粮食奖"，是世界上第一名获得此奖的中国人。

二、梁文墀　第一届理事会理事长

梁文墀（1911—1980），男，海南乐会县（今琼海市）中原镇山田村人。中国热带作物学会第一届理事会理事长、中国农学会第二届理事会常务理事。1939年从马来西亚回国参加抗日战争，任琼侨回乡服务团副总团长，后加入中国共产党。1941年10月，任乐万县民主政府副县长。1947年任中共乐会县委员会书记兼县长。1950年海南解放后，历任中共海南岛区委会机关总支书记、海南军政委员会卫生科科长、海南军政委员会卫生局局长、广东省海南行政公署卫生处副处长兼海南人民医院院长、海南医学专科学校校长、华南垦殖工会海南区筹备委员会部长办公室主任、海南农垦工会副主任。1956年8月，任广东省海南行政公署热带作物处处长。1957年6月，任海南农垦局副局长。1958年先后任广东省海南行政公署开发处副处长、广东省海南行政公署农垦局副局长、海南军区生产建设兵团五师副师长。1978年2月，任华南热带作物科学研究院、华南热带作物学院领导小组成员、副院长，中共华南热带作物科学研究院、华南热带作物学院委员会常务委员会委员。

三、黄宗道　第二、三届理事会理事长

　　黄宗道（1921—2003），男，出生于湖北孝感，中共党员，中国热带作物学会第二、三届理事会理事长。我国著名橡胶专家和土壤、肥料学专家，中国工程院院士。1945年毕业于金陵大学农学院土壤农化系，毕业后留校任教。1949年后任金陵大学和南京农学院讲师，1953年任华南热带作物科学研究所土壤农化室副主任，此后历任华南热作"两院"橡胶系副主任、主任、副院长、院长，海南省科学技术协会主席，海南省人大副主任，中国农学会副会长，农业部科学技术委员会副主任，国际土壤学会会员，国际橡胶研究与发展委员会理事，中国热带农业科学院和华南热带农业大学名誉院长、校长。1990年7月被国务院批准为享受政府特殊津贴专家。1997年11月当选中国工程院院士。

　　主持橡胶树北移综合课题，首次在我国开展和主持橡胶树营养的研究，提出橡胶树营养诊断指标、采样方法和肥料施用计算方法；首次提出培肥改土、刺激割胶、营养诊断、产胶动态分析等作为橡胶高产综合技术的四项基本措施，使橡胶树年割胶刀数仅56刀，亩产干胶达到200千克，为提高我国橡胶树产量水平探索出新路子，研究成果达到国际先进水平；主持完成"华南热带作物现代化综合科学实验基地"建设；主持我国热带、南亚热带资源调查与区划的调查研究工作，提出按纬度自然特点的热带作物区划与布局和按海拔高度的热带作物布局的科学设想，这对合理开发海南热带资源，保持生态平衡和建立巩固的橡胶等热带作物生产基地具有战略指导意义。获得国家技术发明一等奖、全国农业区划委员会一等奖等，所编图书获"全国十大优秀图书奖"等。

四、潘衍庆　第四届理事会理事长

潘衍庆，男，1927年12月生，上海市人。中国热带作物学会理事会第四届理事长。中国热带农业科学院、华南热带农业大学教授（研究员）。

1953年毕业于南京农业大学土壤农化系，长期从事热带作物的营养、栽培、生理方面的研究及教学工作。曾任华南热带作物学院及华南热带作物研究院系主任、副院长、党委书记。早期负责橡胶树施肥及割胶制度研究及教学，1980—1990年主持"橡胶树抗性高产品种培育"国家攻关课题，1990年12月至1994年12月任中国热带作物学会理事会理事长，1980—1997年为《热带作物学报》执行编辑及主编，1986—1995年为国际橡胶研究发展委员会（IRRDB）理事。

撰写多篇有关胶树施肥、割胶、抗寒生理等论文，编写《橡胶栽培学》及《中国热带作物栽培学》教材。是"中国北纬18°—24°大面积橡胶种植成功"国家发明一等奖完成人之一，是国家教委颁发教学、科研、推广"三结合"优秀奖的主要完成人。因主编《热带作物学报》而获国家教科委、中共中央宣传部、国家出版总局联合颁发的三等奖，《热带作物学报》获"海南省优秀期刊奖"等。《中国大百科全书·农业卷》及《中国农业百科全书·作物卷》"热作条目"的撰稿人。曾10余次参加IRRDB年会及科学讨论会并到访东南亚国家、科特迪瓦、巴西、法国、英国等国家。

五、曾毓庄　第五、六届理事会理事长

曾毓庄，男，1939年10月生于海南省文昌市重兴镇鲤海村。中共党员，高级工程师。中国热带作物学会第五、六届理事会理事长。

1958年毕业于海口农校，同年被分配至华南亚热带作物研究所工作。1963年毕业于华南热带作物学院加工系。1965年6月加入中国共产党。曾任农垦部热作处副处长、处长，中国农垦农工商总公司副总经理、法人代表，农业部农垦局副局长、局长，中国农学会常务理事，中国农机学会副理事长，中国奶牛协会副理事长，中国农垦经济研究会理事长，中国农垦经贸流通协会理事长。第二届国家科技进步奖评委会农业行业评审组委员。被《中国专家大辞典》和"科学中国人"丛书《中国人才库》收录。

六、吕飞杰　第七、八届理事会理事长

吕飞杰，男，1943年11月出生，福建厦门人，中共党员，农产品加工学专家，博士生导师。

中国热带作物学会第七、八届理事会理事长。1964年毕业于华南热带作物学院作物产品加工系，1982年赴美国麻省州立大学高分子物理系进修。归国后，历任华南热带作物学院、华南热带作物研究院讲师、教授、副院长、常务副院长、院长、党委书记；中国农业科学院院长、党组书记；国务院扶贫开发领导小组副组长兼办公室主任，党组书记；中国农村专业技术协会理事长。中共十五大代表、中央候补委员，第十届全国政协委员。

主要从事高分子结构、农产品精细加工及综合利用研究。先后主持或主要参与国家和省部级重大项目和国际合作研究课题近20项，取得了一系列重大研究成果。研究成功的剪切法标准胶生产工艺，技术先进、生产效率高、能耗低、成本低，已广泛应用于我国的橡胶生产，经济效益显著。研究高聚物共混物，分析分子间相互作用机理及结构与性能关系，具有国际先进水平，对功能高聚物结构开拓新领域有重要的应用价值，已被多家公司购买采用。在国内外核心期刊发表学术论文80余篇，曾获全国科学大会奖、美国国家科学基金会年度重大成果奖、海南省高等教育一等奖等，以及"国家级有突出贡献中青年专家"称号。

七、李尚兰 第九届理事会理事长

李尚兰，男，1963年12月出生，湖南益阳人，中共党员，研究员，中国热带作物学会第九届理事会理事长。1987年7月参加工作，先后从事农业区划、纪检监察、党务工作。历任农业部农业区划司资源处副主任，中央纪委监察部驻农业部纪检组监察局副处级、正处级、副局级纪检监察员，农业部直属机关党委常委、纪委书记（正局级），中国热带农业科学院党组书记、副院长。规划推动中国热带作物学会建设，学会荣获全国性学术类社会组织4A等级。2019年7月任中国农垦经济发展中心主任，着力打造"中国农垦智库"等七大服务平台建设，"中国国际热作产业大会"已成为有影响力的促进热作全产业链发展的平台载体。

曾组织"我国东南五省亚热带丘陵山区坡地资源调查与开发利用研究""我国热带、亚热带西部丘陵山区农业气候资源及其合理利用研究""区域农业气候资源生产潜力评价及开发利用对策"等课题研究。组织开展全国县级农业综合开发后备资源调查评价，完成《关于农业综合开发后备资源调查情况的报告》《农业遥感应用情况》《资源卫星在农业上的应用及其效益》等调研报告的撰写。参与编写《土地大词典》《多语种土地词汇手册》《中国耕地资源及其开发利用》等著作。

八、刘国道　第十届理事会理事长

　　刘国道，男，1963年6月生，云南腾冲人，二级研究员，博士生导师。中国热带作物学会第十届理事长。1990年赴哥伦比亚国际热带农业中心（CIAT）进修，回国后历任热带牧草中心副主任、主任，热带作物研究所所长助理，农牧研究所副所长、所长，热带作物品种资源研究所筹备组组长、所长。现任中国热带农业科学院副院长，中国－刚果（布）农业示范中心主任。全国草品种审定委员会副主任，全国热带作物品种审定委员会副主任，联合国粮农组织（FAO）热带农业平台（TAP）执行委员，世界粮食计划署（WFP）南南合作特聘专家，联合国粮食系统协调中心科学咨询委员会委员，国际橡胶研究与发展委员会（IRRDB）理事，国务院政府特殊津贴专家和中央直接联系高级专家。长期从事热带牧草方面的研究工作，牵头组建热带牧草资源与育种优秀创新团队，主持30余项国家及省部级项目，发表论文300余篇，出版专著《中国热带牧草品种志》《中国南方牧草志》《热带牧草学各论》等28部，系列科普丛书5套69册。截至2022年，以第一完成人获海南省自然科学特等奖1项，省部级科技进步一等奖8项、二等奖2项、三等奖3项，神农中华农业科普奖2项；以主要完成人获省部级科技进步一等奖1项、二等奖4项、三等奖15项。培养博士后1名，博士研究生7名，硕士研究生48名。

　　获"'感动海南'2020—2021年度特别致敬奖""何梁何利区域创新奖""第八届中国青年科技奖""新世纪百千万人才工程国家级人选""教育部跨世纪人才""全国农业科技先进工作者""海南省515人才工程第一层次人选""海南省杰出人才""海南青年五四奖章""海南青年科技奖""海南省国际合作贡献奖""海南优秀科技工作者""攀枝花市人民政府突出贡献奖""中国热带作物学会突出贡献奖"等多项荣誉，是"2020年国家国际科学技术合作奖"获得者国际热带农业中心（CIAT）的主要合作者。2018年获得密克罗尼西亚总统绶带，2021年获"国际生物多样性研究中心－国际热带农业中心联盟突出贡献奖"和"张海银种业促进奖"。

第三篇
中国热带作物学会分支
机构发展史

第十章
机械应用专业委员会
（热带作物机械技术协会）

一、成立背景

20世纪50年代开始，随着天然橡胶、剑麻、木薯等热带作物生产的发展，热带作物机械也逐步开始发展。特别是20世纪80年代前后，随着世界热带农业快速发展、我国热带作物生产规模日益扩大以及热带作物产量不断提高，热带作物机械整体水平得到了全面提高，已形成了较为完善的热带作物机械行业体系。

热带作物机械涉及我国热带农业生产中的各个环节，主要分为产品初加工机械和田间生产机械两类。如天然橡胶、剑麻、胡椒、咖啡的初加工机械，荔枝、龙眼、芒果等热带水果的加工机械，热带农业废弃物综合利用加工机械，甘蔗、橡胶、剑麻、木薯等作物的田间生产专用机械等。由于热带作物的生长环境、生长特性、个体等参数差别很大，不同作物的生产机械也有很大的不同。总体来说，热带作物机械具有地域性强，类型多但数量少，复杂程度高，技术难度较大的特征。

为推动热作机械生产的发展、技术进步和产品的更新换代，1985年5月13日经农牧渔业部农垦局批准成立"热带作物机械技术协会"，成立目的是在热作机械的生产、销售、科研、教学、标准及质量监督等各方面，特别是科研、生产和管理方面，充分发挥跨地区、跨部门、跨行业以及人才荟萃的优势，努力贯彻改革精神，加快信息传递和交流，逐步创造条件，积极开展技术服务，为行业多办实事，促进热作机械行业发展。

热带作物机械技术协会的业务为：遵循国家有关方针政策，推动热带作物机械生产的发展和技术进步，加速产品更新换代，促进企业横向联系。在中国热带作物学会的指导和支持下，当好政府部门的助手，维护企业的合法权益，反映企业的期望与要求，为加速热带作物机械生产现代化建设作贡献。

热带作物机械技术协会主要职责为：①做好政府主管部门委托管理的行业管理工作，掌握本行业基本情况和发展趋势，为各级领导和有关部门提出咨询和建议；②提出和接受主管部门交办的本行业标准制定、产品鉴定和质量评优工作；③开展技术咨询服务，组织技术协作，专项任务攻关，促进技术进步；④组织本行业的技术情报和经济信息交流，办好技术期刊；⑤开拓热带作物机械的国际市场，积极组织参加国内外举办的展览（销）会，促进国际交流与合作。

二、机械应用专业委员会（热带作物机械技术协会）事记

（一）第一届

1. 协会（专委会）组成

理事长：戴业平

副理事长：王世平

秘书长：张天林

副秘书长：马代荣

2. 重点工作事记

（1）专委会成立过程

中国热带作物学会机械应用专业委员会，前期称为农业部农垦热带作物机械技术协会。为了加强热作机械制造行业技术经济情报的交流，促进热作机械产品的更新换代，农牧渔业部农垦局决定在广东、广西、云南三省（自治区）农垦系统范围内成立热作机械行业组织，成立大会于1983年3月5日在广东通什农垦局召开。参加会议的有广东省农垦总局、广西壮族自治区农垦局、云南省农垦总局、华南热带作物研究院等15个单位的代表。这次会议研究了热带作物机械技术协会的成立工作。

1985年5月13日经农牧渔业部农垦局批准成立"热带作物机械技术协会"。热带作物机械技术协会的宗旨是根据国家有关方针、政策，推动热作机械生产的发展，促进全行业技术进步，加速热作机械产品的更新换代，提高生产企业的经济效益。为会员单位提供服务，为加速橡胶和热带作物的现代化建设作出应有的贡献。热带作物机械技术协会受农牧渔业部领导，在中国农垦工业公司指导下开展业务活动。热带作物机械技术协会初始办公地点设在广东省农垦总局工业机务处，并产生了第一届理事会。

为了便于按学科或专业开展活动，根据中国热带作物学会大力发展专业研究会的需要及成立专业委员会（分支机构）的要求，经中国科学技术协会批准，1986年，热带作物机械技术协会成

为中国热带作物学会的分支机构，并于当年就开展了5次学术活动，举办了计量检测培训班。

（2）主要工作内容

①结合生产实际，开展学术交流和学术考察活动。开展学术交流是热带作物机械技术协会的主要活动之一。1985年，热带作物机械技术协会组织了对国内棉麻粗纺机械和制绳机械的考察，初步了解了国产以及国外进口的棉麻粗纺机械和制绳机械的现状和先进技术。同年，热带作物机械技术协会还组织了对云南垦区独创的天然橡胶鲜胶乳快速凝固设备的全面考察和综合评价，提出了改进和推广建议。

1986年，热带作物机械技术协会在广西合浦召开理事扩大会议，会议共收到学术论文7篇。就热作机械行业的企业管理，国内外热作机械市场信息和新产品开发等问题，进行了广泛交流。

1987年，热带作物机械技术协会在湛江华南热带作物科学研究院粤西试验站召开理事会暨学术讨论会。会议以"橡胶初加工机械的更新换代和技术进步"为主题，共有13篇专题论文在会上进行了交流。

1989年，经国家科学技术委员会批准，热带作物机械技术协会派出了以马孟发、连士华和周佳训等同志组成的考察组，赴泰国进行历时15天的考察。考察组对泰国天然橡胶的种植、管理和加工等方面，特别是对加工机械设备进行了深入考察，撰写了高水平的考察报告。为下一步国产胶机如何适应东南亚地区和非洲植胶园的杂胶加工工艺需要，积极组织胶机出口，提出了很好的建议。

②为生产企业排忧解难，大力开展技术服务活动。为提高热作机械生产企业的管理水平，1985年热带作物机械技术协会举办了"企业诊断训练班"，对主要会员单位的经营、生产、技术、财务和供销部门的负责人进行了为期20天的培训。并以广西农垦热作机械厂为例，进行了全面诊断，撰写了高质量的诊断报告。

为提高热作加工机械产品外观质量，1986年热带作物机械技术协会组织了具有丰富经验的离退休技术人员，组成了热作机械产品外观造型和喷漆技术服务组，历时1个多月，行程数千公里，跑遍了广东、广西、海南和云南垦区的绝大部分机械厂。服务组的同志言传身教，帮助解决生产中的实际问题，取得的效果很好。

为了配合生产企业计量上等级工作，1986年，热带作物机械技术协会在云南垦区举办了计量检测训练班。近几年来，热带作物机械技术协会所属的全部热作机械生产企业都先后取得了国家二级、三级计量合格证。在取证过程中，绝大多数经过培训的计量人员发挥了骨干作用。

为促进热作机械生产行业标准化工作，1987年热带作物机械技术协会组织6人分别对广东、云南、广西和海南垦区的14个会员单位的产品标准、基础标准和工作标准进行了为期25天的全面普查，并形成书面报告，向上级主管部门提出了如何做好热作机械生产行业标准化工作的建议。

为了帮助生产企业解决技术难题，热带作物机械技术协会在技术和经费等方面帮助企业对胶麻机械产品及其关键零部件进行技术攻关，取得了较好成效：为了让海南农垦海口农具厂引进制桶先进技术和设备，使200L乳胶包装桶质量尽快达到国际标准，1987年由热带作物机械技术协会出面做工作，协助该厂从农牧渔业部农垦局和广东省农垦总局申请到了2万余元的质量攻关费；热带作物机械技术协会也同时给予了一定的经费资助，进一步加速了该厂质量攻关进度，使该产品质量提前一年达到国际标准。

③协调各级各部门关系，积极开展行业活动。为各省（自治区）农垦热作机械主管部门和生产企业，举办了2次标准化培训班，组织了4次热作机械产品标准审定会。几年来，协助各省（自治区）农垦主管部门及其所属的热作机械生产厂编制、审定、报批了27个省级标准，4个部级标准和1个国家标准，对于指导热作机械的研制、生产和热作机械企业的管理起到了积极的作用。

组织热作机械制造行业质量检查评比，帮助企业产品创优。1985年，热带作物机械技术协会组织行业检查组，对主要热作机械生产企业所产的橡胶加工机械（绉片机）进行了一次行业检查和评比。在此基础上，帮助海南农垦营根机械厂进行技术改进，使ZP200×600绉片机分别于1986年和1987年获得了省优和部优产品称号。结束了热带作物机械无优质产品的历史。

为了推动热带作物机械行业产品出口外销工作，1989年热带作物机械行业以协会名义申报参加了（89）曼谷中国包装和食品机械展览会。海南农垦营根机械厂和云南农垦热作机械厂共携带了7台橡胶初加工机械和部分图片参加了展出，并售出了全部参展样机。通过这次国外展出，企业开阔了眼界，摸清了行情，了解了对外贸易的操作规程。

④办好学术刊物，促进学术交流。热带作物机械技术协会筹备期间，编印了《热作机械技术交流》内部专刊4期，共发行了5 000册，受到了各级主管部门和广大热带作物机械科技工作者的欢迎。1986年5月，为了更广泛地报道热带作物机械科技信息，交流热带作物机械科研、生产、管理和使用方面的经验，热带作物机械技术协会与华南热作机械化研究所决定联合办刊，将《热带作物机械化》杂志作为热带作物机械技术协会的会刊来办，每年出版4期。联合办刊至今，共出版发行了16期。在传播国内外热带作物机械科研动态，交流生产经验等方面起到了很好的作用，受到了广大读者的欢迎，并在全国农机科技刊物评比中多次获奖。

⑤不断健全协会组织。为了使协会工作正常开展，热带作物机械技术协会成立以来，先后调整和增补了13名理事，保证了协会组织的健全。

（二）第二届

1. 协会（专委会）组成

名誉理事长：戴业平
理事长：王世平

副理事长：王炳纲、林竞雄、孙炜、黎权

秘书长：张天林

副秘书长：马孟发

2. 重点工作事记

（1）召开第二次代表大会

热带作物机械技术协会（中国热带作物学会机械应用技术专业委员会）第二次代表大会于1990年3月31日至4月2日在海南海口召开，出席会议的有会员代表34人，特邀代表10人。

会议通过民主选举，产生了第二届理事会，由29名理事（其中包括10名常务理事）组成。会议一致推举第一届理事会理事长戴业平同志任第二届理事会名誉理事长。

会议通过专家评审，常务理事会批准，《我国天然橡胶初加工工艺及加工机械设备的现状和水平剖析》《天然橡胶初加工机械设备的噪声和测量方法》《椰子加工工艺及配套设备研究报告》3篇学术论文获评优秀学术论文，并决定向中国热带作物学会第四次代表大会推荐。会议评选张天林、马孟发、周佳训3位同志为热带作物机械技术协会优秀工作者，评选《热带作物机械化》杂志编辑部为热带作物机械技术协会先进集体。并决定向中国热带作物学会推荐张天林、马孟发同志为优秀工作者。

会议共收到学术论文14篇，其中在此次会议交流的有10篇。

（2）主要工作内容

为适应国家机电工业行业对产品质量考核的要求，组织编制了两个农业部热带作物机械专业内部标准：《天然橡胶初加工机械产品质量分等标准》和《剑麻加工机械产品质量分级标准》，并于1990年3月组织有关人员在湛江农垦第二机械厂完成审定工作，由农垦司发布执行。

1991年，在国家质量、品种、效益年活动中，热带作物机械行业进行了产品质量监督活动，热带作物机械技术协会受农业部农垦司委托，具体组织了这次活动。农业部农垦热带作物机械检测中心承担了对4个省（自治区）6个企业生产的热带作物机械产品进行检测的工作，1991年7—9月，历时两个多月，检测橡胶加工机械9批，剑麻、绳索加工机械6批，共27件371项。

1991年7月开始组织热作机械生产企业主管部门和企业有关人员重新审定《热带作物机械生产金属材料消耗定额手册》。1992年1月重新审定后的手册，发至各生产企业及其主管部门。

由农业部农垦司工业处组织、热作机械科研部门参与下完成了《制绳机械通用技术条件》国家标准的编制修改工作，并报农业部技术标准委员会，于1991年12月审定通过，至此，机械应用专业委员会编制2项（即：《天然橡胶初加工机械通用技术条件》和《制绳机械通用技术条件》）国家标准的计划全部完成。

应印度橡胶研究所邀请，经农业部批准，由机械应用专业委员会和农业部农垦司共同组派了以副秘书长马孟发同志为组长，副理事长王炳纲同志、云南热带作物机械厂姜玉天厂长、海南农垦营根机械厂黄玉清副厂长为成员的考察小组，于1993年6月对印度天然橡胶的种植、加工工艺、加工设备等进行了为期10天的考察。了解了印度天然橡胶加工业的现状，对印度天然橡胶初加工设备的市场情况进行了实地考察，利用这次机会，特别向印度同行广泛宣传介绍了我国天然橡胶初加工设备的特点、性能以及加工生产线的情况。考察组还撰写了调研报告，对今后如何推动热作机械行业产品外销提出了很好的建议。

1993年8月召开的机械应用专业委员会二届三次常务理事会议认为，热带作物机械行业要想求得生存和发展，就必须发挥企业群体优势，遵循市场经济原则，组织起来，开拓国际市场。根据常务理事会决议，1993年10月，由机械应用专业委员会和农业部农垦司工业处共同组织，在广东湛江召开了组建热带作物机械公司的筹备会，主要热带作物机械设备生产企业的法人代表参加了会议。经过充分的讨论研究，代表们同意本着互惠互利原则，联合起来，充分发挥本行业各生产厂家的技术和产品优势，统一对外营销，将产品推向东南亚和非洲市场，会议签订了有关协议。

继续办好机械应用专业委员会与华南热带作物机械化研究所合办的会刊《热带作物机械化》杂志，在本届理事会期间《热带作物机械化》杂志共出版发行了13期。会刊的出版发行，在传播国内外热作机械科技信息，交流科研、生产、使用和管理经验等方面起到了积极的作用。

在不断完善和健全组织建设方面，热带作物机械技术协会主要进行了以下几项工作：将热带作物机械技术协会第一批个人会员共31人，报送中国热带作物学会；发放了热带作物机械技术协会理事及常务理事任职证书；发放了热带作物机械技术协会团体会员证书；对部分已调离农垦系统的理事进行了调整补充。

本届理事会共召开了4次常务理事会议，及时传达和学习了中国科学技术协会及中国热带作物学会的会议精神，机械应用专业委员会的工作计划和活动安排，并组织实施；同时，完成中国热带作物学会及农业部农垦司交办的各项工作。

（三）第三届

1. 协会（专业委员会）组成

名誉理事长：王世平

顾问：戴业平

理事长：马孟发

副理事长：沈文友、黎权、林诗镔、陈伟隆

秘书长： 张劲

副秘书长： 李玲

2. 重点工作事记

（1）召开第三次代表大会

热带作物机械技术协会第三次代表大会于1994年9月21—23日在广东湛江召开，出席会议的正式代表35人，特邀代表6人。

会议听取并审议了第二届理事会工作报告；讨论并通过了修改后新的《热带作物机械技术协会（机械应用专业委员会）章程》；选举产生了第三届理事会理事和常务理事。

会议通过民主选举产生了第三届理事会，理事会由27人组成。选举产生了理事长、副理事长和常务理事，同意聘请戴业平同志为热带作物机械技术协会顾问，王世平同志为名誉理事长。

通过专家评审，常务理事会批准，在宣读的7篇优秀论文中，向中国热带作物学会第五届代表大会推荐由华南热带作物产品加工设计研究所高级工程师（副所长）黄家瀚提交的《浅谈我国橡胶初加工技术与设备的现状及今后发展方向》和广东省农垦企业（集团）公司工程师张天林提交的《试论我国热机产品国外市场的开拓》2篇优秀论文。

大会通过了《1994—1996年热带作物机械技术协会工作计划要点》。

（2）主要工作内容

①转变观念，确立市场经济体制。在市场经济体制建立过程中，热带作物机械技术协会协助政府部门建立本行业的产品质量监督检验中心，制定了较为完整的产品标准，并推动建立本行业的标准体系，建立了企业产品样本目录，加强企业现代化管理的基础工作。

②学术交流。1994年9月在第三次代表大会上，就热带农业机械的科研、生产和管理问题组织了学术讨论会，会议收到学术论文15篇，并向中国热带作物学会第五次代表大会推荐。这些论文分期登在《热带作物机械化》杂志上。1995年9月在协会第三届二次常务理事会议上，针对当前我国标准胶生产的原料、工艺和设备等方面存在的问题，在借鉴国外经验的基础上提出改进意见，将生产原料由鲜胶改为杂胶，这样可以使原料生产省工、省时、省力，大幅度降低生产成

本。1996年7月由热带作物机械技术协会组织考察团对马来西亚天然橡胶初加工机械设备及工艺进行了考察，并组织了相关的汇报和技术交流会。

③质量管理。为了确保热带作物机械产品质量，热带作物机械技术协会第三届理事会非常重视产品质量管理工作，在政府主管部门大力支持下，开展了产品技术标准的编审工作。

产品技术标准是生产高质量产品的依据，本届理事会较重视这项工作，从本届理事会成立，热带作物机械技术协会通过热带作物机械标准化委员会共同组织有关科研单位和生产厂家对天然橡胶和剑麻加工机械的5个主要产品行业标准进行编写，于1996年12月完成了标准的修改和审定工作，现已发布实施。1997年6月组织专家对天然橡胶初加工机械和剑麻加工机械历年来制定的标准进行修订，作为行业产品质量检查的依据。

④标准的宣传、贯彻工作。为了切实执行热带作物机械产品标准、促进产品质量提高，热带作物机械技术协会通过热带作物机械质量检测中心于1995年11月举办了2期热作机械企业车间检测人员培训班，来自热带作物机械行业9个厂家的28名质检员经过15天的培训，学习了有关法规、产品检验基础知识、产品检验方法和检验标准等。检验员通过学习提高了业务素质，取得了"热带作物机械产品质量检验员证"，可以上岗进行质量检验工作。

⑤开展热作机械质量管控小组（以下简称QC小组）活动。QC小组活动是以第一线工人为主、厂领导参加的一项推动全面质量管理，提高产品质量的活动。热带作物机械行业中QC小组活动开展得比较好的企业，曾获得"农业部优秀QC小组"称号，受到表彰。为了全面深入开展QC小组活动，在三届二次常务理事会议上就此问题进行了专题讨论，制定了计划，并邀请了广东省湛江农垦第一机械厂的同志介绍了该厂开展QC小组活动的经验，有力地推动了行业全面质量管理工作。

⑥产品质量的监督检验工作。1995年7月组织热带作物机械质量监督检测中心，对4省（自治区）的5个生产企业制造的热带作物机械产品进行了检测，共抽检产品8种11批28台（件）；产品合格率为95.8%，比1993年的抽检结果明显提高。

⑦市场开拓。热带作物机械产品的特点是领域窄、市场小。我国已有40多年的植胶历史，热带作物机械中主要的天然橡胶初加工机械设备生产历史也有30年以上，橡胶初加工工艺已经成熟，机械设备基本定型，需求已饱和，产能过剩。针对这种状况，1995年在昆明举行的协会三届二次常务理事会议上就把热带作物机械行业继续进行产品结构调整作为重要内容来研究，提出努力开拓热带作物机械国际市场的意见。

⑧大力进行产品结构调整。1995年三届二次常务理事会议提出了在热带作物机械行业大力宣传倡导进行产品结构调整的意见，要改变以往只围绕橡胶、剑麻加工机械转的传统做法，根据热带农业发展的总体需要，积极开展对荔枝、龙眼、椰子、咖啡、胡椒等热带农产品加工工艺及机械设备的研究，发展多元化经济，开发多元化产品，向其他行业进军。

⑨出国考察。1996年8月热带作物机械技术协会组织专家考察团考察了橡胶加工机械设备最具有竞争力的主要生产国——马来西亚。通过参观、会谈，对马来西亚的橡胶初加工机械设备的科研、生产、管理、工艺和销售的现状和发展趋势有了较全面的了解，找到了我国热带作物机械产业不足之处，为改进自身工作提供了有益的参考。我国橡胶加工机械主要生产厂家——海南农垦营根机械厂借鉴他们的经验，结合我国的具体情况，研制并出口了性能较好的样机，提高了产

品的市场竞争能力。热带作物机械产品近几年出口创汇均保持在每年100万美元左右。

⑩边贸考察。1996年在广西合浦召开热带作物机械技术协会三届三次常务理事扩大会议和1997年在云南召开三届四次常务理事扩大会议期间，参会代表们进行了边贸考察，扩大视野。

（四）第四届

1. 协会（专委会）组成

顾问：戴业平、王世平

理事长（主任）：马孟发

副理事长（副主任）：沈文友、周柳生、黄家溢、李承权

秘书长：张劲

2. 重点工作事记

（1）召开第四次代表大会

中国热带作物学会机械应用技术专业委员会（热带作物机械技术协会）第四次代表大会于1998年12月23—24日在海南海口召开。出席会议的代表有29人，特邀代表2人。中国热带作物学会副秘书长郑文荣、周德藻参加了会议。

会议听取并审议了第三届理事会工作报告；讨论并通过了修改后的《热带作物机械技术协会章程》。

会议期间进行了学术交流，大会收到学术论文10篇，宣读4篇，书面交流6篇，论文将分期在《热带农业工程》杂志上刊出。

会议通过民主选举产生了第四届理事会，理事会由28人组成。选举产生了理事长、副理事长和常务理事。

大会听取了四届一次理事会、常务理事会对《热带作物机械技术协会1998—2000年工作计划要点》的说明，并通过了该工作计划要点。

大会就宣传、贯彻、执行国家颁布的质量振兴纲要，对制定热带作物机械产品国家标准、行业标准，不断提高热带作物机械产品质量问题进行了讨论；并就继续开展对外交流、组织出国考察进行了讨论研究。

热带作物机械技术协会接受农业部农垦局工业处委托，做好热带作物机械行业生产基本情况的年度统计分析工作，由秘书处作年度生产形势分析，为《中国机械年鉴》和《中国农业机械年鉴》撰稿。

农业部农垦局工业处章宪副处长对会议作小结，并对农垦工业1999年发展思路作解读。

（2）组织会员参加学术交流

组织科技人员参加了热带作物学会2000年在成都召开的学术讨论会。组织会员参加中国科学技术协会2000年在西安召开的学术年会。还参加了中国农垦农机化学会、广东农机协会、中国纺织工程学会麻纺织专业委员会、中国干燥技术协会等协（学）会组织的各项学术讨论会。

（3）协助行业进行质量管理

一是支撑行业做好产品技术标准的编审工作。本届理事会非常重视该工作，通过热带作物机械标准委员会共同组织有关科研单位和生产厂家对以天然橡胶和剑麻加工机械等热作机械标准进行制定和修订，组织编写了标准制定修订的五年计划。4年来，制定和修订了天然橡胶加工机械、剑麻加工机械、咖啡湿法加工机械，挖穴机、胡椒加工机械、淀粉加工机械等标准17项，其中10项标准已发布。通过几年的工作，热作机械标准已达29项，更加完善、合理、先进，在规范市场、提高产品质量和扩大出口等方面发挥很大的作用。

二是加强产品质检中心建设工作。努力协助政府建设本行业的产品质量监督检验测试中心，提高业务水平，加强仪器设备建设，1999年12月，热带作物机械质量监督检验测试中心通过了农业部复审认证。2000年热带作物机械技术协会又承担了农业部仪器设备建设任务。

三是加强产品质量检验工作。几年来在热带作物机械技术协会和有关部门支持下，热带作物机械行业研制的一些新产品通过热带作物机械质量监督检验测试中心的检测，取得了准确、可靠、权威的技术数据，为新产品的鉴定提供了有力依据，如6MX-600型芒果保鲜机、GZ-266型菠萝叶刮麻机和3GDS-3型多功能施肥机等。

（4）科研成果与产品开发

热带作物机械技术协会于2000年7月在福建厦门召开了四届二次常务理事扩大会议，会议就热带作物机械行业结构调整、产品质量、市场开拓等方面进行了交流。在各会员及会员单位的共同努力下，完成了以下成果和新产品的研制：华南热带农产品加工设计研究所研制的6MX-600型芒果保鲜机；华南热带农业机械研究所研制的HT-500胡椒脱皮机和HT-320胡椒洗涤机获湛江市科技进步三等奖，并根据市场需求，研制了小型胡椒脱皮洗涤机组；小型菠萝叶刮麻机、大型菠萝叶刮麻机和龙眼荔枝鲜果剥壳机获国家实用新型专利；湛江农垦第一机械厂研制了JMJ-1500型剑麻抛光编织机、JGJ-650型剑麻纤维干燥机、GMG-50型剑麻纱条剪毛绕线机、甘蔗取样机；海南农垦营根机械厂设计生产了ZP-450×700绉片机；广东友好农场研制了多功能甘蔗施肥机；广东东方剑麻集团研制了小型水草并绳机、MQ-2.5型剑麻头切碎分离机。在当时橡胶加工机械和剑麻加工机械产品发展下滑的情况下，以上热作机械科研成果和新产品，对热带作物机械行业的结构调整具有重大意义。

（5）期刊更名

《热带作物机械化》更名为《热带农业工程》，并恢复为季刊，增加了热带作物加工专业委员会和华南热带农产品加工设计研究所为主办单位。更名后报道范围更广，内容更丰富，发行量更大。

（五）第五届

1. 协会（专委会）组成

名誉主任：马孟发

顾问：郑文荣、戴业平、王世平

理事长（主任）：张劲

副理事长（副主任）：周柳生、黄家溢、蔡汉荣、刘平东

秘书长：李明福

2. 重点工作事记

（1）召开第五次代表大会

热带作物机械技术协会（中国热带作物学会机械应用技术专业委员会）第五次代表大会于2002年9月29—31日在广东湛江召开。参加会议的有北京、广东、广西、云南、海南等省份的代表共38人。中国热带作物学会郑文荣秘书长参会并致辞。

会议听取了马孟发理事长代表第四届理事会所作的第四届理事会工作报告，与会代表进行了积极讨论，审议通过了报告。大会还审议并通过《热带作物机械技术协会2002—2004年工作计划要点》。

会议进行换届选举工作，选举产生了第五届理事会。聘请马孟发同志担任热带作物机械技术协会第五届理事会名誉主任。

大会还就宣传、贯彻、执行热带作物机械产品质量标准、行业标准，不断提高热带作物机械产品质量问题进行了讨论。介绍了国外热带作物机械技术情况，对热带作物机械行业生存发展的问题和困难开展了讨论分析，提出良好的建议。

（2）主要工作内容

①组织了两次理事扩大会议。2005年12月1—4日在云南昆明召开机械应用技术专业委员会扩大会议，会议传达中国热带作物学会有关会议精神，交流热作机械生产开发情况，讨论发展方向。热带作物机械技术协会五届三次理事会扩大会议于2007年9月12—15日在广西南宁召开。会议由副理事长黄家溢主持。会上，张劲理事长传达了中国热带作物学会七届四次理事会会议精神；李明福秘书长代表协会秘书处传达了中国热带作物学会相关文件精神，报告了机械应用技术专业委员会近年来的工作；王金丽同志对近年来热作机械生产科研情况作专题报告。会议期间，组织了学术交流和标准研讨。

②根据中国热带作物学会的安排，组织学术论文参加热带作物学会第七届会员代表大会及其他学术研讨会。李明福等同志撰写的《菠萝叶纤维脱胶工艺参数的探讨》和陈超平同志撰写的

《甘蔗机械化收获系统的测试试验与应用分析》分别获得中国热带作物学会2007年、2009年二十大优秀论文。

③组织参加中国科学技术协会、农业工程学会及广东省农机学会、农垦农机学会等协（学）会组织的学术研讨会。

④对2002—2008年热带作物机械行业的生产、科研、新产品开发、标准化等工作进行了调查、统计与分析，并撰写了年度热带作物机械生产情况报告。

⑤积极协助农业部农垦局，为《中国农业机械年鉴》《中国机械年鉴》和《中国农产品加工业》撰写热带作物机械及产品加工方面的稿件。

（六）第六届

1. 协会（专委会）组成

顾问：郑文荣、戴业平、王世平

主任：张劲

副主任：蔡汉荣、黄兑武、梁春发、刘平东

秘书长：李明福

2. 重点工作事记

（1）召开第六次会员代表大会

中国热带作物学会机械应用专业委员会第六届会员代表大会于2009年9月19—22日在贵州贵阳召开。参加会议的有广东、广西、云南、海南等省份的代表，共26人。

会议听取了张劲主任代表第五届常务委员会所作的第五届常务委员会工作报告，与会代表进行了积极讨论，审议通过了报告。审议并通过了热带作物机械标准体系建设规划。传达了中国热带作物学会第八次会员代表大会会议精神。

会议进行换届选举工作，选举产生了第六届委员会，委员由27人组成。聘请郑文荣、戴业

平、王世平担任第六届常务委员会顾问。

会议就热带作物机械行业的现状与发展前景进行了积极探讨，特别是对热带作物机械如何列入农机补贴进行了热烈的讨论，机械应用专业委员会将在会后对这一问题进行调查分析。

（2）积极协助热机分标委开展工作，推动热作机械标准化

每年机械应用专业委员会都会协助热带作物机械及产品加工设备标准化分技术委员会（简称"热机分标委"）召开热带作物机械标准化工作研讨会和标准审查会。开展热带作物标准制定、修订工作规范方面的培训，对一些新发布的农业行业标准进行宣贯，组织预审即将送审的农业行业标准。

（3）积极组织会员单位参加各类博览会、交易会等科普活动

积极组织会员参加中国国际高新技术成果交易会、中国-东盟博览会、海南省年度科技活动月主题活动、湛江东盟农产品交易博览会和湛江市高校（院所）企业联席会等活动，每年组织参加的会员单位多达10余家，活动积极宣传热作机械领域先进的技术与装备。

（七）第七届

1. 协会（专委会）组成

名誉主任： 张劲

主任： 李普旺

副主任： 李明福、张世亮、宫玉林、翁绍捷

秘书长： 刘智强

2. 重点工作事记

（1）召开第七次会员代表大会

中国热带作物学会机械应用专业委员会第七次会员代表大会于2017年10月27—29日在云南大理顺利召开，来自广东、广西、云南、海南等省份的20余名会员代表参加了会议。

会议由常务委员陈超平副处长主持召开。张劲主任代表第六届机械应用专业委员会向大会作工作报告，汇报了第六届机械应用专业委员会任期内的工作亮点和需要改进的方向，与会代表鼓掌通过了该工作报告。会议进行了机械应用专业委员会的换届选举，经选举，产生了第七届委员会，新一届委员会由来自广东、广西、云南和海南4省份产学研各领域的20名专家组成。广东海洋大学张世亮教授作主题报告《机械工程领域关键难题攻关破解典型案例分析》，向与会代表展示了所在高校的丰富科研成果，也为热作机械行业的升级进步提供了思路。秘书长刘智强传达了《中国热带作物学会科学技术奖励章程》《中国热带作物学会会议费收款规程》等文件精神。

（2）服务科学普及

开发科普作品4种。印发《木薯生产机械化技术与装备》《果园生产机械化技术与装备》《天然橡胶生产机械化技术与装备》《甘蔗生产机械化技术与装备》等宣传图册2 000余册。

打造以依托单位"中国热科院农机所"微信公众号为主要阵地的热作机械科研成果宣传平台。为行业发展开展宣传工作，让科研工作者及时了解热作机械行业的最新动态。累计发布热带作物机械相关的科研成果宣传报道100余篇，阅读量累计突破2万次。对提升从事热作机械行业的产学研用各领域人员的科学素质水平也起到了积极推动作用。

深入实施甘蔗、水稻等生产全程全面机械化推进和农机装备智能化、绿色化提升"两大行动"。与广东湛江、雷州、遂溪、廉江以及海南昌江等地方农机部门、合作社、种植大户等联合深入实施甘蔗、水稻等生产全程全面机械化推进和农机装备智能化、绿色化提升"两大行动"，以农机农艺融合、机械化信息化融合为路径，依托涉农资金等项目，推进农机服务模式与现代农业发展相适应、机械化生产与田园乡村建设相适应，推动农业机械化高质量发展。技术应用面积6.4万亩以上。

（3）服务科学决策

热作机械及产品加工设备标准制定、修订及宣贯成效显著。机械应用专业委员会向热作机械行业主管部门、科研教学单位和企业及时发送标准文本，介绍新标准。通过培训会议和学术交流会议等形式，集中发放标准汇编，对新标准进行讲解和大力宣传。引导相关企业按标准组织生产，选择合理的设计方案，创新工艺，保障安全和节能降耗，以达到用标准化带动各种生产要素优化组合的效果，促进热作的区域化、专业化和规模化生产。

热作机械要直接面对的是"一带一路"沿线热带国际市场，通过标准制定和实施，符合标准要求的产品，由于在质量水平、经济指标、安全性等方面可以得到保证，得到国际市场的认可，大大提高了产品竞争力。天然橡胶初加工等成套设备有较多产品打入印度尼西亚、越南、马来西亚、泰国等国际市场。我国天然橡胶设备的连续出口，除了价格合理的优势外，还要得益于近年来随着大量标准的制定、修订，有系列标准作为保障，为热带作物机械及产品加工设备的出口提供了条件。

热带作物机械技术协会为加快补齐海南省农机装备短板弱项积极出谋划策。为着力破解农机装备研发制造和推广应用短板，2021年组织会员单位海南省农业机械鉴定推广站和中国热带农业科学院农业机械研究所签订了战略合作协议，不断加强热作生产新装备新技术的试验、示范和推广，促进农机农艺有效融合，补短板、强弱项、促协调，不断推进海南省热作生产机械化装备水平的提高。

机械应用专业委员会邀请海南大学杨然兵教授和张喜瑞教授，中国热带农业科学院农业机械研究所邓干然研究员、张园副研究员参加由海南省农业机械鉴定推广站组织召开的海南省2021年农机装备补短板工作推进会议。杨然兵教授、邓干然研究员和张喜瑞教授分别从各自的学科和研究领域，指出海南农机发展的痛点，提出解决的思路。

（4）国际合作

响应"一带一路"倡议，积极推动热带作物机械"走出去"。机械应用专业委员会推动会员单位中国热带农业科学院农业机械研究所、广西双高农机公司、青岛鼎信通用机械有限公司、湛江市伟达机械有限公司等合作开展装备研发，并在"一带一路"沿线国家推广应用。其中木薯田间生产全程机械化及产后加工机械化技术与装备在加纳、塞拉利昂、柬埔寨等国家推广应用，共建技术转移示范基地，出口装备100多台（套），技术应用面积18万公顷以上。持续开展甘蔗生产机械在印度尼西亚、柬埔寨的推广应用，加强与当地生产企业（大型经销商、农机企业等）之间的合作，推广甘蔗种植机械、甘蔗中耕管理机械240多台（套）。

第十一章
剑麻专业委员会

一、成立背景

剑麻纤维是当今世界用量最大、范围最广的一种天然硬质纤维，其质地坚韧，具有强度高、吸放湿快、耐磨、耐腐蚀、无静电等特点，广泛应用于运输、渔业、石油、冶金、建筑、日用、军工、医药等各种行业，在高档钢丝绳芯、电容纸、精密仪器抛光和军工复合材料等方面具有不可替代性，曾与天然橡胶并列为国家热带作物的两大战略物资。

1963年，农垦部把广东农垦东方红农场定为全国剑麻生产样板农场，要求大力开展剑麻科学实验工作，开启了我国剑麻产业化配套技术的系列科研工作，为了加强各地区从事剑麻生产、科研教学单位和科技人员的联系，开展专业性学术活动，促进学术交流，1985年中国科学技术协会明确"在中国热带作物学会已经批准为国家一级学会以后，有条件建立的专业或学科，可以申请成立分支机构"，1985年10月，中国热带作物学会讨论决定，为便于开展专业学术活动，中国热带作物学会下面的各个专业学科，具备以下条件的可以成立专业委员会，但须经过中国科学技术协会审查批准后才能正式成立，否则不予承认：①有副研究员以上的学科带头人，能独立开展学术活动；②有一定数量的专业技术队伍和服务对象；③有挂靠单位和经费支持来源。

广东省从事剑麻生产、科研的人员认为成立剑麻专业委员会的条件成熟，经请示农垦司热作处和中国热带作物学会，同意进行筹备。1985年11月12日，中国热带作物学会以〔85〕热学字第3号发文《关于筹备成立剑麻专业委员会暨学术讨论会的通知》。同年11月16—17日，由中国热带作物学会和广东省热带作物学会联合主办的筹备成立剑麻专业委员会暨学术讨论会在广东省海康县国营火炬农场召开，来自广东、广西、福建、四川、浙江及华南热作"两院"和农牧渔业部农垦司等领导、专家代表共40余人参加会议。会议通过协商，组建了剑麻专业委员会筹备组。在筹备组的积极推进和有关单位的大力支持下，1986年11月在广西桂林召开了中国热带作物学会剑麻专业委员会第一次会员代表大会，会议选举产生第一届剑麻专业委员会及领导机构，并于1987年3月经中国热带作物学会三届二次常务理事会议审批正式成立。2002年11月15日，中国热带作物学会剑麻专业委员会在中华人民共和国民政部完成登记并获得登记证书（社证字第3528-4号），标志着剑麻专业委员会的组织管理、工作运行步入专业轨道。

二、剑麻专业委员会事记

（一）第一届

1. 委员会组成

主任委员：陈作泉

副主任委员：刘国宁、李道和、董开后

秘书长：李道和（兼）、谢恩高

2. 重点工作事记

（1）中国热带作物学会剑麻专业委员会第一次会员代表大会暨学术讨论会，1986年11月在广西桂林召开

（2）中国热带作物学会剑麻专业委员会第一届第二次年会暨学术讨论会，1987年12月在福建漳州召开

（3）中国热带作物学会剑麻专业委员会第一届第三次年会暨学术讨论会，1989年11月在广东广州召开

3. 主要工作及贡献

（1）**组织建设**

发展会员人数达160多人，覆盖全国各个剑麻主要种植区生产单位及剑麻管理各级有关部门和科研教学单位。

（2）**技术服务**

大力推广"广东1号"剑麻高产栽培技术（五改一防），打造出广东农垦东方红农场和广西农垦马坡农场年均亩产纤维超250千克的规模化示范样板，实现剑麻种植获显著经济效益。举办剑麻营养诊断技术学习班，培训全国剑麻技术骨干70多人。

（3）**科研工作**

组织论证会和申报部级立项支持剑麻茎腐病研究并取得良好进展。

（4）学术交流和科普

分别在剑麻主产省份的广东、广西和福建召开学术讨论会，为当地剑麻产销研提供了指导，编发《剑麻学术讨论会论文集》4期，共收集剑麻科技论文109篇，评选奖励优秀论文24篇；编发剑麻科技专刊《剑麻信息》39期，发布剑麻相关信息241条。

（5）服务政府工作

组织调研并上交《我国剑麻发展的规划和意见》，为农业部农垦司编制剑麻产业"八·五"规划提供了参考。负责修订完成《剑麻栽培技术规程》和《剑麻选育种技术规程》等。

（6）对外交流合作

组团赴墨西哥考察剑麻产业，促进剑麻国际交流和合作。

4. 主要获奖荣誉

华南热带作物科学研究院南亚热带作物研究所完成的"龙舌兰麻11648麻主要矿质营养缺乏病研究"成果获1989年广东省科技进步三等奖。剑麻专业委员会副主任刘国宁（剑麻栽培专业）1988年被评为国家级有突出贡献中青年专家和广东省有突出贡献专家；会员郑朝东（剑麻加工机械专业）1988年荣获广东省劳动模范称号；会员莫积海（剑麻加工机械专业）1990年荣获广东省有突出贡献专家称号；副主任兼学术秘书长李道和1990年被评为中国热带作物学会优秀工作者。

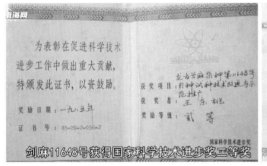

剑麻11648号获得国家科学技术进步奖二等奖

（二）第二届

1. 委员会组成

主任委员： 余让水

常务副主任委员： 李道和

副主任委员： 刘明举、邓日升

秘书长： 李道和（兼）

副秘书长： 谢恩高

2. 重点工作事记

中国热带作物学会剑麻专业委员会1991年12月在广西南宁召开第二届会员代表大会暨学术讨论会。1993年10月在海南省国营红泉农场组织召开剑麻"三高"农业研讨会。1994年12月27—28

日在广东省国营金星农场组织召开剑麻周期年亩产纤维300千克栽培模式示范田座谈会。

3. 主要工作及贡献

（1）组织建设

委员配置和机构建设有所加强，从事加工的会员比例有所增加，组织队伍覆盖至全产业链。

（2）技术服务

积极组织和参与剑麻全国行业标准和国家标准的编制、评审和宣贯工作，完成《剑麻栽培技术规程》《剑麻纤维》《剑麻白棕绳》等17项标准的编制；举办剑麻基本知识和"三高"栽培培训班3期，培训全国剑麻技术骨干123人。

（3）学术交流和科普

分别在剑麻主产省份的广东、广西和海南召开剑麻生产专题研讨会，推动剑麻高产、高质和高效工作；编发《剑麻学术讨论会论文集》1期，编发《剑麻信息》47期，发布剑麻相关信息301条。组织编写《剑麻栽培》一书，并由中国农业出版社出版。

4. 主要获奖荣誉

剑麻专业委员会会员王东桃（剑麻育种栽培专业）、徐江川（剑麻加工机械专业）、郑朝东（剑麻加工机械专业）和莫积海（剑麻加工专业），于1992年分别荣获"国务院政府特殊津贴专家"称号。会员黄标，1996年被共青团中央和国家科委授予"全国青年星火带头人标兵"称号。由广东省国营东方红农场等单位完成的"剑麻田更新配套机械的研制与应用"和"IS-360型深松犁在雷州半岛旱坡地的推广应用"两个项目成果分别在1992年和1994年获农业部和广东省科技进步二等奖。东方红农场1992年被农业部农垦司评为全国农垦系统科研先进单位；1996年被农业部农垦局、发展南亚热带作物办公室评为全国热带、南亚热带作物开发先进集体；1996年被农业部农垦局、发展南亚热带作物办公室授予"H.11648剑麻生产名优基地"称号。

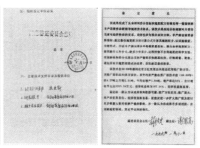

（三）第三届

1. 委员会组成

主任委员： 巫开华

副主任委员： 陈锦祥、钟秋汉、庞日龙、孙光明、朱小明

秘书长： 黄治成（任期1997年1月至2001年12月）、陈叶海（任期2001年12月至2003年8月）

2. 重点工作事记

（1）中国热带作物学会剑麻专业委员会第三届会员代表大会暨学术讨论会，1997年1月在广西桂林召开

（2）中国热带作物学会剑麻专业委员会二十一世纪中国剑麻产业现代化学术研讨会，2000年6月19—20日在广西防城召开

（3）中国热带作物学会剑麻专业委员会二十一世纪中国剑麻产业发展研讨会，2001年10月15—17日在福建武夷山召开

（4）2002年10月1—2日和12月26日及2003年2月24—26日，在海南昌江青坎农场进行剑麻新病害专家实地调查及会诊活动

3. 主要工作及贡献

（1）组织建设

根据剑麻学术活动与生产相结合的实际需要，剑麻专业委员会按省份组建了广东、广西、福建和海南等专业组，由各专业组统筹协调区域产学研管等各方开展活动。

（2）技术服务

重点围绕营养诊断指导施肥、机械化撒施石灰、如何提高出纤率、剑麻提纯复壮和经营体制改革等问题，组织研讨交流和破解生产难题；组织开展了《剑麻 种苗》《剑麻栽培技术规程》等5个行业标准的制定、修订工作；组织专家团三赴海南昌江青坎农场调研会诊剑麻新病害并形成会诊意见，以指导防控工作；积极开展产业管理人员技术业务培训，先后办班17期，共培训剑麻产业骨干700多人次。组织完成了《加入WTO后对剑麻业的影响及对策研究》的编写工作，并提交上级部门。

（3）学术交流和科普

在广泛开展剑麻产业调研基础上，分别在广西和福建召开了剑麻现代化专题研讨会，以及组织会员参加各省份热作学会的活动，共提交交流论文41篇，为产业发展作出贡献。

（4）服务政府工作

受托协助农业部农垦局热作处完成了剑麻优良种苗繁育基地建设和剑麻农产品加工项目的规划，以及参与完成了《剑麻优势区域发展规划（讨论稿)》。

（5）对外交流合作

派出专家组赴美国、坦桑尼亚、巴西等地考察剑麻产业及产品市场情况，为国内剑麻产业入世提供参考，以及派出技术专家支援中国农垦公司在南非建设剑麻生产基地。

4. 主要获奖荣誉

广东省东方剑麻集团有限公司农科所，1999年被农业部评为全国农业技术推广先进单位。剑麻专业委员会会员黄标，1997年、1999年和2001年分别被评为广东省劳动模范、全国农业技术推广先进工作者和全国优秀科技工作者。

（四）第四届

1. 委员会组成

顾问： 巫开华

副主任委员： 陈锦祥、朱小明、孙光明、张伟雄、钟秋汉、潘瑞坚

秘书长： 陈叶海（任期2003年8月至2006年12月）、文尚华（任期2007年1月至2011年10月）

副秘书长： 李建兴、郑万春

2. 重点工作事记

（1）中国热带作物学会剑麻专业委员会第四届代表大会暨学术研讨会，2003年8月29日在广东湛江召开

（2）中国热带作物学会剑麻专业委员会剑麻产业发展战略学术研讨会于2005年10月27—29日在福建漳州召开

参会代表50多人，会议总结了"十五"期间剑麻生产、科研和教育等方面的经验，并对秘书处完成的《加入WTO过渡期剑麻产业发展对策研究》报告进行了评议补充，同时就剑麻专业委员会"十一五"工作计划进行了研讨和安排。

（3）2006年11月28—29日，剑麻专业委员会配合挂靠单位湛江农垦局承办了由农业部发展南亚热带作物办公室和中国热带作物学会主办，在广东湛江召开的《热带作物优势区域布局规划》论证会

（4）2007年1月23日，剑麻专业委员会和湛江热带农业学会联合主办剑麻介壳虫综合防治技术现场研讨会

研讨会在广东省东方剑麻集团东方红农场召开。参会人员有来自中国热带农业科学院环境与植物保护研究所、湛江农垦局、湛江市农业局、徐闻县农业局、雷州市农业局和广东麻区有关企业和乡镇的分管领导、专家、技术人员等，共50多人。会议采取现场观摩和座谈交流两种形式充分研讨了剑麻介壳虫发生、流行与综合防治等关键问题，并通过了"联合行动，共歼麻蚧"的一整套技术措施和方案。这次会议，对指导垦区内外有效防控剑麻介壳虫灾害，起到了关键性的作用。

（5）2008年1月8—9日在广东湛江召开中国热带作物学会剑麻学术研讨会

会议由剑麻专业委员会主办，湛江农垦局、东方剑麻集团承办，中国热带农业科学院南亚热带作物研究所、环境与植物保护研究所，湛江农垦科研所和农业部剑麻质检中心等协办，农业部发展南亚热带作物办公室彭艳副处长和农业部南亚热带作物中心杜亚光处长亲临大会指导，彭艳副处长作重要讲话。中国热带农业科学院和华南农业大学知名教授黄俊生、易克贤、任顺祥，以及来自全国剑麻生产、科研、教学和管理等方面的领导、专家和代表，共110多人参加会议。会议的主要任务是研讨剑麻粉蚧灾害的防控与剑麻产业可持续发展问题。

（6）2009年2月20—21日，剑麻专业委员会、广东省农垦总局与华南农业大学资源环境学院在徐闻联合召开剑麻粉蚧生物防治技术研讨会

研讨会对繁殖释放天敌防控新菠萝灰粉蚧的科研工作进行了阶段性总结、交流，并确定了2009—2010年剑麻粉蚧生物防治研究试验工作重点，提出改善剑麻营养条件、保护生态环境、有效利用天敌、加大轮作力度、科学布局结构等一系列综合生物防治及其配套措施。

（7）2009年10月20—23日，剑麻专业委员会、广东省农垦总局和广东省农业科学院植保研究所在东方红农场联合召开剑麻粉蚧综合防治技术研讨会

参会人员有来自广东省农业科学院植保研究所、广东农垦各剑麻生产企业的领导、专家、技术人员等，共40多人。会议采取现场观摩和座谈交流相结合形式，充分研讨了剑麻粉蚧的发生、流行与综合防治等关键问题，并研究制定了"监测预警、化防应急、统一布控、综合防治"的一整套技术措施和方案。这次会议，对总结剑麻介壳虫综合防治措施，落实冬春防控任务，提高防控效果，起到了关键性作用。

（8）2010年1月7—10日，剑麻专业委员会配合中国热带农业科学院南亚热带作物研究所成功承办了国家麻类产业技术体系2009年工作总结与学术交流现场会

会议代表有来自全国麻类生产、科技、管理等方面的专家、领导共110多人，会议就全国麻类产业发展与技术工作展开了较全面、系统的交流总结，并参观了中国热带农业科学院南亚作物研究所剑麻种质资源圃和湛江农垦剑麻种植加工基地等。

（9）2010年3月31日和6月8日，剑麻专业委员会联合挂靠单位湛江农垦局，在东方红农场分别召开湛江麻区剑麻病虫害防治现场会和防治工作总结交流会议

两次会议参会总人数达70多人次，共收到专业技术总结（论文）11篇，通过技术交流和现场参观，达到了提升防治工作成效目的，同时统一了综合防治技术措施和防控行动计划，对有效防控剑麻粉蚧及其引发的紫色卷叶病的蔓延起到了重要作用。

（10）2010年12月27日，由中国热带农业科学院、剑麻专业委员会在海口联合召开中国热带农业科学院剑麻产业技术体系建设暨学术研讨会

参会人员有来自中国热带农业科学院南亚作物研究所、热带生物技术研究所、环境与植物

保护研究所,以及广东、广西、云南、福建和海南麻区的相关科研单位和企业专家代表,共35人。会议一致通过组建中国热带农业科学院剑麻产业技术体系,就体系的组织机构、运作形式、重点工作、主要项目和经费保障等方面进行商定,并就剑麻产业的热点、难点和关键技术等方面进行了研讨交流。国家麻类产业技术体系首席专家、中国农业科学院麻类研究所所长熊和平研究员和中国热带农业科学院郭安平副院长等到会指导并致辞,中国热带农业科学院环境与植物保护研究所所长易克贤研究员作了题为《坦桑尼亚剑麻产业考察报告》的专题报告。

中国热带农业科学院剑麻产业技术体系建设暨学术研讨会专家代表合影留念 2010.12.27

（11）2011年3月25日,剑麻专业委员会配合中国热带农业科学院南亚热带作物研究所、环境与植物保护研究所,在湛江召开"十二五"剑麻产业技术研讨会

会议代表有来自全国剑麻生产、科技、管理等方面的专家、领导共30多人,会议就剑麻产业"十二五"发展的关键技术问题展开研讨论证,为制定剑麻产业"十二五"发展规划提供了依据。

（12）2011年3月25—27日,剑麻专业委员会及挂靠单位湛江农垦局主持召开湛江农垦剑麻粉蚧及紫色卷叶病防控指导专家组工作会议,并组织开展相关调研活动

参加会议及相关活动的有剑麻专业委员会的驻湛领导和受聘的12位专家及其技术团队成员,共20多人。会议确定了专家组年度工作方案,对《剑麻粉蚧及紫色卷叶病防控技术措施》文稿进行了初审修改。

（13）2011年9月,剑麻专业委员会及挂靠单位湛江农垦局主持召开剑麻产业发展研讨会

参会人员主要包括垦区剑麻种植、加工、经营、科研等单位的主要领导、专业技术人员及有关专家等,参会人员达40多人。主要就剑麻产业发展现状、问题、对策与措施等进行了深入充分的研讨,并作出"抓住机遇,坚定信心,克服困难,发展剑麻特色产业"的一系列决策及措施。

3. 主要工作及贡献

（1）组织建设

发挥剑麻专业委员会平台作用,加强与麻类专业委员会和国家麻类产业技术体系联系,争取到麻类产业技术体系剑麻科学家岗位和试验站岗位各2个的设置支持,以此巩固发展剑麻科技团队,同时加强了剑麻专业委员会的建设成长。

（2）技术服务

重点围绕剑麻机械化耕种、抚管和纤维初深加工等组织设备研发和技改，解决了整地、施肥、除草、喷药和叶片纤维大机加工及纤维烘干等问题，实现剑麻生产机械化率达80%，大幅度提高了劳动生产率；组织完成制定（修订）任务并获发布实施的国家标准或农业行业标准共15项，主要有《剑麻白棕绳》《剑麻钢丝绳芯》《剑麻纤维》《剑麻栽培技术规程》《剑麻纱线细度均匀度的测定　片段长度称重法》《剑麻纱线　断裂强力的测定》《剑麻纱》《剑麻布》《剑麻种苗》《钢丝绳芯用剑麻纱》《剑麻纤维及制品商业公定重量的测定》《剑麻产品质量分级规则》《剑麻主要病虫害防治技术规程》《龙舌兰麻种质资源鉴定技术规程》和《龙舌兰麻抗病性鉴定技术规程》等。同时，协助农业部热带作物及制品标准化委员会完成《热带作物"十二五"标准体系建设规划》，全力组织多单位协作开展防控外来生物新菠萝粉蚧及其引起的紫色卷叶病对剑麻的危害，将损失降到最低限度。应对金融风暴冲击，协调行业稳价保收，促进了全行业的稳定发展；参与编制《剑麻栽培工》《剑麻纤维生产工》等职业标准和技术培训教材，大力开展职业技能培训和鉴定工作，年均培训骨干工人约200人，其中80%获得了职业资格证书；开展剑麻高产和"三病一虫"的技术培训工作，年均办班4～5期，培训剑麻技术骨干300多人次。

（3）学术交流和科普

在广泛开展剑麻产业调研基础上，先后组织会员参加中国热带作物学会及兄弟专业委员会举办的学术会议约13场次，加上本专业委员会主（协）办的学术会议，共达30余场次，参加学术活动人员约达1 000人次，发表交流的科技论文近百篇，其中刊登到有国内外统一刊号出版物达30多篇，有5篇论文获中国热带作物学会年度二十大优秀论文奖。与中央电视台《农广天地》节目组合作制作剑麻生产技术VCD专题片，在央视7频道播出，及用此VCD专题片在广东、广西麻区开展科普教育，社会反响良好。

（4）服务政府工作

受托广泛开展产业调研并向政府、企业献策，向农业部和各省份主管部门提交了《我国剑麻产业考察报告》《粤东万亩剑麻生产基地可行报告》和《福建省剑麻产业调研报告》等，促进了广西将剑麻作为桂西南和桂东南扶贫项目的落地实施，完成新种剑麻5万多亩。受托在湛江承办《热带作物优势区域布局规划》论证会，负责和参与完成了菠萝和剑麻两个作物的规划稿（2007—2015年）。

（5）对外交流合作

专业委员会及其成员单位，积极开展国际合作与交流活动。2007年6月应湛江农垦局邀请坦桑尼亚剑麻协会董事长一行4人来湛江考察剑麻产业，双方就剑麻种植、加工、科研等方面进行了广泛交流。2010年中国热带农业科学院环境与植物保护研究所所长易克贤亲赴坦桑尼亚考察剑麻科技与产业发展情况，同年印度尼西亚农业部相关官员及专家来访，考察了湛江农垦剑麻产业，2011年东方剑麻纤维加工机械准许出口至坦桑尼亚。广西剑麻集团支持缅甸开始实施建设剑麻种植基地。

4. 主要获奖荣誉

2007年专业委员会黄标同志获广东省科学技术协会授予的"广东省丁颖科技奖"（广东省科

技最高荣誉奖）；陈叶海、文尚华和周文钊分别获评2006年度和2011年度中国热带作物学会优秀学会工作者；2006年，剑麻专业委员会被评为中国热带作物学会优秀专业委员会。2006年，广东省东方剑麻集团有限公司被中国热带作物学会评为热区农业科技示范基地（剑麻）。2009年广西农垦山圩农场被广西壮族自治区人民政府授予"广西剑麻之乡"荣誉称号。经过2009—2011年的创建，先后有东方红农场、山圩农场、五星总场、葵潭农场和昌江南方公司等5个单位通过了农业部认定，获得了部级剑麻标准化生产示范园资格。本专业委员会会员先后有陈叶海（2006）、郭朝铭（2007）、黄标（2009）、姜伟（2011）、杨峰（2011）等分别撰写的剑麻论文《我国剑麻产业的发展对策》《龙舌兰麻种质资源遗传多态性分析和斑马纹病抗性鉴定》《剑麻粉蚧生物学特性与发生规律的研究初报》《剑麻种质资源圃建设与利用探讨》和《不同基本培养基和外植体对剑麻愈伤组织诱导影响的研究》，获中国热带作物学会年度二十大优秀论文奖。由中国热带农业科学院主持完成的剑麻斑马纹病病原生物学、遗传多态性及防治技术研究获2011年海南省科技进步奖二等奖。由湛江农垦集团公司主持完成的"剑麻纤维有机热载体烘干机技术研究"和"剑麻珠芽组织培养技术研究"等两项成果获2006年度湛江市科技进步二等奖。

（五）第五届

1. 委员会组成

顾问：郑文荣、余让水、巫开华、张伟雄、李建兴、陶玉兰

副主任委员：杨伟林、易克贤、许灿光、陈永光、王兴全、陈晓涛、陈叶海、黄富宇、韦春、郁崇文、刘义涛、野建军

秘书长：文尚华

常务副秘书长：黄兑武

副秘书长：陈伟南、容允盛、周文钊、赵慧卿

2. 重点工作事记

（1）2011年12月8—9日，召开第五届代表大会暨学术研讨会

2011年12月8—9日，由中国热带作物学会剑麻专业委员会主办，农业部南亚热带作物中心、广西农垦局和广东省湛江农垦局共同承办的"中国热带作物学会剑麻专业委员会第五届代表大会暨学术研讨会"在广西南宁成功召开。有来自北京、江苏、广东、广西、海南、福建、湖南和云南等省份的90名代表参加了会议，这次会议完成了剑麻专业委员会的换届选举工作，组建了剑麻专业委员会新一届领导班子及聘请了学术顾问。会议共收到论文22篇，邀请熊和平、易克贤、郑文荣和钟思强等专家型领导分别就剑麻产业科技创新、国外动态、产品市场分析和国内发展对策等方面作专题报告，并就"十二五"剑麻产业发展规划及剑麻专业委员会建设等进行了深入研讨交流，会议还评选表彰了优秀论文。

（2）2012年8月20日，由剑麻专业委员会与湛江农垦局联合组织在东方红农场召开了剑麻抗病育苗与低产田改造示范观摩现场会

湛江农垦局领导欧阳艳、何时盛、陈永光，农垦局机关有关处室负责人、垦区各单位主要领导和分管生产副职领导共60余人参加了会议。与会人员观摩了东方红农场农科所抗病育苗基地和19队剑麻低产田改造现场，重点了解抗病育苗、低产田改造采取措施、效果等情况。会议肯定了该农场抗病育苗及剑麻低产田改造的成效，并决定在全垦区扩大示范推广。

（3）2012年8月31日，由剑麻专业委员会及挂靠单位湛江农垦局主持召开了剑麻产业工作会议

参会人员主要包括垦区剑麻种植、加工、经营、科研等单位的主要领导、专业技术人员及有关专家等，共40余人。会议就剑麻产销当前形势、发展中存在的问题进行了重点分析，并就如何落实"十二五"规划实施方案与配套措施等进行了充分研讨。这次会议对指导克服剑麻产销困难，坚定剑麻产业发展信心，找准提高剑麻产业竞争力和综合效益突破口具有一定指导意义。

（4）2013年3月15日在广东湛江滨海宾馆召开剑麻高产高效种植与多用途利用研讨会

会议主要内容包括：交流剑麻高产高效种植与多用途利用研究情况；探讨剑麻高效种植与多用途利用研究存在的问题及推进技术研发的措施；剑麻多用途利用现场观摩交流。参会人员主要有国家麻类产业技术体系剑麻科研团队成员及部分剑麻生产单位分管生产科技工作的领导和技术骨干，共50人参加了会议。本次会议对推动剑麻高效经营和多用途利用研究具有重要指导意义。

（5）2013年5月18—19日，受剑麻专业委员会副主任委员易克贤研究员邀请，夏威夷大学菠萝凋萎病专家胡晋生教授亲临湛江农垦东方红农场和湛江农垦科研所，对剑麻和菠萝上发生的粉蚧与紫色卷叶病（凋萎病）进行了实地考察

通过考察、座谈、研讨达成共识，成立了剑麻粉蚧与紫色卷叶病的国际合作攻关课题组并制定了具体研究方案。经过近5个月的合作研究，现已从剑麻紫色卷叶病病株上分离到引起发病

的3个病原病毒毒株，为破解剑麻粉蚧及紫色卷叶病难题提供了依据。

（6）2013年8月9日，组织召开湛江垦区剑麻产业技术研讨暨现场观摩会

参会人员有湛江农垦局何时盛、陈永光副局长及各有关处室领导，垦区各剑麻生产单位的主要领导、分管副职和生产、计划科长等，共50余人。会议总结交流剑麻生产技术，重点研讨垦区剑麻中长期发展规划的落实问题，解决种植土地、种苗培育、种植计划、管理机制、技术措施、加强抚管、加工技改和资金投入等问题，发布实施《湛江农垦剑麻袋装组培苗培育技术规范》，旨在大力推进剑麻产业的可持续健康发展。与会人员参观了五一农场、东方红农场剑麻组培苗、海南种苗繁育和大田种植示范现场。本次会议对推动湛江垦区未来5年新种6.65万亩剑麻计划的落实，提高剑麻深加工和综合利用水平起到良好促进作用。

（7）2013年10月22日，在湛江海滨宾馆召开了剑麻专业委员会2013年常务委员会议

会议研究确定了剑麻专业委员会2013年委员年会暨学术研讨会的具体方案和今后工作重点：提出以推进剑麻精深加工和现代化经营为主题，邀请东华大学、武汉纺织大学、中国科学院上海有机化学研究所、南通大达麻纺织有限公司、江苏华峰自然纤维制品有限公司和广东琅日特种纤维制品有限公司等单位入会，充实壮大专业委员会队伍。

（8）2013年12月3—6日，中国热带作物学会剑麻专业委员会2013年委员年会暨学术研讨会在上海市东华大学成功召开

该活动由剑麻专业委员会主办，东华大学协办，来自北京、上海、江苏、浙江、广东、广西和海南等省份共75名委员和代表参加了会议。这次会议根据剑麻专业委员会业务区域扩大和发展需要，顺利完成了剑麻专业委员会委员及组织机构人员的增配选举计划（共增配委员28人、常务委员15人），充实了班子和办事机构建设。会议共收到论文12篇和专题报告7篇，邀请东华大学纺织工程学院教授郁崇文、郭建生和杨建平，桂林理工大学材料与化学工程学院韦春院长和覃爱苗教授，中国热带农业科学院环境与植物保护研究所易克贤所长和农业部南亚热带作物中心郑文荣副主任等专家分别就剑麻纤维制品深加工与综合利用科技创新、现代纺织技术在剑麻纤维织造生产上应用前景、剑麻纤维与制品技术对接、产品市场协调分析和产业发展对策等方面作了专题报告，并就剑麻产业发展规划及剑麻专业委员会建设等进行了深入研讨交流，评选表彰奖励了9篇优秀论文。参观考察了东华大学材料科学和纺织工程科教基地，以及江浙地区剑麻纤维制品与机械制造企业等。

（9）举办剑麻新菠萝灰粉蚧防控技术专题培训班

2014年7月10—11日，广西农垦局、剑麻专业委员会联合剑麻产业技术体系专家组在广西防城港共同举办剑麻新菠萝灰粉蚧防控技术专题培训班。培训班是针对广西农垦东风农场于2014年6月19日在广西首次发现新菠萝灰粉蚧危害剑麻，为使广西垦区各剑麻种植农场技术人员充分了解新菠萝灰粉蚧的相关知识，更好地开展新菠萝灰粉蚧的监测和防控工作而举办的。培训班邀请中国热带农业科学院环境与植物保护研究所所长、剑麻病虫害疫情监测与防控项目牵头专家易克贤研究员，昆虫专家陈泽坦研究员分别讲授了剑麻紫色卷叶病的研究进展和新菠萝灰粉蚧的形态、生物学特性、危害习性及防控技术等知识，广西农垦剑麻病虫害疫情监测与防控项目技术负责人谢红辉博士讲授了剑麻病虫害绿色防控技术。广西农垦局科技产业处黄兑武副处长、广西壮族自治区亚热带作物研究所王春田副所长、国家麻类产业技术体系南宁剑麻试验站成员、广西农垦剑麻病虫害疫情监测与防控项目组成员、广西垦区各剑麻种植农场的领导及生产技术人员等43人参加了培训，共印发资料344册。

（10）举办剑麻产业发展培训会

2014年11月17—18日，由中国热带作物学会剑麻专业委员会联合国家麻类产业技术体系湛江剑麻试验站、育种岗位和栽培岗位团队在广东徐闻共同承办了国家麻类产业技术体系2014年度剑麻农技推广骨干人员培训会，培训会以"加快转变发展方式，科学、高效发展剑麻产业"为主题，来自广东和海南剑麻产业骨干人员共200余人参加了培训。

（11）剑麻专业委员会领导率队考察国内剑麻精深加工行业

2015年1月9—15日，为加快剑麻产业的资源整合与发展，湛江农垦局机关业务处室及剑麻集团负责人先后考察了佛山、江苏、浙江等地的剑麻产业下游企业。分别到国内剑麻行业领先的佛山琅日特种纤维制品有限公司、江苏省淮安市康拜特地毯有限公司、江苏大达麻纺织有限公司、浙江凯恩特种材料股份有限公司、上海新华联制药有限公司进行了考察交流。

（12）粤桂两地剑麻集团就"三联"召开座谈会，助推剑麻产业合作发展

2015年10月20—21日，由广东省东方剑麻集团有限公司董事长、剑麻专业委员会副主任委员王兴全总经理带队，一行6人到广西剑麻集团考察，就整合粤桂两地剑麻全产业链合作事宜进行深入交流、探讨。在实地考察广西剑麻集团山圩工业园核心加工基地后，双方就如何形成"联合、联营、联盟"方式，找准合作切入点召开了座谈会。

（13）组织对滇桂黔石漠化山区种植剑麻调研及开展相关科技服务工作

2016年1月27—31日由剑麻专业委员会副主任委员易克贤研究员带队，陈涛、习金根、郑金龙、吴伟怀和陈河龙等专家组成考察团，前往滇桂黔石漠化山区的代表性地区云南文山的广南、麻栗坡、砚山，以及广西平果进行了调研，并形成调研报告。调研报告充分肯定了由广西农垦剑麻集团与云南广南合作共建山区剑麻生产基地的成功经验。由中国热带农业科学院南亚作物研究所和云南省农业科学院热区生态农业研究所等单位合作开展应用剑麻种植改良修复石漠化山区生态和固土保水已取得明显成效，为有关部门提供了决策参考。

（14）2016年6月23—24日，由剑麻专业委员会副主任委员易克贤研究员带队，专家一行4人再次到广西浦北县广西农垦东方农场开展了剑麻新菠萝灰粉蚧疫情调查和防控指导

对2015年底剑麻新菠萝灰粉蚧为害严重的5个分队进行普查，发现严格按照专家组去年的建议进行防控的田块，防控效果很好，防效达95%以上。专家组还对今后继续做好相关防控工作提出了新的建议。上述工作得到了广西农垦领导和东方农场领导的高度评价。

（15）组织专家对湛江农垦发生的剑麻蔗根锯天牛疫情进行调研和防控指导

2016年7月下旬，受湛江农垦局和剑麻专业委员会邀请，由中国热带农业科学院易克贤研究员带队，符悦冠、陈青、刘以道等8名专家，先后两次前往湛江农垦东方红农场进行剑麻蔗根锯天牛疫情调查及防控指导工作。专家们根据剑麻蔗根锯天牛发生为害特性，结合剑麻生产实际流程，提出了相应的应急防控措施。

（16）组织开展剑麻产业技术培训工作

以剑麻产业技术团队和剑麻专业委员会骨干成员单位为依托，2017年先后在广东的东方红农场、五一农场、幸福农场、黎明农场，以及广西的东方农场、平果，云南广南等剑麻种植区举

办了7期剑麻产业技术培训班。邀请了剑麻种植、植保、加工等国内外10名专家为培训班授课，共有560余名种植大户代表、剑麻生产技术管理人员参加了培训。

（17）召开剑麻产业研讨会

剑麻专业委员会挂靠单位湛江农垦局和广东省农垦总局分别于2017年2月14日和7月18日在湛江召开了剑麻产业研讨会和剑麻产业调研座谈会。会议由陈少平、吕林汉、蔡亦农等主持，全垦区剑麻生产单位和有关部门主要领导及专家80余人参加了会议。会议总结了垦区剑麻产业近期工作情况、分析了存在问题，对今后发展定位和对策进行了较充分的研讨，会议肯定剑麻是广东农垦产业链最完整、最具基础、最有特色和优势的产业之一，必须加强发展并进一步加大"走出去"的力度。

3. 主要工作及贡献

（1）组织建设

发挥剑麻专业委员会平台作用，拓展了华东地区的合作业务，使行业协作链条更趋完整，新发展从事剑麻科研、教学、生产和贸易的一批骨干企业家和专家，使其加入剑麻专业委员会，剑麻专业委员会综合实力和行业协调力得到了进一步加强。

（2）技术服务

剑麻专业委员会联合国家麻类产业技术体系剑麻科研团队，每年均共同组织开展5～6场次的剑麻产业技术培训班。先后培训了广东、广西和海南三省份的剑麻科研人员和企业生产科技骨干约3 000人次；以及开展剑麻生产培训和技能鉴定，年均培训考核合格人数达200多人；积极开展产业调研和技术指导新老麻区，以及协调工农形成利益共同体，有效促进了全行业稳定健康发展。剑麻专业委员会与国家麻类产业技术体系剑麻团队创建了剑麻科技信息网平台，服务剑麻行业。

（3）学术交流和科普

分别于2012年（宁夏银川）、2013年（四川成都）、2015年（海南海口）、2016年（广西南宁）和2017年（贵州贵阳），组团参加学会年会活动，共有50余位剑麻行业代表参加了活动，累计提交剑麻论文21篇，其中有3篇论文获评中国热带作物学会优秀论文奖。

（4）服务政府工作

配合广西壮族自治区亚热带作物研究所实施编制农业部发展南亚热带作物办公室下达《"十三五"剑麻优势区域布局规划》的编制任务。2015年，配合农业部热带作物及制品标准化技术委员会（简称"热标委"），筹备完成农业部热标委的换届工作及编制完成了《"十三五"热带作物标准化体系规划》。每年均配合农业部热标委开展年度热带纤维类作物及制品行业标准编制和评审工作，已完成《剑麻纤维加工技术规程》《龙舌兰麻纤维及制品术语》《标准化剑麻园建设规范》《剑麻叶片》《椰子壳纤维》《剑麻制品 包装、标识、贮存和运输》《菠萝叶纤维精干麻》和《菠萝叶纤维麻条》等一批农业行业标准的编制任务。

（5）对外交流合作

剑麻专业委员会团队已和坦桑尼亚、墨西哥、巴西、肯尼亚、印度尼西亚、缅甸、柬埔寨、澳大利亚、菲律宾、泰国、越南、日本、美国和欧洲国家等国家的硬质纤维植物产业同行建立互访交流或技术合作等关系，并在坦桑尼亚、印度尼西亚、缅甸和柬埔寨等国家建有中国剑麻合作种植基地，剑麻纤维制品和皂素制药实现批量出口欧美等地市场。

4. 主要获奖荣誉

剑麻专业委员会副秘书长周文钊和委员陈涛分别被评为2014—2015年度和2015—2016年度中国热带作物学会先进工作者。副主任委员刘义涛荣获2015年度江苏省"苏北创业领军人才"称号。剑麻专业委员会主任委员单位湛江农垦集团剑麻团队参与完成的"特色热带作物种质资源收集评价与创新利用"（含剑麻），2012年获国家科学技术进步二等奖；主持完成的成果"剑麻种质资源保护评价和利用"和"快速测定剑麻叶片纤维含量技术研究及应用"分别获2013年和2015年湛江市科学技术进步二等奖和三等奖；主持完成的"一种提高剑麻组培种苗质量的快繁方法"和参与完成的"一种利用复合发酵液提取剑麻皂素的方法"分别在2012年和2017年获国家发明专利授权登记。副主任委员单位桂林理工大学韦春团队完成的"利用剑麻纤维和纳米材料制备高性能的摩擦复合材料的应用基础研究"，获2012年广西自然科学二等奖（2012-Z-2-004-01）；完成的"一种纳米纤维素的低能耗制备方法"和"一种制备高浓度纳米纤维素胶体的方法"，2017年获发明专利登记。副主任委员单位广西农垦集团剑麻团队，主持完成"桂麻1号"选育，2013年获广西农作物品种登记证书；完成的"剑麻新品种选育和产业化技术集成示范应用"成果，2014年和2016年分别获广西农垦科学技术进步一等奖和广西科学技术进步三等奖；负责编写的专著《主要热带作物优势区域布局（2016—2020年）》（剑麻部分），由中国农业出版社出版。副主任委员单位中国热带农业科学院剑麻科技团队完成的剑麻新品种"热麻1号"，2015年获广东省作物品种登记证书；完成的"一

种提高剑麻斑马纹病抗性的方法"，2017年获发明专利登记；编著热带农业"走出去"实用技术丛书《剑麻栽培实用技术》和《中国现代农业产业可持续发展战略研究（麻类分册）》（剑麻部分）等，由中国农业出版社出版发行。委员陈伟南、黄标和会员揭进分别撰写的《我国剑麻叶片收购的现状与建议》《剑麻抗性种苗的引进试种及抗性效应初报》和《袋式培养在剑麻组培苗生产中的应用》3篇论文获评中国热带作物学会优秀论文。

（六）第六届

1. 委员会组成

主任委员：黄香武

副主任委员：杨伟林、易克贤、许灿光

顾问：郁崇文、韦春、郭建生

秘书长：文尚华

常务副秘书长：黄兑武

副秘书长：周文钊、陈士伟

2. 重点工作事记

（1）中国热带作物学会剑麻专业委员会第六次会员代表大会暨2018年学术会议顺利召开

中国热带作物学会剑麻专业委员会第六次会员代表大会暨2018年学术会议于2018年6月20—22日，在广东湛江召开。会议由剑麻专业委员会和湛江农垦集团公司（农垦局）共同主办，广东省东方剑麻集团有限公司协办。农业农村部农垦局、中国热带作物学会、广东省农垦总局、广西壮族自治区农垦局、农业农村部南亚热带作物中心、中国热带农业科学院、中国科学院上海有机化学研究所、中国农业科学院麻类研究所、桂林理工大学、东华大学、海南大学、岭南师范学院、广东农工商职业技术学院，以及我国广东、广西、上海、江苏、浙江、云南等地，坦桑尼亚剑麻种植加工产区领导、专家和会员代表共98人欢聚一堂，共谋剑麻产业发展大计。会议由农业农村部南亚热带作物中心经济贸易处处长、剑麻专业委员会副主任、高级农艺师许灿光主持，中国热带作物学会副理事长、广东省农垦集团公司（农垦总局）副总经理（副局长）吕林汉，中国热带作物学会副秘书长杨礼富，湛江农垦集团公司（农垦局）党组书记、副总经理（副局长）郝爱剑到会致辞，并对剑麻产业和剑麻专业委员会的发展提出了殷切期望。大会听取了中国热带作物学会常务理事、湛江农垦集团公司（农垦局）常务副总经理（副局长）黄香武所作的剑麻专业委员会第五届委员会工作报告，剑麻专业委员会秘书长文尚华介绍《中国热带作物学会分支机构管理办法》，汇报了换届筹备工作情况。大会审议表决专业委员会工作报告，选举产生剑麻专业委员会第六届委员，并召开剑麻专业委员会六届全委第一次会议，选举产生正副主任委员，确定聘任正副秘书长及顾问人选，选举产生专业委员会党小组委员。大会围绕剑麻产业发展的重点、难点和热点问题，组织举办了学术交流研讨会。国家麻类产业技术体系首席科学家、中国农业科学院麻类研究所原所长熊和平研究员，中国热带农业科学院环境与植物保护研究所范志伟研究员、吴伟怀副研究员，桂林理工大学博士生导师陆绍荣教授、郝再彬教授，农业农村部南

亚热带作物中心经济贸易处处长许灿光高级农艺师等分别作了主题学术交流报告。与会人员还围绕如何做强做优做大剑麻产业进行分组讨论。会议对提交大会交流论文进行了评比表彰，其中《具备三重形状记忆性能的剑麻基聚氨酯的制备和研究》《剑麻茎腐病菌基因组SSR标记开发》和《改性剑麻纤维炭在锂离子电池负极材料的应用研究》等6篇论文获优秀论文奖。会后，与会代表还到东方红农场国家麻类产业技术体系湛江剑麻综合试验站基地和湛江农垦科研所农业部剑麻种质资源圃等地观摩交流。这次会议，对加强剑麻专业委员会的组织建设，指导剑麻产业可持续高效发展，促进行业交流协作发挥了重要作用。

（2）组织开展剑麻产业技术培训工作

以剑麻产业技术团队和剑麻专业委员会骨干成员单位为依托，2018年分别在广东的东方红农场和广西的东方农场、平果市，以及云南的广南县等剑麻种植区举办了4期剑麻产业技术培训班。邀请了剑麻种植、植保、经营等国内外10多名专家为培训班授课，共有260余名种植大户代表、剑麻生产技术管理人员参加了培训。

（3）抓党建，发挥剑麻专业委员会专家党员团队作用，服务剑麻产业顶层设计

2019年5月7—9日，应广东省农垦总局和湛江农垦局邀请，剑麻专业委员会联合国家麻类产业技术体系，组建剑麻专家团队（由国家麻类产业技术体系首席科学家、中国农业科学院麻类研究所原所长熊和平研究员担任组长，剑麻专业委员会副主任委员中国热带农业科学院环境与植物保护研究所易克贤研究员、委员东华大学教授杨建平、江苏华峰天然纤维制品公司董事长刘义涛及湖南大学原常务副校长陈收教授等担任专家），赴湛江农垦进行剑麻产业调研，并召开剑麻专题论证会，就广东农垦提出的《万吨剑麻制品精品加工项目可行性研究报告》和《湛江农垦剑麻产业发展规划（2019—2023年）》提供咨询支持服务。

（4）举办2019年全国科技活动周暨第三届热带农业科技活动周热带作物科技下乡一条街活动

2019年5月23日，由剑麻专业委员会联合中国热带作物学会植物保护专业委员会和湛江热带农业学会主办，湛江农垦东方红农场和广东省农工商职业技术学校承办，国家麻类产业技术体系剑麻科技团队、湛江农垦科研所、东方剑麻集团和农业部剑麻质检中心等单位协办，在广东省雷州市英利镇和湛江农垦东方红农场举办了热带作物科技下乡一条街活动。本次活动，由剑麻专业委员会委员湛江农垦局生产科技处骆争明处长带队，剑麻和植保专业委员会专家中国热带农业科学院南亚热带作物研究所周文钊、李俊峰，环境与植物保护研究所范志伟、吴伟怀、习金根、郑金龙、陈河龙，以及湛江垦区有关单位热作专家黄标、文尚华、陈伟南、陈士伟、余龙、揭进和赵家流等20余位科技工作者现场提供技术服务。

（5）在2019年全国科技活动周暨第三届热带农业科技活动周期间举办了三期"双减"技术培训班

2019年5月20—31日，由湛江农垦集团公司、剑麻专业委员会和湛江热带农业学会主办，广东省农工商职业技术学校承办的湛江垦区热作科技基层农技指导员培训班在湛江农垦局党校举办，培训班分两期进行，每期5天，培训学员93人，共培训186人。

（6）中国剑麻产业高峰论坛暨中国热带作物学会剑麻专业委员会2019年学术年会顺利召开

中国剑麻产业高峰论坛暨中国热带作物学会剑麻专业委员会2019年学术年会于2019年9月16—17日在南宁召开。会议由剑麻专业委员会联合广西壮族自治区农业科学院和广西热带作物学会主办，广西壮族自治区亚热带作物研究所承办；同时，还召开了剑麻专业委员会2019年委员和支部党员扩大会议。中国热带作物学会刘国道副理事长兼秘书长和杨礼富副秘书长亲临指导，广西壮族自治区农业科学院党组副书记、副院长林树恒，广西农垦局副局长，剑麻专业委员会副主任杨伟林，国家麻类产业技术体系首席科学家熊和平，剑麻专业委员会主任黄香武（广东省湛江农垦集团公司总经理、农垦局副书记、副局长），副主任许灿光（农业农村部农垦经济发展中心经贸处处长），广东农垦热带农业研究院院长陈叶海，高级顾问郁崇文（东华大学教授）等领导专家出席。国家麻类产业技术体系首席科学家熊和平研究员应邀出席作主旨报告，郁崇文、陆绍荣、范志伟、周文钊、黄标和黄道勇等专家作学术报告。

（7）2020年积极开展学术研讨，促进剑麻科技交流合作

充分发挥挂靠单位的优势和剑麻专业委员会的桥梁和纽带作用，加强热区与国内外科研院所、学术组织的科技交流与协作。剑麻专业委员会和挂靠单位先后单独或联合东华大学、中国农业科学院麻类研究所、广东农垦研究院等单位，分别组织举办了湛江农垦剑麻产业发展研讨会

（4月9日，湛江农垦东方红农场）、湛江垦区剑麻产业科技创新发展研讨会（7月21日，东方剑麻集团）、苎麻产业工作促进咨询与对口协商会（7月20—24日，四川大竹）和剑麻产业与技术发展路线图研讨会（11月30日，湛江农垦局）。

（8）积极组织开展剑麻产业技术培训

以国家麻类产业技术体系剑麻技术团队和剑麻专业委员会骨干成员单位为依托，分别在广东湛江的中南酒店、湛江农垦局、东方红农场、农工商学校，和广西的平果、博白、浦北地区，以及云南的广南县等剑麻种植区举办了10期专业技术培训班。邀请了剑麻行业10多名专家为培训班授课，共有580余名基层技术骨干和种植大户代表参加了培训。

（9）举行2020年剑麻专业委员会暨剑麻与园艺产业发展论坛

2020年11月27—31日，剑麻专业委员会组织广东、广西、上海、江苏和海南等会员代表共40人参加了在佛山举行的中国热带作物学会2020年学术年会暨中国国际热带博览会活动。10月28日下午，组织骨干会员22名，前往位于佛山市顺德区的广东琅日特种纤维制品有限公司（剑麻纤维制品加工重要基地）进行调研交流。10月30日，与园艺专业委员会联合承办了剑麻与园艺产业发展专题论坛，共有46位专家和代表参加了专题论坛。会议由剑麻专业委员会副主任许灿光和园艺专业委员会秘书长宋喜梅共同主持。论坛共收到报告23个，会上交流15个，其中包括8个剑麻专业报告。论坛围绕剑麻和园艺产业发展的重点、难点和热点问题，开展了学术交流研讨。

（10）2020年进一步加强产学研合作，破解产业技术重点和难点

剑麻专业委员会发挥凝聚人才作用，牵线搭桥促进会员单位科研院所的合作，不断破解剑麻产业技术重点和难点。如：东方剑麻集团与南京林业大学合作研制出剑麻叶片采收机的样机，与东华大学合作研发出了利用剑麻乱纤维生产非织造沙发床垫新材料产品及完成了剑麻非织造产品生产车间工程（包配套设备）的设计工作，与中国热带农业科学院南亚热带植物研究所和环境与植物保护研究所分别合作开展剑麻新品种选育与紫色卷叶病研究，取得良好进展。又如：中国热带农业科学院南亚热带植物研究所、环境与植物保护研究所，云南省生态农业研究所和广西壮族自治区亚热带作物研究所联合开展剑麻种植修复石漠化地区生态项目研究，已在广西平果市旧城镇康马村和云南广南县、元谋县等地成功建立了示范区或试验点，在平果基地协助引进自动化刮麻全套设备，日加工麻片50吨，提高了当地剑麻纤维加工能力和纤维质量，水洗晒干直纤维

售价提高1倍多，达到9 800元/吨（当地小机加工纤维售价仅4 000元/吨）。此外，在剑麻专业委员会主任黄香武的带领下，秘书处与有关部门通力合作，组织实施广东省"广东农垦湛江垦区剑麻产业园""湛江农垦现代农业产业园（剑麻和生猪）""中国特色农产品优势区－广东农垦湛江剑麻特色农产品优势区"等项目，其中广东省剑麻产业园建设项目已通过验收。这些项目的实施，对促进热区剑麻产业的提质增效发挥了重要作用。

（11）组织召开剑麻专业委员会工作会议

3月5日，在农业农村部剑麻及制品质量监督检验测试中心召开了剑麻专业委员会工作会议，文尚华秘书长，周文钊和陈士伟副秘书长，张曼其、陈伟南和黄标委员及秘书处工作人员等，共15人参加了会议。会议传达了中国热带作物学会的年度工作要求，对承担的中国科学技术协会"剑麻产业与技术发展路线图研究"项目工作方案进行了审议修改，并就有关工作进行了分工，对学会安排的《中国热带作物学会发展史（1963—2022)》剑麻部分的编写任务进行了研讨，确定由文尚华、周文钊、陈涛和陈河龙等同志负责起草并各有分工，要求12月前完成征求意见稿。此外，还研究了剑麻体系工作、剑麻产业"十四五"发展规划和剑麻专业委员会年度活动安排等事宜。

（12）举办剑麻科技活动日

2021年7月16日，剑麻专业委员会、广东省热带作物学会联合组织在湛江农垦集团举办了剑麻科技活动日活动。

召开了"剑麻产业与技术发展路线图"项目专题研讨会，邀请了有关专家对项目组完成的初稿进行审议并提出修改补充意见，与会人员聚焦剑麻产业发展热点和难点问题展开了研讨。

（13）组织召开剑麻产业科技创新研讨会

2021年10月20—22日，在广西壮族自治区亚热带作物研究所召开了剑麻产业科技创新研讨会。参会代表30余人，对查找剑麻产业发展存在问题、研究解决对策，以及加强两省剑麻产业合作具有良好促进作用。

（14）召开2021年剑麻专业委员会及剑麻行业工作会议

2021年11月29日至12月1日，在广东湛江农垦局召开2021年剑麻专业委员会暨剑麻行业工作会议。经过大家的共同努力，克服了新冠防控难题，线上线下结合，剑麻专业委员会年会得以顺利召开。剑麻专业委员会主任黄香武，剑麻专业委员会副主任易克贤，剑麻专业委员会挂靠单位广东湛江农垦局党组成员、副局长陈悦，广西农垦剑麻集团有限公司总经理张小玲，中国农业发展集团中非农业投资有限责任公司剑麻事业部和坦桑尼亚公司总经理李庆林，剑麻专业委员会委员或委员单位代表，以及全国剑麻行业领域知名专家学者、科研、教学和生产单位代表出席或以视频在线方式参加会议（现场代表41人，线上代表约20人，参会总人数达60余人）。会议深入学习贯彻党的十九届六中全会精神及中国热带作物学会十届三次理事会暨十届六次常务理事会议精神，参会人员听取了剑麻专业委员会2021年主要工作及2022年重点工作报告，审议了《中国剑麻专业委员会发展史》《中国剑麻产业发展史》及《剑麻产业与技术发展路线图研究》编写工作，对国家麻类产业技术体系剑麻体系及剑麻产业"十四五"重点工作规划提出建议，研讨剑麻产业发展热点、难点问题及科技合作相关事宜，实地考察了湛江农垦剑麻种植和加工基地。

中国热带作物学会剑麻专业委员会2021年委员年会暨剑麻行业工作会议代表留影（2021年11月30日 湛江）

（15）组织开展全国性剑麻原料供给保障情况调研活动

2022年6—7月，由剑麻专业委员会和国家麻类产业技术体系牵头，各剑麻岗位专家和试验站团队负责，分工奔赴全国剑麻产区深入生产第一线开展产业调研和技术指导服务，并形成报告上交农业农村部和有关单位，为国家制定剑麻原料供给保障政策提供了依据。

（16）举办2022年科普系列活动

2022年9月4—9日，湛江农垦集团有限公司举办2022年全国科普日系列活动，垦区128名基层农技指导员、集团公司领导陈悦和生产科技处全体人员参加。系列科普活动由中国热带作物学会剑麻专业委员会、湛江农垦集团有限公司生产科技处和湛江热带农业学会联合主办，广东农工商职业技术学校承办。剑麻专业委员会委员、湛江农垦集团有限公司（湛江农垦局）生产科技处处长骆争明出席活动启动仪式并作动员讲话。

3. 主要工作及贡献

（1）技术服务

以国家麻类产业技术体系剑麻技术团队和剑麻专业委员会骨干成员单位为依托，重点在广东、广西和云南麻区开展剑麻产业技术培训及产业调研与技术咨询服务，年均培训和指导技术管

理骨干400人次。

（2）学术交流和科普

每年举办一场全行业学术大活动、开展一个科普活动周和不少于一次的主产区调研服务活动，大力实施剑麻学术交流和科普，参加学术和科普活动的年均总人数达300人次以上。继续办好"剑麻科技信息网"平台，不断提高剑麻专业委员会的影响力。

（3）服务政府工作

受托开展产业调研并向政府和有关单位献策，向农业农村部和各省区主管部门提交了《湛江农垦剑麻产业发展规划（2019—2023年）》《湛江农垦万吨剑麻制品精品加工项目可行性研究报告》和《广东省湛江农垦国家级现代农业产业园规划及创建方案（剑麻和生猪）（2019—2020年）》《剑麻种业"十四五"发展研究报告》《剑麻产业与技术发展路线图》《关于将剑麻列入地方经济林品种目录的建议》《桂滇山区剑麻产业调研报告》和《粤东剑麻产业情况报告》等，为促进重点项目立项实施和区域剑麻产业发展决策提供了支持。

（4）对外交流合作

剑麻专业委员会派员赴印度尼西亚、缅甸和柬埔寨等国家考察剑麻项目并提交了调研报告，为建立发展剑麻海外基地提供了参考。

4. 主要获奖荣誉

黄香武、文尚华被评为中国热带作物学会2018—2019年度先进工作者。剑麻专业委员会参与完成的"剑麻高产养分管理基础及配套栽培技术研究"项目成果，2020年获中国热带农业科学院科学技术奖科技创新二等奖；"高品质剑麻纤维高效提取加工标准化技术集成创新与应用"项目成果，2021年获中国热带农业科学院科学技术奖科技创新一等奖和2022年海南省科学技术进步二等奖；"剑麻商品化加工提质增效关键技术创新与应用"项目成果，2021年获广西壮族自治区农业科学院科学技术进步三等奖和广西壮族自治区科学技术发明二等奖。参与编制完成并发布实施《剑麻品种试验技术规程》（NY 2668.14—2019）、《剑麻织物　单位面积质量的测定》（NY/T 251—2019）、《剑麻纱线　线密度的测定》（NY/T 246—2020）、《剑麻织物　物理性能试样的选取和裁剪》（NY/T 249—2020）和《热带作物品种审定规范　第14部分：剑麻》（NY/T 2667.14—2020）等一批农业行业标准，以及湛江市地方标准《地理标志产品湛江剑麻纤维》（DB4408/T 8—2021）。

第十二章
农产品加工专业委员会

一、成立背景

根据我国热带作物加工生产的迫切要求，中国热带作物学会第三次代表大会决定同意成立农产品加工专业委员会，并于1987年6月在广东召开热带作物加工专业委员会成立大会。

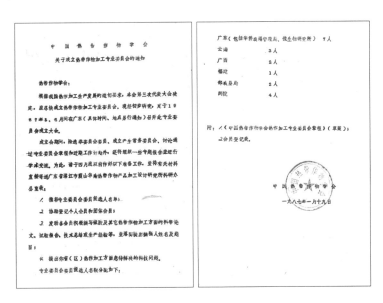

二、农产品加工专业委员会事记

（一）第一届

1. 委员会组成

主任委员：刘祖镗

副主任委员：骆建民、鞠绰

秘书长：陈成海

2. 重点工作事记

（1）1987年6月召开热带作物加工专业委员会成立大会

1987年6月6—9日，中国热带作物学会在广东省高州县国营团结农场召开热带作物加工专业委员会成立大会。会议通过委员会委员和正、副主任委员名单；讨论通过热带作物加工专业委员会章程和近期工作计划；交流热作加工专业与生产的信息；参观粤西农垦局国营农场的橡胶制品厂等。

（2）1987年6月召开学术研讨会

1987年6月6—9日，在热带作物加工专业委员会成立大会上，共有20余篇学术资料进行交流。包括国外天然橡胶的发展与对策、特种橡胶、浓缩胶乳、乳胶制品、国外咖啡油棕柑橘的加工动态、剑麻加工与综合利用、食品加工、废水处理以及产品标准化等内容。

（3）1988年12月召开了热带作物加工专业委员会年会暨热作加工技术市场交易会

（4）1989年7月20—21日，热带作物加工专业委员会派员参加中国热带作物学会在广东省湛江市湖光岩南亚热带作物研究所召开的秘书长会，并作工作情况汇报

（5）1989年12月5—6日，参加在海南省儋县华南热作"两院"召开的第三届第四次常务理事会扩大会议，热带作物加工专业委员会代表在会上作工作汇报，并交流工作经验和体会

（6）1990年3月27日，华南热带作物产品加工设计研究所刘祖镗所长应邀参加热带作物学会第一届理事会第二次会议，会议通过并选定各专业组负责人，加工组由叶隆俊同志任组长，韦玉山同志任副组长

（7）1990年8月召开天然橡胶加工废水处理研讨会

会议交流和讨论了我国天然橡胶加工废水处理研究及实施概况。根据天然橡胶加工废水处理研究及实施的现状，会议提出了相关建议。1991年，农业部环保能源司专门拨出经费，委托华南热带作物产品加工设计研究所举办天然橡胶加工废水处理技术培训班。

（8）1991年召开换届工作会议

热带作物加工专业委员会于1991年年会时完成了改选换届工作，成立了新的专业委员会领导机构。

（二）第二届

1. 委员会组成

主任委员：刘祖镗
秘书长：陈成海

2. 重点工作事记

（1）1991年召开学术讨论会

1991年热带作物加工专业委员会针对目前普遍反映的国产天然胶质下降这一中心议题，组织了对国产天然橡胶的加工工艺、质量以及应用的调查，并建议将有关意见上报农业部农垦司研究解决。同年热作处以农业部的名义与化工部联合组织召开一次由生产、经销、科研、教学和监督检验等方面有关人员参加的讨论会。

（2）1988年出版《热带作物加工》期刊

1988年热带作物加工专业委员会和华南热带作物产品加工设计研究所联合创办了《热带作物加工》专业性期刊，每年出版4期。刊物的出版，促进了学术交流、信息沟通、科学知识普及，在推动生产发展和加强学会与会员之间的联系方面都发挥了重要的作用。1994年，刊物被北京图书馆、上海图书馆、广东中山图书馆等20多家图书馆收藏。

（3）1993年召开学术研讨会

热带作物加工专业委员会于1993年12月15—17日在广东省汕头市召开了学术研讨会，并指导有关单位完成了《剑麻纤维制品四潮率的测定》《绿色食品、咖啡粉》《椰子》《椰油》等35项行业标准和国家标准的报批稿，为提高我国热作产品质量、加速热作产品标准化起到了积极的作用。热带作物加工专业委员会专业组还分别召开了胶包外观质量研讨会，割胶废水管理研讨会和制胶生产等学术讨论会。同时召开了委员会议，对热带作物加工专业委员会的工作进行了总结，并就今后如何搞活学会工作、如何有针对性地发挥学会专业委员会的优势和特点、如何为生产建设提供更好服务等方面的问题作了深入的探讨。

（4）1993年举办培训班

1993年，热带作物加工专业委员会重点推广了28箱干燥线、双列干燥线改造和自动点火控温装置，举办了橡胶浓缩胶乳技术培训班、标准胶质量检验员培训班、浓缩天然胶乳质量检验员培训班及离心机手培训班，协助农业部食品监测中心完成了对两广一琼10多家获得"绿色食品"标志使用权的企业进行了有关产品的抽样、检验及环境评价等方面的工作。

（5）1995年召开换届工作会议

热带作物加工专业委员会于1995年年会时完成了改选换届工作，成立了新的热带作物加工专业委员会领导机构。

（三）第三届

1. 委员会组成

主任委员： 韦玉山
秘书长： 陈成海

2. 重点工作事记

（1）1996年召开天然橡胶加工技术交流会

1996年11月22—24日，热带作物加工专业委员会召开天然橡胶加工技术交流会。会议交流和总结了天然橡胶加工生产的经验与教训，在理论和实用技术上分析和解决了天然橡胶加工生产上的一些技术难题。参加会议的专家有84名，收到论文50篇，评选出优秀论文27篇。

（2）1995年出版《热带农产品加工》期刊

1995年热带作物加工专业委员会和华南热带作物产品加工设计研究所合办的《热带作物加工》期刊更名为《热带农产品加工》，1999年为了提高刊物质量，《热带农产品加工》与《热带作物机械化》合成一个刊物，更名为《热带农业工程》，批准刊号CN44-1247，全国发行。

（3）1998年参加中国热带作物学会五届三次常务理事会议

1998年5月，热带作物加工专业委员会参加在广东省深圳市召开的中国热带作物学会五届三次常务理事会议，汇报热带作物加工专业委员会1997年工作情况及1998年工作安排，并参与讨论了召开中国热带作物学会第六次会员代表大会的有关问题。

（4）2002年召开会员代表大会暨换届大会

2002年，热带作物加工专业委员会组织召开会员代表大会，认真总结热带作物加工专业委员会的各项工作，选举产生新一届的热带作物加工专业委员会委员及领导机构。

（四）第四届

1. 委员会组成

主任委员： 陈鹰
秘书长： 陈成海

2.重点工作事记

（1）召开2004年中国热带作物学会热带作物加工专业委员会年会暨学术研讨会

2004年12月18—19日，中国热带作物学会热带作物加工专业委员会在海口召开2004年年会暨学术交流研讨会。与会代表76人，交流论文21篇。

（2）召开2005年中国热带作物学会热带作物加工专业委员会年会暨学术研讨会

（3）2007年开展技术培训会

2007年，中国热带作物学会热带作物加工专业委员会组织召开天然胶乳生物凝固技术推广会。派出多名专家赴云南培训技术人员，帮助他们掌握生物菌液培养及生物凝固胶乳的方法。

（4）2009年开展标准培训会

2009年6月22—24日，中国热带作物学会热带作物加工专业委员会与云南省农垦总局、云南天然橡胶产业股份有限公司、云南省热带作物学会，联合农业部热带作物及制品标准化技术委员会和全国橡胶与橡胶制品标准化技术委员会天然橡胶分技术委员会，在昆明举办了《天然生胶　技术分级橡胶（TSR）规格导则》（GB/T 8081）等系列标准宣贯培训班。来自云南农垦系统和地方从事天然橡胶生产、检验、仓储、销售的有关人员70人参加了培训。通过培训，参训人员基本掌握了GB/T 8081等系列标准修订前后的主要变化，为在生产实际中熟练应用GB/T 8081等系列标准奠定了基础。

（5）2009年召开热带作物加工专业委员会换届会议

中国热带作物学会热带作物加工专业委员会2009年进行了换届改选工作。

（五）第五届

1.委员会组成

名誉主任委员：郑文荣、彭艳、陈晨
主任委员：黄茂芳
副主任委员：谢兴怀、缪桂兰、苏智伟
秘书长：袁天祈

2.重点工作事记

（1）**2011年6月召开热带作物加工专业委员会年会暨学术交流会**

6月14—17日，中国热带作物学会热带作物加工专业委员会第五届一次全体会议在广州召开。来自各省份的热作加工专业组、云南橡胶集团公司、海南橡胶集团公司、广东农垦总局及各有关单位近60人参加了会议。

会议由热带作物加工专业委员会谢兴怀副主任主持。会上，热带作物加工专业委员会黄茂芳主任宣读了中国热带作物学会第五届热带作物加工专业委员会成立的文件；海南、云南、广东等热作加工专业组分别汇报了近年来各垦区的工作情况；全国橡胶标准化委员会天然橡胶分技术委员会的专家对天然橡胶标准的有关情况作了介绍。与会代表还对热带作物加工专业委员会

"十二五"的工作计划进行了讨论。会议期间，还组织了全体人员到广州珠江轮胎有限公司进行参观考察。

（2）2011年10月参加中国热带作物学会理事会暨学术年会

2011年10月10—11日，中国热带作物学会2011年理事会暨学术年会在四川攀枝花举行。共有180余名热带作物专家和学者参会。中国热带农业科学院农产品加工研究所派出黄茂芳等4位专家参会。黄茂芳研究员荣获中国热带作物学会2011年度先进个人称号；中国热带作物学会热带作物加工专业委员会荣获中国热带作物学会2011年度先进集体称号。杨春亮研究员应邀为大会作学术报告《热带作物产品质量安全》；陈鹰研究员作为分组讨论召集人，在大会上作小组讨论情况汇报。

（3）2012年召开中国热带作物学会热带作物加工专业委员会年会

（4）2013年召开中国热带作物学会热带作物加工专业委员会年会暨生产经验交流会

（5）2016年召开学术研讨会

2016年11月9—12日，中国热带作物学会2016年学术年会在广西南宁隆重举行。热带作物加工专业委员会承办第六分会场学术研讨会。来自华南农业大学、福建农林大学、海胶集团、广东农垦、海南农垦、云南农垦、广东省农业科学院、海南省农业科学院、福建省农业科学院、贵州省农业科学院等28家单位的70余位代表参加了此次会议。中国热带农业科学院农产品加工研究所李积华副所长作为第六分会场主席出席开幕式并致辞。广东农垦总局苏智伟副处长主持会议。

本次会议以"促进热带农产品加工产业发展"为主题。与会嘉宾分享了7个学术报告。其中福建农林大学郑宝东、卢旭的《莲子科学与工程研究进展》和华南农业大学方祥、廖振林的《茶多酚生物转化及其对肠道菌群和脂肪代谢的调控》获评分会场优秀学术报告。中国热带农业科学院农产品加工研究所组织的第六分会场荣获中国热带作物学会颁发的优秀分会场组织奖。

（6）2016年机构名称变更

2016年，经中国热带作物学会九届一次常务理事会审议通过，将"中国热带作物学会热带作物加工专业委员会"变更为"中国热带作物学会农产品加工专业委员会"。

（六）第六届

1. 委员会组成

主任委员：李积华

副主任委员：廖双泉、张名位、苏智、雷朝云

秘书长：曾宗强

2. 重点工作事记

（1）2017年5月参加全国科技活动周暨第一届热带农业科技活动周活动

2017年5月22日，由中国热带作物学会、中国农学会和海南省科学技术协会联合举办的全国

科技活动周暨第一届热带农业科技活动周在海南省白沙黎族自治县白沙电子商务产业园拉开帷幕。

中国热带作物学会农产品加工专业委员会派代表参加了此次科技周活动，分别赴白沙、五指山开展热带农产品加工技术、农残快速检测技术以及农产品质量安全等方面的科普知识宣讲活动。参观群众对农残快速检测技术产生了浓厚兴趣，纷纷前来咨询。科技人员积极耐心向群众释疑解答。此次活动共发放宣传资料78份，接待咨询50人次。

（2）2017年11月召开第六次会员代表大会暨换届会议

11月14日，中国热带作物学会农产品加工专业委员会第六次会员代表大会暨2017年学术交流会在贵阳隆重召开。来自全国热带农产品加工领域的科研、教学、生产和管理单位的约70位代表出席大会。农产品加工专业委员会秘书长曾宗强主持会议。

中国热带作物学会钟广炎副理事长致开幕词。广东农垦总局生产科技处处长、农产品加工专业委员会苏智伟副主任代表第五届专业委员会作工作报告。会议审议通过了大会民主选举办法及选举工作监票人和工作人员建议名单等事项，并以无记名投票选举产生了第六届委员会委员、主任、副主任和秘书长。并成立了中共中国热带作物学会农产品加工专业委员会党支部。

（3）承办中国热带作物学会2017年学术年会第五分会场学术交流会

11月14日，中国热带作物学会2017年学术年会在贵阳隆重召开。农产品加工专业委员会承办第五分会场"农产品加工储藏与质量安全"的学术交流会。

与会专家学者分享了《天然胶乳中橡胶粒子结构的分析与表征》《荔枝的主要健康效应及其分子机制研究》《槟榔文化、科技和产业发展》《特色热带植物精油提取与固定化关键技术》等13篇学术报告，并进行交流互动。其中，福建省农业科学院车建美的《短短芽孢杆菌对龙眼保鲜机理的研究》和中国热带农业科学院南亚热带作物研究所杜丽清的《澳洲坚果油营养品质评价及产品开发》被评为分会场优秀专题学术报告。

（4）2018年9月参加全国科普日活动

由中国热带作物学会联合中国农学会、云南省保山市科学技术协会共同举办的2018年全国科普日活动于9月15—21日在云南保山和腾冲举行。本次科普日活动的主题为"创新引领时代，智慧点亮生活"。农产品加工专业委员会派代表参加了此次活动。

在科普日活动启动会上，农产品加工专业委员会工作人员主要通过海报展示，对中国热带农业科学院农产品加工研究所自主研发的多项热带农产品加工技术"辣木系列产品精深加工技术""热带果蔬先进干燥技术""热带水果果酒加工技术""纳米农药技术及产品""农产品质量安全及营养成分检测技术"等进行宣传。

（5）承办中国热带作物学会2018年学术年会第五分会场学术交流会

10月23—25日，中国热带作物学会2018年学术年会在福建厦门隆重举行。农产品加工专业委员会承办第五分会场会议（论坛5：农产品储藏加工与质量安全），来自全国热带农产品加工领域的科研、教学、生产和管理单位的约70位代表出席大会。

本次学术交流会议以"做强做优热带高效农业　服务热区乡村振兴"为主题。与会代表分享了《食用菌营养饼干研发与前景》《天然橡胶材料营养、创新和发展趋势》《我国天然橡胶初加工技术发展现状与展望》《芒果干加工工程技术研究及示范》等21个学术报告。林茂等4人的学术报告获评分会场优秀学术报告；第五分会场荣获中国热带作物学会颁发的优秀分会场组织奖。

（6）2019年5月组织开展全国科技活动周暨第三届热带农业科技活动周活动

为积极响应中国热带作物学会有关工作部署，以"科技强国　科普惠民"为主题，农产品加工专业委员会于5月14—26日分别在广西百色及广东湛江组织开展了主题鲜明、内容丰富的科普活动。科技活动周期间，农产品加工专业委员会组织中国热带农业科学院农产品加工研究所相关科技人员入社区、入学校、入农村，通过媒体网络、科技知识培训讲座、现场科技咨询、项目对接等形式开展活动，让科技成果走进千家万户。

（7）2019年9月参加全国科普日活动

2019年9月11日，由中国农学会、中国热带作物学会、广西科学技术协会、广西农业农村厅共同主办，广西农学会、广西农学报、广西壮族自治区亚热带作物研究所、南宁市农业科学研究所承办的2019年全国科普日活动"礼赞共和国、智慧新生活——广西绿色农业行"启动仪式在南宁举行，农产品加工专业委员会积极参与此次活动。

农产品加工专业委员会通过海报展示，对中国热带农业科学院农产品加工研究所自主研发的多项热带农产品加工新技术"高温食用菌栽培技术""高效微生物菌复合肥料的制备技术研究""果粉连续化冷加工技术""农产品中功能成分的提取与速溶技术"以及"植物精油高效提取与品质控制技术"等进行了宣传。

（8）承办中国热带作物学会2019年学术年会第五分会场学术交流会

2019年全国热带作物学术年会于9月24—26日在陕西西安隆重举行。来自全国各地从事热带作物科学研究、教学、生产和管理的近800名专家、学者参加了会议，围绕"聚焦产业转型升级 决胜热区脱贫攻坚"主题开展学术交流。

开幕式上，由农产品加工专业委员会推荐的成果"特色食用菌加工产业化关键技术创新与应用"（福建省农业科学院农业工程技术研究所　陈君琛等）获得第二届中国热带作物学会科学技术进步一等奖。本次会议还授予农产品加工专业委员会秘书长曾宗强同志"青年科技奖"。

本届年会中，"农产品储藏加工与质量安全"专题论坛由农产品加工专业委员会承办。来自全国热带农产品加工领域的科研、教学、生产和管理的专家学者以及在校研究生等约120人出席论坛。

专题论坛以"聚焦产业转型升级　决胜热区脱贫攻坚"为主题。与会专家分享了《食用槟榔产品安全问题的认识与思考》《亚热带水果保鲜与精深加工技术研究》《天然橡胶加工高质量发展的考虑》《益生菌发酵果蔬关键技术研究与实践》《热带特色农产品加工业高质量发展的考虑》等22个学术报告。刘凡值、袁利鹏、冯春梅等3位专家的学术报告被评为优秀专题报告；农产品加工专业委员会组织的第五论坛荣获大会优秀组织奖。

（9）2020年4月开展"科技强国 科普惠民"活动

4月30日，农产品加工专业委员会联合中国热带农业科学院农产品加工研究所纳米党支部及湛江市直机关工委，前往广东湛江开展"科学精准防控疫情，科技助力春耕复工复产"主题党日活动，并同时开展科技产品应用及咨询、精准扶贫调研活动。科技人员先后来到吴川市吴阳镇广东东农实业有限公司、长岐镇新联村蚕桑种养扶贫基地、长岐镇洪江村番薯种植基地，实地了解复工复产情况、基地发展情况、产业扶贫现状和产业技术需求，并就如何积极打造"一村一品，一镇一业"特色农业产业，增加农民收入，助力脱贫攻坚，以及如何加强和研究所的合作，提升农业生产效益，助力乡村振兴等问题进行讨论交流。

（10）2020年8—9月组织开展全国科普日活动

8月21日，杨春亮、叶剑芝、查玉兵和潘晓威等4名农产品加工专业委员会科技志愿者（广东省科技特派员）深入廉江对口帮扶的贫困乡村进行调研，为乡村振兴和精准脱贫贡献力量。

9月11日，农产品加工专业委员会科技志愿者曾绍东、李琪、马会芳等3名农村科技特派员参加专家团，到广东省廉江市安铺镇开展科技下乡培训活动。安铺镇22个村的贫困户、种养大户、农业技术人员等175人参加了培训。

9月22日，为培养青年大学生科技创新意识，激发青年大学生创新热情、创造活力和学习科学知识的兴趣，营造讲科学、学科学、爱科学、用科学的浓厚氛围，由中国热带作物学会农产品加工专业委员会主办的2020年全国科普日系列活动之"带你认识热带农产品加工"的活动在广东湛江举行。

活动由中国热带农业科学院农产品加工研究所食品加工研究室承办。湛江市第十二小学三（2）班的师生及家长代表约60人参加了主题为"培养未来科学家，从守护好奇心开始"的青少年科普活动。

（11）承办中国热带作物学会2020年学术年会分会场学术交流会

为促进热带作物学术交流，助力热区农业产业创新发展，由农产品加工专业委员会承办的2020年全国热带作物学术年会专题论坛"农产品储藏加工与质量安全"学术交流会议于10月27—31日在广东佛山成功召开。来自全国从事热带作物科学研究、教学、生产、管理及质量安全检测领域的专家学者以及在校研究生约100人参加了此次会议。

"农产品储藏加工与质量安全"分会场的学术交流会荣获2020年全国热带作物学术年会优秀组织奖。

（12）2020年12月参加中国热带作物学会云南怒江党建活动

为充分发挥科技在脱贫攻坚和乡村振兴中的重要作用，由中国热带作物学会、中国热带农业科学院、怒江州人民政府等单位主办，云南省农业科学院，中国热带农业科学院科技信息研究所、农产品加工研究所、香料饮料研究所等单位承办的主题为"科技助力脱贫攻坚 攻坚实现全面小康"活动于2020年12月8—9日在云南省怒江州泸水市举行，泸水市种养大户近200人参加了本次培训活动。农产品加工专业委员会派代表参加了此次活动。

（13）2021年5月开展"我为群众办实事"活动：农产品加工专业委员会派员赴云南，助力产业发展和乡村振兴

5月18—23日，农产品加工专业委员会科技志愿服务队和广东省农村科技特派员约15人先后到云南怒江、普洱等地企业、高校及乡镇村庄走访洽谈，重点对接草果、咖啡等特色产业种植发展及精深加工情况，推进当地特色香料产业转型升级，促进成果转化落地，助力乡村振兴。

（14）2021年5月开展科技下乡、技术助农培训会

2021年5月21日，"高良姜产业高质量发展技术培训"在徐闻县下桥镇广东良姜现代产业园举行。农产品加工专业委员会科技志愿者黄晓兵助理研究员应邀在培训班作"科技创新驱动徐闻良姜产业高质量发展"主题授课，广东丰硒良姜有限公司员工及当地高良姜种植户等56人参加。

科技志愿者黄晓兵结合自身科研经验和中国热带农业科学院农产品加工研究所科技成果，给学员们全面细致地讲解了高良姜的加工特性和产业现状，介绍了中国热带农业科学院农产品加工研究所在高良姜高值化利用领域的研究成果，强调了科技创新对高良姜产业高质量发展的重要性。

（15）2021年6月开展"小小的昆虫，大大的产业"科普宣传及学术交流活动

6月25日上午，农产品加工专业委员会联合农业资源化利用研究室在中国热带农业科学院农产品加工研究所举办以"小小的昆虫，大大的产业"为主题的2021年全国科技工作者日科普宣传及学术交流活动。

本次活动由中国热带农业科学院农产品加工研究所党委书记霍剑波主持，来自湛江市农业农村局、湛江市科学技术局、广东海洋大学、岭南师范学院的领导与专家，以及行业企业嘉宾近50人出席活动。

（16）2021年9月组织开展"百年再出发，迈向高水平科技自立自强"全国科普日活动

①开展科普论坛，弘扬科学精神。为培养青年大学生科技创新意识，激发青年大学生创新热情、创造活力和学习科学知识的兴趣。9月14日，由农业农村部热带作物产品加工重点实验室、中国热带农业科学院农产品加工研究所食品加工研究室承办，联合华中农业大学、福建农林大学、海南大学、云南农业大学等学生代表约30人，依托广东省青少年科技教育基地，举行主题为"绿色加工托起热带农业的未来"的科普论坛活动。

②科技志愿服务，助力乡村振兴。为坚决贯彻党中央实施乡村振兴战略决策部署，9月14日，由农产品加工专业委员会牵头，中国热带农业科学院农产品加工研究所郑龙副所长带领热带作物产地加工研究室科技人员及相关部门人员约12人，前往广东省高州市新垌镇开展科技志愿服务，为农户及企业科普龙眼加工相关知识。

③科技支撑，助力乡村特色产业发展。9月15日，中国热带农业科学院农产品加工研究所郑龙副所长带领农产品加工专业委员会科技志愿服务队、广东省科技特派员等一行12人，赴广东省高州市新垌镇开展产业技术对接座谈，与新垌镇签订了《乡村振兴驻镇帮镇扶村组团结对帮扶合作协议》，并实地走访了相关企业、合作社和农户等生产经营主体，着力为新垌镇黄皮、龙眼、荔枝等特色产业发展提供科技支撑，助力乡村振兴。

④青少年食品安全知识科普活动。9月17日，由农产品加工专业委员会主办，中国热带农业科学院农产品加工研究所农产品质量安全团队承办，依托广东省青少年科技教育基地，在科技楼举行2021年全国科普日系列活动——青少年食品安全知识科普，来自学校及周边社区的20位青少年代表参加了此次活动。

（17）承办中国热带作物学会2021年学术年会分会场学术交流会

由农产品加工专业委员会、广西热带作物学会、科技推广咨询工作委员会共同承办的2021年全国热带作物学术年会分论坛"农产品储藏加工与质量安全"研讨会于11月2—5日在海南澄迈成功召开。来自全国从事热带作物科学研究、教学、生产、管理及质量安全检测领域的专家学者以及在校研究生约100人参加了此次交流会。会议由中国热带农业科学院农产品加工研究所科技处负责人周伟副研究员主持。

中国热带农业科学院农产品加工研究所郑龙副所长代表农产品加工专业委员会致开幕词，并作了2021年度农产品加工专业委员会工作报告及2022年重点工作计划的汇报。

本次研讨会围绕荔枝、芒果、菠萝蜜、槟榔、橡胶、剑麻、红糖、椰子等热带作物资源的开发与利用以及质量安全检测等方面展开了丰富多彩的学术交流。来自海南、广东、云南、广西、贵州等省份以及南昌大学的17位专家作精彩学术报告。

（18）2022年4月开展特色科普培训活动

4月20日至5月30日，由农产品加工专业委员会牵头，中国热带农业科学院农产品加工研究所食品加工研究室联合云南农业大学、海南大学等高校学生约25人，依托全国科普教育基地、广东省青少年科技教育基地，在中国热带农业科学院农产品加工研究所热带特色农产品加工技术集成试验基地举办了"科普培训先进加工技术，建设共享型中试基地"主题特色科普培训活动。

（19）2022年5月开展产业调研暨科技帮扶活动

2022年5月27日，由农产品加工专业委员会牵头，中国热带农业科学院科技处、产业发展处联合食品加工研究室组成科技志愿服务队，与广东省科技特派员一行6人奔赴湛江市徐闻县开展产业调研暨科技帮扶、助力乡村振兴等活动。

科技志愿服务队先后来到徐闻县龙塘镇镇人民政府、湛江三木食品有限公司、徐闻县曲界镇镇人民政府、广东"三农"互联科技有限公司进行产业调研和帮扶对接活动，并通过座谈交流，深入了解当地农产品种植及加工产业等情况，针对难题给出建设性意见，与当地签订了广东省科技特派员驻镇帮镇扶村工作协议。

（20）2022年6—8月组织开展全国科技工作者日活动

①6月18日上午，广东省高州市新垌镇举行"黄皮香引八方客，产业兴奏富民曲"第一届黄皮产业购销洽谈会。为更好助力帮扶特色产业发展，中国热带农业科学院农产品加工研究所杨春亮副所长、热带作物产地加工研究室、食品检测中心、农产品加工专业委员会和产业发展处等一行10人受邀参加。

②6月15日由农产品加工专业委员会主办，中国热带农业科学院农产品加工研究所农产品质量安全团队承办，依托全国科普教育基地，联合湛江市第十二小学四（12）班约50人共同举办2022年全国科技工作者日科普系列活动"牛奶那些事儿"食品安全知识讲堂进校园。

③8月，农产品加工专业委员会科技志愿者郑朝中同志应邀参加湛江市"走进科技、你我同行"科普讲解大赛暨广东省科普讲解大赛湛江选拔赛。他通过生动的讲解和多媒体展示形式，为大家介绍了"食物中的有害物质——丙烯酰胺"和"碳中和"相关知识，演讲获得了在场专家和评委的一致好评，取得了"高校科研院所组三等奖"的良好成绩，并将代表湛江赛区参加广东省科普讲解大赛。

（21）2022年8月助力乡村振兴，推动云南怒江草果产业提质增效

8月2—7日，中国热带作物学会农产品加工专业委员会联合全国科普基地、广东省科普基地、中国热带农业科学院农产品加工研究所食品加工研究室以及广东省科技特派员团队赴怒江州福贡县进行草果产业调研，促进成果转化落地，助力乡村振兴。

农产品加工专业委员会科技志愿服务队和科技特派员一行实地考察了怒江大峡谷生态农副产品加工交易中心、草果种植及病虫害防治示范及科研基地、农户草果干燥场地等，详细了解草果种植收益和产业发展情况，向当地企业及种植户提供了一些最新科研成果和解决方案，普及了草果种植、病虫害防治及精深加工方面的技术成果。

（22）2022年8—9月组织开展"喜迎二十大，科普向未来"的全国科普日活动

①为提升澜湄国家果蔬加工水平、分享果蔬加工与贮藏发展经验、推进果蔬加工技术交流与示范推广。8月26日，中国热带作物学会农产品加工专业委员会、中国热带农业科学院农产品加工研究所资源化利用研究室和"科创中国""一带一路"国际热带农产品加工专业创新院联合举办中柬热带水果种植技术及加工技术线上培训班。中国热带农业科学院农产品加工研究所郑龙副所长、海南顶益绿洲公司何明华董事长及农产品加工专业委员会骨干成员、柬方代表共40余名学员共同出席开班仪式。

②9月2日，由中国热带作物学会农产品加工专业委员会主办，中国热带农业科学院农产品加工研究所食品加工研究室承办，依托全国科普教育基地、广东省科普教育基地，联合华中农业大学、福建农林大学、广东海洋大学、海南大学、云南农业大学等学生代表约50人，举行主题为"普及热农加工 助力健康中国"的科普论坛活动。

③为进一步提升科普日活动影响力，加快乡村振兴步伐，落实"产地、产品、产业"三产融合发展理念，中国热带作物学会农产品加工科技志愿服务队、广东省科技特派员及中国热带农业科学院农产品加工研究所热带作物产地加工研究室科技人员等一行5人于9月上旬赴广东省高州市新垌镇，联合帮镇扶村工作队开展黄皮病虫害防治等相关技术普及与推广交流会，科技助力广东茂名黄皮产业健康发展，50余名农户参会。

三、获得荣誉

（一）先进集体奖

1.中国热带作物学会2011年度先进集体

2. 中国热带作物学会2020—2021年度先进集体

（二）优秀组织奖

1. 中国热带作物学会2016年学术年会优秀分会场组织奖

2. 2018年全国热带作物学术年会专题论坛优秀组织奖

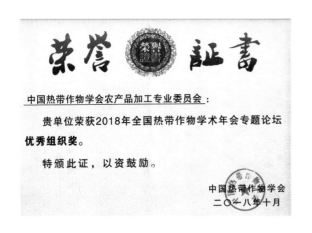

3. 2020年全国热带作物学术年会分会场优秀组织奖

（三）全国科普日优秀活动

1. 2020年全国科普日系列活动——"什么是热带农产品加工"

中国科学技术协会办公厅下达关于对2020年全国科普日有关组织单位和活动予以表扬的通知（科协办函普字〔2020〕158号），中国热带作物学会农产品加工专业委员会联合中国热带农业科学院农产品加工研究所食品团队联合举办的2020年全国科普日系列活动之——"什么是热带农产品加工"被评为2020年全国科普日优秀活动。

2. 2021年全国科普日系列活动——绿色加工托起热带农业的未来

（四）个人荣誉

1. 2010年12月黄茂芳研究员荣获中国科学技术协会第四届全国优秀科技工作者荣誉称号

2. 2016年5月彭政研究员荣获中国科学技术协会第七届全国优秀科技工作者荣

誉称号

3. 黄茂芳研究员获评中国热带作物学会2006年优秀学会工作者

4. 黄茂芳研究员获评中国热带作物学会2011年度先进个人

5. 李积华同志荣获中国热带作物学会2017年度青年科技奖

8. 李积华同志获评中国热带作物学会2020—2021年度先进工作者

6. 曾宗强同志荣获中国热带作物学会2019年度青年科技奖

9. 顾小玉同志获评中国热带作物学会2020—2021年度先进工作者

7. 曾宗强同志获评中国热带作物学会2018—2019年度先进工作者

第十三章
天然橡胶专业委员会

一、成立背景

天然橡胶专业委员会原名为割胶与生理专业委员会，于1989年5月11日在福建漳州成立，2016年更为现名。

20世纪80年代末，天然橡胶既面临世纪性挑战，又充满历史性机遇。20世纪80年代开始，随着国门开放，我国天然橡胶面临剧烈竞争。首先是国产天然橡胶在种植生产的自然条件和生产成本方面与国外天然橡胶有差距；其次是工业合成橡胶对天然橡胶的竞争压力不断加大，造成我国天然橡胶的价格自20世纪80年代中后期持续处于低迷状态。而此时生产物资价格上涨，企事业管理费剧增，使天然橡胶生产成本比1978年前高出1倍多。许多橡胶生产单位处境维艰，负债经营，难以为继。在这种情况下，急需寻找新的出路。为提高劳动效率、降低生产成本，早在1971年初，华南热带作物研究院（中国热带农业科学院前身，下同）率先进行橡胶实生树乙烯利刺激割胶研究，随后组织垦区联合攻关；紧接着，我国的芽接树割胶制度改革研究也开始，虽比马来西亚晚，但由于马来西亚芽接树割制改革走了近10年的弯路（即采用强刺激强割，引起"增、平、减"），使我国芽接树割制改革与国外基本同步。1989年由农业部下达的芽接树新割制研究通过了部级鉴定，涉及中国热带农业科学院以及海南、广东、云南、福建等省份的大型协作课题组行将结束，为保持全国的天然橡胶研究力量不分散，以提高与国外的科技竞争能力，同行专家们纷纷要求成立一个天然橡胶的全国学术组织，以不断加强我国天然橡胶科技人员的学术协作。此外，中国热带作物学会早在1985年加入了国际橡胶研究与发展委员会（IRRDB），并连续多年参加该组织相关割胶与生理相关学术交流，为进一步加强与国际组织的精准对接，强化我国天然橡胶与国际学术组织的交流合作，中国热带作物学会经讨论认为有必要设立割胶与生理专业委员会。1988年，由中国热带农业科学院橡胶研究所许闻献、海南农垦总局林子彬、广东农垦总局李乐平牵头筹备割胶与生理专业委员会，经中国热带作物学会批准同意成立割胶与生理专业委员会。1989年5月11日在福建漳州召开成立大会，割胶与生理专业委员会的组织管理、工作运行步入专业轨道。

割胶与生理专业委员会旨在积极联络各植胶区割胶技术与生理的专家学者、科技人员、以割制改革为中心议题，积极开展学术活动，推广割胶科技成果，普及科技知识，改革传统割胶制度，提高我国割胶生产技术水平。

二、割胶与生理专业委员会事记

（一）第一届

1. 委员会组成

主任委员：许闻献

副主任委员：林子彬，李乐平

秘书长：李乐平

副秘书长：魏小弟

2. 重点工作事记

（1）割胶与生理专业委员会成立大会

1989年5月11—14日召开了割胶与生理专业委员会成立大会暨学术研讨会，来自中国热带农业科学院橡胶研究所、农业部农垦局、海南农垦总局、广东农垦总局、云南农垦总局、广西壮族自治区农垦局、粤西农垦局、粤东农垦局、中国热带农业科学院试验场、福建漳州市农垦局、广西壮族自治区亚热带作物研究所、海南国营（金江、新中、西达、八一等）农场、广东国营（红峰、团结、黎昭等）农场、云南西双版纳农垦分局、云南省热带作物科学研究所等科研生产单位的100余位代表参加了成立大会。

（2）1991年3月15—18日在桂林召开学术研讨会

根据制定我国20世纪90年代科技发展规划的需要，割胶与生理专业委员会主持召开全国橡胶芽接树割制改革规划会议，深入研讨了我国20世纪90年代割胶与生理研究的战略前景。与会代表提出，20世纪90年代是天然橡胶发展的特殊阶段，它是20世纪割制改革的技术开发综合期，是21世纪全新割胶技术研究的准备期，也是产胶与排胶理论突破性进展的酝酿期。因此，我国应该抓住机遇，加紧研究，力促开发，以便赶超世界先进水平。

（3）汇编《割胶制度改革论文集》第一集

1991年割胶与生理专业委员会组织人员汇编《割胶制度改革论文集》第一集，汇编了农业部《关于加快推行我国天然橡胶割胶制度改革通知》《中龄橡胶树新割制技术试行规程》2份通知与规程文件，13篇综述与评论，17篇总结报告。

（4）成果"中龄橡胶芽接树割胶制度改革与推广"获1992年国家科学技术进步二等奖

由割胶与生理专业委员会成员李乐平、许闻献、敖硕昌、罗伯业、魏小弟、陈云集、朱新仰、林子彬、梁泽文，依托单位广东农垦总局、中国热带农业科学院橡胶研究所、云南热带作物科学研究所、海南农垦总局完成的成果"中龄橡胶芽接树割胶制度改革与推广"获1992年国家科学技术进步二等奖。

（5）1992年7月20—22日，在汕头召开学术研讨会并选举产生第二届委员会

1992年7月20—22日，在汕头召开了学术研讨会研讨割制改革的方向与战略，会议围绕着垦区的割胶制度改革开展研讨，并交流了各省（自治区）推广新割制的经验。

会议选举产生了第二届委员会。

（二）第二届

1. 委员会组成

主任委员： 许闻献
副主任委员： 林子彬、蔡奕全
秘书长： 魏小弟、蔡奕全（兼）

2. 重点工作事记

（1）1993年10月14—16日，在广西南宁召开全国橡胶树新割制推广先进单位和个人表彰大会

受农业部农垦局和中国热带作物学会的委托，割胶与生理专业委员会召开全国天然橡胶新割制推广先进单位和先进个人表彰大会。在各植胶区推荐的基础上，大会授予海南省国营新中农场等25个农场为全国天然橡胶新割制推广先进单位，张鑫真等36位同志为全国天然橡胶新割制推广先进个人。会议期间，海南农垦总局张鑫真、吴嘉链、吴丁颜等3位高工联名提出了橡胶品种PR107、RRIM600全程、连续、递进式割制改革的新思路，对推动海南农垦总局割制改革的全面开展起了重要作用。

（2）1994年10月15—18日，在四川成都召开全国天然橡胶高产高效研讨会

会议围绕"提高劳动生产率"开展研讨，并提出了《关于提高我国天然橡胶劳动生产率的建议》。

（3）向农业部农垦局提出新割制改革的相关建议并被采纳，作为文件下发橡胶垦区生产单位参照执行

1993年10月，割胶与生理专业委员会在南宁会议上提出《关于我国天然橡胶割胶生产开展创高效活动的建议》，在分析问题的必要性和紧迫性后，具体地提出推广进度：即1994年前，全国植胶垦区全面推广中龄PR107、GT1和PB86新割制（d/3制）；1996年前，PRIM600全面采用新割制（d/3制）。

1995年8月九江年会上提出的《关于推广试用PR107初产期刺激割胶制度的建议》，这是在中龄无性系PR107和RRIM600新割制在全国普遍推开后，PR107初产期新割制的研究业已成熟，为进一步提高割胶劳动生产率而及时提出的。建议还附上技术要点，以便生产上参照执行。根据这个建议，我国橡胶树割制改革从中龄旺产期又跨向初产期，这是割胶技术的重要进步。

（4）1995年8月2—5日，在江西九江召开研讨会并选举产生第三届委员会

研讨会的主要议题有3项：第一，受农业部委托，修订我国《橡胶树栽培技术规程》，使一整套适合我国自然条件的新型割胶制度更制度化、规范化，形成了技术法规形式；第二，研讨如何深化我国割制改革，加强生理生化研究和新技术储备，把我国的割胶生产引向更新更高的水平；第三，创新配套措施，进一步强化和完善技术管理，提高了经济效益。

与会专家提出了"关于推广试用PR107初产期刺激割胶制度的建议"并选举产生了第三届委员会。

（三）第三届

1. 委员会组成

主任委员：许闻献

副主任委员：林子彬、陈云集

秘书长：魏小弟、吴丁颜

2. 重点工作事记

（1）1996年7月6—9日在陕西西安召开学术研讨会

会议就"全国天然橡胶割胶管理"进行研讨，重点研讨了"强化割胶管理"，与会专家经研讨提出了《关于开展全国割胶技能竞赛活动的倡议书》的建议，提交给农业部农垦局并被采纳。

（2）1998年9月14—16日在武夷山召开学术研讨会并选举产生第四届委员会

会议就"全国天然橡胶采胶新技术"开展了研讨，与会专家提出了《关于橡胶树加速推广d/4割制及扩岗割胶的建议》，建议全面推广d/4新割制，同时大力推行扩岗割胶，在20世纪末达到每树位400～500株，力争达到550株，实现与国外先进水平接轨。

建议被农业部农垦局采纳并发文至橡胶垦区生产单位遵照执行。

（3）出版发行《橡胶树割胶制度改革论文集》第二集

为了总结割制改革的新经验，与农业部农垦局热带作物处、农业部热带作物栽培生理学重点开放实验室合编了《橡胶树割胶制度改革论文集》第二集，由中国科学技术出版社出版。

（四）第四届

1. 委员会组成

主任委员：许闻献

副主任委员：林子彬、陈积贤、陈云集

秘书长：魏小弟

副秘书长：吴丁颜

2. 重点工作事记

（1）1999年7月20—22日，在贵州贵阳召开全国割制改革表彰大会暨全国天然橡胶跨世纪割制改革学术研讨会

大会全面总结了割胶与生理专业委员会成立10周年来的工作。割胶与生理专业委员会的10年，是我国割胶制度改革从研究转向生产，不断深化的关键10年。

研讨会围绕全国天然橡胶跨世纪割制改革展开热烈的学术讨论。这次会议共收到论文30篇，许多论文总结了本地区、本单位割胶制度改革的经验和近期的新进展，在全面总结经验的基础上，结合本地区的情况，以前瞻性、创新性的思维，提出新世纪割胶制度改革的思路和设想。

会议还表彰割制改革先进单位和先进个人。共表彰先进单位24个，先进个人41名。

与会专家共同向农业部农垦局提出了《关于加强胶工技术培训，全面提高割胶队伍科技素质的建议》。这个建议是与会代表的共识，也是本次会议的一个亮点。它从当时割制改革的不断深化和社会发展对胶工提出了更高要求，从落实党中央提出的"使经济建设真正转到依靠科技进步和提高劳动者素质上来"的决策的高度，提出加强胶工技术培训、全面提高割胶队伍科技素质的建议。建议的落实会大大提高我国割胶队伍的总体素质，从而促进割制改革的深化和劳动生产率的提高。

（2）2000年6月28—30日在云南丽江召开天然橡胶割胶产业化学术研讨会

来自海南、云南、广东三省农垦系统和地方民营橡胶的专家，热作"两院"的科研人员，农业部农垦局和中国热带作物学会的代表以及绍兴市东湖化工总厂的领导共100余人参加了会议。

这次研讨会围绕"二十一世纪天然橡胶割胶产业化"主题展开了热烈的讨论。本次会议共收到论文24篇。

会议认为，在新的世纪里，天然橡胶业既有世界对天然橡胶的需求不断增加和科技进步带来的良好机遇，也面临着传统产业在工业化进程中的困境和更加激烈的市场竞争，特别是中国加入WTO后进口胶对国产胶的挑战。

（3）2000年8月割胶与生理专业委员会主任委员、创始人许闻献研究员去世

中国热带农业科学院橡胶栽培研究所原副所长、国家级有突出贡献中青年专家、中国植物生理学会理事、中国热带作物学会割胶与生理专业委员会主任委员、本专委会创始人、研究员许闻献同志因病于2000年8月12日10时05分在海口逝世，享年62岁。

（4）2001年6月29日至7月1日，召开天然橡胶低频割胶制度学术研讨会并选举产生第五届割胶与生理专业委员会委员

割胶与生理专业委员会在湖南张家界召开了天然橡胶低频割胶制度学术研讨会，来自海南、云南、广东、福建四省份及中国热带农业科学院、农业部农垦局的割胶与生理方面的科技工作者和有关领导共96人参加了会议，中国热带作物学会副理事长张鑫真研究员和陈秋波研究员到会指导。

会议围绕"天然橡胶低频割胶制度"的主题，展开热烈的学术讨论。会议共收到论文27篇。

会议总结了3年来割胶与生理专业委员会的工作，并选举产生第五届割胶与生理专业委员会委员。

根据割胶与生理专业委员会事业的发展和健全组织机构的需要，本次会议选举产生了第五届委员会及其领导机构，选出了42名委员和15名常务委员，选举了主任委员1名、副主任委员3名、学术秘书2名。大会选举后，与会代表向对割胶与生理专业委员会作出重要贡献的第四届委员会副主任委员陈云集研究员和常委、学术秘书吴丁颜高级工程师表示感谢。

（五）第五届

1. 委员会组成

主任委员：魏小弟

副主任委员：吴嘉涟、陈积贤、蔡汉荣

秘书长：校现周、黄宏才

2. 重点工作事记

（1）2002年7月23—25日，在广西北海召开加入WTO与深化割制改革学术研讨会

来自海南、云南、广东三省农垦系统和地方民营橡胶的专家，热作"两院"的科研人员，农

业部农垦局和中国热带作物学会的代表以及绍兴市东湖化工总厂的领导共90余人参加了会议。

研讨会围绕加入WTO与深化割制改革这一主题展开了热烈的讨论。本次会议共收到论文27篇。许多文章认真分析了加入WTO后中国天然橡胶面临的挑战和机遇，总结了本地区本单位割胶制度改革的做法、经验和效果，提出了加入WTO如何深化割制改革的设想和思路。

（2）2003年8月19—21日，在浙江绍兴召开低频割制下的生产技术管理及经济学研究学术研讨会

来自海南、云南、广东、福建四省农垦系统和地方民营橡胶的专家，热作"两院"的科研人员，农业部农垦局代表以及绍兴市东湖生化有限公司的领导共100余人参加了会议。

研讨会围绕"低频割制下的生产技术管理以及经济学研究"主题展开了热烈的学术讨论。同时交流了各地区各单位近年来割制改革的进展。本次会议共收到论文26篇，根据科学性、创新性和实用性的原则，评出优秀论文14篇。

（3）出版发行《橡胶树割胶制度改革论文集》第三集

为了总结割制改革的新经验，与农业部农垦局热带作物处、农业部热带作物栽培生理学重点开放实验室合编了约50万字的《橡胶树割胶制度改革论文集》第三集，由中国科学技术出版社出版发行。

（4）成果"橡胶树五天一刀低频割胶制度的研究"获海南省2003年度科学技术进步二等奖

由割胶与生理专业委员会骨干人员校现周、吴嘉涟、魏小弟、李学忠、张良海为主要完成人员、由农业部农垦局主持，中国热带农业科学院牵头，海南、云南、广东、福建农垦技术人员参加完成的"橡胶树五天一刀低频割胶制度的研究"获海南省2003年度科学技术进步二等奖。

该成果经4年多点试验结果表明：① d/5 低频割胶制度比目前生产上大面积应用的 d/3 割制（对照）提高采胶生产率25%～66.7%；② d/5 割制比对照增产7.3%；③ d/5 割制胶树的生理状况正常，死皮等副作用不明显，干胶质量达到国家标准；④ d/5 割制经济、社会效益显著，平均每亩每年新增产值68.9元，胶工年均收入同比增加53%。该项研究通过合理调节刺激周期和刺激浓度，保证d/5低频割胶制度的产量，达到提高采胶生产效率、提高产量、降低生产成本、企业增效、胶工增收的目的。

（5）**2004年8月6—9日，召开了新管理体制下如何加强割胶生产者管理问题的学术研讨会**

会议主要研讨了新管理体制下如何加强割胶生产者管理问题。会议认为，农垦系统实行以职工家庭承包经营为核心的新管理体制后，对于调动职工家庭的橡胶生产经营积极性方面确实起到了积极的促进作用，但也出现了一系列不容忽视的问题。这些问题的核心是片面追求当前产量而忽视长期的高产稳产，重产量不重技术，结果出现了违反割胶技术规程的行为，自主加刀加药。最典型、最普遍、危害最大的是"假四三制"，即名义上的4天割1刀，实际上是用4天割1刀的刺激周期和刺激浓度，行3天割1刀之实。大家普遍认为，对存在的问题不能回避，要采取切实可行的手段加以解决，才能使割制改革沿着健康的道路继续前进，否则后果不堪设想。海南、云南、广东三省农垦部门虽然采取了不少措施来确保割胶技术规程的贯彻执行，但还未能从根本上解决问题，这就给违规割胶问题的解决带来了更大的障碍。会议以学术组织的名义，呼吁各级橡胶生产单位的领导，本着为子孙后代负责的态度，树立科学政绩观，牢记兵团时期违规割胶给橡胶生产带来的"血的教训"，认真执行割胶技术规程。

（6）**2004年，"橡胶夫妻"郝秉中、吴继林获"IRRDB橡胶杰出研究金奖"**

2004年9月7日，国际橡胶研究与发展委员会（IRRDB）主席坡拉沙在昆明将两枚"IRRDB橡胶杰出研究金奖"授予了割胶与生理专业委员会、国际著名橡胶研究专家郝秉中先生和吴继林女士，以表彰他们在橡胶树细胞学研究方面作出的杰出贡献。该金奖是国际橡胶研究领域的最高奖。

（7）**2005年10月28日至11月2日在江苏南京召开学术年会并选举产生第六届委员会**

会议总结、交流各地区、各单位贯彻执行农业部颁布的割胶技术规程的成功经验和存在的问题，探讨如何在新的形势下，坚持科学发展观，正确处理管、养、割三者的关系，实行科学割胶，采用合理的割胶强度和刺激强度，保护和提高橡胶树的产胶能力，保持排胶强度与产胶潜力平衡，使整个生产周期持续高产稳产。

（六）第六届

1. 委员会组成

主任委员： 魏小弟

副主任委员： 李学忠、李传辉、蔡汉荣、谢升标、黄华孙

秘书长： 校现周、罗世巧、黄学全

2. 重点工作事记

（1）2006年9月19日—24日在重庆召开天然橡胶产业发展战略学术研讨会

会议交流、总结各地区、各单位天然橡胶产业发展的基本情况和经验，在此基础上，根据《中华人民共和国国民经济和社会发展第十一个五年规划纲要》中提出的"在气候条件适宜区域建设经济作物产业带和名特优新稀热带作物产业带"要求，以"全国性、各地区、各单位的天然橡胶产业发展战略，做大做强天然橡胶产业，以适应国民经济和社会发展对天然橡胶产业的要求"为主题进行了研讨。

（2）成果"中国橡胶树主栽区割胶技术体系改进及应用"获2006年度国家科学技术进步二等奖

由中国热带农业科学院、海南省农垦总局、云南省农垦总局、广东省农垦总局等为主要完成单位，由本专委会人员许闻献、魏小弟、张鑫真、陈积贤、蔡汉荣、校现周、吴嘉涟、李传辉、刘远清、罗世巧等完成的"中国橡胶树主栽区割胶技术体系改进及应用"获2006年度国家科学技术进步二等奖。

该项目经过30多年的努力，实现了我国橡胶树从实生树和国内低产芽接树到高产芽接树，从中老龄割胶树到幼龄割胶树，从较耐刺激品种到中等耐刺激品种的橡胶树割胶技术体系的全面改进并广泛应用生产。该项技术的成效是：以乙烯利刺激为主要内容的割胶技术体系改进在提高橡胶树产量、提高割胶劳动生产率和节约树皮等方面效果显著，胶树生理状况正常，死皮等副作用不明显，产品质量符合国家标准；在全国橡胶树主栽区多年大面积推广应用获得了巨大成功；2003年，仅海南、云南、广东三省的农垦系统推广应用割胶技术改进体系的面积达432.94万亩，推广率达98%，30年来累计净增产干胶93.47万吨，新增产值76.0亿元，增收节支92.38亿元，经济效益十分显著。该项成果的关键技术是：减刀；浅割；应用产胶动态分析；全程、连续、递进刺激割胶；低浓度、短周期；复方乙烯利；控制增产幅度。是近5年来热带作物行业获得的最高奖。

（3）2007年9月18—20日在杭州召开"宣贯新《规程》科学种胶学术研讨会"

根据天然橡胶领域科研和生产的主题，割胶与生理专业委员会于2007年9月18—20日在浙江杭州召开了"宣贯新《规程》科学种胶学术研讨会"。来自农业部、中国热带农业科学院和海南、云南、广东、广西农垦系统和民营橡胶的代表110多人参加了会议。本次会议共收到论文28篇，根据科学性、创新性和实用性的原则，评出优秀论文15篇。其中由海南省国营龙江农场黄建南等撰写的论文《五天一刀新割制示范推广十年总结》参加了2007年中国热带作物学会的学术年会，并被评为中国热带作物学会2007年二十大优秀论文。

（4）2007年，成果"橡胶树气刺微割技术研究"获海南省科学技术进步二等奖

以割胶与生理专业委员会骨干为主完成的"橡胶树气刺微割技术研究"经10余年的跨省区、跨部门联合攻关，取得了初步成效，2007年获海南省科学技术进步二等奖，并在海南、云南和广东三省垦区进行生产性示范。

（5）2008年3月，农业部在海南海口举办全国首届割胶工技能大赛

为办好本次大赛，割胶与生理专业委员会主任委员魏小弟研究员和常委校现周研究员积极配合农业部，参加大赛的各项筹备工作和评判工作。

（6）2008年9月24—26日在海南三亚召开橡胶树抗寒技术与灾后割胶策略学术研讨会

2008年9月24—26日在海南三亚召开了橡胶树抗寒技术与灾后割胶策略学术研讨会。来自农业部、中国热带农业科学院和海南、云南、广东农垦系统和民营橡胶的代表93人参加了会议。

农业部农垦局热带作物处彭艳处长参会并致辞，她肯定了割胶与生理专业委员会为割胶技术领域搭建了交流平台，为推动割胶技术的发展和新技术的推广作出贡献。

研讨会围绕橡胶树抗寒技术与灾后割胶策略这个主题，展开了热烈的讨论，同时交流各地区、各单位近期天然橡胶发展的新成果和新经验。本次会议共收到论文20篇，根据科学性、创新性和实用性的原则，评出优秀论文8篇。

（7）2008年建立全国割胶科技协作网络，促进割胶技术进步

2008年国家批准了天然橡胶为国家产业技术体系建设项目，其中设有割胶岗位，成立了以魏小弟为岗位科学家的研究团队，成员包括了中国热带农业科学院橡胶研究所的研究人员，海南、云南和广东的科技人员。这个团队的成立标志着我国割胶技术领域的全国协作网络已经形成。割胶与生理专业委员会割胶团队与其他岗位团队合作，在海南的红林分公司和乌石分公司、云南的东风分公司以及广东的建设农场开展了高产高效综合技术示范项目。橡胶树气刺微割技术在海南、云南和广东三省垦区开始进行生产性示范。

（8）2009年9月21—25日在江西南昌召开高效割胶技术体系研究学术研讨会

会议在交流、总结各地区、各单位高效割胶技术经验和教训的基础上，围绕提高割胶劳动生产率和单位面积产量，提高产业效益，增加胶农收入和提升产品国际竞争力的产业发展目标开展研讨，并提出全国或各地区、各单位今后如何科学割胶，又好又快地发展我国的天然橡胶产业，以适应国民经济和社会发展对天然橡胶产业的要求。

（9）2010年10月10—14日在北京召开新割胶技术学术研讨会并选举产生第七届委员会

2010年10月10—14日在北京市召开了新割胶技术研究学术研讨会。本次研讨会在交流、总结各地区、各单位气刺割胶技术等新的采胶技术经验的基础上，围绕气刺微割技术存在的关键技术难点进行了深入探讨，提出了一些新的思路，使该技术能进一步熟化，早日应用于生产，形成新的生产力。同时也提出了全国性或区域性在气刺微割技术试验示范方面的初步设想。会议论文在2010年的《热带农业科学》（第8期）以专刊方式发表。国家天然橡胶产业技术体系首席科学家黄华孙研究员、中国农垦经济研究中心郑文荣副主任、农业部科技教育司黎光华调研员、中国热带作物学会副秘书长杜亚光莅临会议。郑文荣副主任、黎光华调研员在会上对割胶与生理专业委员会的工作给予了充分肯定。

（10）2010年3月1—3日，割胶与生理专业委员会协助农业部组织全国第二届割胶工技能大赛决赛

农业部组织的全国第二届割胶工技能大赛决赛于2010年3月1—3日在云南西双版纳举行。割胶与生理专业委员会派出了主任委员魏小弟担任裁判长，王天才、谢升标、周垦荣、黄学全、张良海、邓建明、万斌泉、王龙、李跃林、王进胜等10人担任裁判。

2009年11月，农业部发通知启动全国第二届割胶工技能大赛。橡胶产区主管部门高度重视，成立了专门的领导机构，主要领导亲自抓，精心组织，广泛发动。广大割胶工积极参与，全国共有6万余名选手参加了基层初赛，200余名选手参加了省（垦区）的选拔。这届大赛活动在广大植胶区掀起了一股技能竞赛热潮，产生了广泛的影响。通过层层竞赛选拔，最终有6个代表队、35名优胜选手以优异的成绩进入全国决赛。经过两天紧张激烈的角逐，来自云南农垦总局代表队的选手李雄伟获得第一名，由农业部授予"全国割胶技术状元"称号；获得第二到第十一名的刘明友、张新华、欧阳玉兵、梁庆莲、卢厚春、马志荣、邹湘云、冯广汉、白鹏、孙昌和等10名选手由农业部授予"全国割胶技术能手"称号；刘明友、马志荣、张新华3名选手被授予"割胶标兵"称号；禤德胜、冯广汉、欧阳玉兵3名选手被授予"磨刀标兵"称号。

（七）第七届

1. 委员会组成

主任委员：魏小弟

副主任委员：谢升标、校现周

2. 重点工作事记

（1）2011年9月21—23日，在青岛召开新形势下割胶生产技术管理学术研讨会
来自海南、云南和广东三大植胶区的生产单位及相关科研部门共110余名代表参加本次研讨会。

会议围绕农业部办公厅文件《农业部办公厅关于切实做好当前割胶生产的通知》（农办垦〔2011〕50号）精神，针对"农垦管理体制改革后配套管理措施未能及时到位和胶价的不断攀升，确实给割胶生产带来了不少负面影响，主要是不能正确处理当前产量和长期高产稳产的关系"和"随意降低开割标准"等问题进行交流研讨，在交流、总结各地区、各单位割胶生产技术管理的经验和存在问题的基础上，深入分析违规割胶对天然橡胶产业带来的长期危害，提出各地区、各单位贯彻执行农业部办公厅文件的思路和做法，为我国天然橡胶的可持续发展出谋献策。

（2）2012年9月11—15日在黑龙江哈尔滨召开割胶可持续发展技术学术研讨会

来自海南、云南和广东三大植胶区的生产单位及相关科研部门共74名代表参加。

会议围绕"割胶可持续发展技术"的主题，交流、总结了各地区、各单位割胶生产技术和存在问题。

（3）召开2013年高效割胶技术学术研讨会

9月23—26日，由中国热带作物学会割胶与生理专业委员会承办的"2013年高效割胶技术学术研讨会"在湖北武汉召开。来自海南、云南和广东三大植胶区的生产单位及相关科研部门共90名代表参加了此次会议。会议由割胶与生理专业委员会副主任委员谢升标和校现周主持，主任委员魏小弟在大会作致辞和总结，副主任委员校现周汇报了割胶与生理专业委员会的工作。

会上，18位代表围绕"提高割胶劳动生产率对我国天然橡胶产业生存和发展的紧迫性"的主题，结合高效割胶技术的经验以及存在的问题以报告形式进行了交流，并提出今后如何进一步提高割胶劳动生产率的思路和做法。大会还增选海南天然橡胶产业集团股份有限公司邓光辉为割胶与生理专业委员会副主任委员，增选白先权为割胶与生理专业委员会委员。

（4）召开2014年学术研讨会并选举产生第八届委员会

9月23—24日在云南芒市召开新形势下高效割胶技术学术研讨会。会议收到论文20余篇，针对气刺微割采胶、机械化采胶、低频采胶等割胶技术进行了交流，并在橡胶产业的生产管理和发展战略等方面交换了意见。会议选出优秀论文13篇，选举产生了中国热带作物学会割胶与生理专业委员会第八届组成人员名单。

参加本次会议的代表来自海南农垦、云南农垦、广东农垦、广西农垦、中国热带作物学会、农业部农垦局、各垦区民营胶园、国家天然橡胶产业技术体系及各综合试验站等单位和组织，共100余人。

（八）第八届

1. 委员会组成

主任委员：校现周

副主任委员：罗世巧、李传辉、邓光辉、傅建、刘援云、彭远明

秘书长：高宏华

2. 重点工作事记

（1）分支机构更名

2016年，"割胶与生理专业委员会"因名称局限性太强，限制了分支机构的活动范围，按中国热带作物学会〔2016〕4号文件要求，经专业委员会商议，更名为"中国热带作物学会天然橡胶专业委员会"，并获中国热带作物学会批准。更名后本专业委员会涵盖了天然橡胶全产业链，不再局限于割胶与生理方面。

（2）召开2015年学术年会

割胶与生理专业委员会2015年学术年会作为中国热带作物学会第九次全国会员代表大会暨2015年学术年会的第二分会场，于10月21日和热带作物学会年会同期召开。会议紧紧围绕天然橡胶生产现状，以"新形势下天然橡胶割胶技术与生产"为分会场主题开展学术交流，分会场由校现周主任委员与田维敏研究员共同主持。参会人员55人，包括海南农垦总局副局长符月华，中国热带农业科学院橡胶研究所所长、国家天然橡胶产业技术体系首席科学家黄华孙，中国天然橡胶协会秘书长郑文荣，及从事天然橡胶生产管理与科学研究的广东、海南、云南等地相关人员。

（3）召开2016年学术年会

9月23—24日，中国热带作物学会天然橡胶专业委员会2016年学术年会在云南昆明召开。参加本次学术年会的有科研单位人员、农垦生产单位人员，海南、云南民营的橡胶管理部门人员及植胶大户共112人。

本次年会是"割胶与生理专业委员会"更名为"天然橡胶专业委员会"后的首次学术年会，会议重点就"高效省工割胶新技术研究与应用及管理""胶工老龄化与机械化割胶问题探讨""生态胶园、林下经济研究与应用""加工技术改进与示范""植保新技术"等开展专题讨论。

研讨会分别由中国热带农业科学院橡胶研究所罗微副所长、海胶集团总农艺师白先权博士、天然橡胶专业委员会主任委员校现周研究员及广东农垦的郑洁科长主持。参与交流的论文达23篇，既有生产实践的总结，也有科研最新进展报告，会议报告精彩纷呈。经专家评审，评出优秀论文13篇。

会议展示的由中国热带农业科学院橡胶研究所采胶课题组研发的电动割胶刀，引起参会者的极大兴趣。很多参会者都亲自试割，对电动胶刀的研发给予较高评价，有3组人还使用电动胶刀和传统胶刀进行割胶比赛，场面十分热烈。

本次年会，是专业委员会更名后的首次学术年会，参会人员较以前有大幅增加。会议的顺利召开，为天然橡胶专业委员会后续工作的顺利开展打下坚实的基础。

（4）召开天然橡胶专业委员会第九次会员代表大会暨2018年学术会议

6月26—29日，中国热带作物学会天然橡胶专业委员会第九次会员代表大会暨2018年学术会议在内蒙古包头召开。中国热带农业科学院、海南大学、广东农垦热带作物科学研究所、云南省红河热带农业科学研究所、海胶集团以及云南、广东和海南三大植胶区生产管理人员、植胶大户等会议代表共90多人参加会议。

开幕式上，中国热带农业科学院橡胶研究所的罗微副所长致辞，中国农垦经济研究会贾大明秘书长作特邀报告，就天然橡胶产业与乡村振兴战略的关系进行系统分析。

会议报告围绕天然橡胶种质资源创新利用、良种良苗新技术、高效省工割胶新技术、机械化割胶、生态胶园、林下经济研究与应用、特种橡胶加工技术、施肥管理与植保新技术等25个专题开展讨论。会议收到论文21篇，经专家评审，选出12篇优秀论文并颁奖。

（九）第九届

1. 委员会组成

主任委员： 校现周

副主任委员： 彭远明、罗微、李英权

秘书长： 宋红艳

副秘书长： 蔡海滨

2. 重点工作事记

（1）召开2019年学术年会

6月25—28日，由中国热带作物学会天然橡胶专业委员会主办的2019年全国天然橡胶学术年会在宁夏银川顺利召开。中国热带农业科学院、海南大学、广东农垦、海南农垦、广西南亚热带农业科学研究所、云南省红河热带农业科学研究所、海胶集团等单位的科研人员，以及云南、海南和广东三大植胶区生产管理人员、植胶大户等共110余人参加会议。

会上，35位专家作学术报告，经专家评审，评选出优秀论文9篇。

（2）黄华孙研究员荣获2019年"威克汉姆技术创新奖"

2019年12月12日，在海口召开的第十五届全球橡胶大会上，国家天然橡胶产业体系首席科学家、中国热带农业科学院橡胶研究所所长、中国热带作物学会天然橡胶专业委员会黄华孙研究员获得2019年"GRC-Wickham（威克汉姆技术创新）奖"。全球橡胶大会设置的GRC-Wickham奖，是以全球橡胶之父Henry Wickham（亨利·威克汉姆）的名字命名，以纪念他在1876年将橡胶种子从亚马孙地区带到英国伦敦皇家植物园进行培育所作贡献。该奖项旨在表彰和认可在橡胶研究领域作出重大贡献和创新的杰出科学家、团体或机构。

（3）2021年协办第四届全国农业行业职业技能大赛橡胶割胶工技能竞赛

10月28日，第四届全国农业行业职业技能大赛橡胶割胶工技能竞赛在广垦（茂名）国家热带农业公园举行。本次竞赛是第四届全国农业行业职业技能大赛决赛广东割胶分赛场，由农业农村部、人力资源和社会保障部、中华全国总工会共同主办，中国农垦经济发展中心（农业农村部南亚热带作物中心）、农业农村部人力资源开发中心、广东省农垦集团公司（总局）承办，中国天然橡胶协会、国家天然橡胶产业技术体系、中国热带作物学会天然橡胶专业委员会协办。

天然橡胶专业委员会主任校现周任裁判长，天然橡胶专业委员会委员仇健、高宏华、魏芳3位任裁判团成员。校现周、仇健获本次大赛优秀裁判称号。

三、获得荣誉

（一）优秀组织奖

　　1. 获评中国热带作物学会2015—2016年度先进集体

　　2. 获评中国热带作物学会2020—2021年度先进集体

（二）个人荣誉

　　1. 2004年9月7日，"橡胶夫妻"郝秉中、吴继林获"IRRDB橡胶杰出研究金奖"
　　2. 黄华孙研究员获中国热带作物学会突出贡献奖
　　3. 黄华孙研究员荣获2019年"GRC-WICKHAM（威克汉姆技术创新）奖"

第十四章
园艺专业委员会

一、成立背景

中国热区土地面积约48万千米^2，热区光热资源充沛，有大量荒山坡地可用于发展热带园艺产业。据统计，适合发展热带园艺作物的土地面积约3亿亩，我国热区人口约占全国人口的12%，分布在423个县（市、区），大部分处于边境和少数民族聚居区。随着我国经济的高速发展，人们对美好生活向往的愿景持续增强，热区果树、蔬菜和花卉种类多样、特色鲜明，能很好地满足人民对高质量生活的需求。因此，充分发挥热区的光热资源优势，大力发展热带园艺产业进而部分替代传统粮食作物，既是区域种植模式的初步转变，也是实现我国热区人民增收致富奔小康的重要途径。

基于热带园艺产业发展的迫切需求，经中国热带作物学会批准，于1991年4月18日在广东省湛江市召开中国热带作物学会园艺专业委员会成立大会，标志着园艺专业委员会的组织管理和工作运行步入专业轨道。

园艺专业委员会的成立和运行，初步改变了热区园艺作物研发单位目标分散、技术交流不畅、产业信息闭塞、科研"单打独斗"等不利局面，为热区从事园艺研究和产业发展的企业搭建了一个集技术交流、信息共享、学术研讨、人才培养和技术服务等多功能的平台，为我国热区园艺产业发展和热区经济发展做出一定贡献。

二、园艺专业委员会事记

（一）第一届

1.委员会组成

顾问： 黄昌贤

主任委员： 陈作泉

副主任委员： 陈锦祥、蔡礼文、刘志

秘书长： 胡继胜

副秘书长： 罗震世

2.重点工作事记

1991年成立园艺专业委员会

在中国热带作物学会指导下，中国热带作物学会园艺专业委员会经反复酝酿筹备并报中国热带作物学会批准，于1991年4月18日在广东省湛江市召开成立大会，这是园艺专业委员会的首次会议。陈作泉研究员当选为园艺专业委员会第一届常务理事会主任委员，会议并选举产生了副主任委员、秘书长、副秘书长、常务委员和委员共21人。来自华南农业大学的著名热带果树专家黄昌贤教授受聘担任本专业委员会顾问。

（二）第二届

1.委员会组成

副主任委员： 陈锦祥、赖澄清、刘志、曾庆、蔡盛春、何普锐

秘书长： 孙光明

2.重点工作事记

（1）召开1996年学术交流会

1996年12月19—20日，园艺专业委员会学术交流会在广东省湛江市召开，会议由园艺专业委员会支撑单位中国热带农业科学院南亚热带作物研究所主办。本次会议主要围绕热区果树栽培技术、育种和国内热带果树研究最新进展等内容开展学术交流，会后组织参会代表前往科研试验基地现场考察。来自广东、海南、云南等5个省份的6家单位共17位专家作会议报告。其中，13位40岁以下的青年专家作专题报告。本次会议的举办，不但加强了园艺专业委员会会员单位间的学术交流，还促进了青年科技人员的成长。

（2）召开1998年学术讨论会暨第二届二次会议

1998年12月16—18日，园艺专业委员会第二届二次会议在云南德宏召开。会议由园艺专业委员会主办，云南省德宏州粮油集团总公司承办。会议主要围绕热带果树、蔬菜和花卉的最新研

究进展、栽培技术和新品种培育等开展学术交流和研讨，并参观了云南芒市、瑞丽和盈江三地的澳洲坚果生产基地。

（三）第三届

1. 委员会组成

副主任委员：陈锦辉、赖澄清、高海筹
秘书长：孙光明

2. 重点工作事记

召开2002年学术研讨会并选举产生园艺专业委员会第三届委员会

为了加强中国热带作物学会园艺专业委员会各委员及会员之间交流和合作，促进我国热带园艺产业结构调整、优化和技术进步，迎接我国加入WTO后挑战。2002年10月14—15日，2002年中国热带作物学会园艺专业委员会第三届委员会暨学术研讨会在福建漳州召开。本次会议主要围绕我国热区果树、蔬菜和花卉产业发展现状、存在的问题和未来发展趋势等内容进行交流，探讨中国加入WTO后，我国热带园艺产业面临的挑战及对策。会议由第三届园艺专业委员会副主任委员高海筹研究员主持并致开幕词，农业部南亚热带作物开发中心许灿光处长出席会议并讲话，园艺专业委员会秘书长孙光明同志向大会作第二届园艺专业委员会工作报告。会议选举产生了第三届园艺专委会成员。来自海南、广东、广西、云南、贵州、四川和福建7个省份的40多名代表参加了本次会议。

（四）第四届

委员会组成

主任委员：孙光明
副主任委员：陈锦祥、李维锐、陈振东、林芳栋、李绍鹏
秘书长：陆超忠

（五）第五届

1. 委员会组成

主任委员：谢江辉
副主任委员：何新华、沙毓沧、朱国鹏、尹俊梅、陈厚彬、钟广炎
秘书长：马小卫

2. 重点工作事记

（1）召开2015年学术交流会暨换届选举会议

2015年5月15日，中国热带作物学会热带园艺专业委员会第五届换届选举暨学术交流会议

在广东湛江召开。会议由园艺专业委员会挂靠单位中国热带农业科学院南亚热带作物研究所承办。来自海南、广东、广西、云南和贵州等省份的科研院所、高校和企业近20家单位的代表60余人参加了会议。中国热带作物学会副理事长王文壮研究员出席会议并代表热带作物学会致辞。会议选举产生第五届专业委员会委员，中国热带农业科学院南亚热带作物研究所所长谢江辉研究员当选专业委员会主任委员，选举副主任委员6名，委员15名，马小卫副研究员当选专业委员会秘书长。本次会议邀请了国家荔枝龙眼产业技术体系首席科学家、华南农业大学园艺学院院长陈厚彬教授等4位知名专家作特邀学术报告，另有6名科技人员作专题报告。

（2）召开2016年学术研讨会暨第五届二次会议

2016年8月19—20日，中国热带作物学会园艺专业委员会第五届二次会议暨学术研讨会在贵州兴义召开。本次会议由园艺专业委员会主办，中国热带农业科学院南亚热带作物研究所和贵州省农业科学院亚热带作物研究所联合承办。来自中国热带农业科学院、广西农业科学院、华南农业大学、广西大学、海南大学、云南省农业科学院等十余所高校及科研院所的70余名专家学者齐聚兴义，共议热带园艺产业发展大计。会议开幕式由南亚热带作物研究所副所长詹儒林研究员主持，贵州省农业科学院院长刘作易研究员、中国热带农业科学院副院长兼中国热带作物学会园艺专业委员会主任委员谢江辉研究员和贵州省农业委员会热带作物办公室孙玉忠主任出席会议并致辞。

研讨会主要围绕未来热带农业科技发展趋势、贵州山地特色果树发展现状、果树种质资源创新利用、热带花卉高效栽培、植物工厂等内容开展交流。中国热带农业科学院副院长谢江辉研究员、华南农业大学园艺学院院长陈厚彬教授、贵州省农业科学院亚热带作物研究所雷朝云研究员、中国热带农业科学院亚热带作物品种资源研究所副所长尹俊梅研究员等8位专家分别作学术报告。会后，参会代表前往贵州省农业科学院亚热带作物研究所山地芒果种植基地和贵州兴义绿缘公司花卉种植基地进行实地考察。

（3）召开2018年学术研讨会

2018年6月27—30日，中国热带作物学会园艺专业委员会2018年学术研讨会在广州从化召开。本次会议由园艺专业委员会主办，华南农业大学承办。以"乡村振兴，美荔前行"为主题，吸引了来自南非、澳大利亚、孟加拉国等国家的30多位外籍专家，以及来自我国海南、广东、广西、福建、云南、四川等省份的科研院所、高校和企业的领导及专家代表，共计120多人参会。

本次会议围绕荔枝产业发展研究、种质资源与育种、绿色生产、食品安全与品质、轻简化栽培技术、采后生理、加工技术等6个领域展开研讨。来自国内外高校及科研院所的23名专家作专题报告。研讨会全程采用中英双语主持和交流。研讨会通过微信平台设置全员投票通道，推选出了《基于LcFT1基因启动子的差异开发鉴定易、难成花荔枝的分子标记及在杂交育种中的应用》《荔枝不同品种果实糖分积累差异关键基因的筛选》等优秀报告6篇。

（4）承办2018年全国热带作物学术年会"耕作栽培与生理生态"分论坛

2018年10月23—26日，2018年全国热带作物学术年会在厦门召开，园艺专业委员会承办了"耕作栽培与生理生态"分论坛，16位专家作了专题报告。

（5）召开2019年学术研讨会

2019年12月9—12日，中国热带作物学会园艺专业委员会2019年学术研讨会在湛江召开，会议由中国热带作物学会园艺专业委员会、中国农业资源与区划学会和中国农业科技下乡专家团联合主办，中国热带农业科学院南亚热带作物研究所、中国热带农业科学院湛江实验站、中国农业资源与区划学会农村合作组织发展研究专业委员会、中国老教授协会、农业农村部热带果树生物学重点实验室、海南省热带作物营养重点实验室、海南省热带园艺产品采后生理与保鲜重点实验室共同承办。全国从事园艺科学研究、教学、生产和管理的近200名专家学者齐聚湛江，围绕"相约南亚热作，筑梦高效园艺"主题共话园艺传承，共促科技创新。

第十二届全国政协常委、副秘书长、民革中央副主席何丕洁，中国老教授协会常务副会长、中国农业大学原校长江树人，中国工程院院士、华中农业大学教授傅廷栋，中国工程院院士、中国林业科学研究院研究员张守攻，中国农业科技下乡专家团常务副团长陶元兴，中国热带农业科学院副院长、中国热带作物学会园艺专业委员会主任委员谢江辉，中国热带农业科学院南亚热带作物研究所所长徐明岗，中国热带作物学会副秘书长杨礼富等出席本次会议。会议由谢江辉主持，徐明岗和杨礼富分别致辞。研讨会上，十余位专家分别作了《发展林下经济助力特色农业建设》《油菜杂种优势利用及品质改良》《梨基因组研究与分子育种应用》《植物胁迫应答代谢产物转录调控——以WRKY40-PSCS为例》和《中国香蕉产业发展态势及枯萎病防控研究进展》等14个学术报告。

（六）第六届

1. 委员会组成

主任委员：杜丽清

副主任委员（排名不分先后）：胡桂兵、朱国鹏、李鸿莉

秘书长：李威

2. 重点工作事记

（1）召开第六次会员代表大会暨2021年学术研讨会

2021年12月2—4日，中国热带作物学会园艺专业委员会第六次会员代表大会暨2021年学术研讨会在广东省湛江市召开。本次会议由中国热带作物学会园艺专业委员会主办，中国热带农业科学院南亚热带作物研究所、农业农村部热带果树生物学重点实验室、海南省热带作物营养重点实验室、海南省热带园艺产品采后生理与保鲜重点实验室联合承办。中国热带农业科学院副院长、园艺专业委员会第五届主任委员谢江辉研究员，中国热带农业科学院南亚热带作物研究所所长杜丽清研究员以及园艺专业委员会会员单位中从事热带园艺领域研究、教学、生产与管理的专家和学者共47人出席现场会议，另有部分人员通过视频在线参会。

本次学术研讨会邀请中山大学农学院院长谭金芳教授、海南大学罗丽娟教授、华南植物园段学武研究员和广东省农业科学院蚕业与农产品加工研究所傅曼琴副研究员4位知名专家作特邀报告。另外，新当选的5位专业委员会委员及2位会员代表分别作专题报告。专家们围绕荔枝、澳洲坚果、石斛兰、火龙果、菠萝等热带园艺作物的相关问题开展交流和探讨。报告会后，参会人员实地考察了南亚热带作物研究所的菠萝、芒果、澳洲坚果种植基地和国家热带果树种质资源圃科研试验基地。

（2）召开2022年学术研讨会

2022年6月10—11日，中国热带作物学会园艺专业委员会2022年学术研讨会在广东湛江召开。会议由中国热带农业科学院南亚热带作物研究所承办。会议主题为"热带园艺作物种业高质量发展"。中国热带作物学会秘书长赵松林研究员，中国热带作物学会园艺专业委员会主任委员、中国热带农业科学院南亚热带作物研究所所长杜丽清研究员，广东省园艺学会理事长、华南农业大学园艺学院院长胡桂兵教授，分别代表中国热带作物学会、园艺专业委员会、广东省园艺学会致辞。全国从事荔枝、龙眼、菠萝、芒果及香蕉研究的科研院所、高校等单位的代表共40余人出席会议，另有部分人员在线参会。

本次研讨会共邀请了15位果树领域知名专家作学术报告，其中，国家香蕉产业技术体系首席科学家谢江辉研究员、国家苹果产业技术体系首席科学家马锋旺教授、国家香蕉产业技术体系岗位专家易干军研究员、国家桃产业技术体系岗位专家王力荣研究员和华中农业大学刘继红教授5位专家作了精彩的特邀报告，另外10位知名专家围绕荔枝、龙眼、香蕉、菠萝和芒果5种主要热带果树在种质资源收集评价、种质创新、优良新品种选育与推广及重要科学问题机制解析等内容进行交流。

（3）召开2022年园艺专业委员会青年科技工作者学术研讨会

2022年7月6日，中国热带作物学会园艺专业委员会青年科技工作者学术研讨会在广东湛江召开，由中国热带农业科学院南亚热带作物研究所承办。会议由南亚热带作物研究所副所长李普旺和中山大学农学院书记程月华共同主持。园艺专业委员会主任委员、南亚热带作物研究所所长杜丽清研究员，中山大学农学院程月华书记，中国农业科学院衡阳红壤实验站站长张会民研究员以及30余名青年科技人员通过线上和线下结合的方式参加会议。

本次青年科技工作者学术研讨会邀请了中山大学农学院陈景光副教授、南亚热带作物研究所陈晶晶副研究员及中国农业科学院衡阳红壤实验站黄晶副研究员等10位青年科技工作者作了学术报告，与会代表进行了深入交流。

三、获得荣誉

1. 谢江辉获得全国优秀科技工作者荣誉称号

2. 谢江辉被评为全国农业科研杰出人才

第十五章
植物保护专业委员会

一、成立背景

我国热区高温高湿，作物种类繁多，已经种植的热带、南亚热带作物有200多种，几乎涵盖了世界上所有人工栽培的热带作物品种。其中大面积种植的有橡胶、剑麻、槟榔、椰子、胡椒、咖啡、香蕉、芒果、菠萝、荔枝、龙眼、木薯等。高温高湿的环境条件十分有利于病虫草害的滋生蔓延，因此热区作物病虫草害种类多，终年发生，危害严重。①根据20世纪90年代初我国热带5个省份的病虫害情况调查，危害我国橡胶、木薯、香蕉、荔枝、芒果等60多种作物的病害有823种，害虫954种，其中重大的病害和害虫种类不少于50种。热带作物受病虫危害产量损失高达15%～50%，严重时甚至绝收，同时还造成农产品质量急剧下降。②热带农业生产中化肥、化学农药等化学投入品的增加以及外来有害生物的频繁入侵等因素，给热带农产品的质量安全造成了隐患，影响我国热带农产品的市场竞争力。③热区极端气候频繁，常伴随发生严重的病虫害，损失惨重。④气候变化和全球化趋势下，我国热区外来有害生物入侵频繁，严重危及我国热区生态安全和生产安全。因此，需要长期不断地加强对我国热带作物病虫草害快速检测诊断及生物学（生态学）特性、发生规律、成灾机制及绿色防控技术研究，提升我国热带有害生物入侵监测与控制水平，构建起完善的热作病虫草害监测预警体系和防控技术体系，保障热作产业的持续健康发展。在此背景下，在中国热带作物学会设立植物保护专业委员会，以加强科技人员的交流合作、引领防治热带作物病虫草害的科技创新，显得尤为必要。

植物保护专业委员会由热区相关专业的企事业单位及个人组成。在中国热带作物学会领导下，委员会是以促进学术交流、普及科学知识、加强优势互补、整合科技力量、推动技术进步、服务热区农业生产、承接政府职能转移、搭建好政府与热带作物病虫害防治科技工作者和相关企事业单位之间的桥梁纽带作用为主要目的的公益性群众团体。

二、植物保护专业委员会事记

（一）第一届至第三届

1. 委员会组成

第一届主任委员： 郑冠标
第二、三届主任委员： 张开明

2. 重点工作事记

1993年，植物保护专业委员会受农业部农垦司委托，与海南、广东、广西、福建、云南五省份农垦局及其地区热作学会一起，共同组织有关科技工作者对热区的热作病虫害进行普查工作，召开了总结会，出版了《华南五省（区）热带作物病害名录》。该名录记载了14目128种害虫和有害动物954种。通过普查基本摸清了热作病虫害的种类、分布和危害情况，为以后的热带植物检疫、病虫害防治和组织重点病虫害的研究，提供了科学依据。

（二）第四届

1. 委员会组成

主任委员： 郑服丛
副主任委员： 郑文荣
秘书长： 罗大全

2. 重点工作事记

（1）召开会员代表大会暨学术交流会

2000年9月28日，专业委员会第四届代表大会召开，出席这次大会的共100余人，来自四川、云南、广西、贵州、广东、福建和海南等省份的热带作物植保及其相关领域的科研、教学和生产单位。会议听取了第三届专业委员会的工作总结，传达了热带作物学会第六次代表大会学会理事会扩大会议的精神，进行了内容丰富、范围广泛的学术交流和经验交流。在本次会议上评选了优秀论文，选举产生了第四届专业委员会领导班子，完成了专业委员会的新老交替。

大会通过交流研讨，总结提炼出我国热带农业植保工作面临的新问题和新任务。

（2）服务产业发展和学术交流

2001年1—10月，专业委员会联合科技咨询服务部和园艺专业委员会先后派出科技专家43人次，深入到海南省白沙、临高、澄迈、琼山、琼海等地农村，指导农民开展橡胶白粉病、胡椒瘟病防治和果蔬病虫害防治以及作物新品种、新农药、新肥料应用技术项目15个，发送技术资料9 000多份。接受咨询指导的农民达1万人次以上，获得农民一致好评。

（三）第五届

1. 委员会组成

主任委员： 郑服丛

秘书长： 罗大全

2. 重点工作事记

2002年在福建厦门召开专业委员会学术研讨会。

符悦冠副研究员在2002年学术研讨会上作了题为《无公害农产品生产中的产地环境与技术规程》的报告。

（四）第六届

1. 委员会组成

主任委员： 郑服丛

副主任委员： 郑文荣、黄宏才、陈勇

秘书长： 罗大全

2. 重点工作事记

（1）召开2004年会员代表大会暨学术研讨会

2004年8月20—22日，专业委员会在山西省长治市召开第六届代表大会。出席这次大会的代表共74位，来自我国热带作物主要产区的热带作物植保及其相关领域的科研、教学、生产和

管理等单位。长治市有关领导专程出席了会议。长治市飙晟化工有限公司、长治市化工有限公司、安阳林药厂和天津久日化工厂等有关农药企业也派代表列席会议。

会上，郑服丛主任委员做了第五届植物保护专业委员会的工作报告。罗大全秘书长在大会上传达了热带作物学会有关会议精神，并动员全体代表积极撰写论文，参与中国热带作物学会第七次代表大会的学术交流。

（2）召开2006年学术研讨会

2006年10月16日专业委员会在江苏无锡召开2006年学术研讨会。出席这次大会的有来自海南、云南、广东、华南热带两院（华南热带作物学院、华南热带作物科学研究院简称"两院"）等各垦区和科教单位的代表共97人。共收到论文37篇，会议论文集收编的论文有33篇。江苏南通市广益机电有限公司、山西长治飙晟化工有限公司等企业也派代表列席会议。

郑服丛主任委员在大会上作了植物保护专业委员会的工作报告。报告回顾了2004年8月山西长治会议以来本专业委员会的工作情况，充分肯定了专业委员会在学术和信息交流、学术调研、科技咨询及植保推广等方面所起的积极作用。罗大全秘书长在大会上传达了中国热带作物学会有关会议精神。

大会特邀热作两院植保老专家张开明研究员作专题报告。各省份垦区派代表在会上进行学术和植保信息交流。江苏南通市广益机电有限公司、长治市飙晟化工有限公司的代表也在会上介绍了有关农药信息和产品。本次学术研讨会共评选出优秀论文一等奖12篇，优秀论文二等奖15篇，其他论文均获优秀论文奖。

（五）第七届、第八届

1. 委员会组成

主任委员：郑服丛

副主任委员：郑文荣、黄宏才、陈勇

秘书长：罗大全

2. 重点工作事记

2011年在湖南长沙召开中国热带作物学会植物保护专业委员会暨热带作物病虫害监测防治工作总结交流会。

（六）第九届

1. 委员会组成

主任委员：郑服丛

副主任委员：雷相成、易克贤、周峰、蒙绪儒、邱学俊、丁强、张绍升、姜子德

秘书长：罗大全

2. 重点工作事记

（1）召开 2015 年学术交流年会

2015 年 10 月 29—31 日，由中国热带作物学会植物保护专业委员会和全国热带农业科技协作网植物保护专业委员会共同主办，中国热带农业科学院环境与植物保护研究所、贵州省农业科学院植物保护研究所等单位承办的全国热带农业科技协作网植物保护专业委员会暨中国热带作物学会植物保护专业委员会 2015 年年会在贵阳召开。贵州大学副校长宋宝安院士、贵州农业科学院副院长陈泽辉、中国农业科学院植物保护研究所副所长陈万权等领导出席了会议。来自热区 9 省份 23 个单位的 70 余名领导、专家和企业经理共聚一堂，共商新时期加快热带植保科技创新对策，推进科技大联合与大协作。

贵州省农业科学院植物保护研究所何庆才所长主持开幕式。开幕式上，陈泽辉副院长代表贵州省农业科学院致辞。专业委员会主任委员郑服丛强调本次会议是在我国新一轮科技立项改革和"十三五"即将开局的关键时期召开的一次重要会议，针对"十三五"国家重点科技任务，他分析了整合热区各省份植保科技资源，形成热带农业植保科技的强大合力的重要性，期望通过产学研协同创新和协同推广，着力解决热带植保科技发展中的关键技术，提升热带农业科技整体水平，支撑热带农业产业发展。

本次年会还邀请了宋宝安院士、陈万权研究员、郑永权研究员、黄俊生研究员、张朝贤研究员和何玮毅博士作了大会报告。报告内容涵盖了病虫草害和农药等研究领域的先进适用技术和发展趋势。会议建议，设立五大协同创新工作组，建立起富有活力的新型协作模式与机制，不断增进交流、扩大合作、整合资源、促进共享，实现优势互补、合作共赢，整体提升我国热带植保自主创新能力，更好服务我国热区乃至世界热区农业发展。

（2）开展国际交流合作

一是成功协助举办商务部 2015 年发展中国家热带重要作物病虫害防治技术培训班。来自格林纳达、古巴、缅甸、柬埔寨、埃塞俄比亚、埃及和南苏丹等 11 个发展中国家 23 名学员参加培训。二是积极配合国家"一带一路"建设战略，赴马尔代夫开展椰心叶甲综合防控交流。协助建成马尔代夫建立椰子害虫实验室，培训指导马尔代夫技术人员饲养椰心叶甲寄生蜂。培训技术人员 30 人，完成椰心叶甲寄生蜂第一代的饲养。同柬埔寨建立了中国-柬埔寨木薯、橡胶良种繁育及高效栽培技术示范基地。三是参与中英非农业合作项目（Agritt）。在乌干达 4 个示范区分别进行木薯种植及病虫害防治技术培训，协助完成 40 个苗圃的木薯种植。举办热带作物国际高层对话会议，提高专业委员会在国际橡胶研究与发展方面的影响。四是专业委员会委员单位派出 22

人赴美国、加拿大、马尔代夫、巴西、马来西亚、越南和奥地利等国家出访。近80人次国外学者到委员单位进行交流访问。

（3）进行2015年学术交流总结

植物保护专业委员会协办了中国植物病理学会2015年年会、海南省昆虫学会成立大会、全国热带农业科技协作网植物保护专业委员会暨中国植物保护学会热带作物病虫害防治专业委员会2015年年会等系列学术会议40多场，参会人员共计1 200余人。委员单位组织各类学术报告会近100场次，邀请各类专家进行学术交流200多人次。

（4）开展科普和科技服务活动

第六届专业委员会结合自己的职责，积极推进"百名专家兴百户"行动。有针对性地设置重点示范户，对其进行定期的"一对一"技术指导和帮扶行动，起到"做好一户、带动一村、辐射一镇"的作用。开展技术示范和热作重要病害的知识巡回展，共计培训基层科技人员和农民946人次，赠送科技宣传册4 500多份和部分物资。举办瓜菜病虫害田间诊断及防治、槟榔黄化病防治技术、橡胶病虫害防治技术示范、剑麻病虫害疫情监控技术、香蕉病虫害防治技术、木薯病虫害防治技术、热带作物病虫害绿色防控、芒果病虫害防治技术、热带作物病虫害防治技术以及橡胶、槟榔病虫害防治技术等培训班40余次，接受培训人数2 900多人次。此外，还通过与海南昌江县政府合作，开展"橡胶林下标准化种植南药益智及产业化示范"项目研究。

（5）专业委员会工作与科研活动紧密结合，为热带农业的顺利发展保驾护航

专业委员会全体成员通力合作，科研、教学和生产部门紧密配合，对橡胶树棒孢霉落叶病、季风性落叶病、橡胶树介壳虫及椰子椰心叶甲等病虫害防治问题的及时有效解决，对橡胶流胶病的病因确定与病害防控、芒果露水斑病的诊断与防治，以及一系列新发生病虫害的及时发现和应急处置，专业委员会成员都做了大量的工作。

在热区作物病虫害监测预报方面，一是结合农业部南亚办作物病虫害监测防控项目，针对橡胶、芒果、香蕉、剑麻等热带作物的主要病虫害，制定监测预报技术规程，建立监测预报网络，在病虫害发生关键时期实施监测，定期发布预警信息，为农业管理部门和企业科学防治病虫害提供参考，达到及时防治、减少用药、提高防效、节省防治成本的目的。二是通过对热区作物病虫害的调查，有利于掌握我国热带作物病虫害种类和发生地区的本底，为热带作物植保的科研、教学活动提供方向引导，也为政府部门的农业区划提供参考依据。

（七）第十届

1. 委员会组成

主任委员：易克贤

副主任委员：缪卫国、陈叶海、周明

秘书长：龙海波

2. 重点工作事记

（1）召开会员代表大会

2016年12月28—30日，中国热带作物学会植物保护专业委员会在海口召开第十次会员代表大会暨学术研讨会。来自海南、广东、广西、福建、云南、四川、贵州、湖南等省份的50余名专家学者齐聚一堂，交流热带作物植物保护及相关领域科技创新发展。中国热带作物学会副秘书长杨礼富研究员，专业委员会支撑单位中国热带农业科学院环境与植物保护研究所所长易克贤研究员、副所长黄贵修研究员出席了会议。

会议听取、审议了郑服丛主任代表委员会向大会作的中国热带作物学会植物保护专业委员会第九届委员会工作报告。中国热带作物学会杨礼富副秘书长充分肯定了专业委员会第九届委员会多年来的工作，希望新一届的委员会能够以换届作为创新发展为新起点，在新一届委员会领导下进一步增强责任感和使命感，大胆改革，锐意进取，主动作为，不断提升专业委员会的影响力和凝聚力，为热带作物植保领域的科技创新和产业发展做出新的、更大的贡献。

本次大会还邀请了7位专家作专题学术报告，就病虫害防治、农药及抗病种质选育等植物保护及其相关学科领域研究进行了深入研讨。与会委员及代表对2017年专业委员会工作提出了建议。

（2）召开学术年会

2017年11月12—15日，中国热带作物学会2017年年会在中国贵阳隆重召开。第四分会场暨中国热带作物学会植物保护专业委员会2017年学术年会由中国热带农业科学院环境与植物保护研究所、中国热带作物学会植物保护专业委员会、贵州省农业科学院植物保护研究所和四川省农业厅植物保护站4个单位共同承办。来自全国热区从事病虫害防治与绿色农业生产的26个科研单位、高等院校、政府机构和企业的80多名代表参加了会议。

专业委员会主任委员易克贤研究员致辞，云南农业大学李成云教授、贵州大学金道超副校长和贵州省农业科学院植物保护研究所何永福所长分别在专业委员会学术年会上作特邀报告。在优秀报告评选中，贵州大学张木清教授的《柑橘黄龙病纳米防治药物的研发与应用》，中国热带农业科学院高兆银副研究员的《采前喷施赤霉素（GA₃）对芒果产量、果实品质和采后贮藏特性的影响》，以及中国热带农业科学院金涛副研究员的《新入侵害虫椰子织蛾生物学及其优势寄生蜂的评价》被评为优秀报告。热带作物病虫害防控与绿色农业第四分会场被中国热带作物学会授予优秀组织奖。

（3）多次承办或协办学术会议

2019年3月20—23日在海口承办国家农用微生物数据监测与收集评价技术交流研讨会。

2019年12月10日，由中国热带农业科学院环境与植物保护研究所和马来西亚普特拉大学联合主办，中国植物保护学会病虫害防治专业委员会和中国热带作物学会植物保护专业委员会等单位协办的网络研讨会顺利召开。本次研讨会主题为"植物保护与农业可持续发展"。中国热带作物学会植物保护专业委员会主任委员、中国热带农业科学院环境与植物保护研究所所长易克贤研究员，副所长谢贵水研究员，该所"一带一路"热带项目牵头专家吕宝乾研究员、符悦冠研究员，以及普特拉大学农学院副院长Anjas Asmara Samsudin博士、Wong Muiyun教授、Norida Mazlan教授、Oladosu Yusuff博士、Lau Weihong教授等领导与专家出席开幕式。开幕式由Wong Muiyun教授和吕宝乾研究员共同主持。来自中国热带农业科学院环境与植物保护研究所、普特拉大学农学院、热带农业和粮食安全研究所等单位的100余名代表出席了会议。

2019年，植物保护专业委员会与生态环境专业委员会共同承办2019年全国热带作物学术年会病虫害防控与绿色农业学术交流分论坛，分论坛共有25位专家作报告，其中4位作特邀报告，科研人员和研究生共80多人参会，成效显著。

2020年，专业委员会承办了热带作物学会2020年学术年会生态农业和绿色植保分论坛，共有16名专家作学术报告，其中5人作特邀报告。来自热区各省份植保领域的32个单位的70位专家学者参加论坛。

2021年，专业委员会积极承办了中国热带作物学会2021年学术年会的分会场，参加专家达到70多人，会议交流报告17个，并有多人提交论文。

（4）开展党建活动

2020年12月29—30日，中国热带作物学会植物保护专业委员会党支部与中国热带农业科学院环境与植物保护研究所第一党支部联合举办"传承热作文化，践行青春梦想"主题党日活动。

2021年5月25—26日，专业委员会联合支撑单位在儋州举行庆祝建党100周年系列活动，传承热科人"应国家战略而生，为国家使命而战"的艰苦奋斗精神。

（5）结合项目开展技术培训和科普指导

专业委员会联合委员单位，建立了项目执行与技术示范、科普推广三驱动的运行机制，有效推动产业发展。以国家重点研发项目的实施为例，"热带果树化肥农药减施增效国家重点研发计划项目"研发多项关键技术，集成优势产区减施综合技术模式等技术8套，形成配套技术规程10余个，示范面积1万亩。示范区化肥农药用量减少均达到25%、利用率分别提高12%和8%，农作物平均增产3%。依托"特色经济作物化肥农药减施技术集成研究与示范"项目培训技术人员9 246人次，培训高素质农民10.78万人次。依托"热带果树化肥农药减施增效技术集成研究与示范"项目，培训农民、技术员1 627名。举办高素质农民培训2期，培训学员110人。

第十六章
农业经济与信息专业委员会

一、成立背景

新中国成立以来，我国农业和农村经济取得了举世瞩目的成就，用不到10%的耕地养活了近20%的人口。70多年来，在中国共产党领导下，我国依靠自己的力量实现了粮食基本自给，解决了14亿人口的吃饭问题。中国农业的发展不仅为中国的稳定与发展做出了巨大贡献，也为世界和平与发展做出了巨大贡献。

为了在基本解决温饱的新形势下，长期确保农产品有效供给和不断增加农民收入，建立以市场为导向，以科技为支撑，以效益为中心的高产、优质农业生产模式，解决农业发展中的关键问题，切实为农民做好服务，促进农业经济可持续发展，更加深入系统地开展农业经济相关研究，搭建开发、融合、协作农业经济的学术交流平台成为迫切的需要。

专业委员会由热区相关专业企事业单位及个人组成，在中国热带作物学会领导下，是以促进学术交流、普及科学知识、加强优势互补、整合科技力量、推动技术进步、服务热区农业生产为主要目的的公益性群众团体。

二、农业经济与信息专业委员会事记

（一）第一届

1. 委员会组成

主任委员：傅国华

副主任委员：宋国敏、杨庄、邢贻标、陈康泰、李慈君

秘书长：许能锐

2. 重点工作事记

（1）召开1999年热带农业产业化与农业经济发展学术研讨会

农业经济与信息专业委员会于1999年11月在海南召开了热带农业产业化与农业经济发展学术研讨会。38名专家出席，提交论文36篇。与会专家对我国热带亚热带作物生产结构调整和热带农业产业化经营与农业现代化等问题进行了深入研讨。

（2）参与2001年"科技在我身边"为主题的科技周活动

2001年10月中旬，中国热带作物学会和中国热带农业科学院与儋州市科学技术协会、白沙县科学技术协会共同举办了以"科技在我身边"为主题的科技活动周，组织科技专家到儋州市那大镇、长坡镇及白沙县七坊镇进行科普宣传活动。主要内容有：

①科技图片展。向广大农民宣传展示热带果蔬、热带农牧良种良苗、栽培管理与加工利用方面的最新成果和实用技术。同时，给前来观展的农民发送各种技术资料11 000多册，并随时解答农民提出的技术问题。该项活动很受农民欢迎，前来观展和接受技术服务的人数达5 000多人。

②为当地科技扶贫村和重点科技户送去了一批优新水果苗和优良牧草种子。

③安排专家作专题报告。专业委员会主任委员、农业经济专家海南大学傅国华教授为儋州市"四套班子"机关干部作了题为《科技进步与经济发展》的学术报告，讲述了科技进步对社会和经济发展的巨大作用及在经济全球化的当代掌握科学技术的重要性。

（3）召开2007年年会暨学术研讨会

2007年11月24日，在云南省西双版纳州景洪市山西大酒店召开2007年农业经济与信息专业委员会年会暨学术研讨会。

在本次会议上，提出两个议案：一是本次前来参会的人员经登记自动加入成为专业委员会的新会员；二是提名增补云南热带作物职业学院宋国敏副院长、云南省热带作物科学研究所杨庄副所长、海南白沙农场邢贻标场长、广东南华农场陈康泰场长、广西农垦局综合处李慈君处长等为专业委员会副主任委员。增补云南热带作物职业学院副院长杨国顺、纪委书记吴坚，以及广西玉林市发展和改革委员会张重峰科长、湛江农垦局刘万顺科长、海南兰洋农场吴裕丰场长、海南大学管理学院财经系刘学兵主任、海南大学管理学院徐知斌副教授和栾乔林副教授为常务理事。同时，增补许能锐博士为秘书长。

大会邀请海南大学刘康德教授作了《大企业带动大农业升级》专题报告。来自海南国营白沙农场的邢贻标场长、湛江农垦局梁超平、广西农垦局的李慈在会上分别作了《产业化是白沙茶叶发展壮大的必由之路》《在改革开放中探索农业现代化建设道路》《广西城乡经济互动定量综合评价模型初探》的专题报告。

（4）举办2010年热带农业经济管理学术论文大赛

农业经济与信息专业委员会与海南大学经济与管理学院联合举办了2010年热带农业经济管理学术论文大赛。大赛共评出了优秀论文20多篇，较好地激发了本科生和研究生对热带农业经济管理专业的学习热情和研究激情。获奖论文在《热带农业科学》杂志上专刊登载。

（5）举办2011年年会暨学术研讨会

2011年8月5日，专业委员会在广西桂林举办农业经济与信息专业委员会年会暨中国天然橡胶产业经济研讨会。会议围绕农垦改革后天然橡胶产业发展方向进行研讨，来自云南、广东、海南的44名代表参会。

（6）举办2014年年会暨学术研讨会

2014年12月6日，国家天然橡胶产业技术体系联合中国热带作物学会农业经济与信息专业委员会举办2014年中国天然橡胶产业经济研讨会暨中国热带作物学会农业经济与信息专业委员会年会。本次会议以"天然橡胶产业的可持续发展和价格持续低迷对产业的影响"为主题进行研讨。会议在广州燕岭大厦召开，国家天然橡胶产业技术体系各岗站、中国热带作物学会农业经济与信息专业委员会、农业部农垦经济发展中心、海南大学、广东省农垦局、海南省农垦局、云南省农垦局、华南农业大学、暨南大学、浙江财经大学等单位的代表80余人出席了会议。广东省农垦局副局长陈剑峰致开幕词，海南大学副校长傅国华教授作了主题报告，5位国家天然橡胶产业技术体系的专家作了专题报告，与会代表还就天然橡胶产业可持续发展进行了热烈的研讨。

（7）承办2016年学术年会第一分会场会议

2016年农业经济与信息专业委员会协助中国热带作物学会举办学术年会，并承办了第一分会场的学术会议，会议主题为"供给侧结构性改革背景下热作产业经济发展"。

（8）在海南大学开设"天然橡胶产业经济学专题"特色课程

构建"学校授课-课题研究-学会活动"（School-Projects-Society，简称SPS）的人才培养模式，以专业委员会成员为骨干教师，自2016年起，持续在海南大学开设"天然橡胶产业经济学专题"特色课程，获得好评。

（二）第二届

1. 委员会组成

主任委员： 刘恩平

副主任委员： 孙娟、胡盛红

秘书长： 侯媛媛

2. 重点工作事记

（1）召开2018年学术会议暨第二次会员代表大会

2018年10月25日，中国热带作物学会农业经济与信息专业委员会在福建省厦门市召开第二次会员代表大会。会议审议并通过了第一届农业经济与信息专业委员会工作报告。选举产生了第二届专业委员会委员。来自中国热带农业科学院科技信息研究所、海南大学、广西大学、贵州大学、云南农业大学和广东农业科学院等13家单位共计25人当选为第二届专业委员会委员。

承办2018年全国热带作物学会农业经济与信息分论坛，邀请来自全国各地的14位专家作关于农业经济与信息领域的相关报告。

（2）2018年派出专家参与全国、区域性的学术会议

2018年，共派出5批次共10余人次参加了全国和区域性的学术会议，开阔了科技人员的视野，拓宽了研究思路。派出会员在全国农业大数据与监测预警学术研讨会、第十二届泛珠三角和中南地区农业信息与经济学术交流会等重要会议上作学术报告，提高了学术影响力。

（3）举办2019年年会暨学术研讨会

2019年12月18—20日，中国热带作物学会农业经济与信息专业委员会年会暨热带农业经济与信息学科前沿与发展战略研讨会在海口召开。会议主题为"热区乡村振兴与特色产业发展"。会议由中国热带作物学会农业经济与信息专业委员会主办，中国热带农业科学院科技信息研究所承办。中国农业科学院农业信息研究所原所长许世卫研究员、国务院发展研究中心农村经济研究部韩杨主任、农业农村部对外经济合作中心刘志颐副处长、中国南海研究院海南自由贸易港研究中心于涛主任等知名专家学者应邀到会作报告。中国热带作物学会副秘书长杨礼富出席会议。全国从事热带农业经济与信息及相关领域的专家学者共70余人参加了会议。开幕式由中国热带作物学会农业经济与信息专业委员会主任委员刘恩平主持。

（4）承办2020年全国热带作物学术年会热带农业发展与对外合作论坛

2020年10月30日，为加强热带农业经济与农业信息化的交流与合作，由农业经济与信息专业委员会和国际合作工作委员会主办。中国热带农业科学院科技信息研究所、国际合作处共同承办的2020年全国热带作物学术年会热带农业发展与对外合作分论坛召开。论坛由中国热带作物学会农业经济与信息专业委员会主任委员刘恩平研究员和国际合作工作委员会主任委员黄贵修研究员共同主持。

（三）第三届

1. 委员会组成

主任委员：黄贵修
副主任委员：李玉萍、周灿芳
秘书长：魏艳

2. 重点工作事记

（1）召开第三届委员会第一次会议

2021年11月4日，会议圆满完成了2021年学术交流、第二届委员会工作总结及其换届工作。

专业委员会在海南澄迈召开第三届委员会第一次会议。在新一届专业委员会主任委员黄贵修同志的主持下，委员们集中讨论了专业委员会下一步工作规划及在学术交流和协同攻关等方面的工作。

（2）承办2021年学术年会分会场"数字热作与热区乡村产业振兴论坛"主题会议

为助推热区乡村振兴发展及国家热带农业科学中心打造工作，促进科技创新和科学普及发展，中国热带作物学会2021年年会数字热作与热区乡村产业振兴论坛在海南澄迈隆重召开。论坛由中国热带作物学会农业经济与信息专业委员会和期刊工作委员会主办，中国热带农业科学院科技信息研究所承办。会议采取线上、线下相结合的方式举行。来自海南、云南、广东等省份25个单位共150余人现场参会，3.1万余人次观看线上直播。

三、获得荣誉

1. 2020年农业经济与信息专业委员会获得年会优秀分会场组织奖

2. 魏艳被评为中国热带作物学会2020—2021年度先进工作者

第十七章
遗传育种专业委员会

一、成立背景

作物遗传育种是研究作物性状遗传变异规律、改良种性、培育作物新品种的一门重要学科。当前热带农业的效益欠佳，技术储备少，农产品品质差，迫切需要作物遗传育种学科强有力的技术支撑。

基于生物遗传育种发展的国家需求，时任中国热带作物学会理事长的吕飞杰同志在中国热带农业科学院热带生物技术研究所座谈，指示成立遗传育种专业委员会，并建议郑学勤同志担任筹备组组长。

为落实中国热带作物学会吕飞杰理事长的指示精神，郑学勤同志积极与遗传育种相关的科研、教学单位及企业沟通，并达成共识。经过一年多的筹备，2002年11月15日，中国热带作物学会遗传育种专业委员会正式在民政部登记成立，并于2003年5月在海南省海口市中国热带农业科学院热带生物技术研究所召开成立大会。

遗传育种专业委员会自成立以来，坚决贯彻热作学会宗旨，坚持"百花齐放，百家争鸣"，倡导"献身、创新、求实、协作"的精神，坚持开放办会。紧密围绕学会中心工作和重点任务部署，以服务产业发展和乡村振兴为目标，坚持问题导向、目标导向、发展导向，利用人才和科技资源优势，积极组织学术交流，推进科技成果推广，开展技术培训和科普等各项工作。聚焦生物育种、热带农业等领域，推进热带农业科技创新、高层次人才培养、科技成果转化和国际交流合作，支撑海南自由贸易港建设，打造世界一流的热带农业科学中心。在促进学术交流、科技创新和人才培养，提升基层科普服务能力等方面，利用遗传育种专业优势，发挥交叉学科作用，在国内热区开展科研合作，为广大科技工作者建立多渠道的交流平台，积极推进遗传育种专业的发展，为服务国家热带农业科学中心建设和热区乡村振兴做出了应有的贡献。

二、遗传育种专业委员会事记

（一）第一届

1. 委员会组成

主任委员：郑学勤

副主任委员：王绥通、张伟雄、倪书邦、黄华孙

秘书长：王向社

2. 重点工作事记

（1）召开中国热带作物学会遗传育种专业委员会成立大会

在中国热带作物学会指导下，中国热带作物学会遗传育种专业委员会于2003年5月在海南省海口市中国热带农业科学院热带生物技术研究所召开成立大会。出席会议的有中国热带作物学会、中国热带农业科学院、华南热带农业大学、福建省农业科学院、福建农林大学、海南省农垦总局、云南省农业厅、云南农业大学、广东省农业厅、华南农业大学等单位领导和专家学者，以及企业代表共50多人。

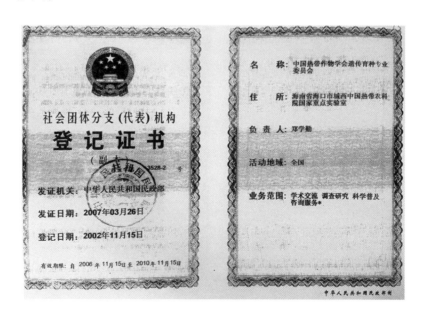

成立大会在遗传育种专业委员会的支撑单位——中国热带农业科学院热带生物技术研究所召开，会议由中国热带农业科学院热带生物技术研究所彭明研究员主持。开幕式上，当选遗传育

种专业委员会主任的郑学勤同志汇报了遗传育种专业委员会的筹备情况，并阐述了专业委员会成立的重大意义。

大会研究了专业委员会的工作任务、工作目标和工作计划，确定专业委员会人员组成。经过各省份推荐并通过充分酝酿，大会选举产生了中国热带作物学会遗传育种专业委员会首届委员单位和委员。大会还研究了会员发展、活动、交流与合作等问题。

（2）召开2005年学术研讨会

2005年11月6—8日，中国热带作物学会遗传育种专业委员会2005年学术研讨会在云南西双版纳召开。会议探讨交流了当时环境背景下如何发展我国遗传育种学科，提高种质资源利用与发展水平等问题。中国热带农业科学院热带生物技术研究所研究员、遗传育种专业委员会主任委员郑学勤向大会报告了中国热带作物学会遗传育种专业委员会成立以来的工作情况，同时对专业委员会下一阶段的工作提出了要求。福建、海南、四川、云南等省份的委员共50余人出席了会议。

（3）召开2007年学术研讨会

2007年8月10—13日，中国热带作物学会遗传育种专业委员会2007年学术研讨会在云南瑞丽召开。会议由中国热带作物学会遗传育种专业委员会主办，中国热带农业科学院热带生物技术研究所承办。中国热带作物学会遗传育种专业委员会主任委员郑学勤、中国热带农业科学院热带生物技术研究所所长彭明等出席了会议。会议得到了云南农业科学院的大力支持。本次会议收到论文40余篇，有16位专家作报告，报告涵盖的领域广泛、题材新颖、内容丰富。来自云南、广东、广西、江西、福建、四川、贵州、湖南、海南9个省份的22家单位共72名代表参加了会议。

（二）第二届

1. 委员会组成

顾问： 郑学勤

主任委员： 彭明

副主任委员： 李美凤、张伟雄、倪书邦、黄华孙、李开绵、周鹏

秘书长： 周晶

2. 重点工作事记

（1）召开2009年学术研讨会

由中国热带农业科学院热带生物技术研究所承办的中国热带作物学会遗传育种专业委员会2009年学术研讨会于10月21—24日在广西桂林举行。本次研讨会特别邀请了海南省农垦总局、广东湛江农垦集团公司和云南省德宏农业科学研究所的专家出席。云南红河热带农业研究所、云南热带作物研究所、中国热带农业科学院橡胶研究所和热带生物技术研究所等单位的科技骨干共70多人参加了会议。遗传育种专业委员会主任委员、中国热带农业科学院热带生物技术研究所所长彭明研究员致辞，并作了《重要热带作物木薯品种改良的基础研究》报告。

（2）召开2010年学术研讨会

中国热带作物学会遗传育种专业委员会2010年学术研讨会在四川省成都市召开。会议由中国热带农业科学院热带生物技术研究所承办，四川省农业科学院和其下属的生物技术核技术研究所协办，来自广东、广西、四川和海南等省份的近百位代表参加了会议。

本次会议收到会议论文30余篇，15位专家作了专题报告。研讨会结束后，与会代表参观了四川省农业科学院生物技术核技术研究所以及四川省农业科学院郫县实验基地。

（3）召开2011年学术研讨会

2011年8月24—27日，中国热带作物学会遗传育种专业委员会2011年学术研讨会在江西南昌召开。来自海南、广西、广东、福建、江西等省份科研院所的领导与专家学者120多人参加了大会。

大会共征集学术论文近50篇，论文主要涉及热带农业微生物、热带生物基因资源与遗传改良、南药及野生植物资源研究利用与开发等方面的研究内容。

中国热带农业科学院热带生物技术研究所党委书记马子龙研究员主持了大会开幕式，遗传育种专业委员会主任委员、所长彭明研究员及江西省农业科学院谢金水院长分别致辞。会上，陈光宇研究员、彭明研究员、郑学勤教授、金志强研究员、周鹏研究员、戴好富研究员、冯斗教授等先后作了专题报告。一批科研新秀也借助大会这个平台展示了自己的科研成果。

（4）召开2012年学术研讨会

2012年8月1—5日，中国热带作物学会遗传育种专业委员会2012年年会暨学术研讨会在福建福州召开。大会由中国热带作物学会遗传育种专业委员会和农业部热带作物生物学与遗传资源利用重点实验室主办，中国热带农业科学院热带生物技术研究所、福建省农业科学院以及农业部福州热带作物科学观测实验站联合承办。来自海南、云南、广西、福建、四川等地科研院所的领导和专家学者150多人参加了会议。

大会共征集学术论文84篇，内容涉及我国水稻、天然橡胶、番木瓜、木薯、香蕉、椰子等重要农业作物育种研究以及农业微生物、能源微藻、南药的开发利用、热带生物基因资源与遗传改良、基因组学转基因育种技术等多个领域。

大会开幕式由中国热带农业科学院热带生物技术研究所党委书记马子龙研究员主持，遗传育种专业委员会主任委员、所长彭明研究员及福建省农业科学院刘波院长分别致辞。会上，彭明研究员、谢华安院士等13位专家先后作了专题报告。

（5）召开2013年学术研讨会

2013年9月26—28日，中国热带作物学会遗传育种专业委员会2013年年会暨学术研讨会在贵阳召开，来自热带作物生物学与遗传资源利用学科群各室站的代表和海南等6个省份科研院所的152位代表参加会议。

本次会议由中国热带作物学会遗传育种专业委员会、农业部热带作物生物学与遗传资源利用重点实验室主办，中国热带农业科学院热带生物技术研究所和贵州省农业科学院联合承办。会议旨在促进作物遗传育种学科的发展，展示热带作物遗传育种、生物资源综合利用、热带生物质能源、热带基因组学和蛋白质组学等领域的最新成果，促进全国热区科研院所的科技合作与交流。会上共有23位专家作了报告。

会后代表们还参观了贵州省农业科学院，并与该院专家进行了交流。

（6）召开2014年学术研讨会

2014年10月16—18日，中国热带作物学会遗传育种专业委员会和香料饮料专业委员会2014年年会暨学术研讨会在中国热带农业科学院香料饮料研究所召开，郭安平副院长出席会议。

来自云南省农业科学院、云南省德宏热带农业科学研究所、广西农业科学院等国内科研院所及高校、企业的领导、专家共160多人参会。香料饮料研究所全体科技人员参加了会议。

大会特邀报告13个。会上中国热带农业科学院郭安平研究员、彭明研究员、戴好富研究员、郭建春研究员，广西农业科学院园艺研究所尧金燕副研究员，中国热带农业科学院香料饮料研究所郝朝运副研究员、张彦军助理研究员，分别作了《转基因生物安全评价与管理》《木薯淀粉高效积累与耐旱的分子机理研究》《沉香活性次生代谢产物的研究》《木薯蔗糖转化酶在木薯淀粉积累中的作用》《广西野生蕉资源收集与利用》《胡椒种质资源收集保存、鉴定评价与创新利用》《中国天然香草兰豆荚中香兰素的研究进展》主题报告。

（7）召开2015年学术研讨会

2015年8月21—23日，中国热带作物学会遗传育种专业委员会2015年学术年会在广东深圳召开。本次会议由中国热带作物学会遗传育种专业委员会与海南省植物学会联合主办。

专业委员会主任委员彭明研究员、顾问郑学勤研究员，海南省植物学会常务副理事长周鹏研究员，专业委员会挂靠单位中国热带农业科学院热带生物技术研究所马子龙书记出席会议。会议由热带生物技术研究所戴好富副所长主持，来自广东、广西、云南、海南等省份的16家科研院所等单位的领导、专家96人参加了会议。

大会以"挖掘热区生物资源，提升生物产业水平"为主题，旨在促进作物遗传育种和植物学学科的发展。会议征集学术论文42篇。会上，专业委员会主任委员彭明研究员作了题为《木薯响应干旱胁迫的分子机制》的专题报告，中国热带农业科学院环境与植物保护研究所黄俊生研究员、中国农业科学院深圳农业基因组研究所阮珏研究员等12位专家先后作了专题报告。报告涉及作物遗传育种、植物天然产物化学、植物基因组学、植物生理生化、植物病原微生物学、生物安全等多个研究方向。

（三）第三届

1. 委员会组成

主任委员： 彭明

副主任委员： 戴好富、张治礼、何霞红、王文泉

秘书长： 徐兵强

2. 重点工作事记

（1）召开2016年学术年会

2016年11月28—30日，中国热带作物学会遗传育种专业委员会在海口召开第三次会员代表大会暨2016年学术年会。来自海南、广东、广西、福建、云南、四川、贵州等省份的60多名专家学者齐聚一堂，交流热带作物遗传育种新技术及相关领域科技创新活动的经验。

中国热带农业科学院副院长、热带作物学会副理事长郭安平，专业委员会支撑单位中国热带农业科学院热带生物技术研究所党委书记马子龙、副所长戴好富，中国热带作物学会副秘书长杨礼富出席会议。大会由专业委员会第二届委员会副主任委员周鹏主持。

本次大会还邀请了12位专家作专题学术报告，就热区香蕉、番木瓜、甘蔗、木薯、剑麻等热带重要农业作物遗传育种及其相关学科领域研究进行了深入研讨。

（2）召开2017年学术研讨会

2017年11月20—23日，2017年全国热带作物遗传育种学术研讨会在广州召开。来自海南、广东、广西、福建、云南、四川、贵州等地的100多名代表参加了本次会议，共同交流热带作物遗传育种及相关领域的最新成果，探讨最新发展方向。中国热带作物学会遗传育种专业委员会主任委员、中国热带农业科学院热带生物技术研究所所长彭明研究员，广东省农业科学院副院长易干军研究员出席会议，中国热带农业科学院热带生物技术研究所副所长刘志昕研究员和广东省农业科学院果树研究所所长曾继吾研究员分别代表主办单位和承办单位出席开幕式并致辞。会议开幕式由遗传育种专业委员会副主任委员、中国热带农业科学院热带生物技术研究所王文泉研究员主持。

本次会议特邀华南农业大学陈厚彬教授、陈乐天教授，复旦大学卢宝荣教授，华中农业大学刘克德教授和广东省农业科学院易干军研究员作大会特邀报告。共有10位专家分别围绕传统育种、基因工程育种、细胞工程育种、转基因育种和抗病毒育种等专题作了报告。会议还设立了植物生物工程、微生物工程和南繁种业与转基因生物安全3个分会场，共24个青年学术报告。

（3）召开2018年学术研讨会

2018年11月14—16日，2018年全国热带作物遗传育种学术研讨会在云南保山召开。海南、云南、广西、贵州、四川、福建等地的90多位专家学者共聚美丽保山，分享了热带作物遗传育种及相关领域的最新成果。

中国热带作物学会遗传育种专业委员会主任委员彭明研究员，云南省保山市农业局茶春桥局长，中国农业科学院植物保护研究所吴圣勇博士，中国热带农业科学院热带生物技术研究所书记马子龙研究员和云南省农业科学院热带亚热带经济作物研究所书记刘光华研究员出席开幕式并致辞。会议开幕式由遗传育种专业委员会副主任委员王文泉研究员主持。

会议期间，20位专家学者分别围绕热区作物传统育种、基因工程育种、细胞工程育种、转基因育种和抗病毒育种等领域作了精彩的专题报告。90岁高龄的郑学勤研究员参与了本次研讨会，并作了题为《辣木的研究与开发》的专题报告，全场以热烈掌声表示敬意。张树珍研究员的《甘蔗高效转基因育种技术研究及基因资源挖掘》、金志强研究员的《香蕉遗传改良的分子基础》、言普副研究员的《新型DNA分子克隆系统——Nimble Cloning》、姚远副研究员的《CRISPR/

Cas9系统编辑木薯*MeHXK2*基因》、阮孟斌副研究员的《木薯胁迫相关MYB转录因子MeMYB2的功能鉴定》、夏志强博士的《热带作物基因组选择育种方法与挑战》等报告，都受到与会专家学者的关注和好评。与会代表还对云南省农业科学院热带亚热带经济作物研究所基地进行了实地考察。

（4）召开2019年学术研讨会

2019年11月24—27日，2019年全国热带作物遗传育种学术研讨会在福建福州召开。会议开幕式由中国热带作物学会遗传育种专业委员会主任委员彭明研究员主持。福建省农业科学院汤浩副院长，中国热带农业科学院热带生物技术研究所方骥贤所长和福建农林大学国家甘蔗工程技术研究中心副主任许莉萍教授，中国热带作物学会副秘书长杨礼富研究员出席开幕式并致辞。

研讨会主题是"创新热作遗传改良，服务热区乡村振兴"。会议旨在推动热带农业科技创新，助力乡村振兴，促进热带作物遗传育种及其相关学科的学术交流。会议特邀福建省农业科学院刘波研究员、美国加州大学洛杉矶分校林辰涛教授、美国夏威夷农业研究中心朱芸研究员、福建农林大学张积森教授和秦源教授作大会报告。此外，还有来自福建农林大学、云南省农业科学院甘蔗研究所、广西壮族自治区农业科学院甘蔗研究所、中国热带农业科学院热带生物技术研究所的共计10位专家围绕生物组学、热带作物遗传改良、分子育种等领域作了精彩的专题报告。

（5）召开2020年学术研讨会

2020年11月11—14日，2020年全国热带作物遗传育种学术研讨会在贵州兴义召开。会议由中国热带作物学会遗传育种专业委员会主办，中国热带农业科学院热带生物技术研究所、贵州省农业科学院亚热带作物研究所、农业农村部热带作物生物学与遗传资源利用重点实验室、贵州薏芝坊产业开发有限责任公司联合承办。共有来自贵州、广西、云南、福建、海南等地的130余位专家学者参会，是近年来全国热带作物遗传育种学术研讨会规模最大、参会人数最多的一次。会议开幕式由承办单位中国热带农业科学院热带生物技术研究所方骧贤所长主持。贵州省农业科学院院长赵德刚研究员，中国热带作物学会理事长、中国热带农业科学院副院长刘国道研究员，贵州省黔西南州科技局王一中局长，贵州省农业科学院亚热带作物研究所王小波书记，中国热带作物学会遗传育种专业委员会主任委员彭明研究员出席开幕式并致辞。

本次研讨会的主题是"创新热作遗传改良，服务热区乡村振兴"。会议旨在推动热带农业科技创新，助力乡村振兴，促进热带作物遗传育种及其相关学科的学术交流。来自贵州省农业科学院、福建农林大学、云南省农业科学院甘蔗研究所、中国热带农业科学院的共计28名专家围绕热带作物遗传改良、分子育种等领域作了精彩的专题报告。此外，与会专家学者还对贵州省农业科学院亚热带作物研究所的坚果加工厂以及石漠化生态治理与综合利用示范基地进行了实地考察。

（四）第四届

1. 委员会组成

名誉主任： 彭明

主任委员： 蒲金基

副主任委员： 刘光华、王文泉、张家明

秘书长： 周晶

2. 重点工作事记

（1）召开遗传育种专业委员会换届大会暨2021年学术研讨会

2022年1月5—7日，中国热带作物学会遗传育种专业委员会换届大会暨2021年学术研讨会在海南三亚崖州湾科技城召开。中国热带农业科学院副院长郭安平，中国热带作物学会党委书记、副理事长杨礼富，中国热带农业科学院热带生物技术研究所所长方骥贤等领导出席会议。本次大会由中国热带作物学会遗传育种专业委员会主办，中国热带农业科学院热带生物技术研究所、中国热带农业科学院三亚研究院、广东省科学院南繁种业研究所承办。

本次会议共邀请了22位专家作主题报告，与会代表重点围绕重要热带作物生物育种和南繁生物安全等研究方向展开交流和探讨。会后，与会人员实地参观考察了三亚崖州湾科技城、中国热带农业科学院三亚研究院科研基地和广东省科学院南繁种业研究所。来自全国热区6个省份近100名代表参加会议。

（2）遗传育种专业委员会活动

①服务科学素质提升，科技助推产业振兴。紧密联系地方政府和企业，充分利用各委员单位的技术成果，与农业技术推广机构、农民合作组织、涉农企业等紧密衔接，在海南、广西、云南等地建设香蕉枯萎病防控技术、甘蔗节本增效绿色生产技术、沉香良苗及配套结香技术等示范基地。通过科研项目带动产业，服务乡村产业振兴。

推广农业技术。专业委员会30多名科技人员作为科技特派员，上门开展科技培训、科技咨询服务，用新技术培植新产业，带动当地农户增收，取得良好效果。

开展科技救灾服务活动。因受寒害和台风影响，海南、广西等地甘蔗、香蕉、木薯等作物受灾严重。专业委员会十多名专家和科技特派员响应单位和地方政府号召，前往生产一线，帮助农民解决生产和产业中存在的问题，减少经济损失，受到农民欢迎。

②会员发展与服务。遗传育种专业委员会2021年新增会员单位5个，新增个人会员56人。专业委员会扩大学会工作对个人会员的覆盖面，做好线上、线下服务工作，充分利用互联网创新宣传方式，扩大受众面和影响力，及时报送学会和专业委员会信息。组织会员单位和会员个人申请学会青年人才托举工程项目和奖励。

三、获得荣誉

1. 遗传育种专业委员会多次被中国热带作物学会授予先进集体称号

2. 肖书生提交的选题入选中国科学技术协会科普素材库，并获2018年"科普贡献者"荣誉称号

3. 专业委员会支撑单位中国热带农业科学院热带生物技术研究所与海南省科学技术协会被评为2020年海南省全国科普日活动优秀组织单位

4. 刘姣博士入选中国科学技术协会首批"青年人才托举工程"，李淑霞博士、余乃通博士入选2018年青年人才托举工程

5. 谭贤教被评为学会先进工作者

6. 获热带作物学会科技奖励

第二届中国热带作物学会科学技术奖励拟授奖名单

一、科技进步奖

（一）一等奖（2项）

序号	成果名称	主要完成单位	主要完成人	推荐单位
1	海南莎草科资源及其分类学修订研究	中国热带农业科学院热带作物品种资源研究所、中国热带农业科学院环境与植物保护研究所、海南大学	刘国道、杨虎彪、虞道耿、罗丽娟、李晓霞、王祝年、王清隆、张 瑜	牧草与饲料作物专业委员会
2	特色食用菌加工产业化关键技术创新与应用	福建省农业科学院农业工程技术研究所	陈君琛、赖谱富、李怡彬、沈恒胜、汤葆莎、吴 俐、翁敏劼、郑恒光、陈国平、陈滨妍、李 锋	农产品加工专业委员会

（二）二等奖（5项）

序号	成果名称	主要完成单位	主要完成人	推荐单位
1	甘蔗高效转基因育种技术研究及基因资源挖掘	中国热带农业科学院热带生物技术研究所	张树珍、王文治、冯翠莲、赵婷婷、杨本鹏、王俊刚、沈林波、武媛丽、熊国如、冯小艳	遗传育种专业委员会

第十八章
牧草与饲料作物专业委员会

一、成立背景

我国南方水热条件好，且高温多雨同期，籽实作物复种指数高，营养体作物生长周期长，多数牧草周年保持青绿，是发挥营养体农业、藏粮于草的优势区域。因此，充分发挥南方水热资源优势，大力发展优质牧草，减轻畜牧业发展对粮食的过度依赖，是保障我国粮食安全的重要途径。

基于南方草牧业发展的国家需求，时任中国热带作物学会理事长的吕飞杰同志与中国热带农业科学院热带牧草研究中心座谈，指示成立热带牧草与饲料作物专业委员会，并建议时任热带作物品种资源研究所所长的刘国道同志任筹备组组长。

为落实中国热带作物学会吕飞杰理事长的指示精神，刘国道同志积极与南方牧草相关的科研、教学单位及企业沟通，并达成共识。经过一年多的筹备，2006年4月18日，中国热带作物学会牧草与饲料专业委员会正式在民政部登记成立，并于2007年1月在海南省儋州市隆重召开成立大会。标志着牧草与饲料专业委员会的组织管理、工作运行步入专业轨道。

二、牧草与饲料作物专业委员会事记

（一）第一届

1. 委员会组成

主任委员：刘国道

副主任委员（排名不分先后）：王东劲、韦安光、卢小良、毕玉芬、陈三友、李开绵、吴维群、苏荣茂、施懿宏、翁伯琦、黄必志、赖志强

秘书长：白昌军

副秘书长：黄洁、陈志权

2. 重点工作事记

（1）召开中国热带作物学会牧草与饲料作物专业委员会成立大会

在中国热带作物学会指导下，中国热带作物学会牧草与饲料专业委员会于2006年4月18日经民政部批准登记成立，并于2007年1月24—25日在海南省儋州市中国热带农业科学院召开成立大会。这是中国南方热区牧草与饲料作物专业委员会的首次大会。出席会议的有中国热带作物学会、中国热带农业科学院、华南热带农业大学、福建省农业科学院、福建农林大学、云南省肉牛和牧草研究中心（现云南草地动物科学研究院）、云南省农业厅、云南农业大学、广东省农业厅、华南农业大学、中山大学生命科学学院、仲恺农业技术学院、湛江海洋大学、广西壮族自治区水产畜牧局、广西壮族自治区牧草工作站、广西壮族自治区畜牧研究所、广西农业大学、广西壮族自治区草业监理中心、四川攀枝花市农牧局等单位的领导和专家学者，以及云南、海南等地企业代表，共40多人。

成立大会在牧草与饲料作物专业委员会的支撑单位中国热带农业科学院热带作物品种资源研究所召开。会议由中国热带农业科学院党委委员、热带作物品种资源研究所书记李开绵研究员

主持。开幕式上，中国热带农业科学院热带作物品种资源研究所所长刘国道同志汇报了热带牧草和饲料作物专业委员会的筹备情况，并阐述了专业委员会成立的重大意义。中国热带作物学会理事长吕飞杰出席了开幕式，并做了重要讲话。

成立大会正式启动了中国热带作物学会牧草与饲料作物专业委员会的活动。大会研究了专业委员会的工作任务、工作目标和计划，确定委员会人员组成。经过各省份推荐并通过充分酝酿，大会选举产生了中国热带作物学会牧草与饲料作物专业委员会首届专业委员会组成人员和省级联络员。

（2）召开 2007 年学术研讨会

2007 年 10 月 12—15 日，中国热带作物学会牧草与饲料作物专业委员会 2007 年学术研讨会在云南昆明召开。会议由中国热带作物学会牧草与饲料作物专业委员会主办，中国热带农业科学院热带作物品种资源研究所、云南省草地动物科学研究院联合承办。会议以"协同助力南方农区畜牧业"为主题，探讨交流了当时环境背景下如何发展我国南方农区草业，提高南方农区畜牧业的发展水平等问题。中国热带农业科学院热带作物品种资源研究所所长、牧草与饲料作物专业委员会主任委员刘国道向大会报告了中国热带作物学会牧草与饲料作物专业委员会成立以来的工作情况。要求各省份充分合理利用资源，实现资源共享、优势互补，以达到科学有效地发展畜牧业。来自广西、广东、福建、海南、四川、云南六省份的委员出席了该次会议。

（3）召开 2008 年学术研讨会

2008 年 11 月 11—13 日，中国热带作物学会牧草与饲料作物专业委员会 2008 年学术研讨会在福州召开。会议由中国热带作物学会牧草与饲料作物专业委员会主办，中国热带农业科学院热带作物品种资源研究所、福建省农业科学院农业生态研究所联合承办。会议以"南方农区草地畜牧业高质量发展"为主题，围绕南方各省份草业发展现状、饲草轮供模式等开展了交流。中国热带作物学会牧草与饲料作物专业委员会主任委员、中国热带农业科学院热带作物品种资源研究所刘国道所长，福建省农业科学院翁伯琦副院长，福建农林大学苏水金教授，福建省热带作物学会理事、福建省南亚办陈光主任等出席了开幕式。来自云南、广东、广西、江西、福建、四川、海南 7 个省份的 17 家单位共 60 多位代表参加了会议。

（4）召开2010年学术研讨会

2010年11月3—7日，中国热带作物学会牧草与饲料作物专业委员会2010年学术研讨会在南宁召开。会议由中国热带作物学会牧草与饲料作物专业委员会主办，中国热带农业科学院热带作物品种资源研究所、广西草业监理中心联合承办。会议以"南方草业科技与草产业发展"为主题，围绕牧草种质资源保护、牧草育种技术及新品种选育、南方牧草高产栽培技术及产业化示范标准、南方草产业现状及发展模式四大专题开展了广泛交流和讨论。中国热带作物学会牧草与饲料作物专业委员会主任委员、中国热带农业科学院刘国道副院长，广西壮族自治区水产畜牧局粟永华副局长，广西壮族自治区畜牧研究所赖志强所长等出席了开幕式。来自云南、广东、广西、江西、福建、四川、贵州、湖南、海南9个省份的22家单位共72名代表参加了会议。

中国热带作物学会热带牧草与饲料作物学术研讨会 2010.11.4 南宁

（5）召开2012年学术研讨会

2012年11月22—24日，中国热带作物学会牧草与饲料作物专业委员会2012年学术研讨会在广州召开。会议由中国热带作物学会牧草与饲料作物专业委员会主办，中国热带农业科学院热带作物品种资源研究所、广东省草业协会联合承办。会议围绕牧草种质资源保护、牧草育种技术及新品种选育、南方牧草栽培利用模式、南方草产业现状等进行交流研讨。中国热带作物学会牧草与饲料作物专业委员会主任委员刘国道、广东省畜牧技术推广总站陈三有副站长、江西省畜牧技术推广总站甘兴华副站长、福建农业科学院农业生态研究所黄毅斌所长等出席了开幕式。来自云南、广东、广西、江西、福建、四川、贵州、湖南、海南9个省份的64名代表参加了会议。

（二）第二届

1. 委员会组成

主任委员：刘国道

副主任委员：陈三有、赖志强、白昌军、黄毅斌、薛世明、莫本田、欧阳延生、高春石

秘书长：王文强

副秘书长：应朝阳、钟声、刘艳芬

2. 重点工作事记

（1）召开第二届第一次委员会会议

2012年11月23日，中国热带作物学会牧草与饲料专业委员会于广州召开第二届第一次会议，在专业委员会主任委员刘国道同志的主持下，委员们集中讨论了下一步工作的规划及在学术交流和协同攻关等方面的问题。

（2）承办2015年学术年会第一分会场会议

在农业"调结构、转方式"和"加快发展草牧业"发展需求背景下，为充分发挥南方草业科技工作者的科研创新能力，加强相互协作与配合，发挥集体优势，提升南方草业科研水平，促进南方草牧业的发展，专业委员会承办了中国热带作物学会2015年学术年会第一分会场会议，会议于2015年10月22日在海口召开，主题为"我国南方草牧业科技发展与产业现状研讨会"。来自海南、广东、广西、福建、云南、贵州、江西等省份的50多名代表参加了学术交流，专业委员会获得优秀分会场组织奖。

（3）召开2017年学术研讨会及换届会议

中国热带作物学会牧草与饲料作物专业委员会第二届委员会工作总结（换届）暨2017年学术研讨会于2017年9月28—29日在贵阳召开。会议由牧草与饲料作物专业委员会主办，贵州省农业科学院草业研究所承办。来自云南、广东、广西、江西、福建、四川、湖南、海南8个省份的52名代表参加会议。

在学术交流方面，各省份代表就当前南方草牧业研究发展作了《贵州热带牧草资源研究现状与展望》《墨西哥玉米种质创新及逆境基因功能研究》《柱花草根瘤菌多样性及特异性研究》《热带牧草青贮研究与利用》《西南山区粮改饲实施进展与配套技术》等15个相关报告。在第二届委员会工作总结方面，主任委员刘国道从专业委员会工作管理、学术交流、三农服务、国际合作与交流、项目联动、财务工作等方面作了第二届委员会工作报告，并经与会会员代表集体审议通过。在委员会换届方面，52名与会代表选举产生了新一届委员会成员。

（三）第三届

1. 委员会组成

名誉主任：刘国道、赖志强

主任委员：白昌军（2017年9月至2019年12月）、薛世明（2019年12月至今）

副主任委员：陈三有、薛世明、莫本田、应朝阳

秘书长：王文强

2. 重点工作事记

（1）召开第三届第一次会议

2017年9月29日，中国热带作物学会牧草与饲料作物专业委员会于贵阳召开第三届第一次会议，在新一届专业委员会主任委员白昌军同志的主持下，全体委员学习了《中国热带作物学会章程》《中国热带作物学会分支机构管理办法》《中国热带作物学会财务管理办法》《中国热带作物学会会议费管理办法》《关于推荐第一届中国热带作物学会科学技术奖励的通知》《中国热带作物学会分支机构党组织工作规则》等材料。经委员提名，第三届委员会聘任刘国道研究员、赖志强研究员为专业委员会名誉主任。经委员提名、讨论，薛世明副主任委员担任党支部书记。

（2）召开2020年学术研讨会

2020年11月25—27日，中国热带作物学会牧草与饲料作物专业委员会2020年学术研讨会在贵州兴义召开。会议由中国热带作物学会牧草与饲料作物专业委员会主办，中国热带农业科学院热带作物品种资源研究所、贵州省农业科学院亚热带作物研究所联合承办。会议以"南方牧草资源研究利用及复合农业发展模式"为主题，探讨新形势下"林－草""农－草"融合发展新模式，促进牧草与饲料作物在草牧业及农林复合生态模式中的应用与发展，加强牧草与饲料作物最新学术成果交流。中国热带作物学会理事长、中国热带农业科学院副院长刘国道研究员，贵州省农业科学院副院长陈泽辉研究员，贵州省农业科学院亚热带作物研究所王小波书记，贵州省农业科学院畜牧兽医研究所莫本田所长，中国热带作物学会牧草与饲料作物专业委员会主任委员、云南草地动物科学研究院薛世明研究员（原主任委员白昌军病逝，薛世明临时接任），广西壮族自治区草地监理中心陈兴乾主任等出席开幕式。会议开幕式由中国热带作物学会牧草与饲料作物专业委员会副主任委员、福建省农业科学院农业生态研究所应朝阳研究员主持。来自海南、广西、福建、云南、贵州、湖南、江西、四川8个省份的60余名代表出席了会议。

中国热带作物学会牧草与饲料作物专业委员会
2020年学术研讨会合影

三、获得荣誉

（一）集体荣誉

1. 获得中国热带作物学会2015年学术年会优秀分会场组织奖

2. 获得中国热带作物学会2019年学术年会专题论坛优秀组织奖

（二）个人荣誉

1. 刘国道荣获中国热带作物学会杰出贡献奖

2. 王文强荣获中国热带作物学会2017—2018年度先进工作者荣誉称号

3. 杨虎彪、刘攀道、蒋凌雁入选青年人才托举工程

杨虎彪同志入选中国科学技术协会首届青年人才托举工程，刘攀道同志入选第五届青年人才托举工程，蒋凌雁同志入选第六届青年人才托举工程。

第十九章
棕榈作物专业委员会

一、成立背景

世界上棕榈科植物共约200属、2 800多种。原产我国的有18属89种（含变种）。棕榈科植物主要分布在热带及亚热带地区，不但有着极高的经济价值（如椰子、槟榔和油棕等），而且是热带景观的象征，是绿化、美化、净化、优化人类生活环境不可多得的优良树种。目前在我国各地栽培的棕榈科植物约100属300多种，其中主要为椰子和槟榔2种作物，主要分布在海南、广东、广西、云南、福建、台湾等热带和亚热带地区。至2005年，全国椰子种植面积约70万亩，槟榔约54万亩，椰子产品年产值约5亿元，槟榔产品年产值约10亿元，两者总种植面积已超100万亩，成为我国热带作物总种植面积仅次于天然橡胶的大宗作物。此外，棕榈科植物也是我国园林绿化的主要景观树种之一，种植区域遍及全国30多个省份。

但棕榈产业在发展过程中，也存在许多问题，主要有：

①椰子、槟榔生产栽培品种单一或老化，后备品种严重不足，一些优良品种没有及时推广应用。

②椰子、槟榔等棕榈科植物以分散式种植为主，规模化种植少，而且产量低、品质差。

③棕榈科植物产业链短，椰子和槟榔等种植、产品初加工和销售几个环节，普遍存在产品研发能力低、新产品种类少、产品加工深度不够和市场营销薄弱等问题。

④一些棕榈科植物引种试种泛滥，园林绿化应用不妥当，品种名称混乱。

⑤棕榈科植物栽培种植、园林绿化应用等技术普遍科技含量不高。

⑥棕榈科植物危害性病虫害发生严重，如椰心叶甲、红棕象甲、二疣犀甲，槟榔致死黄化病等危害不断加剧等等。

基于此背景，为了更好地发挥椰子、槟榔等棕榈科植物在热带地区的优势与作用，增强椰子、槟榔等棕榈科植物的市场竞争力，推动我国棕榈产业的升级，解决棕榈产业发展中存在的关键问题，促进椰子、槟榔等棕榈科植物的科研、生产、科技推广与学术交流，时任中国热带农业科学院椰子研究所所长马子龙积极与棕榈作物产业相关的科研单位、高校、企业等沟通联系，2005年7月31日，向民政部申请成立中国热带作物学会棕榈作物专业委员会。2006年4月18日，中国热带作物学会棕榈作物专业委员会正式在民政部登记成立。

二、棕榈作物专业委员会事记

（一）第一届（2006年4月至2012年9月）

1. 委员会组成

主任委员：马子龙

副主任委员：吴井光、黄钢、李开绵、罗萍、王祝年、赵松林、郑康庆

秘书长：覃伟权

副秘书长：张华平

2. 重点工作事记

（1）2006年密克罗尼西亚联邦总统到访椰子研究所

2006年4月23日，密克罗尼西亚联邦总统约瑟夫·乌鲁塞马尔（H.E.JosephJ.Urusemal）一行9人，利用访华机会专程访问中国热带农业科学院椰子研究所，并与专业委员会展开学术交流和科技咨询活动。密克罗尼西亚联邦总统一行认真听取了专业委员会的

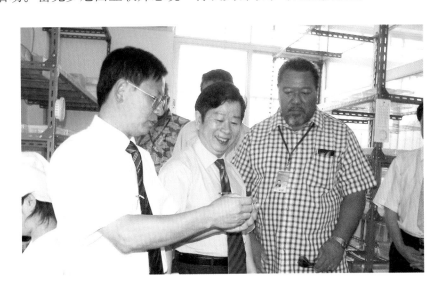

科研动态、科技成果、椰子产业开发、国际合作与交流等情况的介绍，对专业委员会取得的成绩给予高度评价。

（2）2006年派员前往印度尼西亚开展学术交流

2006年6月，专业委员会委派唐龙祥参加国际椰子遗传资源网（COGENT）在印度尼西亚举行的国际会议，共同研究了国际农业发展基金（IFAD）资助项目的执行问题并进行了交流。

（3）2007年纳米比亚西南非洲人民组织总书记恩加里库图克·奇里安吉率团到访

2007年4月28日，纳米比亚西南非洲人民组织总书记、政府退伍军人事务部部长恩加里库图克·奇里安吉率领访问团访问专业委员会，参观椰心叶甲生物防治实验室、椰子种质资源圃和椰子大观园，副主任委员赵松林陪同并详细介绍了专业委员会在科研、开发及推广方面所取得的成绩。

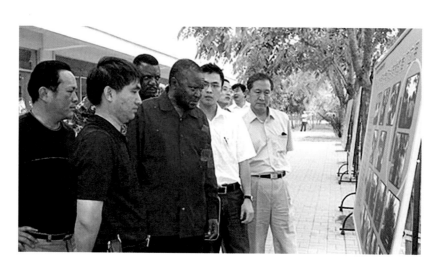

（4）2007年承办市场开发项目培训及第三届椰区扶贫项目年会

2007年7月2—6日，由专业委员会承办的市场开发项目培训及第三届椰区扶贫项目年会在文昌召开。来自中国、越南、泰国、墨西哥、坦桑尼亚等10个国家30多个代表共同探讨如何帮助椰区贫困人口提高收入，改善椰区农民的生活状况等问题。

（二）第二届（2012年9月至2018年10月）

1. 委员会组成

主任委员：赵松林

副主任委员：覃伟权、马履一、尹天光、郭丽秀、阮志平、徐增富、何平、廖少华、吴桂昌、沈有孝、孙继荣、张寿涛、蒙绪儒、杨众养

2. 重点工作事记

（1）2012年召开专业委员会换届大会和学术研讨会

2012年9月26—27日，在中国热带作物学会指导下，专业委员会换届大会暨学术研讨会在海口隆重召开。大会审议通过了新修订的专业委员会章程及工作报告，选举产生了专业委员会领

导班子，专业委员会秘书处设在椰子研究所科技办公室。

换届大会期间，共征集学术论文45篇。邀请10位代表分别作了精彩的学术报告。内容包括椰子、槟榔、油棕、蛇皮果、小箬棕等重要棕榈科作物资源育种、栽培、植保、加工等多个研究领域。此次大会的召开不仅为会员单位提供了交流平台，还增强了各会员单位之间的联系和友谊。大会由专业委员会主办，来自海南、云南、广东、福建、四川、天津等科研院所、高校及企事业单位的领导与专家学者共60多人参加了会议。

（2）2013年召开首届中国油棕产业可持续发展论坛

2013年6月8日，首届中国油棕产业可持续发展论坛在文昌召开，为从事油棕及其他棕榈作物研究的科研人员及相关企业提供更加广泛的学习和交流机会。本次会议由中国热带农业科学院椰子研究所主办，专业委员会承办。世界自然基金会（瑞士）北京代表处赞助，来自政府部门、科研院所及贸易、加工、制造、零售等企业单位近100人出席会议。

（3）2013年召开专业委员会学术年会

2013年6月8—9日，专业委员会2013年学术年会在文昌召开。本次会议由世界自然基金会北京办事处赞助，来自海南、云南、广东、福建、四川、天津等省份科研院所及企事业单位的领导与专家学者共60多人参加了会议。大会共征集学术论文46篇。12位代表分别作了精彩的学术报告。内容包括椰子、槟榔、油棕、蛇皮果、小箬棕等重要棕榈作物，涉及资源育种、栽培、植保、加工等多个研究领域。

（4）主办中国热带作物学会2015年学术年会"发展特色经济棕榈　助推产业转型升级"分会场

2015年10月21日，中国热带作物学会2015年学术年会在海口召开，第五分会场由棕榈作物专业委员会承办，会议主题为"发展特色经济棕榈　助推产业转型升级"。来自中国科学院华南植物研究所、天津科技大学、中山大学、中国林业科学研究院、海南大学及中国热带农业科学院椰子研究所等专家学者同聚一堂，进行棕榈作物分类、病虫害、遗传改良等方面的学术交流，为我国特色棕榈产业的转型升级建言献策。科研院所、高校及企事业单位之间的广泛交流与合作，有利于推动热带作物的科技创新与产业发展。

（三）第三届（2018年10月至今）

1. 委员会组成

主任委员：叶剑秋

副主任委员：庄鸿、宋希强、覃伟权

秘书长：王挥

副秘书长：陈华、陈思婷

2. 重点工作事记

（1）召开2018年专业委员会第三次会员代表大会

2018年10月25日，中国热带作物学会棕榈作物专业委员会第三次会员代表大会在福建厦门召开，参会代表42人。中国热带作物学会杨礼富秘书长出席大会并致辞。审议中国热带作物学会棕榈作物专业委员会第三届代表大会主要议程（草案）等事宜，审议通过第二届委员会工作报告，选举产生第三届委员会委员。

（2）承办中国热带作物学会2019年学术年会分论坛

2019年9月24—27日，中国热带作物学会2019年学术年会在西安召开，围绕"聚焦产业转型升级 决胜热区脱贫攻坚"主题开展学术交流，分享我国热带作物和相关学科领域最新科技创新成果。专业委员会承办了"耕作与栽培"分论坛，邀请10位专家为大会作主题报告。来自全国各地从事热带作物耕作栽培领域的近50名专家学者参会。

（3）**2019年承办科技支撑槟榔产业可持续发展论坛**

2019年10月11日，由中国热带农业科学院和海南省农业农村厅、海南省科学技术厅、中国热带作物学会主办，专业委员会承办的"科技支撑槟榔产业可持续健康发展高峰论坛"成功在海口召开。农业农村部、海南省相关部门领导和从事槟榔科学研究、教学、生产、管理等工作的150余人参加了论坛。

本次论坛以"促进槟榔产业学术交流，推动槟榔产业健康可持续发展"为主题。农业农村部农垦局林建明调研员、海南省农业农村厅莫正群副厅长、海南省科学技术厅李美凤副处长等领导和嘉宾出席了论坛。大会通过特邀报告、专题论坛等多种形式的研讨交流，积极为我国槟榔产业转型升级和可持续发展建言献策。

（4）**2019年协办海南（国际）椰子产业合作发展论坛暨第四届椰子产业技术创新战略联盟年会**

2019年12月10—12日，2019海南（国际）椰子产业合作发展论坛暨第四届椰子产业技术创新战略联盟年会在海口召开。来自国内外的专家学者就打造"国际椰子产业合作发展论坛永久会址"、整合国内及东南亚国家椰子产业资源、提升我国椰子产业的自主创新能力和核心竞争力、实现椰子产业在海南省和"一带一路"倡议框架下的主导作用、促进海南成为覆盖全世界的椰子产业交易中心等方面建言献策。来自斯里兰卡、泰国、马来西亚、印度尼西亚、坦桑尼亚、澳大利亚等国家的专家学者，从事椰子科研、生产、加工、批发零售、互联网电商的国内外行业组织代表以及国内政府主管部门、金融机构、科研机构、企事业单位等政商代表近百人参会。

（5）2020年邀请康振生院士等到椰子研究所开展学术交流

2020年8月14日，应专业委员会邀请，西北农林科技大学康振生院士、王晓杰教授到专业委员会支撑单位中国热带农业科学院椰子研究所进行学术交流并作了专题报告。做完报告后，康院士和王教授与椰子研究所科研人员就如何对接国家农业振兴计划、改革传统农业病害防控方法、提高病毒快速检测效率和准确性、探索槟榔抗病新品种筛选和培育等问题进行了交流。

本次会议由专业委员会副主任委员覃伟权主持，有关科研人员、研究生及槟榔重大项目组特邀专家、课题负责人等参加了会议。

（6）2021年组织召开椰子新品种种业发展研讨会

2021年3月13日，专业委员会以"种业兴旺促产业振兴"为主题在三亚崖州组织召开椰子新品种种业发展研讨会。来自海南省科学技术厅、海南省农业农村厅、海南省林业局，以及海南各市县政府部门、科研机构及种业企业共70多位领导、专家学者和企业代表齐聚一堂，共商椰子种业发展大计。

（7）2021年组织召开海南省椰子产业园区布局研讨会暨琼中海南湾岭农产品加工物流园推介会

2021年4月8日下午，棕榈作物专业委员会、海南湾岭农产品加工物流园管理委员会在海南湾岭农产品加工物流园组织召开海南省椰子产业园区布局研讨会暨琼中海南湾岭农产品加工物流园推介会。琼中黎族苗族自治县人民政府副县长、海南湾岭农产品加工物流园管理委员会主任欧阳华，海南省农业农村厅植物保护总站站长李波，以及中国热带农业科学院椰子研究所、海南湾岭农产品加工物流园管理委员会、琼中黎族苗族自治县农业技术研究推广中心、琼中黎族苗族自治县招商事务中心、海南中部绿色产业园投资发展有限公司、海南大学食品科学与工程学院等相关单位负责人参加了会议。

三、获得荣誉

（一）集体荣誉

1. 被评为中国热带作物学会2012年"农业科技示范基地"

2. 获得中国热带作物学会2015年学术年会分会场鼓励奖

3. 被评为2021年全国科普日优秀活动

4. 被评为中国热带作物学会2020—2021年度先进集体

5. 荣获中国热带作物学会第一届羽毛球团体赛第四名

（二）个人荣誉

1. 马子龙、覃伟权荣获中国热带作物学会2006年优秀学会工作者荣誉称号

2. 覃伟权论文《外来入侵生物对热作产业发展的影响与应对策略》被评为中国热带作物学会2006年"廿大优秀论文"

3. 曹红星、杨耀东荣获2022年"文昌最美科技工作者"荣誉称号，曹红星同时荣获2022年海南省"最美科技工作者"荣誉称号

4. 王挥、韩轩荣获中国热带作物学会2020—2021年度先进工作者称号

第二十章
生态环境专业委员会

一、成立背景

随着我国农业发展步入新阶段，化肥、农药等化学投入品过量和不合理使用导致耕地质量下降，可持续生产能力受到严重影响。我国热区气候温暖湿润，雨量充沛，是我国作物种类最多、产量最高的地区。但也是病虫草害最多、水土流失严重、土地最容易退化的地区。农药与化肥的使用引起的农业生态环境问题也最为突出。因此，要使热区农业按照"高产、优质、高效、生态、安全"的要求发展，必须加大对农业生态环境的治理力度，建立利于作物生产的区域生态环境保护和优化机制，实现作物安全与生态安全有机兼顾、协调推进。

根据国家发展现代农业的要求，为满足现代热带农业的发展需求，便于组织引领热区生态环境保护方面的科教工作者与单位进行广泛的交流与合作，更好地服务热区现代农业的发展，2009年中国热带农业科学院环境与植物保护研究所联合相关单位向中国热带作物学会报请成立生态环境专业委员会。经过中国热带作物学会第八届第五次常务理事会审议，于2010年11月

17日正式下发了《关于同意生态环境专业委员会成立的批复》的文件。2014年6月，中国热带作物学会秘书处向中国科学技术协会提出了《关于生态环境专业委员会在中国科学技术协会备案的申请》，并于同年完成了备案工作。

二、生态环境专业委员会事记

（一）第一届（2011年11月至2019年10月）

1. 委员会组成

名誉主任：彭少麟、骆世明

主任委员：李勤奋

副主任委员：纪中华、李芳柏、刘强、罗微、彭春瑞、唐文浩、田益农、王建武、武耀庭、应朝阳、朱红业

秘书长：彭黎旭

副秘书长：纪雄辉、雷朝云

2. 重点工作事记

（1）召开2011年第一次会员代表大会暨2011年学术研讨会

2011年12月7—10日，中国热带作物学会生态环境专业委员会在海口召开第一次会员代表大会暨专业委员会成立大会。中国热带作物学会吕飞杰理事长，海南省国土环境资源厅生态资源保护处王清奎处长，中国热带农业科学院郭安平副院长、科技处王家保处长等领导出席成立大会暨第一届学术研讨会。会议由中国热带农业科学院环境与植物保护研究所和生态环境专业委员会共同主办；海南大学，海南师范大学，琼州学院，以及中国热带农业科学院橡胶研究所、香料饮料研究所、热带作物品种资源研究所、科技信息研究所等单位协办。来自中山大学、华南农业大学、南京农业大学、台湾大学、加拿大新斯科舍农学院、中国科学院武汉病毒研究所、中国农业科学院农业环境与可持续发展研究所、广东省农业科学院、江西农业科学院、云南农业科学院、福建农业科学院、广西科学院、贵州省亚热带作物研究所、福建南平市农业科学研究所以及主办和协办单位的专家学者共计104人参加了会议。

中国热带作物学会吕飞杰理事长对生态环境专业委员会的成立表示热烈的祝贺。中国热带农业科学院郭安平副院长高度肯定了该专业委员会的成立。

会议投票选举产生了专业委员会第一届委员会成员。中国热带农业科学院环境与植物保护研究所李勤奋副所长当选为专业委员会主任委员，琼州学院武耀庭校长等11人当选为副主任委员，中国热带农业科学院环境与植物保护研究所彭黎旭研究员当选为秘书长。专业委员会共有注册单位45家，注册会员超过200人。

（2）召开2012年学术研讨会

2012年8月，在云南大理召开了第二届学术研讨会。研讨会由中国热带农业科学院环境与植物保护研究所和云南省农业科学院农业环境资源研究所等单位承办。本次大会共有41名代表参会，分别来自7个省份的14个单位。会议交流报告18个。本次学术研讨会主要涉及化感作用抗性诱导及利用、生物源农药研发与利用、环境安全性评价、农业面源污染防治与污染产地环境修复技术、土壤保育技术、农业副产物利用技术、种苗组培技术、立体复合生态农业模式、农田重金属污染治理技术、蜜蜂授粉技术等方面的内容。本次学术研讨会还就热区复合农林生态系统构建、农田重金属污染治理、农田碳排放、农业面源污染治理等方向的科技需求进行了讨论。

（3）召开2014年学术研讨会

2014年8月14—16日，中国热带作物学会生态环境专业委员会第三届学术研讨会在福州召开。会议主题为"加快热区生态农业发展，提高热区农业产业服务能力"。本次研讨会由生态环境专业委员会主办，福建省农业科学院农业生态研究所和中国热带农业科学院环境与植物保护研究所共同承办。华南农业大学原校长骆世明教授、福建省农业科学院翁伯琦副院长出席了本次会议。

研讨会有热区19个单位50余人参加。大会收到论文30篇，组织了16个专题报告。我国著名农业生态学家骆世明教授应邀为大会作了题为《实现农业生态转型的制度保障》的报告；中国热带农业科学院农业机械研究所张劲副所长应邀为大会作了《主要热带农业废弃物的综合利用研究》报告；中国热带农业科学院环境与植物保护研究所副所长、专业委员会主任委员李勤奋作了

《热区生态农业研究方向的思考》报告。研讨会的召开为资源与环境领域专家搭建了交流平台。通过探讨热区农业资源与环境领域的相关问题，专家们更好地把握了热区生态农业研究方向。

（4）召开2015年学术研讨会

2015年12月6—8日，由中国热带农业科学院环境与植物保护研究所、华南农业大学共同承办的生态环境专业委员会第四届学术研讨会在广州召开。来自云南、广东、广西、福建、贵州、江西、湖南和海南等热区8省份的21家科教单位的40多名相关领域专家参加了本次会议。

会议围绕"加强农业资源环境科技创新，促进热区农业发展方式转变"主题，安排了主题报告和单位交流汇报。会议还就如何推动热区山地生态农业技术研究与集成示范、促进热区资源环境保护与生态农业产业发展进行了专项讨论。

会后，与会专家参观了华南农业大学增城教学科研基地，华南农业大学资源环境学院王建武院长详细讲解了"稻田生物多样性利用关键技术及模式""坡地生态循环农业技术与模式的综合试验示范与定位观测"情况。大家还就相关的试验方法进行了交流。

（5）召开2016年学术研讨会

2016年11月11日，全国热带作物学术年会"农业废弃物高效利用与循环经济"分论坛在广西南宁召开。来自中国热带农业科学院、广西壮族自治区农业科学院、贵州省农业科学院、广东省农业科学院、浙江省农业科学院、江苏省农业科学院及云南省农业科学院等单位专家学者参加了本次会议。会议由中国热带作物学会主办，生态环境专业委员会承办。会议由广西壮族自治区农业科学院农业资源与环境研究所何铁光所长与贵州农业科学院土壤肥料研究所杨仁德书记共同主持。

会上，中国热带作物学会生态环境专业委员会主任委员李勤奋研究员感谢与会者对"农业废弃物高效利用与循环经济"分会场和生态环境专业委员会的支持。11位报告人分别从农业田间废弃物能源化、基质化/肥料化、饲料化、材料化等方面进行汇报交流，并深入探讨了"农业废弃物高效利用与循环经济"议题。本次分会场有两大亮点：一是人员新。除热区农业科研单位外，还吸引了江苏省农业科学院、浙江省农业科学院、广东省农业科学院专家学者参与交流；二是技术新。报告内容出现了"沼渣水热产物特性及其应用""生物炭钝化土壤重金属技术及其应用"为代表的新技术。

会后，分会场进行了优秀报告评选并举行了颁奖仪式。

（6）召开2017年学术研讨会

2017年7月26—28日，中国热带作物学会生态环境专业委员会第五届学术研讨会在贵阳召开。本次会议聚焦"生态循环农业技术与模式"，希望通过交流创新成果、总结先进经验、梳理产业发展的科学问题，为热区农业"调结构、转方式"及大力推进生态循环农业发展提供科技支撑。中国热带作物学会副理事长、中国热带农业科学院副院长郭安平及贵州省农业科学院副院长何庆才与院长助理戚志强出席会议。江西省农业科学院、福建省农业科学院、广西壮族自治区农业科学院、云南省农业科学院及华南农业大学等单位的会员代表参加了本次会议。

会议采取"命题"报告的方式，进一步聚焦生态循环农业。会议邀请中国农业科学院、农业部规划设计研究院、江苏省农业科学院在本领域的牵头专家作报告，为热区生态循环农业技术与模式研究开阔视野。会议还邀请了热区5个省份专家代表作各省生态循环农业技术与模式总结交流，增进热区专家对本区域生态循环农业发展的全面了解。会议首次邀请企业代表参与交流，为科企交流搭建平台，促进生态循环农业的科学研究与产业结合，促进科技成果转化，更好地服务产业。

（7）召开2017年热带亚热带地区生态循环农业科技创新专家研讨会

2017年12月11日，专业委员会主办的热带亚热带地区生态循环农业科技创新专家研讨会在海南海口召开。中国工程院朱有勇院士、宋宝安院士等专家出席研讨会。会上，来自海南省农业厅、海南省科学技术厅以及海南、广东、广西、福建、云南、贵州等省（自治区）农业科学院、生态总站的领导和专家，共同就"热带亚热带地区生态循环农业科技创新"问题进行研讨。

（8）召开2018年学术研讨会

2018年12月8日，中国热带作物学会生态环境专业委员会的热带农业环境监测与创新学术研讨会暨农业农村部儋州农业环境科学观测实验站学术委员会会议在海口召开。中国农业科学院梅旭荣副院长、中国热带农业科学院谢江辉副院长、华南农业大学农学院王建武院长、江苏省农业科学院杨林章研究员、云南省农业科学院朱红业研究员、江西省农业科学院土壤肥料与资源环境研究所彭春瑞书记等来自14家单位的65名专家学者参加会议。

热带农业环境监测与创新学术研讨会由中国热带农业科学院环境与植物保护研究所副所长、生态环境专业委员会主任委员李勤奋主持。研讨会上，杨林章研究员、徐明岗研究员、王建武教授、刘强教授、彭春瑞研究员等6位专家就农业生态环境长期定位观测研究领域作了精彩报告。

（9）主办第十三届农业环境科学峰会暨全国农业环境科研与产业协作网会议

2019年6月13—15日，第十三届农业环境科学峰会暨全国农业环境科研与产业协作网会议在海南博鳌召开。本次会议由中国农业科学院农业环境与可持续发展研究所、中国循环农业产业创新发展战略联盟、中国农学会农业气象分会和中国热带作物学会生态环境专业委员会等单位共同主办，中国热带农业科学院环境与植物保护研究所协办。中国热带农业科学院副院长张以山代表中国热带农业科学院到会并致辞。

本次会议以"农业环境科学技术预测与优先领域"为主题。会议议程包括院士报告、特邀主题报告、高端对话、农业环境学科群工作会议和中国循环农业产业创新发展联盟会议等内容。

会议邀请中国环境科学研究院霍守亮研究员代表吴丰昌院士作题为《我国地表水环境质量修订》的主题报告。相关专家就热带农业绿色发展与科技创新、农业绿色发展战略研究、航天育种助力乡村振兴、纳米技术与新材料集成创新和农业绿色发展等议题做了精彩报告。农业农村部科教司李波副司长、中国热带农业科学院科技处处长刘奎研究员分别作了《农业生态环境保护面临的形势及近期主要任务》和《热带农业绿色发展与科技创新》的特邀报告。

高端对话板块重点探讨了"农业环境基础前沿与技术预测"和"农业环境科技创新生态系统构建"两大主题。会议通报了第十二届农业环境峰会提出的关于"丘陵山区种养耦合清洁流域构建实践"后续工作的落实情况。

来自全国32个省份的农业科教企等单位的280多位代表参加了会议。中国热带作物学会生态环境专业委员会主任委员李勤奋研究员带领生态环境团队参加了会议。

（10）召开2019年学术年会

2019年9月24—27日，生态环境专业委员会联合植物保护专业委员会承办的全国热带作物学术年会病虫害防控与绿色农业分论坛在西安召开。会议邀请专家作了《农业面源污染形势与防控》《木薯抗螨种质资源挖掘与创新利用研究进展》《中国地膜应用与污染防控》《香蕉枯萎病菌热带4号小种生物学特性及侵染规律》等主题报告。共计25位专家作了报告，百余位代表参加了会议。

（二）第二届（2019年10月至今）

1. 委员会组成

主任委员：李勤奋

副主任委员：王建武、应朝阳、朱红业

秘书长：王进闯

副秘书长：何铁光

2. 重点工作事记

（1）组织召开2020年学术年会

2020年10月27—31日，2020年全国热带作物学术年会病虫害防控与绿色农业分论坛在广东

佛山召开。会议邀请专家作了《柑橘－番石榴共存竞争对柑橘木虱的影响》《浅层地下水位波动下高原湖周农田土壤氮素流失与防控》《土壤矿物－微生物间电子传递及其驱动的元素循环》《微生物菌剂肥助力绿色农业》等主题报告。

（2）召开2021年学术年会

2021年11月2—5日，2021年全国热带作物学术年会病虫害防控与绿色农业分论坛在海南澄迈顺利召开。会议邀请专家作了《大力实施化学农药减施，促进热带农业绿色发展》《海南岛木棉－稻田耕作体系的生态学基础》《西沙群岛植物病害调查、评估与防控》，以及"Beneficial Microorganisms for Suppression of Fusarium Wilt of Banana and its Promoting for Sustainable Production"等主题报告，共计17位专家作了报告，百余位代表参加了会议。

三、获得荣誉

1. 2017年，生态环境专业委员会积极组织、评选推荐广西壮族自治区农业科学院农产品加工研究所的"甘蔗尾叶牛羊颗粒饲料技术与应用"项目获得中国热带作物学会科技进步二等奖

2. 2019年，专业委员会主任委员李勤奋获得全国农业农村系统先进个人荣誉称号

第二十一章
薯类专业委员会

一、成立背景

世界薯类产业正处于蓬勃发展时期，热带薯类是世界薯类产业重要组成，也是热区农业的重要组成部分，在热区农业经济发展中发挥了重要的作用。随着热带薯类产业的快速发展，所需要提供的科技支撑问题日益凸显，特别是木薯产业发展基础仍不牢固，面临着政策扶持力度不够、综合生产能力和市场竞争力不强等突出问题。如何提高科学研究水平，将科研产出高质高效地转化到现实生产上，是热带薯类产业可持续发展的重要问题。

基于上述问题，为进一步加强我国薯类行业交流和合作，2011年3月，由中国热带农业科学院热带作物品种资源研究所发起，并征得海南大学、广西木薯产业协会、广东中能酒精有限公司、云南省农业科学院热带亚热带经济作物研究所、江西省农业科学院土壤肥料与资源环境研究所等18个单位同意，共同发起筹备热带薯类

专业委员会，报送中国科学技术协会并获得批准。2012年11月6日在民政部登记注册"中国热带作物学会热带薯类专业委员会"。

二、薯类专业委员会事记

（一）第一届

1. 委员会组成

主任委员：李开绵

副主任委员：陈松笔、文玉萍、龚小勇、陈伟强、甘承海、沙毓沧、袁展汽、刘光华、范大泳、古碧

秘书长：叶剑秋

副秘书长：蔡坤、韦卓文、张洁

2. 重点工作事记

（1）2012年召开薯类专业委员会成立大会暨专题研讨会

2012年7月23—24日，国家木薯产业技术体系2012年中期检查及薯类专业委员会成立大会暨专题研讨会在湖南长沙召开。

大会由国家木薯产业技术体系首席科学家李开绵主持，会议特邀了中国热带作物学会吕飞杰理事长，农业部发展南亚热带作物办公室彭艳处长、湖南农业大学符少辉副校长参加。体系各专家和试验站站长以及来自海南、广西、广东、江苏等省份的专家代表共63人参加大会。23日下午，首席科学家李开绵研究员主持中国热带作物学会薯类专业委员会成立大会，陈松笔研究员汇报了专业委员会的筹备过程，吕飞杰理事长代表中国热带作物学会宣读贺信，农业部发展南亚热带作物办公室彭艳处长致贺词，并对本专业委员会的发展提出了殷切期望。大会宣读了专业委员会的章程，并选举产生了第一届专业委员会委员。

24日上午，专业委员会与国家木薯产业技术体系合作召开首次专题研讨会。吕飞杰理事长应邀作了《木薯产业体系发展的几点思考》的报告。首席科学家李开绵研究员和岗位专家李军研究员分别就木薯育种和木薯间套种技术作了相关专题报告。

（2）召开2012年第一届薯类专业委员会学术交流会

2012年10月26—27日由中国热带作物学会薯类专业委员会主办，中国热带农业科学院热带作物品种资源研究所和中国科学院上海生命科学研究院植物生理生态研究所承办，中国植物生理与分子生物学学会协办的以"发展可持续农业技术，促进热区薯类产业化"为主题的中国热带作物学会第一届薯类专业委员会学术交流会暨第六期木薯生物技术与功能基因组学研讨会在海南三亚成功举办。农业部发展南亚热带作物办公室彭艳处长、中国热带作物学会吕飞杰理事长和中国热带农业科学院张以山副院长等领导应邀出席会议并致辞。

会议邀请国家木薯"973"计划首席科学家彭明研究员、国家木薯产业技术体系首席科学家李开绵研究员和在甘薯领域有较高造诣的李强研究员与房伯平研究员作特邀报告，会议还安排7个涉及甘薯、木薯和薯蓣的专题报告，还有16名来自科研生产第一线的年轻科研工作者作学术报告，参会人数达到155人。

（3）召开2014年第二届薯类专业委员会学术交流会

中国热带作物学会第二届薯类专业委员会学术交流会暨第七期木薯生物技术与功能基因组学研讨会于2014年1月10—12日在海南海口召开。中国热带作物学会吕飞杰理事长和中国热带农业科学院郭安平副院长、热带作物品种资源研究所陈业渊所长等领导应邀出席会议。来自中国热带作物学会薯类专业委员会成员及相关科研院所等单位的科研人员80多人参加了此次会议。此次会议以"发展可持续农业技术，促进热区薯类产业化"为主题，为从事薯类作物科研人员提供更加广泛的学习和交流机会。会议邀请美国夏威夷大学李庆孝教授、四川大学张义正副校长、淮阴师范学院生命科学学院季勤教授分别作了"Potential applications of proteomics in cassava research"及《甘薯转录组研究》《SDB-转基因技术平台在薯类淀粉遗传改良中应用的研究》特邀报告。根据会议安排，中国热带农业科学院热带生物技术研究所、热带作物品种资源研究所、环境与植物保护研究所、中国科学院上海生命科学研究院植物生理生态研究所，以及广西大学、广西壮族自治区农业科学院、广西壮族自治区亚热带作物研究所等科研院所、高校的专家与年轻科研工作者作了14个涉及木薯、甘薯等薯类的专题报告。

（4）李开绵等参加国际会议

2016年1月，薯类专业委员会李开绵、陈松笔、叶剑秋等参加21世纪全球木薯合作团队第3次会议暨国际块根类作物学会第17次会议。主任委员李开绵和副主任委员陈松笔分别在主会场上作了大会报告。李开绵获得国际热带薯类专业委员会（ISTRC）颁发的"木薯类作物贡献终身成就奖"，陈松笔被选为ISTRC理事和亚洲分会（ISTRC-Asia Branch）负责人。

（二）第二届

1. 委员会组成

名誉主任：李开绵、吕飞杰

主任委员：陈松笔

副主任委员：张鹏、陈青、古碧、黄贵修

秘书长：叶剑秋

副秘书长：闫庆祥

2. 重点工作事记

（1）组织召开2017年全国热带作物学会学术年会论坛暨薯类专业委员会第二次代表大会

2017年11月14日，薯类专业委员会第二次代表大会暨"组学与生物工程"学术报告会在贵阳召开，专业委员会第一届部分委员、代表及专家出席了会议。

陈松笔研究员受第一届委员会主任委员李开绵研究员的委托作专业委员会工作总结报告。大会通过民主推荐选举陈松笔研究员为第二届委员会主任委员，还选出其他4名副主任委员及秘书长和副秘书长各1名。同时，专业委员会还成立了党支部，并选举黄贵修研究员为党支部书记。陈松笔主任委员组织新一届全体委员学习了《中国热带作物学会2017年改革工作计划》《中国热带作物学会科学技术奖励章程》《中国热带作物学会会议费收款规程》《中国热带作物学会理事会和常务理事会议制度》《中国热带作物学会秘书长会议制度》等文件。薯类专业委员会还获得中国热带作物学会优秀分会场组织奖。

（2）组织召开2019年全国热带作物学会学术年会论坛一"种质资源与遗传育种"专题研讨会

在2019年全国热带作物学会学术年会上，薯类专业委员会承办了论坛一"种质资源与遗传育种"专题研讨。会上各单位专家就木薯、芒果、辣椒、香蕉、菠萝等作物的资源和育种问题进行了深入交流，参会人数达上百人，会场参会人员积极互动，此次会议办得非常成功，反响很好，薯类专业委员会获得中国热带作物学会优秀组织奖。

（3）陈松笔等参加国际会议

2018年10月20—28日，陈松笔主任委员带领部分专业委员会成员赴哥伦比亚参加国际热带薯类作物学会（ISTRC）第18届研讨会并执行NSFC-CGIAR国际交流合作项目任务。

作为ISTRC理事和亚洲分会主席，主任委员陈松笔在大会上代表亚洲分会作了报告。通过参加本次研讨会，与会人员深入了解了国际上木薯领域的最新研究进展，以及以木薯为主要粮食作物的非洲国家对木薯特性的需求，如富含高类胡萝卜素的种质等，补充饮食中的维生素及微量元素的缺失等；通过与同行进行学术交流，对以后的研究工作找到新方向和新思路，对增强与国际国内同行间的学术交流、科研合作以及拓宽国际视野具有重要意义。

（4）开展种质资源科普开放日活动

2020年9月16日上午，薯类专业委员会联合国家热带种质资源库在儋州国家木薯种质资源圃举办主题为"种子的由来"和"果实的魅力"的科普开放日活动，主要针对中学生在生物课范围内学习的知识进行科普讲解，同时带着孩子们开展了一堂生动有趣的现场杂交授粉实验课。本次活动不仅让孩子们学习了理论知识，还通过实际操作感受到了农业科研的魅力。此次科普实地讲解的形式通俗易懂，让学生更感兴趣并受益良多。此次科普活动被评为2020年全国科普日优秀活动。

（5）联合海南大学热带作物学院开展"爱农、务农、知农、懂农"活动

为了提高农学专业大学生对热带农业的深入了解，增强专业知识储备，增进高校与科研单位的联系，中国热带作物学会薯类专业委员会联合海南大学热带作物学院于2021年4月26日在海南开展"爱农、务农、知农、懂农"活动，组织农学专业大学三年级师生一行80余人实地参观中国热带农业科学院位于海南儋州的国家木薯种质资源圃。

（6）开展科普"小小木薯，大大用途"活动

2021年5月12日中国热带作物学会薯类专业委员会在海口热带作物品种资源研究所植物园面向北大新世纪幼儿园82名师生开展"小小木薯，大大用途"科普活动。

（7）参加儋州科技活动月活动

2021年5月27日，薯类专业委员会积极参加儋州科技活动月活动，给大家展示了多种木薯系列产品，当地农民纷纷前来了解如何提高木薯产值等知识，迈出木薯服务乡村振兴的重要一步。

（8）学党史，重温木薯FPR（农民参与式）的主题活动

2021年9月20日，为了进一步教育党员干部感恩过去木薯人，薯类专业委员会党支部结合党史学习，开展了主题为"重温木薯FPR"的教育活动。党支部一行20人在李开绵名誉主任和陈松笔主任委员带领下来到海南白沙县七访镇孔八村，与20世纪80—90年代参与开展"FPR"的村民交流，重温老一辈木薯人的奉献精神，并给20位村民送上节日的祝福和礼品。

（9）开展木薯知识科普实践活动

2021年10月19日，薯类专业委员会专家在儋州国家木薯种质资源圃为儋州农林研究院的农场职工讲解木薯种质资源、育种、栽培、加工等方面知识，介绍薯类专业委员会木薯创新团队在乡村振兴和服务国家"一带一路"倡议中的贡献，职工们纷纷表示此次活动让他们受益良多。

（10）组织召开2021年全国热带作物学会学术年会论坛一"种质资源与遗传育种"专题研讨会

2021年11月2—5日，在全国热带作物学会上，主任委员陈松笔受邀在大会上做了主旨报告。薯类专业委员会承办了论坛一"种质资源与遗传育种"专题研讨会，会上各单位专家就木薯、甘蔗、百香果、丝瓜等作物的种质资源和育种问题进行了深入交流，会议还邀请了三位青年托举人才作报告，参会人数达上百人。

（三）第三届

1. 委员会组成

名誉主任：李开绵
主任委员：陈松笔
副主任委员（排名不分先后）：欧文军、张振文、张鹏、李军、严华兵
秘书长：蔡杰
副秘书长：罗秀芹、宋记明、李华丽

2. 重点工作事记

（1）专业委员会完成第二届换届工作

2021年11月3日，薯类专业委员会完成了第二届换届工作，通过投票表决，选出第三届专业委员会委员，并成立了薯类专业委员会党小组。

（2）在福建大田举办食用木薯品鉴及推介会

2021年12月9日，专业委员会与国家木薯产业技术体系三明站在福建大田县翰霖泉职工疗休养基地举办"2021食用木薯品鉴及推介会"，依托基层农技推广培训平台，向来自三明学院及泰宁、清流、大田、三元等县（区）农技人员、基地疗养人员推广食用木薯品种及有关知识，参与者达50余人。

（3）与牧草与饲料作物专业委员会合作，高质量服务企业

2022年3月31日上午，中国热带作物学会薯类专业委员会名誉主任李开绵与主任委员陈松笔和牧草与饲料作物专业委员会专家一行22人前往海南省屯昌县屯城镇海南澳笠农牧有限公司，开展木薯发酵饲料养殖湖羊效果调研及种植、养殖结合相关事宜的现场办公。对该公司利用发酵木薯茎叶等开展120头湖羊的饲喂效果进行评价，对薯类专业委员会和牧草与饲料作物专业委员会专家利用木薯全株、热研4号王草作为发酵饲料的主要原料来解决企业养殖饲草缺乏和运输成本高等问题给予充分的肯定。

（4）举办木薯副产物利用技术培训会

2022年6月13—15日，木薯副产物利用技术培训会在广西桂平市召开，共有150人参加此次培训。中国热带作物学会薯类专业委员会副主任委员张振文等专家通过授课与现场答疑相结合的方式，重点从利用现状、栽培步骤、示范模式、经济效益分析及利用建议等方面向农户介绍了木薯茎秆利用技术，并耐心解答农民对食用菌种植过程的疑惑，得到农技人员与农户们的广泛认可，培训现场气氛热烈。

（5）面向海南大学师生开展科普实践活动——心有所"薯"

2022年6月15日，中国热带作物学会薯类专业委员会专家为海南大学热带作物学院农学系师生80余人作了生动且富有实践意义的科普知识讲座。在国家木薯种质资源圃，肖鑫辉等专家为全体师生介绍木薯种质资源圃的建立背景、战略定位、功能作用及种质资源利用情况，以实物资源向全体师生展示了我国自主育成的华南系列品种，并介绍了主推品种的主要特征特性、优缺点及利用推广情况。

（6）举办"木薯间套作与水肥药关键技术集成与示范"培训班

为促进乡村振兴、推进热带特色高效农业发展，2022年6月28日在海南省儋州市中国热带作物学会薯类专业委员会和国家木薯产业技术体系白沙综合试验站联合举办"木薯间套作与水肥药关键技术集成与示范"培训班，为海南琼中黎母山50多位村民及村干部培训木薯间套作、病虫害防控及粮饲化利用等技术。中国热带作物学会薯类专业委员会副主任委员、白沙综合试验站站长欧文军，以及喻珊、张洁、魏云霞、梁晓参加会议并分别作了专题讲座。

三、获得荣誉

1. 荣获2015—2016年度中国热带作物学会先进集体荣誉称号

2. 叶剑秋被评为2015—2016年度中国热带作物学会先进工作者

3. 李开绵2016年1月22日获国际热带薯类作物学会（ISTRC）颁发的"木薯类作物贡献终身成就奖"

4. 2017年在贵州贵阳举办的全国热带作物学术年会中承办的专题一获得优秀组织奖

5. 2019年在陕西西安举办的全国热带作物学术年会中承办的专题一获得优秀组织奖

6. 2020年组织的科普活动"种子的由来"被评为全国科普日优秀活动

7.薯类专业委员会木薯团队由于与国际热带农业中心（CIAT）有39年稳定深度合作，促使CIAT获2021年国家国际科学技术合作奖，木薯团队获CIAT颁发团队杰出贡献奖，名誉主任李开绵团队排名第一，主任委员陈松笔获CIAT颁发的个人杰出贡献奖

8.陈松笔荣获第九届侨界贡献奖二等奖

第二十二章
南药专业委员会

一、成立背景

南药泛指原产于热带地区的中药材，包括原产或主产于热带非洲、亚洲（南部和东南部）、拉丁美洲的传统进口药材和主产于我国热带、南亚热带地区的国产药材。我国南药的发展历久弥新，它在不同的历史时期，为我国人民抵御各种疾病、捍卫人民生命健康发挥着重要作用，在食用和药用两方面都具有突出贡献。

基于南药产业发展的国家需求和社会经济发展需要，2009年，中国热带作物学会经常务理事会讨论决定新增南药专业委员会。根据云南省德宏热带农业科学研究所在以石斛为主的南药研究中具有特色鲜明、优势突出、具备一定的行业影响力等实际情况，中国热带作物学会理事长吕飞杰同志建议由该所牵头成立南药专业委员会，并建议该所所长白燕冰同志担任筹备组组长。

为了落实吕飞杰理事长的指示精神，改变南药研究资源分散、科研力量薄弱、产销不配套等现状，突破制约南药产业发展的技术瓶颈，提升产业自主创新能力和核心竞争力，促进中医药产业健康发展，搭建一个大型的南药研究领域学术交流平台，汇聚一批从事南药科研与教育的工作者、企业或个体经营者共同致力于南药产业前沿技术的研究与集成，推动我国南药学学科与产业的发展，筹备单位积极联系从事南药相关研究领域的科研、教学、企业等单位，通过沟通达成共识，于2010年向中国热带作物学会申报新增南药专业委员会。2010年11月7日经中国热带作物学会批准正式筹建（热学字〔2010〕28号）。经过一年多的筹备，2011年12月6日，在云南省瑞丽市召开了中国热带作物学会南药专业委员会成立大会和第一届学术交流会议。2014年10月22日中国热带作物学会（热学字〔2014〕8号）向中国科学技术协会提交了备案报告，并获批准成立。

二、南药专业委员会大事记

（一）第一届

1. 委员会组成

顾问：吕飞杰

主任委员：白燕冰

副主任委员（排名不分先后）：郭生云、金航、刘建玲、刘光华、李志强、李海泉、覃伟权、王祝年、张平、朱光祖

秘书长：李守岭

2. 重点工作事记

（1）2011年召开中国热带作物学会南药专业委员会成立大会

在中国热带作物学会指导下，中国热带作物学会南药专业委员会于2011年12月5—7日在云南省瑞丽市召开成立大会。出席本次会议的有中国热带作物学会副理事长、云南省农垦总局副局长何天喜，中国农垦经济发展中心副处长刘建玲，云南省瑞丽市副市长排桂红，云南省德宏州科学技术局副局长、德宏州科学技术协会副主席李智仁，云南省农业科学院药用植物研究所所长金航。来自广东、海南、广西、福建、云南、贵州等省份相关科研机构以及热心我国南药发展事业的企业等共43个单位的86名代表参加了此次会议。

成立大会由支撑单位云南省德宏热带农业科学研究所所长白燕冰主持。会上，德宏州、瑞丽市到会领导致辞。中国农垦经济发展中心副处长刘建玲宣读南药专业委员会成立大会批复文件。大会民主选举产生了中国热带作物学会南药专业委员会第一届委员会成员，其中主任委员

1名，副主任委员10名，学会秘书长1名，委员23名。大会还聘请了中国热带作物学会理事长吕飞杰为专业委员会顾问。中国热带作物学会副理事长何天喜发表讲话，并代表中国热带作物学会为南药专业委员会授牌。南药专业委员会主任委员白燕冰代表第一届委员会在大会上发表讲话。

会议期间召开了中国热带作物学会南药专业委员会第一次委员会会议，研究审议了《南药专业委员会会员准则》《南药专业委员会工作条例》，明确了南药专业委员会成立后的职能和职责，研究酝酿了成立后的工作计划。

（2）召开2011年南药专业委员会年会暨学术研讨会

2011年12月5—7日，中国热带作物学会南药专业委员会在云南省瑞丽市召开专业委员会年会及以"南药产业发展及其应用研究"为主题的学术研讨会。会议由中国热带作物学会南药专业委员会主办，云南省德宏热带农业科学研究所承办。来自南药领域的科技工作者约100人参会。研讨会上有8人作了主题发言，书面交流学术论文19篇。大会编印了南药专业委员会第一期学术交流论文集。学术研讨会的论题涉及面广，层次高，研究深入，与会人员反应热烈。会议期间，委员会还安排委员和代表们实地考察了云南省德宏热带农业科学研究所石斛和咖啡种质资源圃。

（3）召开2013年南药专业委员会年会暨学术研讨会

2013年6月10—12日，中国热带作物学会南药专业委员会2013年年会暨学术交流会在云南省景洪市召开。会议由中国热带作物学会南药专业委员会主办，云南省热带作物科学研究所、云南省德宏热带农业科学研究所承办。会议以"加强南药科技创新、促进产业健康发展"为主题，邀请了10位南药领域的专家作了主题报告，内容涉及石斛、牛大力、滇龙胆、何首乌和槟榔等栽培技术、成分分析、资源收集等研究进展。征集学术交流论文23篇。来自广东、海南、广西、福建、四川、云南等省份相关科研机构以及热心我国南药发展事业的企事业单位共计60位代表参加了此次会议。

（4）召开2015年南药专业委员会年会暨学术研讨会

为了积极探讨南药产业发展路径和技术创新问题，充分发挥全国热区资源优势，中国热带作物学会南药专业委员会于2015年5月6—8日在云南文山召开南药专业委员会2015年年会暨学术研讨会。会议由中国热带作物学会南药专业委员会主办，云南省德宏热带农业科学研究所承办，云南文山开开药业有限公司协办。会议以"转变发展方式，构建资源节约、绿色生态的南药产业"为主题。来自广东、海南、广西、福建、四川、云南等省份的会员单位代表共50人参加了会议，征集交流论文23篇。

专业委员会主任白燕冰做了近两年来专业委员会工作总结和下一步工作打算的报告。中国热带农业科学院热带作物品种资源研究所副所长王祝年研究员、中国热带农业科学院热带生物技术研究所黄圣卓博士、云南省农业科学院药用植物研究所所长金航研究员等专家分别作了《南药产业现状与前景分析》《瑞香属植物活性成分研究》《滇龙胆开发利用研究》等专题报告。

（5）召开2016年专业委员会年会暨学术研讨会

2016年9月5—7日，中国热带作物学会南药专业委员会2016年年会暨学术交流会在云南省瑞丽市召开。会议由中国热带作物学会南药专业委员会和云南省热带作物学会共同主办，云南省德宏热带农业科学研究所承办。会议主题是围绕《中共云南省委云南省人民政府关于加快高原特色农业现代化实现全面小康目标的意见》的总体要求，全面总结近年来云南省高原特色热作产业发展经验，分析研究面临的机遇与挑战，提出今后创新发展的指导思想、原则、目标任务及工作重点和措施建议。会议征集学术论文39篇，编印了《云南高原特色热作产业创新发展研

讨会论文集》。中国热带作物学会副秘书长杨礼富、云南省热带作物学会理事长何天喜，南药专业委员会主任委员白燕冰，云南省德宏州科学技术局副局长汤文耀等出席了开幕式。来自海南、广西、云南等省份的40多家热作产业领域单位的140余人参加了会议。

（6）召开2017年专业委员会年会暨学术研讨会

2017年11月12—15日，中国热带作物学会2017年学术年会在贵州省贵阳市隆重举行。本届年会共设立6个分会场，中国热带作物学会南药专业委员会承办第一分会场"种质资源与遗传育种"。来自海南大学、云南农业大学、中国热带农业科学院、广东省农业科学院、海南省农业科学院、贵州省农业科学院等20多家单位的120多位代表参加了会议交流。中国热带农业科学院热带作物品种资源研究所王祝年研究员作为第一分会场主席出席开幕式并致辞。会议由云南农业大学热带作物学院宋国敏书记、云南省农业科学院药用植物研究所金航、云南省红河热带农业科学研究所副所长李芹和云南省德宏热带农业科学研究所副所长李守岭共同主持。

会上，王祝年等19位专家学者作了《热带作物种质资源收集保存和创新利用》《沉香资源的研究与利用》《滇龙胆种质资源调查、评价与新品种选育》《牛大力种质资源收集保存鉴定评价与利用》等报告。经中国热带作物学会组委会评选，南药专业委员会组织的第一分会场荣获中国热带作物学会优秀分会场组织奖。会议期间，还召开了专业委员会年会。

（7）2018年成立南药专业委员会党支部

为深入贯彻落实《中国科协关于加强科技社团党建工作的若干意见》，充分发挥党组织的战斗堡垒作用和党员的先锋模范作用，2018年5月21日中国热带作物学会党委（中热学党发〔2018〕2号）发布文件，正式批准成立南药专业委员会党支部。

（8）开展2018年全国科技活动周暨第二届热带农业科技活动周活动

2018年5月21日和23日，中国热带作物学会南药专业委员会联合云南省热带作物学会、云南省德宏热带农业科学研究所、瑞丽市科技局、瑞丽市农业局、瑞丽市林业局、瑞丽市市场监管局、瑞丽市气象局等单位，分别在瑞丽市勐秀乡勐典村、姐相乡俄罗村开展以"科技创新，强国富民"为主题的科普宣传活动。活动采取科普展示、科技咨询等方式，为群众分发科技知识读本、宣传单、实物，并进行义诊，提供食品健康安全、农产品质量安全、森林防火、作物栽培技术等方面的宣传咨询服务。

2018年5月26日，中国热带作物学会南药专业委员会主任委员白燕冰研究员带队到芒市举办芒市中草药种植技术培训。来自芒市中草药种植专业协会的会员和梁河县、龙陵县等周边的中草药种植户共计129人参加了培训。培训采用专题讲座、知识问答、现场交流指导等形式。在专题讲座培训现场，白燕冰作了《中药资源利用概况及产业发展趋势》专题讲座。云南省德宏热带农业科学研究所副研究员高燕等科技人员分别给大家讲授了《滇重楼种植技术》《天麻种植技术》《白及栽培技术及初加工技术》。培训期间发放种植技术小册子6种共420册。

2018年5月19—20日，受中国热带作物学会科普工作委员会邀请，中国热带作物学会南药专业委员会派出5名科技人员参加了2018年保山市科技活动周启动仪式和"科技乡村振兴战略"专题研讨会。

（9）参加2018年全国科普日云南特色科普专场暨国际科普交流活动

2018年全国科普日云南特色科普专场暨国际科普交流活动于9月20日在云南瑞丽姐告边境

贸易口岸启动。中国热带作物学会南药专业委员会派出5名科技人员参加启动仪式及科普宣传。活动展出橡胶、咖啡、石斛等热带作物种植技术相关展板10块，发放种植技术手册8种，共计600份。咨询人数达200余人次。

（二）第二届

1. 委员会组成

顾问： 李学兰、崔秀明
主任委员： 白燕冰
副主任委员： 王祝年、张丽霞、金航、戴好富
秘书长： 李泽生
副秘书长： 李海泉

2. 重点工作事记

（1）2018年召开云南高原特色热带农业研讨会暨第二次会员代表大会

2018年9月17—20日在云南省腾冲市召开2018年云南高原特色热带农业研讨会暨中国热带作物学会南药专业委员会第二次会员代表大会。本次会议由中国热带作物学会南药专业委员会和科普工作委员会、云南省热带作物学会共同主办，云南省德宏热带农业科学研究所、云南省农业科学院热带亚热带经济作物研究所、腾冲市科学技术协会和保山市热带作物产业协会共同承办。来自海南、江西、福建、广东、广西、四川、云南等地的150余名热带作物与南药科技专家、代表，以及腾冲市重楼金铁锁药材专业协会的50余名企业及农户代表，共计200余人参加了研讨会。

大会选举产生了第二届委员会新成员，圆满完成了换届选举工作。中国热带作物学会副理事长兼秘书长刘国道、中国热带作物学会副秘书长刘光华、云南省热带作物学会理事长何天喜、云南省热带作物学会副理事长李维锐等出席开幕式，共65名会员代表参加会议。

在学术研讨会上，云南省农业农村厅热带作物处夏兵副处长、中国热带农业科学院热带作物品种资源研究所王祝年研究员等6位知名专家学者与领导作了特邀报告。11位来自省内外相关

科研机构、企业的专家和技术骨干围绕澳洲坚果、石斛、黄精等云南高原特色热带作物及我国南药产业创新发展的关键环节，进行了学术交流研讨。会议征集交流论文30篇，并制作成论文集，评选出10篇优秀论文。

（2）**2018年组织召开党员学习会暨"缅怀先烈　不忘初心　牢记使命"主题党日教育活动**

2018年9月17日，专业委员会党支部联合云南省热带作物学会党支部在腾冲市组织召开党员学习会暨"缅怀先烈　不忘初心　牢记使命"主题党日教育活动。共有51名党员代表参加会议。

（3）**2019年组织召开全国科技活动周暨第三届热带农业科技活动周、全国科技工作者日系列活动**

2019年5月21日、24日，中国热带作物学会南药专业委员会分别到云南瑞丽市户育乡、主城区开展以"科技强国　科普惠民"为主题的科普宣传活动。活动以实物展示、展板宣传、科普讲解、技术咨询、发放技术手册等多种形式向广大群众普及热作科技知识和常用种植技术。活动共发放种植技术小册子9种400册，发放百香果苗164株，白及苗300株，展出科研产品5种，宣传展板10块，受益群众达500余人。

（4）**2019年组织召开云南高原特色热带农业创新发展研讨会**

2019年7月9—10日，在云南普洱召开以"习近平新时代中国特色社会主义思想为指导，抓住国家实施乡村振兴战略和云南大力发展高原特色现代农业，打造'绿色能源''绿色食品'和'健康生活目的地'三张牌的双重机遇，依靠创新驱动，助推云南高原特色现代热带农业持续健康发展"为主题的2019年云南高原特色热带农业创新发展研讨会。研讨会由中国热带作物学会南药专业委员会、云南省热带作物学会和科普工作委员会共同主办。共131名代表参会。中共元江县委副书记、县长封志荣等12名领导和专家围绕橡胶林下经济发展、珠芽黄魔芋试验研究、草莓产业现状等研究领域作了专题报告。会议期间，组织参会人员参观天士力茶生产基地、普洱茶博览苑。

（5）**召开专业委员会2019年年会暨学术研讨会**

2019年8月14—16日，中国热带作物学会南药专业委员会在海南澄迈组织召开了专业委员会2019年年会暨学术讨论会、主题党日等活动。

学术讨论会以"安全有效 绿色发展 提质增效"为主题，对南药、黎药产业发展展开研讨。

会议由中国热带作物学会南药专业委员会和云南省热带作物学会共同主办，中国热带农业科学院热带作物品种资源研究所、热带生物技术研究所，以及云南省德宏热带农业科学研究所和云南省热带作物科学研究所联合承办。来自全国各地从事南药、黎药科学研究、教学、生产和管理的专家学者共102人参加会议。

中国热带作物学会副理事长兼秘书长刘国道到会并致辞。主任委员白燕冰作了《2018—2019年中国热带作物学会南药专业委员会工作总结和2020年工作计划》的报告。海南南海健康产业研究院院长曾渝等7位专家分别作了有关中医药大健康产业规划、益智、重楼、沉香、草果等重要南药种质资源保护、产业发展现状及成果转化方面的特邀报告。福建省农业科学院果树研究所所长叶新福研究员等9名专家学者作学术交流报告，分享了有关砂仁、胡椒等方面的最新科研成果。会议征集学术交流论文21篇。评出优秀学术交流报告3个，优秀论文6篇。

会议期间，召开了专业委员会委员会议，共有29名委员及委员代表，2名工作人员共计31人参加。会议通报2019年学术会议筹备情况。审议2019年学术会议议程和2019年度工作总结。酝酿2020年工作计划。还学习了中国热带作物学会章程有关会员注册规定和要求，并通报专业委员会考核情况。其间还召开了党小组成员会议。会议由支部书记白燕冰主持，对专业委员会年会相关议程进行审核和政治把关。

会后，还组织南药、黎药领域的45名科技工作者前往海南省儋州市革命英雄纪念碑开展"不忘初心、牢记使命"主题教育活动。

（6）2020年开展全国科技工作者日系列活动

2020年5月27日，中国热带作物学会南药专业委员会组织科技志愿者到瑞丽市姐相乡开展科普宣传活动。

5月29日，中国热带作物学会南药专业委员会与瑞丽市科学技术协会开展走访"科技工作者之家"活动。瑞丽市委常委、市委宣传部部长朱蓉带领瑞丽市科学技术协会班子成员、云南省内各州市各驻瑞丽市科研站所负责人、全市"最美科技工作者"一行到挂靠单位云南省德宏热带农业科学研究所进行走访，为"新时代文明科普基地"揭牌并参观单位科研平台、咖啡生产车间、石斛种质资源圃。

（7）开展2020年全国科普日活动

2020年全国科普日活动期间，中国热带作物学会南药专业委员会与支撑单位云南省德宏热带农业科学研究所一起迅速投身到抗疫行动中，并同步开展以"助力疫情防控，推动健康科普"为主题的2020年全国科普日系列活动。

（8）承办2020年全国热带作物学术年会"种质资源与遗传育种"专题论坛

2020年10月30日，中国热带作物学会南药专业委员会联合广东热带作物学会在佛山市承办中国热带作物学会2020年全国热带作物学术年会"种质资源与遗传育种"专题论坛。此次论坛邀请到中国科学院昆明植物研究所邱明华研究员等20位国内知名专家作专题报告。报告围绕云南小粒咖啡物质基础和独特品质形成、木薯、香蕉、油梨、甘蔗、石斛等作物的种质资源利用研究等内容做了深度交流，参会代表144名。

（9）开展2021年全国科普日活动

2021年9月8—30日，中国热带作物学会南药专业委员会开展了以"百年再出发，迈向高水平科技自立自强"为主题的2021年全国科普日系列活动。根据不同受益人群的特点和需求，针对性地开展"石斛科普小课堂""小小科学家课堂"等科普活动。

（10）承办2021年全国热带作物学术年会"民族特色药用植物资源挖掘与创新利用"专题论坛

2021年11月4日，中国热带作物学会南药专业委员会向学会申请承办了中国热带作物学会2021年全国热带作物学术年会专题论坛四"民族特色药用植物资源挖掘与创新利用"。论坛上，各位专家学者对海南黎族民间特色药、德宏傣药、西藏墨脱民族药、湖南江华瑶族药等民族药研究现状进行了交流。会议征集交流报告16个，收到会议交流论文2篇，参加人数50人。

三、获得荣誉

（一）集体荣誉

1. 获中国热带作物学会2017年学术年会优秀分会场组织奖

2. 被评为2020年、2021年全国科普日优秀活动

3. 被中国热带作物学会评为2017—2018、2018—2019、2020—2021年度先进集体

（二）个人荣誉

1. 白燕冰被评为中国热带作物学会2017—2018年度先进工作者

2. 李泽生、姚春被评为中国热带作物学会2018—2019年度先进工作者

3.李泽生、王祝年被评为中国热带作物学会2020—2021年度先进工作者

第二十三章
香料饮料专业委员会

一、成立背景

香料饮料作为世界古老而闻名的产业是满足人们美好生活需要的必需品，也是百姓持续稳定增收的重要产业。1957年，为发展国家热作事业，开创热带香料饮料产业，华南热带作物科学研究院在海南万宁建立兴隆试验站（中国热带农业科学院香料饮料研究所前身）。经过两代科技工作者50余年的探索、改革和创新，至2012年，香料饮料研究所从仅有9名科技人员的试验站发展成近百人的热带香料饮料产业化研究团队，建立了中国热带农业科学院香料饮料研究所。我国香料饮料产业也从单一作物、单一品种、单一种植逐步向多样化、规模化、产业化方向发展。随着品种的增多和产量的增加，所需要提供的科技支撑问题日益凸显。科技人员亟须建立一个平台，就产、学、研等方面的问题进行交流探讨。

为了给全国热带香料饮料作物科技工作者搭建一个热带香料饮料作物科研、教学、生产和推广平台，促进联合与协作，实现资源共享，时任香料饮料研究所所长邬华松研究员、副所长谭乐和研究员带领所内科技工作者，积极参加学术交流，加强与其他专业委员会和工作委员会的联系和交流。在中国热带作物学会及相关部门的关心支持及中国热带农业科学院香料饮料研究所科技工作者的共同努力下，经民政部审核批准，中国热带作物学会香料饮料专业委员会于2012年11月25日正式成立。2014年10月16—18日在海南万宁召开成立大会。

二、香料饮料专业委员会事记

（一）第一届

1. 委员会组成

主任委员：邬华松

副主任委员：张卫明、马锦林、刘光华、白燕冰、黄泽素、刘永华

秘书长：郝朝运

副秘书长：李锦红、李德文

秘书：魏来

2. 重点工作事记

（1）召开香料饮料专业委员会成立大会暨2014年学术研讨会

中国热带作物学会香料饮料专业委员会于2014年10月16—18日在海南省万宁市兴隆召开成立大会。

广西壮族自治区林业科学研究院、中华全国供销合作总社南京野生植物综合利用研究院、贵州省油料研究所（贵州省香料研究所）、云南省农业科学院热带亚热带经济作物研究所、云南农业大学、海南大学、海南省胡椒协会、云南省精品咖啡学会、海南省国营东昌农场等国内科研院所、高校、企业的领导专家60多人参加了会议。会议由谭乐和研究员主持，会议表决通过了专业委员会章程，并选举产生了第一届委员会成员，其中主任委员1名，副主任委员6名，秘书长1名，副秘书长2名，秘书1名，委员39名。

成立大会结束后，随即召开了以"挖掘热区生物资源、提升产业技术水平"为主题的2014年学术研讨会。中华全国供销合作总社南京野生植物综合利用研究院的张锋伦处长、海南大学食品学院的李从发教授、香料饮料研究所鱼欢副研究员、董云萍副研究员等专家分别作了题为《香料植物资源产业研发现状》《胡椒脱皮技术进展》《热带经济林下香料饮料作物复合栽培技术研究》《热带香料饮料作物遗传图谱构建及重要基因挖掘研究》等学术报告。

（2）承办2015年学术年会"创新驱动热带香料饮料产业发展"第四分会场会议

2015年10月21日，中国热带作物学会2015年学术年会"创新驱动热带香料饮料产业发展"第四分会场会议在海口召开。本次分会场由中国热带作物学会香料饮料专业委员会、中国热带作物学会咖啡专业委员会、中国热带农业科学院香料饮料研究所共同承办。

云南省农业科学院、云南省德宏热带农业科学研究所、广西壮族自治区林业科学研究院、广西壮族自治区农业科学院、贵州省农业科学院、中国农业大学、北京工商大学、云南农业大学、广西职业技术学院、中华全国供销合作总社、中国科学院昆明植物研究所、云南省精品咖啡学会、海南省胡椒协会、海南省文昌市热带作物技术服务中心、云南省普洱科飞咖啡有限公司等国内科研院所、高等院校和企业的领导与专家60余人参加研讨会。

会议由香料饮料研究所副所长谭乐和研究员等主持。围绕"创新驱动热带香料饮料产业发展"的主题，与会专家分别作了《胡椒连作生物障碍形成机理及调控研究》《青花椒生态高值加工技术研究及产品开发》《八角、肉桂产业现状与存在问题分析》《关于果实风味品质研究的三点思考——以酿酒葡萄香气研究为例》和《香草兰加工基础研究与生态高值利用》等9个学术报告。

（3）召开2016年年会暨学术研讨会

2016年12月6日，中国热带作物学会香料饮料专业委员会与咖啡专业委员会2016年年会暨学术研讨会在云南省普洱市开幕。会议由中国热带作物学会香料饮料专业委员会和咖啡专业委员会共同主办，云南省普洱市茶叶和咖啡产业局、云南农业大学热带作物学院、中国热带农业科学院香料饮料研究所等单位承办。来自云南、广西、贵州、湖北、四川、海南等省份的政府部门、科研院所、高校及企业的70多名代表参会。

开幕式由香料饮料研究所副所长谭乐和研究员等主持。香料饮料专业委员会主任委员、香料饮料研究所所长唐冰研究员致开幕词。云南省普洱市茶叶和咖啡产业局卢寒局长、云南农业大学热带作物学院宋国敏院长等代表讲话。与会专家分别作了《肉桂高效培育与利用关键技术创新及应用》《连作胡椒生物障碍的形成机制研究》等8个学术报告。

（4）召开2017年全国香料饮料作物学术研讨会

2017年全国香料饮料学术研讨会于2017年9月7日在海南兴隆开幕。会议由中国热带作物学会香料饮料专业委员会和咖啡专业委员会共同主办，农业部香辛饮料作物遗传资源利用重点实验室等承办。会议围绕"科技创新助力打造香料饮料产业"主题，将科技创新与产业发展紧密结合，共同研讨香料饮料作物研究领域最新进展。海南省农业厅、海南省旅游发展委员会、海南省万宁市委和有关院校的领导出席会议并致辞。来自海南、云南、广东、广西、贵州、江西、湖北、甘肃、北京等省、自治区和直辖市的科研院所、高等院校及企业的代表150多人参会。新华社、海口日报、万宁市广播电视台等新闻媒体跟踪报道。

（二）第二届

1. 委员会组成

主任委员：唐冰

副主任委员：白燕冰、李开祥、张锋伦

秘书长：秦晓威

副秘书长：沈绍斌

2. 重点工作事记

（1）召开2018全国天然香料产业品牌高峰论坛暨香料饮料作物学术研讨会

2018全国天然香料产业品牌高峰论坛暨香料饮料作物学术研讨会于2018年6月27日在上海开幕。会议由中国热带作物学会香料饮料专业委员会、咖啡专业委员会及中国优质农产品开发服务协会共同主办，中国热带农业科学院香料饮料研究所协办。来自海南、广西、四川、云南、贵州、湖南、江苏、上海、河北、河南、福建等省、自治区和直辖市的科研院所、高等院校及企业

的代表150多人参会。

会议围绕天然香料饮料作物如何将科技创新、产业发展及品牌建设相结合进行了研讨。中国优质农产品开发服务协会副会长王洪江，中国热带农业科学院开发处处长欧阳欢，中国优质农产品开发服务协会香料分会会长、中国热带作物学会香料饮料专业委员会主任委员唐冰，中国热带作物学会咖啡专业委员会主任委员赵建平，云南省怒江州农业农村局副局长李瑞君等出席相关活动。

（2）开展全国科技活动周暨第三届热带农业科技活动周活动

在2019年全国科技活动周暨第三届热带农业科技活动周的活动期间，香料饮料专业委员会和咖啡专业委员会联合兴隆热带植物园举办了探秘热带植物王国、热带香料饮料作物科技成果展、研学教育主题活动"吃香喝辣"等青少年科普系列活动，接待来自海南省的中小学生1 200余人次，全国各地的参观群众3 500余人次。

（3）举办首届可可文化节暨中国可可高峰论坛

2019年10月18日，由中国热带农业科学院香料饮料研究所（兴隆热带植物园）主办、中国热带作物学会香料饮料专业委员会协办的首届可可文化节在海南万宁兴隆开幕。首届可可文化节以"文旅融合新发展，打造可可产业新高地"为主题，通过举办启幕仪式、合作签约仪式、可可产业高峰论坛、缤纷巧克力展示、可可主题趣味互动体验等活动，聚焦可可前沿科技，传播可可文化，打造海南可可文化旅游体验目的地，让更多人了解可可、宣传可可，促进可可产业快速发展。

哥斯达黎加热带农业研究与高等教育中心、通用国际贸易有限责任公司、中国热带农业科学院香料饮料研究所、好时（中国）投资管理有限公司、上海巧盒贸易有限公司、浙江麒腾品牌营销有限公司、海南兴科热带作物工程技术有限公司的代表们先后就各自擅长的可可产业领域的工作作了精彩的报告。海南兴科热带作物工程技术有限公司（香料饮料研究所所属企业）与上海蔻缘食品有限公司签署合作协议，双方将在糖果类、巧克力及巧克力制品类开展产品研发、测试、技术服务及咨询合作。

（4）召开2019年全国香料饮料作物学术研讨会

2019年11月2日上午，由中国热带农业科学院、中国热带作物学会香料饮料专业委员会和咖啡专业委员会、中国优质农产品开发服务协会香料产业分会主办，云南省怒江州人民政府、中国热带农业科学院香料饮料研究所等承办的2019年全国香料饮料作物学术研讨会暨香料饮料产业发展研讨会，与怒江州首届"草果文化周"在怒江州隆重开幕。中国热带农业科学院院

长、海南省委委员王庆煌，怒江州委书记纳云德，怒江州委副书记、州长李文辉，农业农村部乡村产业发展司特色产业处处长蔡力，中国热带农业科学院香料饮料研究所所长唐冰，中国热带农业科学院开发（基地）处处长欧阳欢等受邀出席。

（5）举办第二届可可文化节暨中国可可高峰论坛

2020年10月18日，由中国热带农业科学院香料饮料研究所、兴隆热带植物园、海南兴科热带作物工程技术有限公司及国家热带植物种质资源库、中国热带作物学会香料饮料专业委员会主办，可可森林巧克力学会、CFCA CACAO&CHOCOLATE TALENT、中国优质农产品开发服务协会香料产业分会协办的第二届中国可可文化节暨可可高峰论坛在海南兴隆热带植物园举办。第二届可可文化节以"BETTER COCOA，BETTER WORLD"为主题，通过可可主题活动、可可高峰论坛及可可专业课程三大板块活动，聚焦可可前沿科技，传播可可文化，打造海南可可文化，促进可可产业快速发展。

（6）召开2021年全国香料饮料作物学术研讨会

2021年全国香料饮料作物学术研讨会于2021年11月4日在海南澄迈召开。会议由中国热带农业科学院香料饮料研究所、中国热带作物学会香料饮料专业委员会和咖啡专业委员会、中国优质农产品开发服务协会香料产业分会共同主办，农业农村部香辛饮料作物遗传资源利用重点实验室等承办。会议采用线上、线下相结合的方式举行。中国热带作物学会副理事长邬华松、香料饮料专业委员会主任委员唐冰、咖啡专业委员会主任委员龙宇宙、云南农业大学热带作物学院原党委书记宋国敏等出席会议。

会议邀请了西北农林科技大学魏安智教授、海南大学植物保护学院刘铜教授、华南农业大学颜健教授、海南万宁兴隆咖啡研究院院长闫林研究员、中国热带农业科学院热带作物品种资源研究所南药与健康研究中心于福来副研究员、中国热带农业科学院香料饮料研究所张彦军研究员以及华南农业大学朱张生副教授等14位专家作了大会学术报告。

会议期间，中国热带农业科学院香料饮料研究所与比利时根特大学Cacaolab签署可可合作协议，携手推进优质可可产业高质量发展。

（7）举办第三届可可文化节

2021年10月31日，由中国热带农业科学院香料饮料研究所（兴隆热带植物园）、中国热带作物学会香料饮料专业委员会主办，海南省万宁市旅游和文化广电体育局支持，可可森林巧克力学会、CFCA CACAO & CHOCOLATE TALENT协办的第三届中国可可文化节在万宁兴隆热带植物园成功举办。此次文化节以"多元化可可，多元化生活"为主题，通过可可主题活动、可可高峰论坛及可可专业课程三大板块活动，打造海南可可文化，促进可可产业高质量发展。

万宁市副市长季浩、万宁市旅文局局长姚旺、中国热带农业科学院香料饮料研究所所长唐冰、中国热带农业科学院成果转化处副处长廖子荣等领导，以及来自全国可可行业专家近百人出席。中国热带农业科学院香料饮料研究所、珂珂琥、布勒集团、奥兰国际有限公司（Olam）、可可森林以及海南兴科等可可科研机构、企业就各自擅长的可可产业领域作了精彩的报告。人民日报、海南日报、三沙卫视、万宁市广播电视台、南海网等十余家媒体记者跟踪报道。

三、获得荣誉

（一）集体荣誉

1. 被评为中国热带作物学会2018—2019年度、2020—2021年度先进集体

2. 被评为2020年全国科普日优秀活动

3. 2022年5月入选中国科学技术协会、教育部、科技部等七部委共同授予的首批科学家精神教育基地

（二）个人荣誉

1. 吴桂苹撰写的论文（摘要）《不同成熟度胡椒鲜果中主要活性成分的含量及其变化规律研究》被评为中国热带作物学会2013年度优秀论文（摘要）

2. 唐冰、郝朝运、白亭玉被评为中国热带作物学会2018—2019年度先进工作者

3. 秦晓威、白亭玉被评为中国热带作物学会2020—2021年度先进工作者

第二十四章
咖啡专业委员会

一、成立背景

咖啡是世界三大饮料作物之一，是一种高附加值的热带经济作物。随着我国改革开放事业的不断发展，我国热区农业也进入了快速发展期。咖啡产业作为热区农业的重要组成部分，也在20世纪90年代进入了快速发展阶段，至2012年，我国咖啡种植面积为140余万亩，产量约9.26万吨，总产值约16亿元。咖啡产业成为云南、海南一些边远山区农民脱贫致富的支柱产业。随着咖啡产业的快速发展，所需要提供的科技支撑问题日益凸显，如何提高科学研究水平，将科研产出高质高效地转化到现实生产上，是咖啡产业可持续发展的关键。依托具有创新优势的科研机构、基地和基础资源，围绕产业发展需求，以咖啡作物产品为单元，以产业为主线，构建从产地到餐桌、从生产到消费、从研发到市场各个环节紧密衔接、环环相扣、服务产业需求的现代咖啡产业技术交流平台，提升咖啡产业科技创新能力，增强我国咖啡产业的竞争力，确保我国咖啡产业持续、稳定、健康发展，显得尤为必要。一个具备共享信息、产品、技术的交流平台亟待建立。

2013年中国热带作物学会常务理事、中国热带农业科学院副院长刘国道在香料饮料研究所工作座谈会上要求尽快成立咖啡专业委员会，时任该所所长的邬华松根据刘国道副院长的指示，组织所内咖啡研究团队联合国内咖啡行业科研、教学及生产单位联合向中国热带作物学会申报成立中国热带作物学会咖啡专业委员会。2014年10月10日，中国热带作物学会第八届第十二次常务理事会同意设立咖啡专业委员会，并于2015年10月在海南省海口市隆重召开成立大会。这标志着咖啡专业委员会的组织管理、工作运行步入专业轨道。

二、咖啡专业委员会事记

（一）第一届

1. 委员会组成

主任委员：赵建平

副主任委员：张洪波、宋国敏、黄家雄

秘书长：闫林

2. 重点工作事记

（1）召开咖啡专业委员会成立大会暨2015年学术研讨会

2015年10月20—21日，中国热带作物学会咖啡专业委员会成立大会暨学术研讨会在海口召开。会议由咖啡专业委员会主办。闫林副研究员主持会议。来自云南省农业科学院、云南省德宏热带农业科学研究所、中国农业大学、云南农业大学、海南省澄迈县热带作物服务中心、云南省精品咖啡协会、云南省普洱市茶叶和咖啡产业局、普洱科飞咖啡有限公司等国内科研院所、高校及企业的代表，以及香料饮料研究所从事咖啡研究的相关科技人员，共30多人参会。

在学术研讨会上，张洪波研究员就我国咖啡抗锈病选育种研究，闫林博士就咖啡种质资源多样性及遗传连锁图谱构建研究，董文江博士就海南主栽咖啡品种的风味品质特性研究，分别作了报告。

中国热带作物学会常务副理事长、中国热带农业科学院党组书记张凤桐，中国热带作物学会秘书处、中国热带农业科学院研究生处副处长杨礼富等到会指导。

支撑单位香料饮料研究所所长邬华松研究员宣读了批准咖啡专业委员会成立的文件（热学字〔2014〕6号）。会议选举产生了中国热带作物学会咖啡专业委员会第一届委员会成员。

（2）召开2016年学术研讨会

2016年12月5—8日，中国热带作物学会咖啡专业委员会2016年年会暨学术研讨会在云南省普洱市召开。来自云南、广西、贵州、湖北、四川、海南等省份的政府部门、科研院所及企业等共70多名代表参会。研讨会由中国热带农业科学院香料饮料研究所咖啡专家龙宇宙研究员主持，大家围绕"聚焦产业关键、创新服务发展"主题，共同研讨咖啡等热带香料饮料作物产业发展领域的问题。会议期间相关专家学者考察农业部国家种子工程云南省小粒咖啡良种苗木繁育基地、普洱咖啡产地与加工基地以及云南咖啡交易中心。

（3）召开2017年咖啡专业委员会年会暨学术讨论会

2017年9月6—8日，全国香料饮料作物2017年学术年会在海南兴隆开幕。本次大会由香料饮料专业委员会和咖啡专业委员会主办。来自云南、广西、贵州、湖北、四川、海南等省份的100多名代表参会。学术研讨会由林兴军博士主持。会议主要研讨咖啡产业发展中的问题。与会代表分别从咖啡在国际市场上面临的期货价格问题、选育种、病虫害、机械化采收、施肥、加工方法、产品延伸等方面提出了意见及建议。

（4）召开2018年咖啡专业委员会年会暨学术讨论会

由中国热带作物学会咖啡专业委员会等主办的2018全国天然香料产业品牌高峰论坛暨咖啡专业委员会年会于2018年6月27—28日在上海举办。来自海南、云南、广东、广西、贵州、江西、湖北、甘肃、北京、上海等省、自治区和直辖市的150多名代表参会。

（5）召开2019年学术研讨会暨专业委员会换届会议

由中国热带作物学会咖啡专业委员会等主办的2019年全国香料饮料作物学术年会暨咖啡专业委员会年会于2019年11月1—4日在云南怒江举办。来自海南、云南、广东、广西、贵州等省份的120名代表参会。陈江帆、白学慧、孙世伟、程金焕、吕玉兰、胡荣锁、何红艳等7位专家分别作了报告。

大会期间，还召开了第二次会员代表大会，选举产生了第二届专业委员会成员。

（6）中国热科院-哥斯达黎加热带饮料作物种质资源保护利用实验室挂牌

由中国热带作物学会申报的成立"中国-哥斯达黎加热带饮料作物遗传资源研究中心"项目获中国科学技术协会批准，以项目为纽带，由中国热带农业科学院与哥斯达黎加共建中国热科院-哥斯达黎加热带饮料作物种质资源保护利用实验室，并于2019年8月完成挂牌。

（二）第二届

1. 委员会组成

主任委员： 龙宇宙

副主任委员： 黄家雄、李锦红、宋国敏

秘书长： 闫林

副秘书长： 白学慧

2. 重点工作事记

（1）召开2021年咖啡专业委员会年会暨学术讨论会

2021年全国香料饮料作物学术年会于2021年11月4日在海南澄迈召开。会议由中国热带农业科学院香料饮料作物研究所、中国热带作物学会咖啡专业委员会、中国热带作物学会香料饮料专业委员会、中国优质农产品开发服务协会香料产业分会共同主办，由农业农村部香辛饮料作物遗传资源利用重点实验室等承办。会议采用线上、线下相结合的方式举行。近百名专家学者聚焦香料饮料科技创新，共话产业兴旺，助力乡村振兴。中国热带作物学会副理事长邬华松、中国热带农业科学院香料饮料作物研究所所长唐冰、第二届咖啡专业委员会主任委员龙宇宙、云南农业大学热带作物学院原党委书记宋国敏等出席会议。

会议邀请了西北农林科技大学魏安智教授、海南大学刘铜教授、华南农业大学颜健教授、海南万宁兴隆咖啡研究院院长闫林研究员、中国热带农业科学院热带作物品种资源研究所南药与健康研究中心于福来副研究员、中国热带农业科学院香料饮料研究所张彦军研究员以及华南农业大学朱张生副教授等14位专家作了大会学术报告。

（2）积极开展党建与业务融合活动

2020年11月13日，在专业委员会主任委员、党支部书记龙宇宙研究员带领下，专业委员会党支部组织科技人员到琼中县与海南农垦大丰咖啡产业集团有限公司大丰咖啡基地党支部联合，以"科研服务咖啡产业发展和乡村振兴"为主题开展党建活动。

2021年5月14日，中国热带作物学会咖啡专业委员会党支部与云南省农业科学院热带亚热带经济作物研究所咖啡研究中心党支部在云南保山、普洱联合开展"学党史，见行动，科技助力咖啡产业发展"系列活动。

三、获得荣誉

闫林荣获中国热带作物学会2017—2018年度先进工作者荣誉称号

第二十五章
南方瓜类蔬菜专业委员会

一、成立背景

南方瓜类蔬菜在我国广东、广西、海南、福建、湖南、江西、贵州、四川、重庆、云南等热区省份种植面积较大，是重要的特色蔬菜种类。产品除本地销售外还大量北运和出口，在南方蔬菜产业发展中占有重要的地位。其科学研究工作主要集中在南方各省份的科研单位，有较好的研究基础和较强的研究队伍，在开展瓜类蔬菜种质资源收集、保存、鉴评与创新利用等方面取得了较大进展。但是，各研究单位交流、合作较少，联合攻关意识还有待提高。

2018年，广东省农业科学院蔬菜研究所的罗少波研究员、华南农业大学的胡开林教授、广西壮族自治区农业科学院蔬菜研究所的黄如葵研究员、福建省农业科学院作物研究所的温庆放研究员、中国热带农业科学院热带作物品种资源研究所的杨衍研究员、湖南省农业科学院蔬菜研究所的粟建文研究员、江西省农业科学院蔬菜花卉研究所的缪南生研究员等人共同发起，向中国热带作物学会提出成立南方瓜类蔬菜专业委员会的申请。2019年4月24日，中国热带作物学会第九届第十六次常务理事会审议决定设立中国热带作物学会南方瓜类蔬菜专业委员会，并于2019年5月7日正式发文。支撑单位为广东省农业科学院蔬菜研究所。2019年10月10—11日，在广东省广州市召开了专业委员会成立大会暨第一次会员代表大会。专业委员会的组织管理和工作运行步入正轨。

二、南方瓜类蔬菜专业委员会事记

第一届

1. 委员会组成

主任委员：谢大森

副主任委员：杨衍、陈振东、温庆放

秘书长：江彪

2. 重点工作事记

（1）2019年召开第一届会员代表大会暨学术年会

2019年10月10—11日，在广东省广州市召开了中国热带作物学会南方瓜类蔬菜专业委员会第一届会员代表大会暨2019年学术年会。来自广东、福建、广西、海南、湖南、浙江、江苏、江西、贵州、天津、四川、重庆等省份共25个单位近130人参加了会议。中国热带作物学会副理事长兼秘书长刘国道出席开幕式并致辞。会议选举产生了第一届专业委员会成员和会议期间开展了学术交流研讨会，组织召开了南方瓜类蔬菜专业委员会2019年秋季现场观摩会，现场展示了会员单位最新培育的冬瓜、节瓜、南瓜、丝瓜、瓠瓜、苦瓜近80个品种。

（2）召开2020年专业委员会年会暨学术研讨会

2020年11月8—10日，南方瓜类蔬菜专业委员会年会暨学术研讨会在福州市召开。会议由中国热带作物学会南方瓜类蔬菜专业委员会主办，福建省农业科学院作物研究所承办，福建省星源农牧科技股份有限公司协办。来自广东、福建、广西、海南、浙江、江苏、江西、贵州、天津、湖南等12个省份的24家单位近70名代表参加了会议，10位专家分别就冬瓜、节瓜、丝瓜、苦瓜、黄瓜等瓜类作物的研究进展、种质资源挖掘与新品种选育现状、主要瓜类病害与防控等研究领域作了学术报告，并与参会人员进行了现场交流。本次大会共征集了冬瓜、节瓜、南瓜、丝

瓜、苦瓜82个品种进行展示。交流会后，参会人员赴基地进行现场观摩，交流育种和栽培经验。

（3）召开2021年专业委员会年会暨学术研讨会

为推进我国南方瓜类蔬菜产业发展及增进相关科研单位与生产企业间的相互交流与协作，2021年10月27—29日，由南方瓜类蔬菜专业委员会主办、广西壮族自治区农业科学院蔬菜研究所承办、广西天贵文化传播有限公司协办的2021年南方瓜类蔬菜专业委员会年会暨学术研讨会在广西南宁召开。来自广东、广西、福建、海南、湖南、浙江、江西、贵州、重庆等省份21家单位共80余名代表参加了会议。会议开幕式由广西壮族自治区农业科学院蔬菜研究所所长陈振东研究员主持。

南方瓜类蔬菜专业委员会主任委员谢大森致开幕词，中国工程院院士邹学校线上为本次会议致辞。来自会员单位的13位专家分别就冬瓜、丝瓜、苦瓜、瓠瓜、甜瓜等作物的研究进展进行了分享交流。会后，与会专家参观了位于南宁市西乡塘区坛洛镇的天贵庄园基地。

（4）2022年新品种线上观摩会

由于新冠疫情的原因，南方瓜类蔬菜专业委员会主办的2022年新品种现场观摩会于2022年1月15日在线上举行。观摩会由江西省农业科学院蔬菜花卉研究所承办，江西大家族种业有限公司协办。观摩会为广大会员展示了各种蔬菜品种不同生育期长势，得到了广大会员的一致好评。

（5）**召开2022年专业委员会年会暨学术研讨会**

2022年8月7日于线上召开了2022年中国热带作物学会南方瓜类蔬菜专业委员会年会暨学术研讨会。广东、广西、海南、福建、湖南、江苏、浙江、江西、重庆、贵州、上海等省份会员单位代表和专业委员会委员参加了会议。

各省份会员单位代表就各地蔬菜种植情况和产业发展存在的问题进行了深入交流探讨，对南方瓜类蔬菜专业委员会建设提出了很多很好的建议。同时，呼吁各会员单位加强科技交流与合作，提高瓜类蔬菜在全国蔬菜界影响力，为我国乡村振兴作出更大贡献。会议对2022年专业委员会委员分工进行了调整，并落实了2023年年会地点。

三、获得荣誉

1. 吴海滨同志荣获第二届中国热带作物学会青年科技奖

2. 宫超和陈林同志入选第五届中国科学技术协会青年人才托举工程

3. 谢大森和王瑞娟同志荣获中国热带作物学会2020—2021年度先进工作者称号

第二十六章
种质资源保护与利用专业委员会

一、成立背景

热带作物种质资源是我国生物多样性的重要组成部分,是我国热带作物产业持续发展的物质基础。我国热带作物种质资源主要分布在海南、广东、广西、云南、福建等省份以及江西、湖南、重庆、四川、贵州、西藏等省份的南部部分地区,覆盖面积约52万千米^2,占国土面积的5%。经过多年发展,我国热作种质资源保存总量达5万余份,选育新品种超500个,构建了较完善的资源保存、基础技术标准、基础工作三大体系,推动了热作产业全方位的发展。但热作种质资源的学科水平与大宗农作物相比尚有一定的差距,如基础理论和关键技术原创性不足、热区单位间种质资源协同性有待加强,缺少稳定的交流合作组织机构和资源分享机制等。因此,搭建热带作物种质资源保护与利用学术交流平台,对于组织热区科教力量,加强协同攻关和交流,提升热带作物种质资源表型组、基因组高通量精准鉴定评价以及生物育种等关键技术水平,打赢种业"翻身仗"具有重要意义。

为进一步促进热区种质资源的大联合、大攻关,搭建热作种质资源合作交流平台,中国热带农业科学院热带作物品种资源研究所所长王家保提出在中国热带作物学会设立热带作物种质资源相关分支机构的想法,并积极向中国热带作物学会理事长刘国道及学会相关业务部门汇报沟通,获得刘国道和相关部门的支持。2021年9月,热带作物品种资源研究所联合15家科教单位向中国热带作物学会提交了《关于设立中国热带作物学会热带作物种质资源保护与利用专业委员会的请示》，经2021年11月3日中国热带作物学会十届三次理事会暨十届八次常务理事会审议通过，获批设立。2022年8月5日在海南省海口市召开第一次会员代表大会，选举产生专业委员会第一届委员会。成员专业委员会第一次会员代表大会的召开标志着热带作物种质资源保护与利用专业委员会的组织管理、工作运行步入专业轨道。

二、种质资源保护与利用专业委员会事记

第一届

1. 委员会组成

主任委员：王家保

副主任委员：许家辉、李鸿莉、李琼

秘书长：邬华松

2. 重点工作事记

（1）召开第一次会员代表大会暨首届学术年会

2022年8月4—6日，种质资源保护与利用专业委员会在海南海口召开第一次会员代表大会暨学术年会。农业农村部农垦局单绪南处长、中国热带作物学会党委书记杨礼富出席会议并致辞。中国热带农业科学院热带作物品种资源研究所党委副书记赵建平代院长黄三文在代表大会上致辞，副所长李琼主持会议。来自福建省农业科学院果树研究所、福建省热带作物科学研究所、云南省德宏热带农业科学研究所、贵州省亚热带作物研究所、广东省农业科学院果树研究所、广东药科大学、广州市果树科学研究所、广西壮族自治区亚热带作物研究所、广西壮族自治区农业科学院园艺研究所、海南大学、海南省农业科学院、中国热带农业科学院椰子研究所等科教单位40余名代表线下参会，另有全国各地3 000多人线上参加学术讨论会。

本次会员代表大会投票选举产生了37位专业委员会第一届委员会委员，审议并通过了《中国热带作物学会热带作物种质资源保护与利用专业委员会工作条例》。本次学术年会聚焦热带作物种质资源保护与创新利用、热带作物种业高质量发展，邀请农业农村部种业管理司畜禽种业处处长吴凯锋、美国伊利诺伊大学植物生物系教授明瑞光博士、中国科学院昆明植物研究所研究员孙卫邦博士、中国热带农业科学院热带作物品种资源研究所所长王家保博士等13位专家作报告。

（2）举办芒果科学100问科普活动

2022年9月20日下午，利用国家种质资源热带作物中期保存库儋州农业农村部芒果种质资源圃（海南省芒果种质资源圃）在儋州举行了科普活动日活动。本次活动采用线上、线下方式进行芒果基础知识培训，部分芒果基地工人、技术人员和研究生参加了本次活动。

资源圃负责人高爱平研究员精心挑选了100个与芒果密切关联的科学问题，形成了"芒果科学认识100问"，内容涵盖了芒果的起源、传说、植物学特征、生物学特性、农艺性状以及栽培技术和果实营养等方面。培训后进行了田间实地观摩。

（3）专业委员会支撑单位开展植物科普知识培训

2022年9月22日，支撑单位中国热带农业科学院热带作物品种资源研究所围绕"喜迎二十大，科普向未来"这一主题，在热带作物品种资源展示园开展植物科普知识培训。此次培训由热带作物品种资源研究所产业发展部统筹，邀请南药与健康研究中心的植物分类专家王清隆副研究员主讲。经过王清隆既生动又专业的讲解，大家对植物有了更深的认识和了解。

（4）联合相关单位举办"喜迎二十大，科普向未来"——万名专家讲科普活动

2022年9月27—28日，专业委员会联合全国热带作物科普基地广州实验站，在广州市举办"喜迎二十大，科普向未来"系列科普活动。

邬华松研究员、贺军虎研究员、李洪立副研究员以及邓文明园艺师分别作了《神奇饮料——咖啡》《菠萝产业发展概况及新品种介绍》《火龙果标准化栽培管理技术》《植物资料科普研学创新与实践（以兴隆植物园为例）》的主题报告。

（5）承办种质资源十年成就展暨摄影展

在庆祝中国共产党第二十次全国代表大会胜利召开之际，"种质资源（2012—2022）十年成就展"暨"我与品资所"第七届摄影展于2022年10月15日在海口隆重开幕。

本次主题展是在农业农村部南亚热带作物中心的指导下，由热带作物品种资源研究所党委主办，所内工会和热带作物学会热带作物种质资源保护与利用专业委员会承办。开幕式由专业委员会主任委员、热带作物品种资源研究所所长王家保主持，中国热带农业科学院副院长刘国道莅临指导。

本次主题展览以图片形式，集中展示热带作物品种资源研究所在2012—2022年这10年中创新研究的部分种质资源，类别涵盖了热带果树、木薯、牧草、花卉、南药、瓜菜、水稻及畜牧等，包括审（认）定的新品种22个、获植物新品种权品种29个、新创种质13个、优异种质资源30个和特有新物种39个等共133幅。通过展示热带作物种质资源科普图片，向社会各界普及种质资源知识，增强公众保护种质资源、维护生物多样性和生物安全的意识，全面展示近10年来我国种质资源保护与利用成果。

热带作物品种资源研究所领导班子成员及干部职工代表共40余人参加。新华社、光明日报、农民日报、海南日报、海南电视台等多家主流媒体对活动进行了报道。

第二十七章
坚果专业委员会

一、成立背景

我国是坚果种植大国，据国际坚果研究与发展研究会2021年统计，中国已种植澳洲坚果面积超过460万亩，核桃种植面积超过8 300万亩，在国际市场占有一定份额。然而与美国等坚果产业发达国家相比，我国坚果产业还存在一些问题：一是因为大多数坚果品种属于外来物种，保存的种质资源多样性不够丰富，资源本底水平不清晰；二是保存的种质资源大多仅进行了植物学特征和生物学习性描述，种质资源的遗传信息少，精准鉴定水平低，优异性状发掘不足；三是坚果育种水平尚处于实生选育和杂交育种的初级阶段、基础理论和关键技术原创不足，生物育种处于起步阶段，优异种质创新能力不强，与发达国家相比还存在不小的差距；四是缺少交流合作平台和协同攻关的机制。因此，组织全国坚果产业科教力量，加强协同攻关，开展坚果种质资源创新利用、高效栽培、采后深加工等关键技术突破，对推动我国坚果产业持续健康发展具有十分重要的意义。

2022年，在中国热带作物学会指导下，广西壮族自治区亚热带作物研究所向中国热带作物学会提出成立坚果专业委员会的申请。2022年5月24日，学会第十届第四次理事会暨第十届第七次常务理事会会议审议通过同意增设。

二、坚果专业委员会事记

第一届

1. 委员会组成

主任委员：庞新华
副主任委员：王文林、贺熙勇、宋喜梅
秘书长：曾黎明

2. 重点工作事记

坚果专业委员会支撑单位为广西壮族自治区亚热带作物研究所。2022年8月11日在广西南宁召开第一次会员代表大会暨首届学术年会。出席会议的有广西壮族自治区亚热带作物研究所、中国热带农业科学院南亚热带作物研究所、广西南亚热带农业科学研究所、云南省热带作物科学研究所、贵州省热带作物科学研究所、云南奥福实业有限公司、海南大学、凯里学院、宜春学院等会员代表22人。

会议由广西壮族自治区亚热带作物研究所坚果研究中心主任曾黎明主持。采用线上、线下相结合的方式。开幕式上，坚果专业委员会主任委员、广西亚热带作物研究所副所长庞新华致辞，并阐述了专业委员会成立的重大意义。本次大会选举产生了专业委员会成员，共25名委员，其中主任委员1人，副主任委员3人，秘书长1人。

本次坚果学术年会聚焦澳洲坚果产业高质量发展，邀请了4名澳洲坚果产业专家分别作了《澳洲坚果产业原料现状》《云南省澳洲坚果产业发展现状》《澳洲坚果种质资源的分子标记开发与应用》《贵州澳洲坚果产业及发展前景》等学术报告。报告深入探讨了品种、栽培、加工、市场销售等全产业链问题，以及分子标记在澳洲坚果种质资源上的开发与应用前景。

第二十八章
科普工作委员会

一、成立背景

科学普及简称科普，又称大众科学或者普及科学。是指利用各种传媒以浅显的、通俗易懂的方式，让公众接受自然科学和社会科学知识，推广科学技术的应用，倡导科学方法，传播科学思想，弘扬科学精神，推广科学技术应用的活动。

基于中国热带作物学会的社会责任感和全面发展的需要，科普工作委员会于2002年11月15日设立。旨在充分激发和释放内生动力，加快提升学术引领力、会员凝聚力、社会影响力以及自我发展能力的基础上，更好地服务于广大会员和热带作物科技工作者，支撑引领热带农业科技创新、学科发展和产业转型升级。

二、科普工作委员会事记

（一）第一届

1. 委员会组成

主任委员：黄循精

副主任委员：黄洁、陈叶海、李文伟

秘书长：黄洁（兼）、李专。

2. 重点工作事记

（1）开展科普创作

2016年以前，中国热带农业科学院热带作物品种资源研究所作为科普工作委员会的支撑单位，以海南省为重点，开展了大量的科普工作。

①出版科普图书《甘薯丰产栽培技术》《木薯丰产栽培技术》，编写《木薯抗旱保春耕技术》《木薯抗涝措施》《木薯抗风技术》等小册子和明白纸等。

②参与撰写《参与式科技发展：在行动中改革中国农业科技体系》部分内容。

③发布2项木薯方面的标准，即《木薯嫩茎枝种苗快速繁殖技术规程》（NY/T 1685—2009）和《木薯生产良好操作规范（GAP）》（NY/T 1681—2009），推广使用。

④发表《纳沙台风对木薯影响的调研报告》。

⑤发表《木薯新品种华南8号在琼中县的应用推广》。协助白沙县木薯试验站和琼中县农业科学研究所撰写《木薯新品种华南8号在琼中县的应用推广》一文，发表在《热带农业科学》上。协助三明木薯试验站总结木薯间套作技术。

⑥出版《中国木薯食谱》一书。加强推广食用型木薯华南9号，为海南及北海和梅州等地组织提供华南9号良种，为深圳与北京等地定期供应华南9号鲜薯，并积极撰写各种资料。

（2）开展国际交流活动

2008年，组织12人去泰国参加木薯培训，4人到老挝参加第八次国际木薯会议，2人到柬埔寨考察木薯生产。

2010年1月21—28日，应浙江华立公司邀请，前往柬埔寨GTW公司考察木薯用地，指导木薯生产。5月9—15日，应国家开发投资公司邀请，到缅甸长城公司考察农林业基地，指导木薯生产。6月4日，参加中国热带农业科学院发展中国家热带农业新科技培训班，为11个国家26名农业专家培训木薯和甘薯的栽培与利用。8月17—19日，陈松笔作为组织者和全程翻译，陪同国际木薯专家Howeler博士和Tin博士在海南开展木薯产业调研和科技服务活动，培训白沙和琼中农技人员，增进国内外专家、基层科技人员和农户的交流，切实解决生产难题。

2011年1月中旬，到柬埔寨菩萨省考察指导五指山集团木薯基地，支持我国企业的"走出去"，加强木薯产业体系与企业的联系。根据土壤、品种和地形，提出了全面的种植规划及技术建议。

2012年1月1—16日，在商务部支持下，与联合国开发计划署（UNDP）和国际热带农业中心（CIAT）一起，举办柬埔寨木薯生产与加工技术培训班，培训柬埔寨学员31名。7月26日至8月16日，在商务部支持下，举办非洲木薯生产与加工技术培训班，培训了南非、加纳、桑给巴尔、乌干达、埃塞俄比亚、贝宁、布隆迪、利比里亚、尼日利亚、塞拉利昂等10个非洲国家的21名学员。

（3）开展学术交流

2009年，参加中国热带作物学会在广州召开的第八届代表大会。科普文章《木薯品种、水土保持技术和嫩茎枝快繁技术》被收入《现代热带农业发展论文集》。

2010年4月14—17日，参加首届中国国际薯业高峰论坛展会。11月16日，在深圳会展中心

协助布展第十二届中国国际高新技术成果交易会展台，农业部副部长张桃林、科教司副司长杨雄年等领导，饶有兴致地参观了木薯展台，对我国"十一五"期间取得的木薯新成果给予充分肯定。12月12日，为"海南冬交会"提供展览大木薯，吸引许多人参观。

2011年4月6日，协助《光明日报》记者调研采访海南省的木薯产业。5月6日，参加中国热带作物学会在厦门举办的热带现代立体农业发展研讨会，会上作了《木薯间套作实践与思考》报告。9月21—22日，协助拍摄深圳高新技术成果交易会专题宣传片。参加北京2011中国国际薯业博览会和海南冬季交易会等大型展会，宣传推广木薯。在这些活动中，累计发放《木薯丰产栽培技术》和《木薯主要病虫害》等书籍300余册。11月17—21日，在深圳市参展第十三届高新技术成果交易会，展示华南9号木薯食品。11月17—19日，协助中央七台拍摄我国木薯产业新成就，特别介绍了华南9号木薯及其食品制作技术。12月初，到海南高新技术成果交易会强力推介华南9号食品，食用型木薯华南9号得到社会各界的认可。

2012年7月21日，在重庆参加中国农业大学主办、西南大学承办的全国养分资源管理协作网2012年学术年会暨高产高效现代农业研讨会，作了《木薯高产高效三大规律及调控技术》学术报告。向国内同行推介热带作物的木薯高产栽培技术。为了加强与国内外科普工作的交流与合作，参加3次重大会议，并与贵州省农业科学院、国际热带农业中心、中国农业大学资源与环境学院3个单位进行合作交流。

2013年1月11日，参加中国热带作物学会第二届薯类专业委员会学术交流会暨第七期木薯生物技术与功能基因组学研讨会。

2014年7月11日，黄洁参加由中国农业大学资源环境与粮食安全研究中心主办的高产高效现代农业暨全国养分资源管理协作网2014年度学术大会，应邀作《木薯高产高效技术模式与大面积应用效果》报告。

2014年4月14日，贵州省农业科学院兴义亚热带作物研究所派出欧珍贵副研究员到中国热带农业科学院热带作物品种资源研究所接受为期半年的木薯生产技术方面的培训。这是中国热带农业科学院和贵州省农业科学院的院院合作，也是兴义亚热带作物研究所和热带作物品种资源研究所的深度合作。

（4）进行科技培训

2009年与各地合作，在广东湛江、阳春，海南屯昌、琼中等地，举办8期木薯丰产栽培技术培训班，培训约600人次。发放《木薯丰产栽培技术》一书800册。

2010年，共计参加科技服务活动82天（含国际科技服务活动18天），合作举办15期木薯和甘薯培训班，培训600多人次（含涉外培训26人次）。参加3次大型展览会，发放《木薯丰产栽培技术》720册、《木薯主要病虫害》250册、《甘薯丰产栽培技术》300册，以及其他小册子和明白纸500多份。为海南、广西、广东、云南、福建等省份及东南亚等国提供科技咨询300多人次。筛选出9个鲜食型和菜用型甘薯新品种，为临高、儋州、琼中和白沙等地30多名种植户提供良种种苗和配套栽培技术。

2011年，在科普活动中，把基层农技员的能力建设提上重点工作内容。重点联系广西武鸣和合浦试验站、海南白沙试验站、云南保山试验站以及广东湛江中能公司，协助制定木薯生产规划和试验方案，定期到实地指导生产和试验，特别着重于指导提高写作能力。

2012年共培训国内外学员839名。在各种培训班及指导生产过程中，累计发放《木薯丰产栽培技术》980册，发放《木薯主要病虫害防治》180册，《中国木薯食谱》260册。此外，为中国热带农业科学院开发办公室编写《木薯高产栽培技术》和《甘薯高产栽培技术》小册子，在科技活动月及相关服务三农的活动中，共计发放2 200册。

2013年2月，为广东中能公司（湛江）培训54名技术员和农民，发放《木薯丰产栽培技术》60册。3月到广西武鸣培训乡镇骨干70名，发书120册。5月"科技活动月"活动中，为海南省琼中县培训126名农民，发书150册。为广东中能公司培训农技员和农民82名，发书85册。在随后的调研和指导生产中，发书35册。为广东化州市培训农民80名，发书80册。到长沙市培训技术员37名，发书40册。

（二）第二届

1. 委员会组成

主任委员：刘光华

副主任委员：罗心平、穆洪军、刘爱勤、池昭锦

秘书长：严炜

2. 重点工作事记

（1）召开科普工作委员会换届会议

2016年11月12日，中国热带作物学会科普工作委员会在广西南宁召开换届会议。换届选举产生中国热带作物学会新一届科普工作委员会委员29名。

（2）协办2017年全国科技活动周暨第一届热带农业科技活动周"创享热带作物科技　圆梦热作产业发展"系列活动

2017年5月20—27日，中国农学会、中国热带作物学会和海南省科学技术协会在海南省白沙县和五指山市共同举办2017年科技活动周，由科普工作委员会协办。

活动周在海南省白沙黎族自治县举办了科普展览与科技咨询、科普讲座培训活动，内容涵盖热带作物科技、畜禽养殖、转基因技术、咖啡种植技术指导以及电商助力精准扶贫等。

（3）举办2018年全国科普日活动

2018年9月17—20日，科普工作委员会联合腾冲市委、腾冲市人民政府、中国热带作物学会、中国农学会、云南省热带作物学会等单位在腾冲共同举办以"创新引领时代，智慧点亮生活"为主题的腾冲2018年全国科普日活动。

科普展参观活动共展出科普展板280余块，免费发放各类科普宣传图书和资料310种1万余份（册），适用工具600余件。当天受益群众、学生累计2 000余人。中国热带作物学会展板20余块，内容包括咖啡、柠檬、芒果、木薯、血叶兰等作物产业及栽培管理技术、营养检测技术、果酒加工技术等。发放科普资料200余份，并现场对群众提出的热作产业相关问题提供专业解答。

（4）举办2019年全国科普日系列活动

2019年全国科普日期间，科普工作委员会围绕"礼赞共和国，智慧新生活"主题，在广西、云南、海南等省份开展了形式多样、内容丰富、精彩纷呈的"科普惠农，科技助力精准扶贫"科普活动。

在云南省保山市隆阳区潞江镇举办"科普助力精准脱贫暨乡村振兴战略成果推介"活动。开展农业新技术新成果展览、咨询，免费发放实用技术小册子5 000多册，展出成果100余种。并深入田间地头进行实地技术指导，解决农民群众在农业生产过程中遇到的技术难题。受众人数达40 000多人。

（5）举办2020年全国科技工作者日系列活动

2020年5月25—29日，科普工作委员会联合保山市多家单位在保山市隆阳区、龙陵县龙山镇白家寨村等地共同举办2020年全国科技工作者日系列活动。

（6）开展2021年科普进校园活动

2021年5月24日，科普工作委员会联合云南省农业科学院热带亚热带经济作物研究所、保山市热带作物产业协会、全国热带作物科普基地，到保山市第一中学开展科普展示、科普讲座活动。邀请获怒江州脱贫攻坚贡献奖的怒江州荣誉市民李进学以及全国脱贫攻坚先进个人尼章光分别作《一生做好一件事》《我的芒果研究》科普报告。

（7）开展2022年全国科技活动周系列活动

2022年以"党建+科技志愿服务"的形式，在全国科技活动周、科技工作者日重要节点，开展"创新争先　自立自强"系列主题活动。开展科技培训、科普活动5次，发放培训资料3 000余份（套）。惠及企业、基层技术带头人、农户、青少年、科技工作者、科技志愿者等3 000余人次。

2022年5月23日，科普工作委员会联合保山市委、保山市科学技术局举办的"强国复兴有我"2022年全国科技活动周启动仪式在保山市智源小学开幕。活动展出一批展示保山水平的"硬核"科技展品。

5月23日下午，以保山小粒咖啡发展历史为背景的《永昌文学　咖啡专刊》首发仪式在保山举行。《永昌文学　咖啡专刊》是由科普工作委员会、隆阳区文学艺术界联合会等多家单位联合出版的一本集文学性、科普性和知识性于一体的咖啡专刊。专刊的发行将为更好地讲述保山隆阳咖啡故事，传播保山小粒咖啡文化，为保山全产业链重塑咖啡产业添砖加瓦。

2022年5月25日，科普工作委员会组织到保山市第一中学举行"科普进校园"活动。活动现场设置咖啡冲泡、热带水果鲜食、木薯鲜榨等集学习、互动、交流、体验、实践于一体的科普体验区。期间专家给同学们作了《咖啡与生活》科普专题讲座。讲述了咖啡在种植、生产加工、文化传播等领域的咖啡故事，2 000多名师生参加了讲座。

（8）"科创中国"项目获批

科普工作委员会秘书长严炜作为项目主持人，于2022年申报"科创中国"草畜一体化产业科技服务团项目并成功获批。

（三）第三届

1. 委员会组成

主任委员： 刘光华

副主任委员： 马海霞、李海泉、余炳宁

秘书长： 严炜

2. 重点工作事记

2022年8月22日，科普工作委员会换届会议暨第三届第一次会员代表大会在云南昆明顺利召开。本次会议由中国热带作物学会科普工作委员会主办，云南省农业科学院热带亚热带经济作物研究所承办，云南省农业科学院生物技术与种质资源研究所协办。来自全国热区的20余名会员代表与专家在线下参会，30余名代表在线上参会。

大会投票选举产生了科普工作委员会第三届委员会委员，选举刘光华同志为第三届委员会主任委员，马海霞、李海泉、余炳宁3位同志为副主任委员，严炜同志为秘书长。

会后，与会委员参观了云南省农业科学院展览陈列馆和中国科学院昆明植物所扶荔宫。

三、获得荣誉

1. 荣获2020—2021年度先进集体

2. 被评为2021年全国科普日优秀活动

3. 刘光华被评为全国创新争先奖

4. 严炜被评为2021年度科技志愿者先进典型

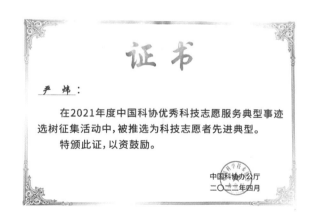

第二十九章
青年工作委员会

一、成立背景

中国热带作物学会自成立以来，倡导"献身、创新、求实、协作"精神，充分发扬学术民主，团结和组织广大热带作物科技工作者积极投身热带作物事业，促进了热带作物科学技术的繁荣、发展、普及和推广，促进了热带作物科技人才的成长和提高。随着青年会员不断增多，为做好青年会员工作，更好地发挥青年会员的作用，同时为适应大量的大学生和热带作物青年科技工作者强烈的入会要求，2005年7月30日，中国热带作物学会向中国科学技术协会学会学术部申请筹建中国热带作物学会青年工作委员会。

中国热带作物学会青年工作委员会的主要任务是积极组织热带作物青年科技人员的学术交流活动，促进青年科技工作者的迅速成长，协调和促进与其他学科青年组织间的学术联系和交流，及时向有关部门推荐在学术上有杰出贡献和成就的优秀青年科技工作者，向《热带作物学报》和有关刊物推荐优秀青年论文，为青年科技工作者提供国际学术动态和信息，普及热带作物科学技术知识，传播科学精神、思想和方法，推广先进技术。

二、青年工作委员会事记

（一）第一届

支撑单位：华南热带农业大学（海南大学）

1. 委员会组成

主任委员：陈正优
常务副主任委员：周孝怀
副主任委员：林章义

2. 重点工作事记

（1）2005年10月至2006年10月

一是建立健全组织机构，确定了委员会的部分副主任、秘书长、副秘书长、委员等人选，使委员会机构逐步健全，各项工作走上轨道。二是抓紧发展会员，逐步壮大力量。三是以青年工作委员会为载体，积极推动青年心理健康教育。四是积极创造锻炼条件，大力推进青年成才教育。

（2）2008年

针对青年会员和中国热带作物学会青年科技工作者开展择业咨询服务工作，并举办专业知识讲座。

（3）2009年6月至2011年6月

共举办15场毕业生择业就业专题知识讲座，对青年会员和中国热带作物学会青年科技工作者开展择业咨询服务工作，受到广大青年和毕业生的好评。

（4）2013年

完善青年工作委员会机构，邀请海南省各高校有关部门作为副主任单位，为青年工作的开展奠定了良好的基础。

（5）2014年

进一步壮大青年工作委员会的成员队伍，吸收一批具有较高学术造诣、成绩显著、起骨干作用的年轻的学术和技术带头人及后备人才加入。

为加强社会实践活动研究，更好地为青年提供学术交流、科学实践、科技服务的平台，青年工作委员会与海南大学团委一起组建了海南公民阅读现状实践调查团、赴昌江等三市县科技兴农服务团、"井冈情 中国梦"海南大学实践团、关爱女孩志愿服务团4支国家级重点团队，鹦哥岭自然保护区实践团、赴新加坡南洋理工大学创新创业教育调研团队等23支省级重点团队和311支校级、院级实践团队。青年工作委员会主任等参加了海南省热带作物学会在4月份举办的2014年年会暨热带农业服务体系现代化学术研讨会。多名成员参与了农业经济专业委员会举办的农业经济研究和学习的相关专业活动。

（6）2015年

加强青年科技人员的培养，组织推荐中国科学技术协会青年人才托举工程候选人2名，并获得支持。配合中国热带作物学会秘书处制定了《中国热带作物学会青年人才托举工程项目实施细则》等。

（二）第二届

支撑单位：云南省农业科学院热区生态农业研究所

1.委员会组成

主任委员：方海东
副主任委员：赵凤亮、方智振、杨乔松
秘书长：孔维喜

2.重点工作事记

（1）举办2016年中国热带作物学会青年学术论坛及青年工作委员会换届会议

2016年11月12—14日，中国热带作物学会青年学术论坛及青年工作委员会换届会议在南宁召开。会议由中国热带作物学会青年工作委员会主办，云南省农业科学院热区生态农业研究所承办。论坛上，12名优秀青年分享了科研成果和科研经历。

学术论坛结束后，举行了中国热带作物学会青年工作委员会换届工作，来自热区22家科研单位的委员候选人参加了会议。中国热带作物学会副秘书长杨礼富受邀出席会议，会议由赵凤亮博士主持。

（2）中国热带作物学会第九届第七次常务理事会议审议通过选举结果

2017年3月21—24日，中国热带作物学会第九届第七次常务理事会议召开，会议审议通过中国热带作物学会青年工作委员会挂靠单位为云南省农业科学院热区生态农业研究所，方海东任青年工作委员会主任，孔维喜任青年工作委员会秘书长。

（3）协助组织中国热带作物学会第一届青年科学家论坛

2017年10月24—26日，协助中国热带作物学会在海口举办第一届青年科学家论坛。全国热

带作物领域的50余名青年学者参加了论坛。中国热带作物学会副理事长兼秘书长刘国道主持论坛启动仪式。

本次论坛主要包括四个内容：一是中国科学技术协会青年人才托举工程介绍；二是青年人才托举工程第三届（2017—2019年度）项目答辩评审；三是青年人才托举工程第一届（2015—2017年度）项目实施成效汇报；四是青年学者自由交流。本次论坛共有16名青年学者围绕自己的研究领域作了学术报告，并与现场专家及青年学者进行了广泛的交流。

（4）参加中国热带作物学会2017年学术年会

2017年11月12—15日，中国热带作物学会2017年学术年会在贵阳市召开。中国热带作物学会青年工作委员会承办第三分会场，并获得组织优秀奖。

2017年11月14日，中国热带作物学会青年工作委员会2017年工作会议在贵阳召开，会议由中国热带作物学会青年工作委员会主任方海东主持，20名委员参加会议。会议学习传达了相关文件精神，组建了中共中国热带作物学会青年工作委员会党支部。会议邀请了中国热带作物学会副理事长范源洪、秘书长杨礼富到会指导。

（5）承办中国热带作物学会青年人才托举工作会议

2018年6月25—27日，中国热带作物学会青年人才托举工作会议在昆明召开。会议由中国热带作物学会主办，云南省农业科学院热区生态农业研究所、中国热带作物学会青年工作委员会承办。

会议邀请了全国各地从事热带作物科学研究的专家和青年优秀人才30余人参加。会议主要内容为中国科学技术协会青年人才托举工程第一届（2015—2017年度）项目总结，第三届（2017—2019年度）项目及中国热带作物学会青年人才托举工程2017年度项目启动，青年人才托举工作优化交流等。福建省农业科学院、中国热带作物学会副理事长刘波主持会议。

（6）承办第二届全国热带作物科学青年科学家论坛

2018年9月5—8日，第二届全国热带作物科学青年科学家论坛在贵州省兴义市召开。会议由中国热带作物学会、云南省农业科学院热区生态农业研究所主办，中国热带作物学会青年工作委员会、贵州省农业科学院亚热带作物研究所承办。中国热带作物学会秘书长杨礼富到会并致辞。来自海南、广东、广西、福建、四川、云南、贵州等地的青年工作委员会委员、高校和科研单位的代表共计60余人参加了会议。会议开幕式由青年工作委员会主任方海东主持。

（7）参加中国热带作物学会2019年工作会议并汇报工作

2019年4月23—26日，中国热带作物学会2019年工作会议暨第九届第十六次常务理事会议在成都召开。青年工作委员会秘书长孔维喜代表委员会作了2018年工作总结及2019年工作计划汇报。

（8）承办第三届全国热带作物青年科学家论坛

2019年12月10—13日，第三届全国热带作物青年科学家论坛在昆明举行。论坛由中国热带作物学会和云南农业大学共同主办，中国热带作物学会青年工作委员会和中国热带作物学会科普工作委员会承办。来自全国高校和研究机构的200余名青年科学家代表参加论坛研讨。论坛开幕式由福建省农业科学院原院长刘波主持。云南省高原特色农业产业研究院副院长范源洪、中国热带作物学会理事长李尚兰等到会并致辞。

在学术报告和交流环节，北京理工大学教授冯长根、华中农业大学教授郭文武、中国科学院研究员白逢彦、中国农业科学院研究员易可可等8位专家学者分别作了题为《年轻科研人员如何做好科研》《柑橘细胞工程育种技术创新与新品种培养》《醉人的进化——酿酒酵母的起源、驯养与环境适应机制》和"Recruiting an ancient proteinfor vacuolar phosphate homeo-stasis in plants"等的专题报告。13名青年学者围绕热带作物品质分析及食用现状、病虫害致病机理研究与防控等议题开展了系统的交流与研讨。

（三）第三届

支撑单位：云南农业大学热带作物学院

1. 委员会组成

名誉主任：胡彦如

主任委员：李学俊

副主任委员：房传营、毕方铖、崔海涛

秘书长：朱有才

副秘书长：马仲辉、曾兰亭

2. 重点工作事记

（1）变更中国热带作物学会青年工作委员会支撑单位

2021年10月，云南省农业科学院热区生态农业研究所提交《关于中国热带作物学会青年工作委员会调整支撑单位的申请》，经中国热带作物学会常务理事会审议，同意云南农业大学热带作物学院作为中国热带作物学会青年工作委员会支撑单位。

（2）承办中国热带作物学会2022年工作会议暨第十届第四次理事会会议等系列会议

2022年5月24日，中国热带作物学会2022年工作会议暨第十届第四次理事会会议等系列会议在云南普洱召开。云南农业大学热带作物学院作为青年工作委员会支撑单位承办会议。李学俊代表第二届青年工作委员会作了2021年青年工作委员会工作汇报。

（3）青年工作委员会揭牌

2022年5月25日，中国热带作物学会青年工作委员会在支撑单位云南农业大学热带作物学院举办热区特色农业产业发展论坛。中国热带作物学会理事长、中国热带农业科学院副院长刘国道，学会副理事长、海南大学副校长胡新文，学会副理事长、云南省高原特色农业产业研究院副院长范源洪等来自30多个单位的领导、专家及云南农业大学热带作物学院的领导出席了会议。会上，刘国道理事长致辞并为青年工作委员会揭牌。同时举办了中国热带农业科学院黄华孙、龙宇宙、王仲年、李积华、张秀梅、李汉棠专家工作站揭牌仪式。

（4）与普洱市热带作物学会联合举办系列科普活动

2022年5月25日，中国热带作物学会及其分支机构青年工作委员和普洱市热带作物学会在云南农业大学热带作物学院联合举办科普活动，开启了"中国热带作物学会2022年全国科技工作者日活动——万名专家讲科普"系列活动。

中国热带作物学会理事长刘国道、秘书长赵松林及分支机构负责人王祝年、黄华孙等8位专家分别以《中国热带农业"走出去"——科技支撑平台建设与实践》《主要观赏棕榈鉴赏及产业发展》《热带农业科研进展》等为题作专题报告，为学院师生带来了精彩纷呈的学术盛宴。

（5）组团深入企业开展技术服务

为进一步加强青年工作委员会与地方企业的交流与合作，2022年7月17日，由中国热带作物学会青年工作委员会牵头组织，云南咖啡专家陈治华教授带队，云南农业大学热带作物学院热作系副主任蒋快乐、科信科科长朱有才等专家一行深入宁洱富民农业装备有限公司、宁洱淳乐咖啡庄园有限公司开展技术服务。宁洱富民农业装备有限公司陈罡董事长、宁洱淳乐咖啡庄园有限公司陈经理等陪同。

（6）联合举办2022—2023年咖啡新产季分析研讨会

2022年8月26日，中国热带作物学会青年工作委员会、普洱市热带作物学会、云南农业大学热带作物学院联合上海港虹桥咖啡贸易平台在普洱举办2022—2023年咖啡新产季分析研讨会。

（7）召开中国热带作物学会青年工作委员会第三届第一次会员代表大会

2022年12月9日，中国热带作物学会青年工作委员会第三届第一次会员代表大会在支撑单位云南农业大学热带作物学院召开，会议采用线上、线下相结合的方式进行，青年工作委员会委员共25人参加会议，中国热带作物学会副秘书长白菊仙、会员部业务专员郑惠玲，云南农业大学热带作物学院副院长李学俊出席会议。会议由换届工作领导小组成员朱有才主持。

三、获得荣誉

（一）团队荣誉

1. 获2017年全国热带作物学术年会专题论坛优秀组织奖

2. 2022年5月23—25日青年工作委员会、云南农业大学热带作物学院承办的中国热带作物学会2022年工作会议暨第十届第四次理事会会议等系列会议受中国热带作物学会表扬

3. 青年工作委员会、云南农业大学热带作物学院在中国科学技术协会办公厅2022年度全国科普日活动中被评为优秀组织单位，"普及热院文化，传递科普精神"主题科普活动被评为优秀活动

（二）个人奖项

1. 赵凤亮、何璐、范建新的报告被评为2017年全国热带作物学术年会优秀报告

2. 2017年刘姣、陈梅春、尹玲、曾兰亭，2020年刘攀道入选中国科学技术协会青年托举人才工程

3. 2021年，云南农业科学院热带亚热带经济作物研究所严炜、云南农业大学热带作物学院李学俊、云南省德宏热带农业科学研究所白学慧等多名委员获得云南热带作物青年科技奖

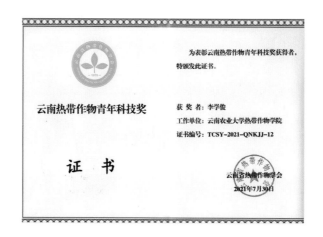

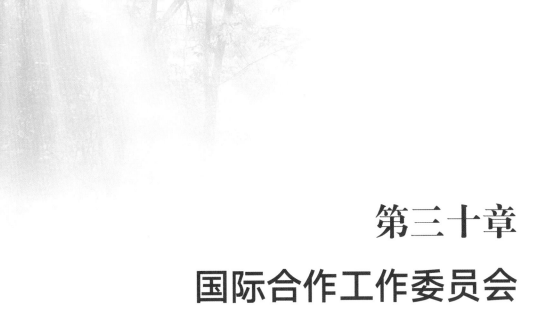

第三十章
国际合作工作委员会

一、成立背景

2005年4月19日，中国热带作物学会召开第七届第二次理事会会议，会议认为：随着热带农业的发展，资源和信息十分重要，有必要成立新的工作委员会，以加强学会的对外合作和学术交流。会议提出了成立国际合作与交流工作委员会的建议。2006年4月，中国热带作物学会国际合作与交流工作委员会正式成立。2016年4月26日，根据《中国热带作物学会分支机构变更方

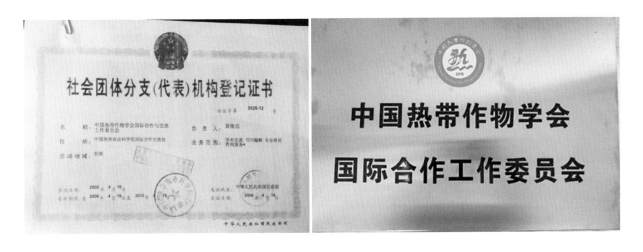

案》（中热学字〔2016〕11号），将国际合作与交流工作委员会变更为国际合作工作委员会。委员会挂靠单位是中国热带农业科学院国际合作处。

二、国际合作工作委员会事记

（一）第一届

1. 委员会组成

主任委员：黄俊忠（2006—2008年）

蒋昌顺（2008—2017年，因挂靠单位负责人变更，主任委员变更为蒋昌顺）

副主任委员：周建南

2. 重点工作事记

（1）中国热带农业专家赴刚果（布）执行农业援助任务

2011年4月27日，中国热带作物学会支撑单位中国热带农业科学院援非专家奔赴中国援刚果（布）农业示范中心出征仪式在海口隆重举行。中国热带农业科学院王庆煌院长为援非专家代表授旗。王永壮、林业波、覃敬东、游雯、党选民、孙卫平、薛茂富等7位专家奔赴非洲执行为期3年的农业援助任务。此次任务是落实2006年11月4日时任国家主席胡锦涛在中非合作论坛北京峰会上的承诺。其中，在非洲建立14个有特色的农业技术示范中心、向非洲派遣100名高级农业技术专家，是承诺的重要内容之一。中国热带农业科学院承担了14个技术示范中心之一的中国援刚果（布）农业技术示范中心项目。该中心位于布拉柴维尔郊区贡贝农场，占地面积59公顷，集办公、培训、生产和生活于一体，具备试验研究、示范种植、养殖、技术培训等多种功能。

（2）承办国家自然科学基金委员会－国际热带农业中心热带作物研讨会

2011年12月4日，由中国热带作物学会国际合作工作委员会承办的国家自然科学基金委员会－国际热带农业中心热带作物研讨会在海口召开。会上，举行了中国热带农业科学院－国际热带农业中心合作办公室揭牌仪式。国家自然科学基金委员会（NSFC）国际合作局局长常青，国际热带农业中心（CIAT）主任Joseph Tohme，中国热带农业科学院党组书记雷茂良、副院长刘国道等领导和专家出席揭牌仪式，会议由刘国道副院长主持。此次研讨会的召开，促进了中国科学家与CIAT研究人员的合作与交流，并确定了2012年NSFC-CIAT合作研究项目自主指南。在此基础上，NSFC将于2012年启动与CIAT的国际合作研究项目的征集。

（3）《热带草地》国际在线期刊复刊

2012年12月3日，中国热带作物学会支撑单位中国热带农业科学院、国际热带农业中心和澳大利亚国际农业研究中心（ACIAR）在海南儋州召开由三方合办的国际在线期刊《热带草地》（SCI收录）复刊新闻发布会，会议由中国热带农业科学院副院长、中国热带作物学会牧草与饲料作物专业委员会主任刘国道主持。该期刊的复刊，不仅极大地推动了中国热带农业科研机构与合作方在热带牧草方面的学术交流和研究，显著提升了我国在热带牧草研究领域的国际影响力，也将推动世界热区畜牧产业健康快速发展。

（4）举办2016年中国－哥伦比亚和东南亚国家国际木薯育种培训班

由中国热带农业科学院、农业部国际交流服务中心、国际热带农业中心、亚洲木薯育种协作网、国际薯类协会亚洲分会主办，中国热带农业科学院热带作物品种资源研究所和中国热带作物学会薯类作物专业委员会承办的2016年中国－哥伦比亚和东南亚国家国际木薯育种培训班于2016年11月13—28日在海南省举办，来自12个国家的38名学员参加了培训。

（5）举办2016年中国－联合国粮农组织南南合作计划木薯种植和加工技术培训班

2016年11月30日至12月17日，由联合国粮农组织和农业部主办，中国热带农业科学院和农业部国际交流服务中心承办的中国－联合国粮农组织南南合作计划木薯种植和加工技术培训班在海南省举办。本次培训共有来自喀麦隆、加纳、肯尼亚、利比里亚、马拉维、尼日利亚、卢旺达、塞拉利昂、乌干达、赞比亚等10个非洲国家的20位学员代表以及1位联合国粮农组织代表参加。

（6）举办2017年发展中国家热带作物病虫害防控技术培训班

2017年8月1—30日，由商务部主办、中国热带农业科学院承办的2017年发展中国家热带作物病虫害防控技术培训班在海南省举办。共有来自古巴、埃塞俄比亚、格林纳达、阿曼、南非、苏里南等6个发展中国家的19名学员参加。培训内容涉及木薯、蔬菜、芒果、玉米、棕榈科植物等重要热带作物病虫害综合防控技术，以及柑橘黄龙病、香蕉枯萎病等世界性难题的合作探讨。此次培训班对于提升我国热带农业对外影响力、促进我国与广大发展中国家在热带植物保护领域的交流与合作具有重要意义。

（7）举办2017年阿拉伯国家椰枣生产技术培训班

2017年10月17—31日，由商务部主办、中国热带农业科学院承办的2017年阿拉伯国家椰枣生产技术培训班在海南举办。共有来自埃及、巴勒斯坦和巴基斯坦3个国家的31名政府官员、科教机构专家学者及椰枣协会代表参加。培训活动得到参训学员的积极回应和社会媒体的关注。培训班的举办，搭建了中国与埃及、巴勒斯坦、巴基斯坦之间热带农业科技合作和民间友好往来的桥梁。

（8）联合举办热带作物畜牧农业系统多元化可持续发展：热带豆科牧草国际研讨会

2017年12月12—13日，为加强亚洲区域在热带作物畜牧农业系统多元化可持续发展方面的交流与合作，国际合作工作委员会联合中国热带农业科学院和国际热带农业中心在海口举办热带作物畜牧农业系统多元化可持续发展：热带豆科牧草国际研讨会。中国热带作物学会副理事长兼秘书长刘国道出席会议。来自澳大利亚、孟加拉国、柬埔寨、印度、老挝、缅甸、菲律宾、越南等11个国家的19名外国专家，和国内中国农业大学、西南大学、山东农业科学院、福建农业科学院、中国热带农业科学院等高校、科研院所的50余名专家参加了研讨会。

（二）第二届

1. 委员会组成

顾问：刘国道
主任委员：黄贵修（2018—2021年）
　　　　　　刘奎（2021—2022年，因支撑单位负责人变更，主任委员变更为刘奎）
副主任委员：刘海清、刘光华、唐其展
秘书长：刘海清

2. 重点工作事记

（1）召开国际合作工作委员会第二届第一次会员代表大会

2018年4月，国际合作工作委员会向中国热带作物学会秘书处报送了《关于中国热带作物学会国际合作工作委员会第二届委员会换届的请示》《中国热带作物学会国际合作工作委员会第二届委员会换届方案》，经学会批复后，发布了《关于开展中国热带作物学会国际合作工作委员会第二届委员会委员候选人推荐工作的通知》，征集了候选人名单。2018年4月30日，在海口召开了国际合作工作委员会第二届第一次会员代表大会，选举产生了第二届委员会负责人及委员。

（2）举办2018年密克罗尼西亚联邦椰子病防治技术海外培训班

2018年6月11日至7月5日，在密克罗尼西亚与我国建交30周年之际，2018年密克罗尼西亚联邦椰子病防治技术海外培训班在密克罗尼西亚联邦举行。此次培训班由商务部主办，中国热带农业科学院承办。雅浦州州长Tony Gananngiyan，副州长Jame Yangetmai，中国驻密克罗尼西亚联邦大使馆参赞李翠英，商务部经商处项目官员李佼，中国热带作物学会理事长、中国热带农业科学院副院长刘国道，培训专家、雅浦州学员共计40多人参加了开班仪式。培训班分别在密克罗尼西亚雅浦州、丘克州、科斯雷州和波纳佩州举办，培训内容包括椰子品种识别、丰产栽培、综合加工和椰园间作、椰子病虫害综合防控等方面的实用技术。

（3）举办2018年发展中国家天然橡胶生产与加工技术培训班

2018年10月10日至11月3日，由商务部主办、中国热带农业科学院承办的2018年发展中国家天然橡胶生产与加工技术培训班在广东省和海南省举行。来自喀麦隆、斯里兰卡、塞拉利昂、南非、埃及5个国家的37名学员参加培训。

（4）召开2018年全国热带作物学术年会热带农业国际交流合作与科技创新分论坛

2018年10月23—26日，全国热带作物学术年会热带农业国际交流合作与科技创新分论坛在厦门召开。国际合作工作委员会同时组织筹建中国热带农业对外合作发展联盟。该联盟是全国热带农业科技协作网和中国热带作物学会框架下的专业联盟，是由我国热区高等院校、科研机构、涉农企业及行业商会等的26家单位共同发起成立的非政府、非营利性的国际化多边合作平台。联盟实行理事会制度，成立理事会和秘书处。联盟秘书处设在中国热带农业科学院国际合作处。

（5）举办2019年发展中国家热带农业新技术培训班

2019年5月27日至6月20日，由商务部主办、中国热带农业科学院承办的2019年发展中国家热带农业新技术培训班在海南省举办。共有来自赤道几内亚、厄立特里亚、加纳、几内亚、印度、缅甸、秘鲁、索马里、南非、苏丹等10个国家的25名学员参加培训。本次培训班围绕热带农业新技术这一主题，通过课堂研讨、现场教学以及参观考察等多种理论联系实际的教学方式，与学员交流当今热带农业新技术的发展现状、前景以及热带农业新技术的创新和国际合作等内容，使学员掌握不同特点的热带农作物的种植技术、机械化技术、加工技术等。

（6）举办2019年拉美西语国家热带花卉园林景观研修班

2019年7月17日至8月6日，由商务部主办、中国热带农业科学院承办的2019年拉美西语国家热带花卉园林景观研修班在海南省举办。来自阿根廷、委内瑞拉、巴拿马、萨尔瓦多的26名学员参加此次研修班。研修班紧紧围绕"热带花卉园林景观"的主题，通过课堂授课研讨、现场教学以及参观考察等多种理论联系实际的教学方式，与学员交流了当今热带花卉园林景观的设计、元素、配置原则等内容，使培训学员掌握了不同场景的热带花卉园林景观技术，对热带花卉园林景观有了更加全面的认识。

（7）举办第二届"一带一路"热带农业科技合作论坛和首届中非农业合作论坛农业科技创新合作分论坛

2019年9月10—12日，以中国热带作物学会名义承办的第二届"一带一路"热带农业科技合作论坛在海口举办。2019年12月9日，由中国热带作物学会承办的首届中非农业合作论坛农业科技创新合作分论坛在三亚举办。两次会议期间，还以中国热带作物学会名义承办了第二届"一带一路"热带农业对外合作摄影展和首届中非农业科技合作图片展，系统展示了学会成员单位在热带农业科技合作、技术转移、成果示范、人才培养和产业发展等方面的典型人物和感人故事，广泛扩大了学会影响力。

（8）举办全国热带作物学术年会热带农业发展与对外合作论坛

2020年10月30日，全国热带作物学术年会热带农业发展与对外合作论坛在广东省佛山市举办。论坛由国际合作工作委员会主任黄贵修研究员主持。中国热带作物学会理事长、中国热带农业科学院刘国道副院长出席论坛并致辞。科技部中国科技交流中心原副主任、中国驻纽约总领事馆原科技参赞邢继俊博士等特邀专家就新冠疫情下国际形势和国际合作环境等主题作了专题报告。来自国内21家科研机构、大学和企业等单位的60多名专家代表参加了论坛。

（9）变更第二届主任委员

2021年，因黄贵修研究员工作单位变动，调离国际合作工作委员会支撑单位，黄贵修同志向国际合作工作委员会提出变更主任委员的申请。经国际合作工作委员会第二届第二次会议决定，增加支撑单位负责人刘奎为国际合作工作委员会委员，并推荐刘奎任国际合作工作委员会主任委员。2021年11月15日，中国热带作物学会正式批复国际合作工作委员会主任委员变更为刘奎。

（10）举办2021年发展中国家热带水果生产与加工技术培训班

2021年9月12日至10月2日，由商务部主办、中国热带农业科学院承办的发展中国家热带水果生产与加工技术培训班通过线上形式举行。共有来自埃及、肯尼亚、毛里求斯、尼日利亚、巴拿马、菲律宾、斯里兰卡、泰国、委内瑞拉、赞比亚等10个国家的54名学员参加。

（11）参加中国热带作物学会党建活动

2021年9月24—25日，为庆祝中国共产党成立100周年，深入推动党史学习教育，扎实推进"我为群众办实事"实践活动，贯彻落实中国科学技术协会2021年全国科普日活动，国际合作工作委员会积极参加了中国热带作物学会组织的主题为"追寻红色足迹　众心向党　自立自强"的党建活动。

（12）举办2021年非洲国家热带现代农业发展线上研修班

为加强中非热带农业科技交流、助力非洲现代农业发展，在农业农村部的指导下，在FAO、联合国世界粮食计划署（WFP）的支持下，2021年10月18—22日，中国热带农业科学院举办面向非洲国家的热带现代农业发展线上研修班，共有来自埃及、加纳、利比里亚、南非、尼日利亚、卢旺达、乌干达、赞比亚、南苏丹、科特迪瓦和喀麦隆等11个非洲国家的38名非洲农业科技人员和政府官员参加了线上培训。农业农村部国际合作司、FAO和WFP驻华代表处、海南省外事办公室等机构派代表出席了研修班开班、结业等活动。

（13）举办2021年全国热带作物学术年会分论坛——热带农业国际合作管理研讨会

2021年11月4日，全国热带作物学术年会分论坛——热带农业国际合作管理研讨会在海南省澄迈县举办，热区农业科研院所国际合作系统管理人员围绕新形势下创新开展热带农业国际合作管理、深化多双边合作机制、拓展国家和国际组织合作、争取国际合作项目和平台支持以及农业"走出去"等内容开展特邀报告和专题报告等形式的交流。

（14）举办2022年柬老缅越水果采后减损技术应用研修班

中国热带农业科学院于2022年1月18—21日举办了柬老缅越水果采后减损技术应用研修班，共有来自柬埔寨、老挝、缅甸、越南的37名农业政府官员、技术骨干和涉农科研人员线上参与交流讨论。东盟秘书处分管食品、农业和林业的助理局长Pham Quang Minh先生出席了研修班开班仪式。

（15）举办2022年咖啡、可可专题国际学术交流研讨会

2022年3月4日，以"加强科技创新合作构建热带农业国际合作智谷"为主题的咖啡、可可专题国际学术交流研讨会在中国热带农业科学院香料饮料研究所成功举办。中国热带作物学会刘国道理事长、海南省科学技术协会国际部张慧

副部长出席研讨会。来自国际巧克力和可可品鉴研究所（IICCT）、热带农业研究与高等教育中心（CATIE）、西湖大学和中国热带农业科学院香料饮料研究所的25名科研人员参会。国际巧克力和可可品鉴研究所Martin Christy，热带农业研究与高等教育中心William Solano Sánchez博士、Allan Mata Quirós教授、Rolando H. Cerda B.博士、Mariela Leandro博士，西湖大学Thomas Cherico Wanger博士及中国热带农业科学院香料饮料研究所闫林博士、李付鹏博士、董文江博士等分别就可可豆对工艺巧克力风味的重要性、美洲农林复合系统中咖啡和可可种植的研究、可可豆品质和外形分析、全球可可生产的机遇、咖啡和可可种质资源的鉴定和利用以及咖啡关键加工技术综合应用等主题作了专题报告。此次研讨会由中国热带作物学会国际合作工作委员会、中国热带农业科学院"海智计划"工作站、热带香料饮料作物"海智计划"工作站、热带农业研究与高

等教育中心主办，由海南省科学技术协会"热带农业科技国际合作智谷"项目支持。

（16）两项国际合作成果完成评价

2022年4月，中国热带作物学会参与完成的"热带农业境外试验站布局建设机制创新与运行成效"和"热带农业国际培训体系建设机制创新与实践成效"两项国际合作成果由农业农村部科技发展中心组织专家进行了评价。评价会采用线上、线下相结合的方式进行，刘国道理事长作为成果第一完成人进行了汇报。专家组由来自中国农业科学院、中国水产科学研究院、中国农业大学、南京农业大学、云南农业大学、福建农业科学院和广西农业科学院从事国际合作的7位资深专家组成。

（17）举办2022年第二届中非热带农业科技合作论坛

2022年5月31日，第二届中非热带农业科技合作论坛在海口举办。论坛由中国热带作物学会、中国热带农业科学院主办，来自中国和埃及、尼日利亚、加纳、毛里求斯、利比里亚、喀麦隆等非洲国家的农业科研机构以及WFP的代表共50余人出席论坛。刘国道理事长、WFP驻华代表屈四喜、农业农村部国际合作司亚非处处长刘江在开幕式上致辞。本次论坛以"加强中非科技协同创新，共建热带农业国际合作智谷"为主题，围绕热带农业科技发展情况和热带农业产业发展的科技需求，以木薯、玉米、油棕、可可、甘蔗、腰果等热带作物产业与科技，水产、沼气科技为重点，开展交流研讨。

（18）召开第二届第三次委员会会议

2022年6月13日，中国热带作物学会国际合作工作委员会第二届第三次会议通过线上、线下相结合的方式召开。会议由委员会主任刘奎主持。会议对国际合作工作委员会第二届委员会工作报告、第三届委员会换届方案进行了表决。

（三）第三届

1. 委员会组成

顾问：刘国道

名誉主任：张雄

主任委员：刘奎

副主任委员：叶新福、吕荣华、陈秀华

秘书长：游雯

2.重点工作事记

（1）举办2022年中国热带作物学会国际合作工作委员会年会暨热带农业国际合作能力提升培训班

为高质量服务国家科技外交、高层次开展热带农业科技合作，2022年6月28日，中国热带作物学会国际合作工作委员会年会暨热带农业国际合作能力提升培训班在海口举办。共有来自福建、江西、广东、广西、海南、四川、贵州、云南等8个省份的60余名国际合作工作相关负责人、外事专员和科技人员参加。会议由国际合作工作委员会刘奎主任主持，刘国道理事长出席会议并致辞。同时还召开了第三届第一次会员代表大会，选举产生了第三届国际合作工作委员会委员、负责人和党小组成员。

（2）召开中国热带农业科学院与厄瓜多尔农业研究院香蕉枯萎病防控技术交流与培训会

2022年6月30日，中国热带作物学会国际合作工作委员会承办的中国热带农业科学院与厄瓜多尔农业研究院香蕉枯萎病防控技术交流与培训会通过线上、线下相结合的方式在海口召开。农业农村部国际合作司副司长韦正林、中国热带农业科学院副院长谢江辉、厄瓜多尔农牧业部副部长 Eduardo Izaguirre、厄瓜多尔农业研究院执行董事 Raúl Jaramillo V. 及 FAO 世界香蕉论坛秘书长 Victor Prada 出席开幕式并讲话。会议由国际合作工作委员会刘奎主任主持。来自厄瓜多尔农牧业部和厄瓜多尔农业研究院的代表及中国热带农业科学院的香蕉专家共30余人参会，与会代表围绕香蕉枯萎病研究进展、香蕉枯萎病综合防控技术示范与应用、抗香蕉枯萎病品种培育等主题，开展培训和交流。

（3）承办2022年世界热带农业科学高端论坛

2022年7月29日，由中国热带作物学会国际合作工作委员会承办的世界热带农业科学高端论坛在海南三亚举办。论坛围绕热带农业、生物育种、深蓝渔业、动物卫生与营养等主题，邀请了国内外13名知名专家学者作专题报告。中国热带作物学会理事长刘国道在论坛上作《热带牧草种质资源、育种研究与推广利用》主旨报告。论坛由国际合作工作委员会主任刘奎主持。泰国、刚果（布）驻华使节和盖茨基金会驻华代表以及90多名科教单位代表现场参会，埃及、尼日利亚、缅甸、格林纳达等20多个国家的70多人线上参会。

（4）刘国道理事长应邀出席第六届南亚东南亚农业科技创新研讨会并作主旨报告

2022年8月25日，第六届南亚东南亚农业科技创新研讨会暨中国−南亚东南亚农作物区域科技创新院启动会在云南昆明举办。中国热带作物学会理事长刘国道线上参会，并作题为《中国热带农业国际培训体系创新与实践》的主旨报告。刘国道理事长从热带农业国际培训概况、培训成效与典型案例、合作展望等方面进行报告。他强调，中国热带农业科研机构要坚持"以培训带动交流、以交流促进合作、以合作带动发展"的工作目标，通过整合科技资源、精心组织和实施，让国际培训成为促进热带农业科技创新、服务国家科技外交的优质资源。

三、重要成果

（一）重大项目

2006—2021年，国际合作工作委员会依托中国热带农业科学院承担各类国际合作项目468项，经费2.81亿元。2019—2021年连续3年获批学会组织申报的中国科学技术协会"一带一路"国际科技组织平台建设项目和全国学会开放合作示范专项共3项：中国−哥斯达黎加热带饮料作物遗传资源研究中心、中国−印度尼西亚热带香料饮料作物病虫害防控技术双边科技交流、与FAO及WFP签署合作协议促进热带农业南南合作。在木薯、香蕉、柱花草等分子育种、抗病种质创制、纳米复合材料开发等领域取得新突破。"十三五"期间调查收集保存热带果树、牧草、南药、花卉、蔬菜种质资源2 000余份，保存量达4.7万份，位列世界前列；引进国外先进技术

26项，引进外国专家50余名。

（二）重要平台

国际合作工作委员会依托中国热带农业科学院积极打造不同类型的热带农业科技国际联合实验室、示范基地和科技联盟，在境内外建有国际合作平台55个。其中包括联合国粮农组织热带农业研究培训参考中心、热带农业国际科技合作基地、农业农村部热带农业对外开放合作试验区、中非现代农业技术交流示范和培训联合中心、中非热带农业科技创新联盟等重要国际合作平台。国际合作平台的建立，有效改善了我国热带农业科技对外交流的环境和条件，凝聚了海内外优秀科技资源，为开展合作奠定了坚实基础。

1. 热带农业国际科技合作基地

热带农业国际科技合作基地是科技部认定的全国首批55家国际科技合作基地之一。2008年9月17日，该基地"国际科技合作基地"揭牌仪式在中国热带作物学会支撑单位中国热带农业科学院隆重举行。海南省科学技术厅党组书记林盛梁、中国热带农业科学院院长王庆煌为基地揭牌。副院长王文壮、邱小强等领导出席揭牌仪式。国际科技合作基地的建立有助于拓宽国际科技合作渠道、创新合作方式、提升合作层次，并使之成为技术领先、人才聚集的国际化研发基地。

2. 中国热带农业"走出去"研究中心

2015年7月2日，在中国－刚果（布）农业合作研讨会上，中国热带作物学会支撑单位中国热带农业科学院建设的中国热带农业"走出去"研究中心揭牌成立。刚果（布）农牧业部里戈贝尔·马布恩杜部长与中国热带农业科学院党组书记李尚兰一起为该中心揭牌。该中心针对我国需求量大的天然橡胶、油棕、木薯等重要热带农产品，研发适合境外的优良热带作物品种和技术，为中国企业境外农业开发提供技术支持和政策咨询服务。

3. 热带农业技术转移中心

2016年4月6日，中国热带作物学会支撑单位中国热带农业科学院建设的热带农业技术转移中心揭牌成立。海南省科学技术厅朱东海副厅长，商务厅、农业厅相关领导，中国热带作物学会李尚兰理事长，中国热带农业科学院王庆煌院长出席并为中心揭牌，揭牌仪式由刘国道副院长主持。该中心以加快热带农业科技成果在国内企业和"走出去"企业的转化为目标，开展国际、国内技术转移对接及相关配套服务，同时承担我国热区相关省份农业科研机构的农业技术转移工作。

4. 联合国粮农组织热带农业研究培训参考中心

2014年9月5日，农业部与联合国粮农组织联合在湖南省长沙市举办授牌仪式，正式授牌中国热带农业科学院"联合国粮农组织热带农业研究培训参考中心"。农业部国际合作司巡视员屈四喜、联合国粮农组织助理总干事王韧、联合国粮农组织驻华代表伯西·米西卡、湖南杂交水稻研究中心主任袁隆平院士等相关领导和项目主管人员参加了授牌仪式。中国热带农业科学院刘国道副院长参加授牌仪式。

5. 中非现代农业技术交流示范和培训联合中心

2021年12月15日，首批中非现代农业技术交流示范和培训联合中心授牌仪式在中国热带农业科学院举行。授牌仪式由农业农村部国际合作司司长隋鹏飞主持。农业农村部副部长马有祥通过视频连线致辞。海南省副省长刘平治，非盟驻华大使拉赫曼·塔拉·穆罕默德·奥斯曼，中国热带农业科学院院长王庆煌、院党组书记崔鹏伟、副院长刘国道出席活动。赞比亚、津巴布韦、南苏丹等非洲国家驻华使节，中国外交部、海南省农业农村厅、海南省外事办公室等有关单位代表参加活动。中非现代农业技术交流示范和培训联合中心是中方落实中非合作论坛第八届部长级会议宣布的中非务实合作"九项工程"之一——"减贫惠农工程"的重要举措，由中国外交部和农业农村部联合授牌。获首批授牌的联合中心分别为中国热带农业科学院、中国水产科学研究院淡水渔业研究中心、中国农业科学院沼气科学研究所和杨凌示范区上海合作组织农业技术交流培训示范基地。

6. 中非热带农业科技创新联盟

为推动中非热带农业合作，共同提升热带农业可持续发展能力，由中国热带农业科学院牵头，联合中非相关农业科教机构组建中非热带农业科技创新联盟，旨在构建一个开放共享的热带农业科技创新国际合作平台。2021年11月9日，中非热带农业科技创新联盟正式成立，来自中国水产科学研究院、南京农业大学、江西省农业科学院等国内成员单位的代表参加授牌仪式，埃及农业研究中心、毛里求斯甘蔗产业研究所、利比里亚中央农业研究所等非洲科教机构发来视频致辞。授牌仪式上通过了联盟章程、行动计划，宣布了联盟成员单位。目前已有国内12家农业科教机构和非洲10个国家的13家国家级农业科教机构自愿申请加入。

7. "科创中国""一带一路"国际农业科技创新院

中国热带农业科学院联合中国热带作物学会会员单位组织申报并获批了7个"科创中国""一带一路"国际农业科技创新院。

（三）获得荣誉

1. 国际合作工作委员会被评为2018—2019年度先进集体

2. 国际合作工作委员会荣获2018年全国热带作物学术年会专题论坛优秀组织奖

3. 国际合作工作委员会挂靠单位中国热带农业科学院国际合作处被评为中国热带农业科学院2020—2021年度先进基层党组织

4. 国际合作工作委员会以中国热带作物学会名义出版著作38部，其中"热带农业'走出去'实用技术系列丛书"获神农中华农业科技奖科学普及奖和中国热带作物学会科技进步奖二等奖

5. 由中国热带作物学会支撑单位中国热带农业科学院申报推荐的合作单位国际热带农业中心荣获2020年度中华人民共和国国际科学技术合作奖

6. 2006年推荐的国际热带农业中心专家Segenet Kelemu博士获中国政府友谊奖

7. 2016年推荐的国际热带农业中心德国植物分类学专家Rainer Schultze-Kraft教授获中国政府友谊奖

8. 2017年，中国热带作物学会支撑单位中国热带农业科学院美国籍专家彭明获中国政府友谊奖

9. 2021年，国际合作队获得国际生物多样性中心与国际热带农业中心联盟特别贡献奖

10. 2019—2020年，中国热带作物学会支撑单位中国热带农业科学院作为合作单位推荐外国专家和国际组织获海南省国际科学技术合作奖4项

11. 国际合作工作委员会2021年度考核等级为优秀

第三十一章
科技推广咨询工作委员会

一、成立背景

中国热带作物学会科技推广咨询工作委员会成立于2006年，是隶属于中国热带作物学会的工作机构。其宗旨为：通过推广、咨询，传播热带农业科技，促进热带农业发展。主要职责为：联系热区农业推广机构，为其提供合作交流平台；组织学术活动，为会员交流、开展活动提供服务；通过成果转化、技术推广、农业咨询和规划、可行性研究等服务，实现自我健康发展。

2006年，经中国热带作物学会各省级学会推荐，提出了第一届委员会委员名单。2007年，经中国热带作物学会理事会审批，中国热带作物学会科技推广咨询工作委员会第一届委员会产生，办公室设在中国热带农业科学院海口实验站。2013年产生第二届委员会，办公室设在中国热带农业科学院湛江实验站。2016年11月，通过会员代表大会选举产生第三届委员会，挂靠单位为广西田园生化股份有限公司。2020年12月，通过会员代表大会选举产生第四届委员会，挂靠单位为广西壮族自治区亚热带作物研究所。现有会员174人。

二、科技推广咨询工作委员会事记

（一）第一届（2006—2013年）

1. 委员会组成

主任委员： 王文壮

副主任委员： 吴井光、何进威

秘书长： 范武波

2. 重点工作事记

（1）召开热带作物产业发展研讨会和科技推广咨询工作委员会成立大会

2006年6月14日，经中国热带作物学会各省级学会推荐，形成了第一届委员会成员名单，并提交中国热带作物学会第七届理事会审批。

（2）颁布实施《关于印发中国热带作物学会热区农业发展科技示范基地申报和评选办法的通知》

经拟任委员会成员讨论修改，并报学会批准，《关于印发中国热带作物学会热区农业发展科技示范基地申报和评选办法的通知》（热学字〔2006〕20号）于2006年7月20日印发并实施。

（3）组织首次热区农业科技示范基地评选活动

海南南庄农业有限公司热带高效水果生产基地（荔枝、龙眼）、海南农垦南滨农场香蕉科技示范基地、海南农垦红明农场荔枝基地、广东省东方剑麻集团有限公司、广东省丰收糖业发展有限公司基地（甘蔗、菠萝）、广东省茂名市广垦名富果业有限公司基地（番石榴、红阳果、火龙果及橡胶、名优水果种苗）、广西农垦国有金光农场热带名优水果科技示范园区（番木瓜、澳洲坚果、香蕉）7个基地申报了热区农业科技示范基地。2006年11月28日至12月2日，组织专家评审组对这些基地进行实地考察并评选。评选结果提交中国热带作物学会第七届理事会审批。

（4）参加第三届海峡两岸热带亚热带农业发展论坛

2009年4月，委员兼秘书长范武波参加了在台湾召开的第三届海峡两岸热带亚热带农业发展论坛并在会上提交论文交流，执笔的台湾考察报告发表在《中国热带农业》上。

（5）参加中国农学会农业科技园区分会第九届论坛

2009年9月，主任委员王文壮和秘书长范武波参加了在厦门召开的中国农学会农业科技园区分会第九届论坛。

（6）参与农技员培训工作

2009年，通过海南省农业科技110平台，参与农技员培训工作。在海南省农业科技110主办、中国热带农业科学院海口实验站和海南省农业广播电视学校承办的市县农技人员培训班中，主任委员王文壮负责主讲《台湾与海南现代农业的比较研究》，秘书长范武波负责主讲《现代农业推广理论与方法》《现代旅游观光农业》。在海南省农业科技110主办、海南省农业广播电视学校承办的2009年示范县基层农技推广人员培训班（第四期）上，副主任委员兼秘书长范武波主讲《现代农业推广理论与技巧》。

（7）参加"我为国际旅游岛建设献一策"活动

2010年3月，主任委员王文壮和副主任委员范武波参加"我为国际旅游岛建设献一策"活动，均获评优秀"一策"。王文壮研究员的"一策"——《科学发展海南现代观光旅游农业》在《海南日报》刊登。

（8）积极申报中国科学技术协会课题

2011年初，申报了中国科学技术协会两个项目并获批：一是学会创新发展推广工程项目——"热带农业科技示范基地检查及评选"；二是繁荣科普创作资助计划项目——"热带农业科技成果数据库及推广传播科普素材"。两个项目均顺利执行。

（9）通过海南省农业广播电视学校平台推广农业知识

副主任委员兼秘书长范武波在海南省农业广播电视学校承办的海南省农艺师、园艺师、畜牧兽医师职称评审三期培训班中主讲《现代农业推广理论与技巧》。

（10）建立并完善乐活农业网站

利用中国科学技术协会繁荣科普创作资助计划项目——"热带农业科技成果数据库及推广传播科普素材"经费建设乐活农业（快乐、健康、持续的农业）网站。网站内设推广传播咨询、休闲度假旅游、农业合作组织、热带现代农业、项目投资经济、安全养生生态等6个网页。

2012年，对乐活农业网站进行进一步完善，扩充为推广传播咨询、休闲度假旅游、农业合作组织、热带现代农业、园林绿化物业、项目投资经济、安全养生生态等7个网页。

（11）组织专家做好2011年农业科技示范基地评选及检查工作

依托中国科学技术协会学会创新发展推广工程项目——"热带农业科技示范基地检查及评选"，组织专家对2006年、2007年获得农业科技示范基地称号的13个基地以及2011年申报的9个基地进行了检查和考察。

（12）组织专家组到各个基地进行实地评审

2011年9月，组织专家组对2006年评出的广西农垦国有金光农场香蕉基地进行实地检查。对云南德宏后谷咖啡有限公司观音山基地和云南省热带作物科学研究所澳洲坚果农业科技示范基地进行实地评审。

（13）组织做好农业科技示范基地及热带农业十大适用技术评选工作

2012年，继续开展农业科技示范基地评选；第一次开展热带农业十大适用技术评选工作。两项工作均由工作委员会负责具体组织执行。

（14）组织委员到广西各地进行推广和技术指导

2013年5月和7月，组织工作委员会委员到广西进行甘蔗优良品种推广、甘蔗种植技术指导，与当地农民就当地甘蔗生产的成功经验和存在的问题进行了交流，并对当地甘蔗产业的发展提出了合理的意见和建议。

（15）举办标准化示范园生产技术培训

2013年6月4—7日，在广东农垦湛江垦区举办了橡胶标准化示范园生产技术培训；8月14—16日在广西平南举办了木薯标准化示范园生产技术培训。

（16）积极筹办中国热带作物学会科技推广咨询工作委员会暨热区农业技术推广联盟会议

2013年，积极筹办中国热带作物学会科技推广咨询工作委员会暨热区农业技术推广联盟会议，凝聚热区从事热作农业工作的各方面力量，建立热区农业科技推广咨询体系，探索热区农业推广模式及方法，促进热区农业科技合作与交流，使热作农业科技成果更好地服务于热区农业生产，从而促进热区农业的发展。

（二）第二届

1. 委员会组成

主任委员： 王文壮

常务副主任委员： 范武波

副主任委员： 王家保、王秀全、冯朝阳、刘建军、刘继刚、李日强、陈建波、杨春亮、张生才、明建鸿、岳建强、骆争明、赵建平、黄强、魏家兴

秘书长： 范武波（兼）

2. 重点工作事记

（1）完成第二届委员会换届

2013年11月，中国热带作物学会科技推广咨询工作委员会第二届委员会换届会议在广东省湛江市召开，选举产生56名中国热带作物学会科技推广咨询工作委员会委员。

（2）召开中国热带作物学会科技推广咨询工作委员会暨热区农业技术推广联盟会议

2013年11月6—9日，2013年中国热带作物学会科技推广咨询工作委员会暨热区农业技术推广联盟会议在广东省湛江市召开。来自全国各地40多家农业管理部门、农业科研教学机构、农业技术推广机构、农业企业等机构的80多人参加了会议。

（3）主办热作标准化生产示范园建设论坛

2013年11月7—8日，中国热带农业科学院湛江实验站举办热作标准化生产示范园建设论

坛。中国热带作物学会副理事长、科技推广咨询工作委员会主任委员王文壮出席并主持了本次论坛，来自中国热带作物学会农业科技示范基地、农业部热作标准化生产示范园、农业管理部门、农业科研教学机构、农业技术推广机构、农业企业等机构的近60人参加了本次论坛。

（4）建设甘蔗高效滴灌节水栽培技术示范基地

2014年2—12月，在广东湛江农垦广前糖业发展有限公司建设了140亩甘蔗高效滴灌节水栽培技术示范基地，进行了甘蔗生物降解地膜覆盖、节水滴灌、水肥一体化、机械化生产管理试验示范，提高甘蔗产量，减少劳动成本，促进甘蔗产业发展。

（5）参加"中英非"项目，援助非洲乌干达，推广木薯产业技术

2014年11月至2015年3月，配合农业部及中国热带农业科学院派遣专家1名参加"中英非"项目，援助非洲乌干达，推广木薯产业技术。推广种植木薯面积200公顷，建设种植基地40个，帮扶农民小组40个，培训农民、基层农技人员、科研工作者400人。

（6）举办技术培训班

2014年10月27—31日，在广东省湛江市与湛江农垦局生产科技处联合举办了甘蔗高效节水技术培训，来自湛江农垦下属机构的50多位农技推广人员参加了培训。

2014年11月9—10日，在海南省海口市举办了香蕉标准化生产示范园技术培训，来自海南省乐东黎族自治县佛罗镇的农技人员、农民78人参加了培训。

2014年12月2—4日，在海南省海口市举办了2014年中国热带作物学会科技推广咨询工作委员会/热区农业技术推广联盟年会暨热作标准化生产示范园培训。

2015年1月16日，在广东省雷州市白沙镇举办了甘蔗产生技术培训，来自白沙镇各村的甘蔗种植农户近50人参加了培训。专家们分别讲授了甘蔗测土配方技术、互联网在农业生产中的应用等内容。

2015年11月16日，在海南省儋州市那大镇宝岛新村举办了一期木薯实用技术培训班，培训农民58人，发放科技手册60册。

2015年11月23日，在宝岛新村联合举办了一期芒果高效优质栽培技术培训班，培训农民45人。

2015年12月10日，在宝岛新村举办了火龙果标准化生产技术培训班，培训农民40多人。

（7）承办热带农业科技推广咨询论坛

2015年10月21日，承办了中国热带作物学会2015年学术年会第六分会场——热带农业科技推广咨询论坛。有30多名代表参加了会议，有9名专家围绕热带农业科技推广咨询主题作报告。

（8）多种方式进行科学普及

以网络推广的方式进行科学普及。在乐活农业网（现"乐活庄园"微信公众号平台）进行推广传播，在行业资讯、行业产品、行业机构、行业人才、行业商情、政策法规、成功案例等板块发布热带农业相关信息近千条，宣传推广农业科技及产品，累计点击量曾达95万人次。

以出版刊物的方式进行科学普及。编印《热区农业技术推广信息》期刊（双月刊），推广农业相关的政务动态、政策法规、种养技术、科研进展、科技资讯等信息。每期印100册，发给相关的农业企事业单位，并以电子邮件的方式发给会员，普及和推广农业科技知识，同时也促进了与会员的沟通与联系。该刊现已出第六期，为会员单位、个人和热区"三农"提供新品种、新技术、市场、价格、政策法规等方面的信息及成果，促进了热区农业发展。

（9）承办中国热带作物学会2016年学术年会第四分会场会议

该年度的会议主题为"热带农业技术推广创新与发展"，来自热区科研院校、地方农业部门、农业企业的40多名代表参加了会议。在此次学术年会中，中国热带作物学会科技推广咨询工作委员会获分会场优秀组织奖及先进集体奖，工作委员会陈炫同志获先进个人奖。

（10）建设示范基地

创建了2个芒果标准化生产示范园（已获批海南省示范园）；在中国热带农业科学院试验场建设了葡萄种植大棚10亩、火龙果基地26亩；建设雪茄烟叶基地60亩，分布在中国热带农业科学院试验场、乐东、东方、昌江各15亩；建设槟榔基地120亩、蚕桑基地120亩、果桑基地20亩、辣木标准化生产基地55亩（湛江）、蔬菜种植基地200亩（湛江）。通过示范基地建设，有效展示和推广了热作生产技术。

（三）第三届

1.委员会组成

顾问： 陈建波、黄香武

名誉主任： 王文壮

主任委员： 范武波

常务副主任委员： 罗金仁

副主任委员： 黄强、张生才、周文忠

秘书长： 陈炫

副秘书长：陈利标

2. 重点工作事记

（1）完成第三届委员会换届

2016年11月12日，中国热带作物学会科技推广咨询工作委员会在广西南宁召开换届会议，来自热区农业企事业单位的20多名委员候选人参加了会议。会议由上一届的常务副主任委员范武波主持，中国热带作物学会副理事长、海南省农垦总局副局长符月华出席并指导会议。会议选举产生了20名新一届委员。

（2）参加2017年品牌人物峰会"泛农业"品牌发展高峰论坛

2017年12月，范武波主任应邀参加了"泛农业"品牌发展高峰论坛揭牌仪式，接受三沙卫视采访。

（3）应邀作报告多次

范武波主任应邀到琼中县委党校作报告5次，应邀到三亚市南繁科学技术研究院作报告1次。

（4）联合外单位开展调研和交流

联合中国热带农业科学院热带作物品种资源研究所、广西亚热带作物研究所、广西百色市田东县政府、百色市现代农业研究推广中心、百色市农科所等科研机构及政府农业部门的科技人员，到海南三亚合丰农业公园、海南鼎立农业公司、三亚绿地芒果合作社等9个单位，对芒果种植管理、催花、保花保果等问题进行调研和技术交流。参与中国热带作物学会组织的在海南万宁、陵水、琼海开展的稻菜轮作、水旱轮作调研。

（5）示范基地建设

创建了2个芒果标准化生产示范园共1 600亩、1个莲雾标准化生产示范园200亩（三亚）、辣木标准化生产基地20亩（湛江）、蔬菜种植基地200亩（湛江），为热作科技推广提供良好平台。

（6）举办技术培训班

举办技术培训班49期，培训农民和农技人员3 198人次。其中举办热作科技扶贫培训班25期，共培训1 821人次。

（四）第四届

1.委员会组成

名誉主任：王文壮、范武波

主任委员：黄强

副主任委员：罗金仁、张志扬、庞新华

秘书长：朱鹏锦

2.重点工作事记

（1）多形式、多渠道开展科普活动

编写了《槟榔生产技术规程》《芒果生产技术规范》《香蕉生产技术规范》等图书，共发放2万册。印发热作技术资料近2万份。

参加海南省各市县科普活动月，在今日头条、简书、知乎、微信公众号等12个网络传播媒体平台开设了账号，发布科技信息，扩大科普力度。

2021年5月22—28日，广西壮族自治区亚热带作物研究所（亚热带植物园）在南宁会展中心科普互动区进行了热作主题科普活动，有咖啡DIY体验、共同守护菜篮子——体验农产品安全检测、植物拼图游戏等，活动精彩纷呈，还吸引了《小博士报》前来采访。

2021年6月，南宁市第八中学地理学会的师生们利用课余时间到广西壮族自治区亚热带作物研究所剑麻种质资源圃、剑麻基地参观学习，国家麻类产业技术体系南宁剑麻试验站站长、科技推广咨询工作委员会委员陈涛向师生们讲解剑麻生长习性、品种收集、栽培繁育以及剑麻最新的科研进展，重点介绍剑麻的经济价值、药用价值、生态保护等内容，深入浅出地科普剑麻文化。

2021年9月11—17日，在2021年全国科普日活动期间，广西壮族自治区亚热带作物研究所举办了亚热带植物科普主题系列活动，以热带农业科技、亚热带植物为题材，开展科技惠民、科学普及等科技志愿服务，满足群众对新时代科普服务的需求。

（2）开展专家走基层活动

科技推广咨询工作委员会积极开展"党旗领航——千名学会专家走基层"活动。委员会主任委员黄强、副主任委员庞新华带领广西壮族自治区亚热带作物研究所农产品质量安全产业科技先锋队、特色水果产业科技先锋队分别到隆安、马山、武鸣、田东、天峨、北流、博白等地开展了十余次专家走基层活动。

（3）服务乡村振兴

科技推广咨询工作委员会有126名会员作为科技特派员服务农村产业，赴贫困村开展实地科技服务1 432人次/年，服务天数1 065天/年，指导农户3 000多人次/年。技术服务内容涉及沃柑、芒果、砂糖橘、百香果、澳洲坚果、火龙果、茶叶、甘蔗、黑木耳、食用菌等农产品的标准

化种植、高效栽培、病害防治技术，为农户免费提供科技指导，不定期实地勘察农作物生长状况，实地指导种植户开展整形修剪、施肥管理、保花保果、病虫害防治等田间管理工作，服务范围涵盖广西49个"三区"县。积极举办各类技能培训班150期/年，培训农户3 406人次/年，编印各类技术资料1 680份/年。

（4）召开"聚焦热作种业发展，助力乡村振兴"主题学术报告会

2021年10月28日，广西热带作物学会2021年学术年会在广西武鸣举行。会议由广西热带作物学会、中国热带作物学会科技推广咨询工作委员会、广西壮族自治区亚热带作物研究所主办，以"聚焦热作种业发展，助力乡村振兴"为主题召开了学术报告会。中国热带农业科学院热带作物品种资源研究所副所长李琼研究员，中国热带农业科学院南亚热带作物研究所王松标研究员，云南省热带作物科学研究所柳觐研究员，全国优秀科技工作典型、广西壮族自治区农业科学院重点实验室主任杨柳研究员等专家学者，分别以《热带作物种质资源保护利用》《芒果种质资源创新利用研究进展》《芒果优异资源发掘及品种选育》《澳洲坚果叶绿体基因组研究》《青春助力乡村振兴故事分享：以百香果产业为例》等为题作报告。

（5）承办2021年全国热带作物学术年会第五分论坛——农产品储藏加工与质量安全论坛

2021年11月4日，科技推广咨询工作委员会与广西热带作物学会、中国热带作物学会农产品加工专业委员会联合承办了2021年全国热带作物学术年会第五分论坛——农产品储藏加工与质量安全论坛。

（6）创建热作标准化生产示范园

2021年，科技推广咨询工作委员会指导海南金葆公司、三亚亚深芒果合作社创建2个热作标准化生产示范园，均已获海南省农业农村厅评审通过。

三、获得荣誉

1. 2007年3月，范武波同志的论文《兰花生物技术研究进展》被收录到海南省第四届科技论坛论文选编《热带农业发展与新农村建设》一书中。同时，该论文被收录到《中国热带作物学会二〇〇七年学术年会论文集》中

2. 2009年7月，范武波、王文壮撰写的论文获优秀论文奖

3. 2010年3月，主任委员王文壮研究员和副主任委员范武波副研究员参加"我为国际旅游岛建设献一策"活动，获评优秀"一策"

4. 黄强、罗心平获中国热带作物学会2015年学术年会第六分会场优秀报告奖

5. 科技推广咨询工作委员会荣获中国热带作物学会2016年学术年会优秀组织奖，董学虎荣获优秀报告奖，陈炫荣获先进个人奖励

第三十二章
图刊工作委员会

一、成立背景

中国热带作物学会图刊工作委员会（原期刊工作委员会）是由全国从事热带作物科技创新研究以及热带作物类科技期刊编辑出版的单位和科技工作者自愿结成的学术性、非营利性的社会团体。其宗旨是进一步加强热带农业科技期刊之间的合作，更好地发挥学术期刊的作用，及时有效地宣传我国热带农业科研成果，团结和组织广大热带作物科技期刊编辑出版工作者，认真履行为科技工作者服务、为科技创新驱动发展服务的职责，促进热带作物科技知识的普及，促进热带作物研究成果的传播与运用，促进热带作物科技期刊发展与繁荣，培育打造热带作物科研领域精品学术期刊。

委员会的主要职责是在中国热带作物学会的领导下，宣传和贯彻国家有关学术期刊、科技图书编辑出版的方针政策，坚持正确的办刊宗旨，开展学术期刊理论和业务研究，举办学术交流和评比活动，不断提高办刊质量；培训学术期刊编辑出版人员，提高学术期刊工作者的综合素质；举办有关编辑、出版、发行等的为会员服务的各种活动，开展国内外学术、业务交流和考察活动，建立与国内外同行的友好联系。

二、图刊工作委员会事记

（一）第一届

支撑单位：中国热带农业科学院科技信息研究所

1. 委员会组成

主任委员：刘恩平

副主任委员（排名不分先后）：骆浩文、陆宇明、许文深、肖植文、曾玉荣、彭新德、张巴克、高卫红、解雪琴、雷波、彭文学、高锦合

秘书长：孙继华

2. 重点工作事记

（1）召开期刊工作委员会成立大会

中国热带作物学会期刊工作委员会于2010年11月7日经民政部批准登记成立，并于2011年9月26—27日在海南省海口市召开中国热带作物学会期刊工作委员会成立大会暨学术研讨会。中国热带作物学会、中国热带农业科学院领导出席会议。中国农垦经济发展中心、广东省农业科学院、广西壮族自治区农业科学院、云南省农业科学院、四川省农业科学院、江西省农业科学院、重庆市农业科学院、海南大学等10多个科研单位科技期刊编辑部的代表近40人参加会议。会议由支撑单位中国热带农业科学院科技信息研究所所长刘恩平研究员主持。

（2）《热带作物学报》首次入编北京大学《中文核心期刊要目总览》

2012年1月，《热带作物学报》成功入编北京大学《中文核心期刊要目总览》2011版（第6版）。这标志着《热带作物学报》的学术水平和行业影响力已迈上新台阶。

（3）参加全国首届精品国际科技期刊建设与发展座谈会

2012年9月11—15日，全国首届精品国际科技期刊建设与发展座谈会在西安市举行。全国精品期刊或准精品期刊的负责人等400人受邀参加座谈会。期刊工作委员会秘书长孙继华一行3人应邀参加座谈会。

（4）召开科技期刊体制改革座谈会

2012年9月25日，科技期刊体制改革座谈会在海口召开。会议由期刊工作委员会主任刘恩平主持，秘书长孙继华，《热带作物学报》《热带农业科学》《热带农业工程》《世界热带农业信息》四刊副主编及部分编辑人员参加了会议。

刘恩平主任结合8月2日新闻出版总署《关于报刊编辑部体制改革的实施办法》和农业部办公厅的文件精神，对相关科技期刊编辑部体制改革的有关事宜提出总体要求。会议决定，组建中国热带农业科学院科技期刊体制改革工作小组。

（5）参加第二十三届全国图书交易博览会

2013年4月19—22日，由国家新闻出版广电总局、海南省人民政府主办的第二十三届全国图书交易博览会在海口市国际会展中心举行。海南省各出版单位、新华书店由省文体厅统一组团，统一布置会场展位，共有3家出版社和44家期刊社参展。期刊工作委员会孙继华秘书长等5人带刊参会。

博览会上，中国出版协会柳斌杰理事长，国家新闻出版广电总局蒋建国副局长、罗保铭书记，海南省蒋定之省长、柳松华副厅长视察了位于主会场的海南书刊展团，对东道主独具风格的展馆布置和展团工作人员的精神面貌给予了首肯。柳松华副厅长对《热带作物学报》《世界热带农业信息》《热带农业科学》《热带农业工程》等4种热带农业专业学术期刊的出版风格和办刊模式表示满意。

（6）参加首届中国期刊交易博览会

2013年9月13—16日，由国家新闻出版广电总局、湖北省人民政府联合主办的首届中国期刊交易博览会在武汉国际博览中心举行。本届博览会主题为"期刊让生活更精彩"。博览会上，《热带作物学报》《世界热带农业信息》《热带农业科学》《热带农业工程》4种具有鲜明热带农业特色的专业期刊受到了武汉大学、华中农业大学等高校读者的关注和喜爱。

（7）3种期刊入选国家新闻出版广电总局第一批认定学术期刊名单

国家新闻出版广电总局于2014年11月18日公示第一批认定的学术期刊5 756种，《热带作物学报》《热带农业科学》《热带农业工程》入选科技类学术期刊名单。

（8）《热带作物学报》编辑部召开期刊改革与发展研讨会

2017年6月8日，为加强《热带作物学报》的规范化管理和期刊建设能力，充分发挥编委的作用，学报编辑部在海口召开期刊改革与发展研讨会，主编郭安平主持会议。

郭安平指出，《热带作物学报》自办刊以来，取得了长足的进步，两次入选《北京大学中文核心期刊要目总览》，中国热带农业科学院科技信息研究所、编辑部和编委会成员均做了大量卓有成效的工作。他要求，《热带作物学报》要进一步增强办刊能力，有效发挥编委会成员的作用，适应新媒体技术拓展的传播方式、渠道和新要求，稳步推进期刊改革工作，致力打造一流期刊品牌。

中国热带作物学会副理事长刘国道要求，《热带作物学报》要突出热带作物的学科优势和创新引领作用，与国际学术界接轨，力争创办英文版，办成SCI收录杂志。

（9）《热带作物学报》首次入选中国科学引文数据库核心库

2019年4月，中国科学院文献情报中心发布《中国科学引文数据库（CSCD）来源期刊遴选报告（2019—2020年度）》，由中国热带作物学会主办的《热带作物学报》首次入选CSCD核心库。

CSCD来源期刊每两年遴选一次，依据文献计量学理论和方法，通过定量与定性相结合的综合评审方式确定入选期刊。CSCD具有建库历史悠久、专业性强、数据准确规范、检索方式多样等特点，在国内学术界具有很高权威性和广泛影响力，被誉为"中国的SCI"。

（10）《热带作物学报》首次被《日本科学技术振兴集团（中国）数据库》收录

中国知网（CNKI）最新统计结果显示，《热带作物学报》被《日本科学技术振兴集团（中国）数据库》（JSTChina）收录，这是《热带作物学报》首次被国外数据库收录。

JSTChina是在日本《科学技术文献速报》（被誉为世界六大著名检索期刊之一）的基础上发展起来的，2007年首次出版。该数据库不接受推荐期刊。《热带作物学报》被JSTChina收录，表明其在主办单位中国热带作物学会的正确领导和大力支持下，通过实施一系列重大改革举措，学术质量和影响力快速提升，创新发展成效显著，在国际上具有了一定的知名度和影响力。

（11）主办2021年全国热带作物学术年会数字热作与热区乡村产业振兴论坛

2021年11月4日，为助推热区乡村振兴发展及国家热带农业科学中心打造，促进科技创新和科学普及发展，2021年全国热带作物学术年会数字热作与热区乡村产业振兴论坛在海南澄迈召开。此次论坛由中国热带作物学会农业经济与信息专业委员会和期刊工作委员会主办，中国热带农业科学院信息研究所承办。论坛采取线上、线下相结合的方式举行。来自海南、云南、广东等省份的25个单位参加，共150余人现场参会，3.1万余人次观看线上直播。

（12）召开换届会议

中国热带作物学会期刊工作委员会第一届委员会于2021年9月任期届满。2021年8月，期刊工作委会开始筹备换届事宜，撰写《中国热带作物学会期刊工作委员会第一届委员会工作报告》，制定《中国热带作物学会期刊工作委员会换届方案》等。

2021年9月23日，第一届委员会主任委员刘恩平在海南海口主持召开第一届期刊工作委员会二次会议，会议审议通过了《中国热带作物学会期刊工作委员会第一届委员会工作报告》和《中国热带作物学会期刊工作委员会换届方案》。

2021年11月4日，在海南澄迈召开中国热带作物学会期刊工作委员会第二次会员代表大会，选举产生了期刊工作委员会第二届委员以及第二届委员会主任、副主任和秘书长。

（二）第二届

支撑单位：中国热带农业科学院科技信息研究所

1.委员会组成

主任委员：尹峰

副主任委员：黄东杰、兰宗宝

秘书长：董定超

2.重点工作事记

（1）召开第二届期刊工作委员会第一次会议

2021年11月4日，第二届期刊工作委员会第一次会议在海南澄迈召开，委员会主任尹峰主持会议。会上，各委员就期刊工作委员会下一步的工作任务、工作目标和计划进行了探讨。经委员会提名、投票选举，黄东杰副主任担任党小组组长，张辉玲委员任副组长。

（2）变更名称为图刊工作委员会

为更好利用热带作物学会平台资源优势，加强中国热带农业科学院图刊编辑队伍建设，促进热带农业领域学术专著、科技图书、科普读物和年鉴期刊等图刊出版的选题策划、创作编写、编辑出版和推广营销等业务，更好地服务乡村振兴战略和农业"走出去"，服务农业产业发展和知识共享与传播，根据业务需求，2021年11月15日经中国热带作物学会批准，中国热带作物学会期刊工作委员会名称变更为中国热带作物学会图刊工作委员会。

（3）联合举办热科图刊集约化发展研讨会

2022年3月25日，中国热带农业科学院科技信息研究所、中国热带作物学会图刊工作委员会联合举办热科图刊集约化发展研讨会。会议由科技信息研究所黄贵修所长主持。会议以"立足单位优势特色，推动热科图刊集约化发展"为主题。黄贵修所长指出，此次研讨会是推动热科图刊事业集约化发展及图刊高质发展的重要举措，要发挥好中国热带作物学会图刊工作委员会的重要作用，承接好中国热带作物学会"四服务一加强"的职责使命，推动"四刊"一体化、热区热农学术期刊集约化、热科热农图书系列化（丛书化）、热科图刊数字化、热科图刊学术化"五化"发展。与会人员详细分析了热科图刊事业发展的现状、存在的问题及下一步努力方向，与会领导和专家围绕热科图刊事业集约化发展的实现路径建言献策。

三、获得荣誉

1. 黄东杰荣获中国农业期刊网"2021年度中国农业期刊杰出人才"称号

2. 兰宗宝荣获中国农业期刊网"2021年度中国农业期刊杰出人才"称号

3. 兰宗宝获评首届西牛奖之"十佳编辑部主任"

4. 董定超被评为中国热带作物学会2020—2021年度先进工作者

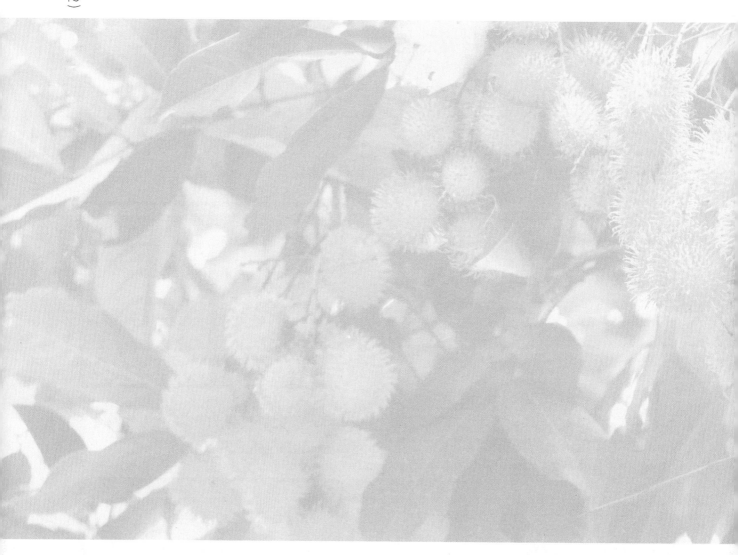

第四篇

省级热带作物学会、
中国热带作物学会
服务站发展史

第三十三章
福建省热带作物学会

一、成立背景

为了发展以橡胶、剑麻为主的热带作物生产，新中国成立后，20世纪50年代中期，在福建省的漳州、泉州和厦门先后建立了亚热带作物试种站、试验场（站）和中央垦区国营农场，开办了农业院所，为热作生产培养人才。

1959年秋，福建省农业科学研究所、中国科学院华东亚热带植物研究所（1971年更名为福建省林业植物研究所，1979年为更名福建省亚热带植物研究所）协作小组联合召开了福建省亚热带作物科学研究现场会议。参加会议的有亚热带作物试验场、试验站、国营农场、厦门大学生物系、福建农学院、龙溪专区农业科学研究所、农业气象试验站、福建省农垦厅等18个单位的负责人和科技人员，以及华南亚热带作物科学研究所肖敬平等共40余人。会议参观了直属中央垦区的福建省建设农场、福建省大南坂农场、厦门亚热带作物试验场的橡胶、咖啡等亚热带作物，专题交流论文13篇。这次会议为福建省热带作物学会的诞生奠定了基础，初步酝酿了学会的组织架构。

随着福建省橡胶、剑麻等热带作物生产的发展，1961年，经福建省人民工作委员会批准，成立了福建省亚热带作物科学研究所。中国科学院华东亚热带植物研究所、厦门大学、华侨大学、福建农学院也专门抽出了一定的教学和科研人员从事热带作物科学研究。这种跨行业、跨部门、跨学科的融合发展方式为福建省热带作物学会的诞生创造了条件。

二、理事会事记

（一）第一届

1.理事会组成

理事长：何景、王志献

副理事长：金作栋、段发骥

秘书长：邹史青、姚慈和、林伯达

专职秘书：肖玉玺

2.重点工作事记

1962年，福建省农垦厅与中国科学院华东亚热带植物研究所联合牵头，决定组建福建省亚热带植物学会（后更名为福建省热带作物学会），报经福建省科学技术委员会批准同意。福建省农垦厅于1962年11月26日至12月2日在漳州市召开了福建省亚热带植物学会成立大会，成立第一届理事会，理事28人。

第一届学会理事会成立后，围绕福建热区发展橡胶等热带作物生产展开考察、调研活动，明确了福建东南部特别是盘陀岭以南可以大面积种植橡胶等热带作物。对热带作物寒害问题、橡胶栽培中培育和挖潜问题、胶园人工造雾防霜及其小气候效益等开展学术研讨，推动福建橡胶生产的发展进程。

福建省科学技术委员会1966年1月编撰的《1963—1965年福建省科学技术重要成果汇编》一书中，有"几种热带作物在福建省安家落户"的相关记述，主要完成单位为福建省亚热带作物研究所、诏安建设农场、同安凤南农场。"文化大革命"期间，福建省亚热带植物学会的正常学术活动停止。

（二）第二届

1.理事会组成

名誉理事长：李来荣

理事长：林桂锃

副理事长：赵修谦、段发骥、姚慈、林伯达

秘书长：林伯达（兼）

2.重点工作事记

1980年3月成立第二届理事会，恢复学术活动，学会更名为福建省热带作物学会。第二届理事会工作重点围绕福建省热带作物布局、热带作物多种经营开展。

1982年，中国热带作物学会第二次代表大会在厦门召开，会上宣布我国在北纬18°—24°大面积种植橡胶树成功，福建省农业厅经济作物处热作技术推广站作为完成单位之一荣获国家技术发明奖一等奖。

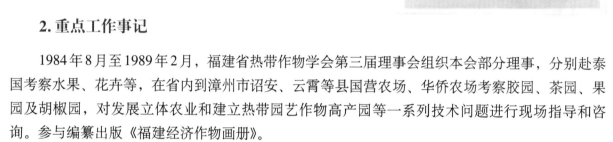

（三）第三届

1.理事会组成

理事长：林桂镗

副理事长：赵修谦、段发骥、陆虑远、雷永明

秘书长：蔡礼文

2.重点工作事记

1984年8月至1989年2月，福建省热带作物学会第三届理事会组织本会部分理事，分别赴泰国考察水果、花卉等，在省内到漳州市诏安、云霄等县国营农场、华侨农场考察胶园、茶园、果园及胡椒园，对发展立体农业和建立热带园艺作物高产园等一系列技术问题进行现场指导和咨询。参与编纂出版《福建经济作物画册》。

（四）第四届

1.理事会组成

理事长：林桂镗

副理事长：郑福树、雷永明、陆虑远、杨汉金

顾问：赵修谦、段发骥

秘书长：林伯达

副秘书长：林寿峰、张承运、钱锦焕

2. 重点工作事记

1989年3月，福建省热带作物学会第四次会员代表大会在漳州召开。由学会橡胶委员会专业组协办的中国热带作物学会割胶与生理专业委员会成立大会也在漳州同时召开。会议邀请农业部、华南热带作物科学研究院（中国热带农业科学院）、厦门大学的3位专家、教授，到诏安、云霄等县农垦、民营的橡胶园进行考察。会议期间还进行了福建种植西番莲与茎基腐病的调研，查明了该病发生的原因和危害状况。学会邀请巴西著名咖啡经济管理专家辛德勒先生到云霄县考察咖啡引种情况，并就巴西咖啡生产作学术报告。

（五）第五届

1. 理事会组成

顾问： 赵守谦、王德潜

理事长：林桂镗

副理事长：郑福树、何忠春、杨汉金、雷永明

秘书长：林伯达

副秘书长：林寿峰

秘书：邱镇疆

2. 重点工作事记

1994年4月至1998年4月，福建省热带作物学会第五届理事会组织开展"微机在橡胶投资效益上的调查"，通过电算数据，证明福建种植橡胶是成功的。福建省热带作物学会承担华南五省份"南亚热作病虫害调查"课题，初步查出378种病虫害，其中病害173种，害虫205种；待鉴定的病虫害25种。撰写《福建省热带作物病虫害名录》，为热区防治热作病虫害工作建立了信息资料库。派员参加闽台农业技术交流与合作研讨活动，为闽台热带农业交流合作打下良好的基础。

（六）第六届

1. 理事会组成

名誉理事长：郑美腾

顾问：陆虑远、雷永明、郭春良

理事长：郑福树

副理事长：杨汉金、高海筹、邱章泉、叶南真、苏明华

秘书长：林寿峰

副秘书长：林远崇、黄国成

2. 重点工作事记

1998年5月至2002年9月，福建省热带作物学会第六届理事会协助农业生产部门开发、引进热带水果新品种、新技术，加速芒果、甜杨桃、枇杷等新品种的开发。实施"解放钟"枇杷丰产栽培技术。选派代表参加中国－巴西热带农业研讨会，提交论文《中国热带水果发展前景与对策探讨》《稀土在果园上的应用研究》，引起与会代表的关注。参加中国热带作物学会割胶与生理专业委员会召开的廿一世纪低频割胶制度学术研讨会，学会提交的《"948"割胶新技术试验总结》被大会评为优秀论文。

（七）第七届

1. 理事会组成

名誉理事长：姜安荣

顾问：陆虑远、蔡礼文

理事长：郑福树

副理事长：林福桂、高海筹、张汉荣、叶南真、苏明华、林远崇

秘书长：林寿峰

副秘书长：郑益智、黄国成

秘书：李发林、魏飞鹏、林澍

2. 重点工作事记

（1）2002年10月至2008年6月，组织开展南亚热作生产情况调研，推动南亚热作良种基地建设和热作种质资源收集、保存及开发利用。组织专家参与龙眼肉标准制定，组建《福建南亚热作产品生产与营销技术》编委会，召开科技丛书论证会，落实编写任务。

（2）协助福建省南亚办做好"南亚热带水果高新技术精细区划"课题的前期准备工作。委派专家参加农业部南亚热作名优基地考核论证。参与福建省农业厅省级农业产业化龙头企业评选工作等。配合农业部做好福建省香蕉产业情况调研，承担国家香蕉产业升级示范项目技术攻关，促进福建省50万亩香蕉产业优化升级。

（3）参与福建省政府目标责任状——南亚热带水果名优基地建设工作。建设4个热带水果生产基地，重点推广芦柑、枇杷、琯溪蜜柚和香蕉标准化技术6万亩。建立2个水果良种苗木繁育基地。做好晚熟龙眼（立冬本、松风本）、荔枝（蜜丁香）、台湾甜洋桃、香蕉、美国红肉桃等引进选育，推广良种苗木180万株，完成原定的工作目标。承担福建省南亚办实施的永春芦柑产业化技术推广跨越计划项目。经过3年的技术示范推广，提高了芦柑的综合效益，促进了永春芦柑产业升级。

（4）参与福建南亚热带果树布局精细区划项目实施。完成了《福建热区重点区域特色美树高新技术精细区划》书面报告。配合农业部门做好早钟6号枇杷丰产优势高效技术示范与推广丰收计划项目实施工作。参与组织实施福建省农业"五新"技术——天宝香蕉标准化生产与采后处理技术推广项目，取得显著成效。组织科技人员2次深入热作生产现场和相关企业，开展橡胶、剑麻产业发展状况调查，并提出具体建议。组织科技人员参加中国热带作物学会牵头举办的香蕉产业升级高级论坛以及热带作物产业发展战略研究等相关研讨会。参与福建省科学技术协会、福建省农学会举办的闽台农业合作交流活动，围绕建设现代热作产业献计献策。组织热作、气象专家对编纂的《亚热带作物种植区划与产业布局调整》一书进行审稿，获得好评。

（八）第八届

1. 理事会组成

名誉理事长：黄华康

顾问：高咸周、郑福树

理事长：陈光

副理事长：张汉荣、苏明华、潘东明、郑少泉、林顺福

秘书长：黄国成

副秘书长：黄迎辉、魏飞鹏、李发林、连湘义

秘书：李发林、魏飞鹏、林澍

2. 重点工作事记

（1）继续开展香蕉病虫害防控示范工作

2008年7月至2015年8月，建设8个监测站和27个固定监测点，做好热作主要病虫害监测、预报、防控和应急处置工作。协助做好南亚热作优质高效示范基地考察调研与建设工作，重点建设5个农业部热作标准化生产示范园和福建省农垦与南亚热作现代化农业示范基地（每年10个）。推广应用农业"五新"成果，提升示范基地建设水平。

（2）参与农业部农垦农产品质量追溯系统建设工作

推荐上报3家热作企业为2011年农业部农垦农产品质量追溯创建单位；申报1家热作企业为2012年农业部农垦农产品质量追溯创建单位。参与组织做好福建省南亚热作良种和实用技术示范推广工作，重点示范推广立冬本、四季蜜龙眼，双肩玉荷包荔枝，红肉火龙果，茂谷柑，毛叶枣，软枝甜杨桃，甜榄1号橄榄等热带作物优、新品种，提高了热带水果的良种比例。

（九）第九届

2015年8月进行换届改选，成立福建省热带作物学会第九届理事会。2018年11月，根据《福建省农业厅关于深入开展干部在社会团体、基金会兼职自查和清理规范工作的通知》要求，理事会进行届中调整。

1. 理事会组成

2015年8月至2018年11月：

理事长：陈文生（兼法人代表）

副理事长：张汉荣、潘东明、郑少泉、叶新福、韩高级

秘书长：黄国成

2018年11月至2022年8月：

理事长：蔡俊谊

副理事长：陈振东、潘东明、郑少泉、叶新福、韩高级

秘书长：徐飙（兼法人代表）

党支部书记：肖顺

2. 重点工作事记

（1）做好热作病虫害监测工作

福建省热带作物学会第九届理事会依托福建农林大学植物保护学院开展香蕉、百香果、枇杷、辣木等作物病虫害防控示范。建设11个监测站和21个固定监测点，做好热作主要病虫害监测、预报、防控和应急处理工作。

（2）推进热作示范基地建设

协助做好南亚热作优质高效示范基地考察调研与建设，重点推荐和指导8个农业部热作标准化生产示范园项目，协助推广应用农业"五新"技术成果。2015年福建省发展和改革委员会批

准辣木高效栽培和加工技术研究与示范项目立项，项目起止时间为2015年5月至2016年12月，在漳州、厦门、宁德等地实施，提升了福建省热作示范基地建设水平。

（3）开展理事会届中调整工作

2018年11月，根据《福建省农业厅关于深入开展干部在社会团体、基金会兼职自查和清理规范工作的通知》要求，为了适应厅机关对干部在社团组织任职规定要求和学会发展需要，进行了理事会届中人员调整工作，接受20名理事因政策原因（如工作岗位变动或已连续担任两届以上理事职务等）辞去理事职务。增补了理事，更换了理事长、副理事长、秘书长等人员。调整后的第九届理事会共有理事80人，常务理事27人。

（4）成立创新驱动服务站

2018年，针对闽南芦柑产业发展瓶颈和绿色栽培防控技术推广工作思路，与永春县绿源柑橘专业合作社签订合作协议，成立福建省热带作物学会（闽南芦柑）创新驱动服务站，组织实施闽南芦柑绿色优质高效示范果园建设项目等。

2020年，依托福建省热带作物科学研究所，申报成立福建省热带作物学会（百香果）创新驱动服务站。

截至2022年8月，福建省科学技术协会已正式批准福建省热带作物学会成立的三个创新驱动服务站，为学会科技创新服务工作奠定基础。经过几年的运行和相关研究工作的开展，已取得初步成效。

（5）召开2019年学术年会

2019年11月4—5日，在福建省漳州市漳浦县华美达大酒店召开福建省热带作物学会2019年学术年会暨热作产业发展研讨会。特邀农业农村部南亚热带作物发展中心韩沛新副主任一行到会指导。漳州市农业农村局党组成员、总农艺师林东坡，福建省热带作物研究所所长陈振东，福建省农业科学院果树研究所所长叶新福、亚热带农业研究所书记林一心，漳浦县农业农村局局长何进祥等领导和理事、代表共80多人参加。

（十）第十届

1. 理事会组成

理事长： 吴少华

副理事长： 陈振东、肖顺、蒋际谋、佘文琴

秘书长： 林宗铿（兼任学会法定代表人）

监事会监事长： 张生才

2. 重点工作事记

2022年8月11日，福建省热带作物学会第十届第一次会员代表大会在漳州召开。漳州市农业农村局党组成员、副局长郭庆亮，学会第九届理事会相关人员等应邀出席了大会。

会议由学会党支部书记肖顺主持。会员代表大会审议并通过了第九届理事会的工作报告、学会财务报告、学会章程草案及章程修改说明报告、会费收取标准和使用管理办法、学会理事会换届筹备工作报告和学会理事会选举办法。根据福建省民政厅《福建省社会团体成立（换届）会议指引》和本学会章程，福建省热带作物学会进行了换届选举。

三、获得荣誉

（一）学会荣誉

福建省热带作物学会获得中国热带作物学会2011年度先进集体、2015—2016年度先进集体荣誉称号。先后有16篇论文被评为中国热带作物学会"廿大优秀论文"。参与主办的《福建热作科技》刊物多年被福建省科学技术协会评为优秀科技期刊

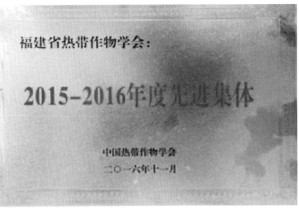

（二）个人荣誉

林寿峰、郑益智、张汉荣、高海筹、黄国成等先后获中国热带作物学会先进个人和先进工作者称号

第三十四章
广东省热带作物学会

一、成立背景

广东省热带作物学会成立于1978年12月28日，是由广东省热带作物科技工作者以及相关单位、团体自愿组成，依法登记成立的学术性、非营利性独立法人团体。业务主管单位为广东省科学技术协会。支撑单位为广东省农垦集团公司（农垦总局）。

学会的职责是：①传播科学精神、科学思想与科学方法，普及科学技术知识，推广热作先进科技知识和先进生产技术经验，协助组织开展继续教育，积极开展技术培训工作，提高热区劳动者素质；②组织开展与热作科技、生产关联的学术交流活动和科学技术考察活动；③发挥民间交流主渠道作用，发展同国内外相关科技团体和科技工作者的友好往来，促进国际科技合作，组织热作科技人员出国学习、考察、交流，接待国内外有关团组来热区考察、参观、访问，促进与港、澳、台的科技交流与交往；④编辑制作有关热作科技的信息、学术刊物和科普读物，加强刊物管理，积极开展优秀论文评选活动；⑤开展承接政府转移职能工作，组织开展产业调研、科学考察、科技咨询、科技论证、科技服务，举办新技术、新成果、新产品展览，承担科技项目评估、科技成果评价、行业标准和生产技术规程制定、专业技术资格评审等工作；⑥促进科技成果转化、科技与社会经济融合以及热作产业科技进步等。

学会第九届理事会已发展为拥有橡胶、甘蔗、剑麻、水果、油料、茶叶、南药、植保、加工、农机、科技推广11个专业委员会，833名个人会员、8个团体会员、102名高级（资深）会员的大型热作科技学术团体，并长期与省内兄弟学（协）会保持良好的业务合作关系。

二、学会事记

（一）第一届

1. 理事会组成

理事长：陈文高

2. 重点工作事记

（1）1978年12月3日，广东省热带作物学会成立，挂靠广东省农垦总局。首届理事会成员23人，理事长由陈文高担任。

（2）1979—1988年，学会与海南保亭热带作物研究所共同编辑出版《热带作物科技》，海南建省后停刊。

（3）1979年10月，农垦部在湖光农场召开天然橡胶生产会议，来自广东、广西、云南、福建四省份以及化工部、林业部等部委和新闻界等的代表共148人参会。会议由农垦部部长高扬主持，广东省热带作物学会理事长单位承办了此次会议，学会理事长单位部分领导参加了此次会议。

（4）1979年，澳大利亚根据中澳双方政府的协定，派出11名甘蔗专家来广东、广西考察。选定在前进农场建设一个机械化生产的示范基地。学会专家团队于1980年进行了回访，并引进了成套机具进行示范推广。

（5）1980年5月10日，以马来西亚原产部部长梁祺祥为团长的马来西亚经济技术代表团一行25人到湛江的湖光农场、华南热带作物科学研究院加工所参观考察。随后，学会副理事长单位湛江农垦局副局长张子元参加我国政府代表团，到马来西亚回访。

（二）第二届

1. 理事会组成

理事长：陈枫

2. 重点工作事记

（1）1980年6月，在广东省农垦总局召开广东省热带作物学会第二次会员代表大会，陈枫当选为理事长。

（2）1982年6月26—27日，国际热带农业中心詹姆士博士等一行3人，应我国农牧渔业部的邀请，来南华农场、勇士农场等学会理事单位考察木薯生产情况。

（3）1982年11月9—15日，中国热带作物学会第二次代表大会在福建省厦门市召开。广东省热带作物学会部分代表参加了此次会议。

（4）1983年2月1日，广东省委第一书记任仲夷、省长刘田夫到学会理事单位南滨农场视察薄壳种油棕园。

（5）1983年9月6—9日，应我国农牧渔业部邀请，日本日绵株式会社代表团一行9人到南华、幸福等农场考察有关橡胶木材的物理、化学处理技术。学会理事单位参与对接洽谈。

（6）1984年8月，在法国召开的国际橡胶学术讨论会上，从事橡胶选育种的理事会单位广东省农垦总局生产科技处副处长、高工办主任、高级工程师徐广泽用英语介绍他的橡胶育种论文，受到国际橡胶专家的赞赏。徐广泽是我国杰出的橡胶选育种专家，编辑出版了中国第一部《橡胶育种》教科书，组织实施垦区的橡胶选育种规划，先后选出47个抗风耐寒、高产的橡胶良种。

（三）第三届

1. 理事会组成

理事长：姜天民

2. 重点工作事记

（1）1985年1月，在学会理事单位粤西东方红农场（湛江市）召开了广东省热带作物学会第三次会员代表大会，姜天民当选为理事长。

（2）1987年2月28日，学会理事单位东方剑麻制品厂地毯背面涂层生产线在英国和丹麦的4位专家指导下试产成功。

（3）1987年3月，学会理事单位南茂农场1983年更新种植的2 480亩橡胶，年平均单株围径增粗9厘米。联合国橡胶专家林保罗考察后表示，这里的更新胶园达到世界先进水平。

（4）1987年4月6—8日，由纺织工业部主持，在湛江市翠园饭店召开剑麻地毯及装饰用品技术开发专家论证会议，出席的专家代表有26人。学会部分剑麻产业专家参加了此次会议。

（5）1987年6月4日，广东省省长叶选平在湛江市委书记王冶、市长郑志辉及粤西农垦局党委书记刘忠斌陪同下到学会理事单位东方剑麻制品厂视察。

（6）1987年9月29日，广东省委书记林若在湛江市委书记王冶、市长郑志辉陪同下到学会理事单位东方剑麻制品厂视察。

（7）1988年1月14—16日，中央顾问委员会常委余秋里视察红江农场及学会理事单位东方剑麻制品厂。

（8）1988年2月，农牧渔业部部长何康到学会理事单位东方剑麻制品厂视察。

（9）1988年2月29日至3月15日，学会理事单位金星农场场长李兴贵等参加赴墨西哥剑麻考察组，到墨西哥对剑麻工农业生产及麻纤维制品市场进行历时15天的考察。

（四）第四届

1. 理事会组成

理事长： 姜天民

2. 重点工作事记

（1）1988年7月，学会理事单位东方红农场场长颜业存等4人赴丹麦、荷兰等国家考察剑麻地毯生产情况。

（2）1988年4月15日，应中国农学会邀请，日中甘蔗技术交流访华团一行7人，在团长泉裕己教授率领下，由中国农学会副主任李求实等陪同到学会理事单位前进农场考察。

（3）1989年5月，广东省委书记林若对学会理事单位勇士农场甘蔗地膜覆盖少耕法技术鉴定批示："由农业厅与指挥部联系抓紧开个培训班。各甘蔗生产区的县，要搞个行政村或自然村作为试点，全面推广，务求在今年取得显著成绩，以便明年全省推广。"

（4）1989年7月1—9日，学会理事单位东方红农场生产的剑麻地毯在联邦德国法兰克福国际博览会的"中国周"活动展出。

（5）1991年2月7日，国家副主席王震在广州接见学会理事单位领导。

（6）1991年2月，全国政协副主席叶选平为学会理事单位广东农垦成立四十周年题词："广东农垦四十年"。

（7）1991年11月25日，学会理事单位火炬农场的剑麻皂素－海柯吉宁和替告吉宁工业分离技术在曼谷举行的中国实用新技术和成果展览会上荣获银牌奖。

（8）1992年4月20—24日，第三届国际环保展览会在北京展览馆举行，全国26家企业参展。学会理事单位产品勇士、海鸥绿茶被国家科学技术委员会选中，于6月被带往巴西在联合国环境保护与发展大会展出。

（9）1992年4月20—30日，由中国麻纺行业协会叶纤维专业委员会主办、中国纺织大学姜繁昌教授主讲的剑麻纺织工艺工程技术学习班在学会理事单位东方红农场开班。

（10）在"'92中国友好观光年"活动中，湛江市和廉江市政府以及学会理事单位红江农场首次举办红橙节。此后，以红橙为主题，旅游和文化部门搭台，形成一年一度的集旅游、商贸、展销、招商引资、文化和体育活动于一体的品牌盛会。

（五）第五届

1. 理事会组成

理事长： 李纯达

2. 重点工作事记

（1）1994年，学会理事单位海鸥农场利用锅炉蒸汽高温杀菌的"大叶种蒸青绿茶工艺与设备配套的研究"项目，获联合国技术信息促进系统（TIPS）中国国家分部"发明创新科技之星奖"。

（2）1995年1月21日，学会理事长单位领导洪金波在广东省农垦总局会见斯里兰卡帕尔瓦特糖业公司董事长森纳那亚克（Senanayake）一行，欢迎他们团组到访，并洽谈合作办酒精厂项目。

（3）1995年10月26日，第二届中国农业博览会在北京隆重开幕。广东省省长朱森林、副省长欧广源等领导参观了广东农垦展台。学会理事长单位领导洪金波向朱森林等介绍了广东农垦的参展产品及获奖情况。

（4）1996年1月13—18日，学会理事长单位领导洪金波等一行6人前往印度尼西亚泗水市，与印度尼西亚合作方共同考察剑麻种植项目。

（六）第六届

1. 理事会组成

理事长：李纯达

2. 重点工作事记

（1）2000年10月8—31日，学会理事长单位广东省农垦总局派出考察团，前往贝宁实地考察萨瓦鲁县等木薯种植区，就建设木薯示范基地和食用酒精加工厂区事宜与贝宁政府工业、农业等部门进行会谈，了解木薯原料和酒精产品的需求、政府赋予外资企业的优惠政策等。贝宁工业及中小企业部部长依盖（Igue）会见考察组，工业发展司司长德达格·索苏（Hounderako Sossou）主持与考察组举行多次会谈，带考察组实地考察并积极推荐项目点。我国驻贝宁大使袁国厚听取考察组的汇报。

（2）2000年12月12—14日，农业部发展南亚热带作物办公室在广东召开南亚热带作物资源开发会议，学会理事长单位领导及部分专家参加了此次会议。会议研究了新世纪南亚热带资源开发如何按照市场经济运行机制，依靠科技进步调整品种结构、提高产品质量，立足国内市场、外延国际市场等问题。

（3）2002年2月24日，学会理事长单位领导赖诗仁、雷勇健在燕岭大厦会见日本井上株式会社社长广田（Hirota）一行。

（4）2003年11月7—8日，学会理事单位广东省丰收糖业有限公司作为企业代表参加了全国农业标准化工作会议，并在会上作了典型经验介绍。

（5）2004年4月21—22日，全国热带南亚热带作物工作会议在四川成都召开，农业部总经济师朱秀岩、农业部农垦局副局长龚菊芳在会议上对广东农垦在推进改革、落实科学发展观、推进产业化经营等方面取得的经济和社会效益给予充分肯定。

（6）2004年9月10日，中国天然橡胶100周年——产业发展高级论坛在海口举行，学会挂靠单位领导受邀出席了此次会议。

中国天然橡胶100周年—产业发展高级论坛代表合影
2004.9.10 海口

（7）2005年5月30—31日，学会理事长单位领导雷勇健在北京西藏大厦参加农业部农垦局与商务部国际合作司共同举办的"走出去"发展战略研讨会。

（七）第七届

1. 理事会组成

理事长：雷勇健

2. 重点工作事记

（1）2005年7月7日，广东省热带作物学会第七次会员大会暨学术研讨会在茂名市召开。大会选举产生了广东省热带作物学会第七届理事会，雷勇健任理事长。

广东省热带作物学会第七次会员大会暨学术研讨会代表合影 2005·7·8 广东茂名

（2）2005年7月28日，学会第七届第一次常务理事会议在广州燕岭大厦召开。出席此次会议的常务理事共10人，雷勇健理事长主持会议。会议听取了秘书处就第七届第一次理事会会议以来学会所做主要工作的情况汇报，并对建立健全分会、专业委员会组织等事项及下半年学会工作进行研究部署。

（3）2006年8月9—16日，学会理事长雷勇健率广东农垦参展团前往马来西亚沙巴州参加2006年马来西亚沙巴国际展销会。

（4）2006年12月，广东省热带作物学会年会暨第七届第二次理事会会议在茂名市召开。会议邀请国务院扶贫开发领导小组原副组长兼扶贫办主任、中国热带作物学会理事长吕飞杰教授作题为《科学发展观与建设新农村》的专题学术报告。

（5）2007年8月21—22日，广东省热带作物学会第七届第四次理事会会议暨抗灾救灾后重建研讨会在茂名垦区召开。本届学会全体理事、中国热带农业科学院的专家及有关代表共80人参加了会议。学会副理事长吕林汉代表学会作了工作报告，中国热带农业科学院橡胶研究所魏小弟、林位夫、李维国教授作了主题学术交流。与会代表研讨了抗灾复产和灾后重建经验。学会理事长雷勇健作了会议总结讲话。

（6）2007年11月14日，中国天然橡胶协会第一次会员代表大会在海南省海口市召开。广东省热带作物学会理事长单位广东省农垦集团公司董事长赖诗仁出席并主持了该会议。

中国天然橡胶协会第一次会员代表大会暨成立大会留念 2007.11.15 海口

（7）2008年4月28日至5月3日，由农业部农垦局主办的"2008北京·中国农垦绿色特色产品联展活动周"在北京北大荒绿色特色产品交易中心举行，广东垦区共有10家企业20种产品参展。

（8）2010年1月7日，国家天然橡胶产业技术体系2010年度工作总结暨人员考评会在广州召开，学会理事长单位领导参加了此次会议。

（9）2011年3月29—30日，全国南亚热带作物工作会议在广州燕岭大厦召开。农业部农垦局副局长胡建锋出席会议。赖诗仁致欢迎辞。学会理事长单位部分领导及专家参加了此次会议。

（10）2011年7月18日，学会与中山大学环境与生态研究院共同主办的广东农垦湛江垦区国家现代农业示范区循环经济与低碳经济发展论坛在湛江举办。来自粤西地区热作行业的150多人参加了论坛。清华大学教授李十中、北京化工大学教授李秀金和中山大学教授杨中艺先后作主题演讲。

（八）第八届

1. 理事会组成

理事长： 吕林汉

2. 重点工作事记

（1）2011年12月12—13日，广东省热带作物学会第八次会员代表大会暨"转变发展方式，推进现代农业"学术研讨会在广东阳江召开。会议选举产生了新一届理事会，召开了"转变发展方式，推进现代农业"学术研讨会。来自广东省热区的208名会员代表参加了大会。会议交流论文29篇，印发了论文集。陈士伟等6位会员代表分别作了专题学术交流报告。

广东省热带作物学会第八次会员代表大会暨学术研讨会留影 阳江 2011年12月12日

（2）向农业部农垦局、中国农垦经济发展中心、中国热带农业科学院、中国热带作物学会等相关部门提供决策咨询报告7篇，分别为：《广东农垦农业科研机构科研综合能力调查》《广东农垦热带作物生产、贮藏和运输过程中用药情况调查》《农垦农产品质量追溯防伪标签需求调查》《广东农垦二三产业发展情况调查（2008—2010）》《粤东垦区橡胶生产基地情况调研报告》《粤东垦区剑麻生产基地情况调研报告》《广东剑麻、香蕉、荔枝农田基本建设情况调研报告》。促成中国热带农业科学院与广东农垦粤东垦区橡胶、剑麻科技项目合作。

（3）2012年4月10—13日，全国第三届割胶工技能大赛总决赛在广东茂名举行。农业部总经济师杨绍品，农业部农垦局局长李伟国、副局长胡建锋，中国农林水利工会副主席王君伟，农业部人事司副司长潘学峰，中国农垦经济发展中心主任潘显政和广东省农垦总局赖诗仁、雷勇健、吕林汉，广东省茂名市副市长吴刚强等出席总决赛开幕式。

（4）2012年6月20日，学会理事长单位领导吕林汉当选为中国橡胶工业协会橡胶材料委员会理事长。

（5）2013年10月24—25日，广东农垦第三届割胶工（辅导员）技能大赛暨全国第四届割胶工技能大赛广东赛区选拔赛在广东农垦热带作物研究所隆重举行。

（6）2013年11月19—21日，中国天然橡胶协会第二届第三次理事年会暨第三届中国天然橡胶发展大会在揭阳市召开。农业部、农业部农垦局和有关省份农垦部门的领导共148人出席会议。

（7）2014年8月4日，学会理事长单位领导雷勇健、吕林汉在广州会见了印度尼西亚广垦东方剑麻有限公司董事长吴德辉、监事长谢浩安一行4人。双方就进一步推进剑麻种植与加工项目及其他领域的合作等进行了交流。

（8）2014年组织科技合作活动，配合广东农垦总局开展与中国热带农业科学院的科技合作，共同构建"两中心一平台"。

（9）2015年配合广东农垦总局，与中国空间技术研究院、广东省农业科学院签署了科技合作框架协议。与广东省农业厅签订了广东省农业科技创新联盟暨科技合作框架协议。与中国热带农业科学院农产品加工研究所签订了共建广东广垦农产品质量安全检测中心、广垦橡胶加工创新研究中心科技合作项目协议。

（九）第九届

1. 理事会组成

理事长： 江海强

副理事长： 彭远明、杜方敏、曾继吾、陈茗、黄香武、陀志强、谢季青

监事长： 陈叶海

秘书长： 苏智伟

2020年11月9日第九届第四次理事会会议研究决定，学会部分负责人、成员根据实际情况进行调整、补充，调整后的名单如下：

理事长： 江海强

法定代表人： 陈叶海

副理事长： 彭远明、杜方敏、曾继吾、陈悦、陀志强、陈叶海

监事长： 谢季青

秘书长： 陈士伟

2. 重点工作事记

（1）2017年9月27—28日，广东省热带作物学会第九次会员代表大会暨学术交流会在广州燕岭大厦召开。吕林汉出席会议。大会听取了第八届理事会工作报告、财务报告和章程修订说明，选举产生了第九届理事会、监事会。广东省农垦集团公司总经理助理、发展计划处处长江海强当选为学会第九届理事会理事长。

（2）2017年12月8日，学会理事单位红江农场举行2017正宗红江橙采摘节暨分选加工中心启动仪式。

（3）2018年7月1日，2018年发展中国家现代农业研修班结业典礼在学会理事单位广东农工商职业技术学院举行，29名学员顺利结业。

（4）2018年8月28日，由学会理事长单位广东省农垦集团公司参与主办的首届全球天然橡胶发展（广州）论坛在广州举行。论坛主题为"共商共享胶合天下——'一带一路'天然橡胶发展新机遇"。农业农村部农垦局副局长叶长江、上海期货交易所理事长姜岩等出席开幕式并致辞。

（5）2020年9月8日，学会支撑单位广东农垦热带农业研究院牵头申报的中国科学技术协会学科发展项目"剑麻产业与技术发展路线图"获批立项。项目执行期2年，资助资金40万元。该项目系学会首次获得中国科学技术协会资助的项目，实现了广东农垦热带农业研究院在学科研究方面项目"零"的突破。

（6）2020年10月21日，学会与广东农垦热带农业研究院、中国热带作物学会剑麻专业委员会在东方红农场联合举办2020年剑麻病虫害监测与防控技术培训会。

（7）2021年3月10日，学会与广东农垦热带农业研究院联合召开植保监测体系建设与病虫害监测项目推进工作会。会上，中国热带作物学会剑麻专业委员会秘书长文尚华致辞。他阐述了垦区植保监测体系的现状，分析了完善植保监测体系的重要意义，并就橡胶、剑麻、甘蔗、柑橘类作物病虫害监测项目推进进行工作部署。

（8）2021年7月16日，由学会和广东农垦热带农业研究院组织的"剑麻产业与技术发展路线图研究"项目中期研讨会在湛江市顺利召开。

（9）2021年10月21—22日，学会联合广东农垦热带农业研究院在湛江举办甘蔗主要病虫害识别、监测及绿色综合防控培训班。

（10）2021年12月10日，学会提交的广东省科学技术协会2022年学会学术项目——广垦科技志愿服务项目成功获批。

（11）2021年12月28—29日，学会与广东农垦热带农业研究院联合组织的农垦农产品质量安全综合服务试点工作项目培训班在湛江顺利举办。农垦单位代表、产业专家、骨干成员、农场负责人、技术代表和糖厂负责人等近50人参加培训。

三、获得奖项

1. 1982年10月，学会理事长单位广东省农垦总局及其下属科研单位、农场作为参与单位的"橡胶树在北纬18—24度大面积种植技术"项目获国家技术发明奖一等奖

2. 1986年，在学会理事单位红江农场召开的部级鉴定会上，红江橙被评为全国优质水果并获得银杯奖；"红江橙的选育与推广"项目荣获农牧渔业部科技进步一等奖

3. 1992年，学会理事单位东方红农场被农业部农垦司评为全国农垦系统科研先进单位。

4. 1996年，学会理事单位东方红农场被农业部农垦局、南亚办评为全国热带、南亚热带作物开发先进集体

5. 1996年，学会理事单位东方红农场被农业部农垦局、南亚办授予"H.11648剑麻生产名优基地"称号

6. 1998年，以学会理事长单位广东省农垦总局为完成单位的成果"橡胶树国外优良无性系的引种试验与应用"获农业部科技进步一等奖

7. 1999年，学会理事单位东方红农场农科所被农业部评为全国农业技术推广先进单位

8. 2006年，学会理事单位广东省东方剑麻集团公司被中国热带作物学会评为热区农

业科技示范基地（剑麻）

9. 2006年，以学会副理事长单位广东省湛江农垦集团公司为完成单位的成果"南方红壤地区旱作农业节水耕作及配套技术体系"获教育部科技进步一等奖

10. 2012年，学会副理事长单位湛江农垦集团参与完成的"特色热带作物种质资源收集评价与创新利用"项目获国家科学技术进步奖二等奖

11. 2012年10月，垦区组织开展的热带作物测土配方施肥与生物有机肥研发应用技术、甘蔗健康种苗繁育与应用推广技术入选中国热带作物学会"热带农业十大适用技术"

12. 2013年，以学会理事单位广东省茂名农垦局为完成单位的成果"乙烯灵刺激割胶技术在橡胶生产中的推广应用"获全国农牧渔业丰收奖一等奖

13. 2016年12月，广东农垦热带作物科学研究所等完成的"橡胶工厂化育苗技术推广"项目获2014—2016年度全国农牧渔业学会理事单位丰收奖农业技术推广成果奖一等奖

14. 2021年，以学会理事单位广东省湛江农垦科学研究所、广东广垦糖业集团有限公司为完成单位的成果"甘蔗种植机械化技术与装备的推广应用"获广东省农业技术推广奖一等奖

15. 2021年，以学会副理事长单位广东省湛江农垦集团有限公司、理事单位农业农村部剑麻及制品质量监督检验测试中心、广东省东方剑麻集团有限公司、广东农垦热带农业研究院有限公司为完成单位的成果"高品质剑麻纤维高效提取加工标准化技术集成创新与应用"获中国热带农业科学院科技创新奖一等奖

第三十五章
广西热带作物学会

一、成立背景

为了较好利用资源平台优势，团结和组织广大科技工作者，促进科技人才的成长和科学水平的提高，促进科学技术与经济的结合，服务全区亚热带地区经济建设，广西热带作物学会于1979年1月5日在广西南宁成立。学会支撑单位为广西农垦局。

广西热带作物学会是由广西热带作物科技工作者和相关单位自愿组成的全区性、学术性、地方性、非营利性的社会团体，现业务主管单位是广西壮族自治区科学技术协会，登记机关是广西壮族自治区民政厅，支撑单位现为广西壮族自治区亚热带作物研究所（2019年更换）。

二、学会事记

（一）第一届

1. 理事会组成

理事长：李云亭

副理事长：龚健武、冯宝虎、赵恒宏

秘书长：韦秀辉

副秘书长：李宗寿

2. 重点工作事记

广西热带作物学会于1979年1月5日在南宁市成立，召开了第一次会员代表大会，会议选举产生由26人组成的第一届理事会。

（二）第二届

1. 理事会组成

理事长：童玉川

副理事长：陈一江、陈又新、赵恒宏、朱朝恋、李远烈

秘书长：李挺盛

副秘书长：韦庆龙、刘明举、吴均秀

2. 重点工作事记

学会第二次会员代表大会于1983年11月8日在南宁市召开，会议选举产生由25人组成的第二届理事会。

（三）第三届

1. 理事会组成

理事长：冯宝虎

名誉理事长：陈仁生

副理事长：童玉川、刘明举、何国祥、匡代选、曾尚志

秘书长：吴均秀

副秘书长：霍德金

2. 重点工作事记

学会第三次会员代表大会于1987年10月11日在玉林市召开，会议选举产生由29人组成的第三届理事会。

（四）第四届

1. 理事会组成

理事长：刘明举

副理事长：童玉川、何国祥、郭杏秋

秘书长：吴均秀

副秘书长：陈锦祥、霍德金、朱建华

2. 重点工作事记

学会第四次会员代表大会于1991年11月20—21日在北海市召开，会议选举产生由29人组成的第四届理事会。

（五）第五届

1. 理事会组成

理事长：陆明延

副理事长：何国祥、郭杏秋、王春田

常务副理事长：刘明举

秘书长：陈锦祥

副秘书长：朱建华

2. 重点工作事记

学会第五次会员代表大会于1996年4月2—4日在桂林市召开，会议选举产生由30人组成的第五届理事会。中国热带作物学会委派周德藻、高锦合两位同志到会指导，广西壮族自治区科学技术协会学会部副部长徐长娣同志到会指导。

（六）第六届

1. 理事会组成

理事长：陈锦祥

副理事长：朱小明、莫泰义、李标、钟思强、王春田

秘书长：黄党源

常务副秘书长：崔明显

副秘书长：朱建华、陈东奎

2. 重点工作事记

广西热带作物学会第六次会员代表大会暨学术交流会于2001年7月16—18日在北海市召开，会议选举产生由36人组成的第六届理事会。会议决定：增设科普、植保、加工、茶叶、园艺、甘蔗、剑麻、育种8个专业组和《广西热带农业》编辑部。

（七）第七届

1. 理事会组成

理事长：杨伟林

常务副理事长：黄强

副理事长：李标、黄党源、钟思强

秘书长：庞新华（常务秘书长）、黄党源

副秘书长：李标、钟思强

2. 重点工作事记

（1）召开广西热带作物学会第七次会员代表大会

广西热带作物学会第七次会员代表大会于2009年3月13日在南宁市召开，会议选举产生由31人组成的第七届理事会，理事会下设剑麻、木薯、甘蔗、茶叶与加工、园艺、科普、植保、育种8个专业组。

（2）召开美国热带农业专题学术报告会

2009年5月18日，广西壮族自治区亚热带作物研究所、广西热带作物学会邀请美国专家在南宁市召开美国热带农业专题学术报告会，美国农业部夏威夷种质资源库主任、夏威夷水果实验站站长Frainszee博士就自然资源保护与发展作报告。美国农业部迈阿密亚热带园艺试验站Raymond Schell博士就芒果、可可树种质资源及分子标记在种质保存上的利用作报告，美国农业部热带农业研究试验站波多黎各大学Richrdo Cochaga博士就生产系统及热带作物种质资源作报告。来自广西壮族自治区科学技术厅、广西壮族自治区农业科学院、广西大学、广西农垦局、广西职业技术学院、广西壮族自治区林业科学研究院、广西壮族自治区亚热带作物研究所、广西南亚热带农业科学研究所和南宁市科学技术局等单位的领导、专家、学者参加报告会。

（3）召开第九届亚洲木薯研讨会

2011年学会支撑单位广西亚热带作物研究所、会员单位广西木薯研究所联合国际热带农业中心、日本Nippon基金会和中国木薯产业技术体系在南宁市举办了第九届亚洲木薯研讨会。来自亚洲、非洲16个国家的木薯研究机构、国际研究机构以及国内木薯研究机构的研究人员、企业家代表等约200余人参会。

（4）召开中国热带作物学会2012年秘书长会议暨热作产业化学术研讨会

2012年4月，广西热带作物学会作为东道主在北海市荔珠国际大酒店与中国热带作物学会联合主办了中国热带作物学会2012年秘书长会议暨热作产业化学术研讨会。本次会议参会人数为75人。会议传达了中央1号文件、全国农业工作会议以及南亚热作会议精神。中国热带作物学会各分支机构汇报2011年工作总结与2012年工作计划。会议讨论确定了中国热带作物学会2012年学术年会会议方案，并举办了热作产业化学术研讨会。会议取得了圆满成功。

（八）第八届

1. 理事会组成

理事长： 杨伟林

常务副理事长： 黄强

副理事长：李标、黄党源、陈锦祥、唐永宁、蓝庆江、黄富宇、戚泽文、唐仙寿、陆显琦、史长兴、马步、黄道勇、何庆光、宋福龙、黄定红、覃锡辉、潘瑞坚、黄曦、李绍雄、余新义、梁胜林、陈海生、李日强、李懋登、陈东奎、梁声记、谭建国

秘书长：庞新华

副秘书长：郭丽梅、陆小平、黄树长、韦持章

2. 重点工作事记

（1）召开广西热带作物学会第八次会员代表大会暨学术研讨会

广西热带作物学会第八次会员代表大会暨学术研讨会于2013年3月7日在南宁市召开，会议选举产生了由57人组成的第八届理事会和28个理事单位。中国热带作物学会副理事长王文壮和广西壮族自治区科学技术协会副主席朱东到会指导。

（2）召开2013年学术年会

2013年12月19日，由广西亚热带作物研究所承办的广西热带作物学会2013年学术年会在南宁市召开。广西壮族自治区科学技术协会学会部书记刘培良调研员，广西热带作物学会理事长、广西农垦局副局长杨伟林，广西热带作物学会副理事长、广西职业技术学院党委书记黄党源，以及来自全区从事热带作物研究、教学和生产应用的企事业单位代表共65人出席大会。大会由广西热带作物学会常务副理事长、广西亚热带作物研究所所长黄强主持。

（3）召开2014年学术年会

2014年11月20日，广西热带作物学会2014年学术年会在南宁市召开。广西壮族自治区科学技术协会副巡视员李思平，广西热带作物学会理事长、广西农垦局副局长杨伟林，广西热带作物学会常务副理事长、广西亚热带作物研究所所长黄强，广西农垦局科技产业处副处长黄兑武，以及来自全区从事热带作物研究、教学和生产应用的企事业单位代表共73人出席会议。黄强副理事长主持会议。

广西热带作物学会2014年学术年会参会代表合影　　2014.11.20 南宁

（4）召开2015年学术年会

2015年11月26日，广西热带作物学会2015年学术年会在南宁市举办。会议由广西亚热带作物研究所承办。广西壮族自治区科学技术协会学会部副部长韦克广，广西热带作物学会理事长、广西农垦局副局长杨伟林，广西热带作物学会常务副理事长、广西亚热带作物研究所所长黄强，以及来自全区从事热带作物研究、教学和生产应用的企事业单位代表共80人参会。会议由黄强副理事长主持。

（5）承办21世纪全球木薯合作团队第三次会议暨国际块根类作物学会第17次会议

2016年1月18—23日，广西热带作物学会在南宁市承办了21世纪全球木薯合作团队第三次会议暨国际块根类作物学会第17次会议。会议经国务院和广西壮族自治区人民政府批准，得到了国际热带农业中心、比尔及梅琳达·盖茨基金会、国际热带农业研究所、国际马铃薯研究中心、法国农业发展研究中心、英国格林威治大学自然资源研究所、国际块根与块茎作物协会、泰国国立农业大学、美国康奈尔大学、法国洛盖特公司等国际组织、机构以及企业的大力支持。会议以"21世纪块根作物在粮食、生物燃料等方面的创新利用"为主题，向世界展示中国在块根类作物生产和应用等领域所取得的成就，增强了中国在木薯等块根类作物研究领域的影响力，为我国块根类作物的生产技术与加工产品出口创造了机遇，对广西木薯等块根类作物产业的发展具有重大意义。

参加会议的有中国科学院院士许智宏、中国热带农业科学院副院长汪学军、国际马铃薯中心亚太中心主任卢肖平、国家木薯产业技术体系首席科学家李开锦、国家马铃薯产业体系首席科学家金黎平以及来自中国热带农业科学院、中国科学院上海生命科学研究院（植物生理生态研究所）、广西壮族自治区外国专家局、广西科学院、广西农垦局、广西壮族自治区农业厅、广西壮族自治区科学技术厅、广西亚热带作物研究所、广西壮族自治区木薯研究所、上海欧易生物医学科技公司等国内机构、组织和来自45个国家的专家、学者、生产企业代表共500多人。

（6）澳大利亚昆士兰大学植物科学研究中心首席科学家 Andre Drenth 教授来学会参观考察

2016年9月10日，澳大利亚昆士兰大学植物科学研究中心首席科学家Andre Drenth教授来学会参观考察，并作题为《澳洲坚果主要病虫害及防控技术简介》的报告。Andre Drenth教授针对广西澳洲坚果产业在病虫害防治方面的工作提出了许多建设性意见。双方还就日后进一步交流与合作进行了洽谈。

（7）召开2016年学术年会

2016年10月20日，由广西热带作物学会主办、广西南亚热带农业科学研究所承办的广西热带作物学会2016年学术年会在崇左市龙州县成功举办。龙州县统战部部长李想，学会常务副理事长、广西亚热带作物研究所所长黄强，广西农垦局科技产业处副处长黄兑武，广西水果生产技术指导总站副书记农少林，广西南亚热带农业科学研究所所长陈海生，国家现代农业产业技术体系广西荔枝龙眼创新团队首席专家朱建华，广西芒果创新团队首席专家黄国弟，以及热带作物领域的专家、学者和专业技术人员共90多人出席了会议。会议由学会副秘书长韦持章主持。

（九）第九届

1. 理事会组成

理事长：杨伟林（2019年，杨伟林理事长退休，黄强继任理事长）

常务副理事长：黄强（2019年，庞新华兼任常务副理事长）

副理事长：蒋贻杰、朱其虎、宋福龙、曾晓吉、黄耘、黄忠泊、韦绍龙、潘宏毅、朱宇林、刘锦捷、覃奇茂、曹芳武、马步、彭晋钦、张弦、唐仙寿、黄道勇、林安胜、王华宁、梁永华、何前伟、覃国平、杨桂明、谭建国、戴宗贵、黄富宇、阮耀礼、农军、陈东奎、陈海生、梁声记、李日强、黄曦

秘书长：庞新华

副秘书长：单彬

2. 重点工作事记

（1）召开广西热带作物学会第九次会员代表大会

2017年6月15日上午，广西热带作物学会第九次会员代表大会在南宁隆重召开。广西壮族自治区科学技术协会学会部副部长韦克广，广西农垦局副局长、广西热带作物学会理事长杨伟林，中国热带作物学会副理事长、广西壮族自治区农业科学院园艺所所长陈东奎，广西职业技术学院副院长覃杨彬，广西农垦明阳生化集团股份有限公司董事长潘瑞坚，广西糖业研发中心主任马步，广西大学农学院副院长何新华，广西南亚热带农业科学研究所所长陈海生以及来自全区相关企事业单位的领导、专家、会员代表等87人参加了会议。会议由广西亚热带作物研究所所长、广西热带作物学会常务副理事长黄强主持。会议审议通过了广西热带作物学会第八届理事会工作报告、财务报告和学会章程等，选举产生了第九届理事会。

（2）召开2017年学术年会

2017年10月19日，由广西热带作物学会主办，广西农垦新兴农场有限公司、广西农垦红河农场有限公司承办的广西热带作物学会2017年学术年会在柳州市召开。中国热带作物学会会员与科普部部长唐弼，广西壮族自治区科学技术协会学会部副部长李雅琴，广西热带作物学会理事长、广西农垦局副局长杨伟林，学会常务副理事长黄强，以及热带作物领域的专家、学者和专业技术人员共80多人参加会议。会议由黄强主持。会议期间还召开了学会第九届第二次常务理事会议，评选出10篇广西热带作物学会2017年优秀论文。

（3）召开2018年学术年会

2018年11月5—7日，由广西热带作物学会主办、广西农垦东方农场有限公司承办的广西热带作物学会2018年学术年会暨科普创新发展论坛在钦州市浦北县成功召开。来自热带作物领域的相关专家、学者及代表共80多人参加了会议。

（4）协办2019年中国澳洲坚果产业发展论坛

2019年9月9—10日，由广西亚热带作物研究所主办，广西热带作物学会、广西扶绥夏果种植有限责任公司协办的2019年中国澳洲坚果产业发展论坛在南宁开幕。论坛以"聚焦产业发展助力脱贫攻坚"为主题，汇集了135位来自政府部门、科研院所、高校、合作社、企业等的坚果产业领域的专家、学者、企业家以及坚果种植大户。广西壮族自治区科学技术厅、广西壮族自治区林业局、广西农垦局等政府相关部门以及广西壮族自治区林业科学院等科研院所的领导出席了此次论坛。

论坛邀请广东、云南、贵州等省份的14位专家分别就澳洲坚果遗传育种、分子生物技术应用、病虫害防治、机械化栽培管理等内容作专题报告。会议期间，还组织参会代表前往学会副理事长单位广西扶绥夏果种植有限责任公司基地进行实地考察，进一步提升了学会的影响力。

（5）联合主办2019年桂泰农业科技合作研讨会

广西热带作物学会与广西亚热带作物研究所联合主办了2019年桂泰农业科技合作研讨会。2009年9月10日，泰国农业部第七区农业研究与发展办公室主任（所长）Virat Thammabumrung（维拉·塔姆邦容）一行9人参加研讨会并作专题学术报告。本次研讨会旨在深化广西与东盟国家的科技人文交流，促进科技人力资源互联互通，构建长期合作关系，强化合作研究，推动"一带一路"中泰农业科技合作交流工作迈上新台阶。约60多名中泰两国农业科技人员参加研讨会。

（6）协办2019中国剑麻产业高峰论坛

2019年9月16—17日，2019中国剑麻产业高峰论坛在南宁举办。本次论坛由广西农业科学院主办，广西亚热带作物研究所承办，中国热带作物学会剑麻专业委员会、广西热带作物学会协办。广西壮族自治区农业科学院副院长林树恒，中国热带作物学会秘书长、中国热带农业科学院副院长刘国道，广西农垦局副局长杨伟林，国家麻类产业技术体系首席科学家熊和平出席论坛。

论坛汇集了国内剑麻研究的顶级科学家和龙头企业家。来自全国各地剑麻产业领域的专家、学者、企业家以及剑麻种植大户共130余位代表参加了论坛。此次论坛以剑麻产业发展为主题，旨在分析剑麻产业当前存在的问题，探讨剑麻产业未来的发展方向，共同推动剑麻产业发展。

（7）召开2019年学术年会

2019年11月8日，广西热带作物学会2019年学术年会在广西南宁举办。年会以"聚集热作领域创新资源，推进热作产业突破性发展"为主题。会议同期召开了广西热带作物学会第九届第五次理事会会议暨第七次常务理事会议，决定将原支撑单位广西农垦集团有限责任公司变更为广西壮族自治区亚热带作物研究所。因理事长杨伟林退休，不再担任理事长，黄强继任理事长。庞新华任常务副理事长兼秘书长。学会召开了中国共产党广西热带作物学会支部第一次党员大会，选举产生了中国共产党广西热带作物学会支部委员会委员7名。其中，黄强任支部书记，梁声侃任支部副书记。

（8）承办2020年全国热带作物学术年会分论坛

2020年10月27—31日，以"助力科技经济融合发展，促进国际国内双向循环"为主题的2020年全国热带作物学术年会在广东佛山举办。本次会议由中国热带作物学会主办。广西热带作物学会理事长、广西壮族自治区亚热带作物研究所所长黄强，常务副理事长兼秘书长、广西壮族自治区亚热带作物研究所副所长庞新华，广西壮族自治区亚热带作物研究所党委书记池昭锦、副所长李军等近40名广西热带作物学会会员参加会议。会议旨在促进热带作物学术交流，助力科技经济融合发展，促进国际、国内双向循环。

年会期间，广西热带作物学会和南药专业委员会共同承办了种质资源与遗传育种分论坛，黄强担任该论坛主席。论坛由庞新华及南药专业委员会主任白燕冰主持，李军等20位专家在论坛上就木薯、咖啡、芒果、百香果、油梨、橡胶、石斛、苹婆等15个热带作物领域的种质资源与遗传育种、耕作栽培与生理生态、病虫害防控作相关学术交流报告。

黄强、庞新华、朱鹏锦还参加了中国热带作物学会科技推广咨询工作委员会第四届委员会换届会议暨第五届委员会第一次工作会议。会上，理事长单位广西壮族自治区亚热带作物研究所当选为该委员会支撑单位，黄强当选为主任委员，庞新华当选为副主任委员，朱鹏锦当选为秘书长。

（9）召开2021年学术年会

2021年10月28日，广西热带作物学会2021年学术年会在南宁市武鸣区成功举办。会议由广西热带作物学会、中国热带作物学会科技推广咨询工作委员会、广西壮族自治区亚热带作物研究所主办，广西农垦东风农场有限公司、广西壮族自治区亚热带作物研究所特色水果产业科技先锋队、中国热带作物学会南宁服务站承办。广西热带作物学会理事长黄强，中国热带作物学会副理事长、广西热带作物学会副理事长、广西壮族自治区农业科学院园艺所所长陈东奎，广西剑麻集团有限公司总经理张小玲出席会议。区内外热带作物领域知名专家、学者和企业负责人、生产一线科技工作者以及学会会员约110余人参加会议。此次大会开幕式由广西热带作物学会常务副理事长、广西壮族自治区亚热带作物研究所副所长庞新华主持。学术年会期间，召开了广西热带作物学会第九届第八次理事会会议暨第九届第十三次常务理事会议。

（十）第十届

1. 理事会组成

理事长：黄强

常务副理事长：庞新华

副理事长：韦绍龙、程云燕、陈东奎、严华兵、陈海生、李家文、陈裕新、朱宇林、翟正新、何少波、曾晓吉、陈军、黄富宇、李日强

秘书长：朱鹏锦

副秘书长：唐秀观、李菊馨

2. 重点工作事记

广西热带作物学会第十次会员代表大会于2022年6月17日在南宁市召开，会议选举产生了第一届监事会及第十届理事会，共57位理事。

三、获得荣誉

（一）组织荣誉

1. 2012年，荣获2010—2011年度"广西科协特色学术交流活动奖"

2. 2013年、2014年，被广西壮族自治区科学技术协会授予广西"十月科普大行动"先进单位称号

3. 2012年被广西壮族自治区民政厅评为4A级社会组织

4. 2012年，学会会员参与撰写的论文《广西木薯、香蕉、荔枝农田基本建设现状及对策》被评为中国热带作物学会2012年度优秀论文

5. 2016年，被中国热带作物学会评为2015—2016年度先进单位

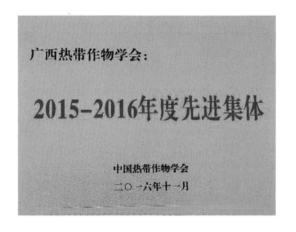

6. 2016年，被中国科学技术协会评为全国科普日特色活动优秀单位

7. 2018年，被中国热带作物学会评为2017—2018年度先进集体

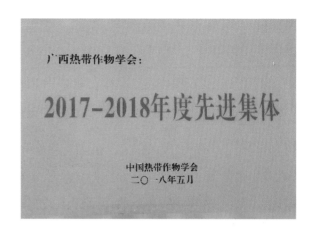

8. 2018年，被中国热带作物学会授予2018年全国热带作物学术年会专题论坛组织奖

9. 2019年，被中国热带作物学会评为2018—2019年度先进集体

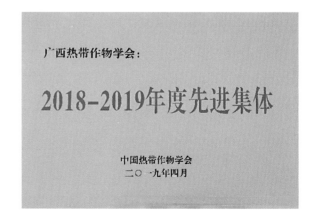

10. 2022年，被中国热带作物学会评为2020—2021年度先进集体

2. 2022年，学会副秘书长李菊馨被中国热带作物学会评为2020—2021年度先进工作者

（二）个人荣誉

1. 2022年，学会副理事长庞新华被中国热带作物学会评为2020—2021年度先进工作者

第三十六章
云南省热带作物学会

一、成立背景

　　1978年12月，云南从事热区开发及热带作物科研、生产、教学和科技管理等的科技工作者派出13名代表出席了中国热带作物学会在广东省湛江市召开的成立大会。会上，中国热带作物学会正式宣布成立，云南有7人当选为第一届理事会理事。会后，云南省热带作物科学研究所副所长王科、云南省农垦总局科技处处长李一鲲发起筹建云南省热带作物学会。经半年多的筹备，向云南省申报，云南省科学技术协会下发《关于同意成立云南省热带作物学会的通知》予以批准。

　　云南省热带作物学会第一次代表大会于1979年8月6—10日在昆明召开，到会代表93人。会议讨论通过了《云南省热带作物学会章程（试行草案）》，选举生产学会第一届理事会（33人）。学会会址设在西双版纳州景洪县云南省热带作物科学研究所。1981年4月在昆明召开学术年会时，经理事会研究，决定把会址迁至昆明市云南省农垦总局，学会挂靠云南省农垦总局。

　　云南省热带作物学会是省一级自然科学学会，是云南省科学技术协会和云南省农学会的组成部分，受云南省科学技术协会和云南省农学会领导。同时，也是中国热带作物学会的团体会员，并接受其业务指导。因挂靠云南省农垦总局，故也受云南省农垦总局党委领导。1997年12月，云南省清理整顿社会团体，经清理整顿，云南省热带作物学会属予以保留的社会团体，并明

442

确学会的主管部门为云南省科学技术协会，挂靠单位为云南省农垦总局。2014年9月，根据《中共云南省委　云南省人民政府关于大力培育发展社会组织加快推进现代社会组织体制建设的意见》（云发〔2013〕12号）的相关规定，取消了挂靠单位。

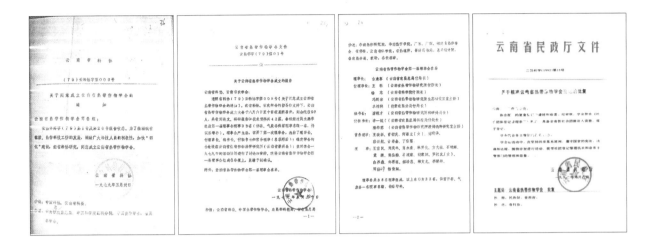

二、学会事记

（一）第一届

1. 理事会组成

理事长： 吉来喜

副理事长： 王科、杨志、冯跃宗、卓树林（1981年4月，杨志调离云南，补选李一鲲为副理事长）

秘书长： 唐朝才

副秘书长： 李一鲲、潘华荪

2. 重点工作事记

1979年8月6—10日，在昆明召开第一次会员代表大会，选举产生学会第一届理事会（33人）。

（二）第二届

1. 理事会组成

理事长： 唐朝才

副理事长： 吉来喜、王科、李一鲲

秘书长： 黄泽润

副秘书长： 曾衍庆、周仕峥

2. 重点工作事记

1983年9月1—5日，在景洪召开第二次会员代表大会，选举产生学会第二届理事会（31人）。

（三）第三届

1. 理事会组成

理事长：古希全

副理事长：唐朝才（常务）、王科、李一鲲

秘书长：黄泽润

副秘书长：周仕峥、周光武

2. 重点工作事记

1988年在昆明召开第三次会员代表大会，选举产生学会第三届理事会（30人）。

（四）第四届

1. 理事会组成

理事长：古希全

副理事长：唐朝才（常务）、王科、李一鲲、陈寿昌

秘书长：周仕峥

副秘书长：罗仲全、洪龙汉

2. 重点工作事记

1993年5月15—16日，在昆明召开第四次会员代表大会，选举产生学会第四届理事会（38人）。

（五）第五届

1. 理事会组成

理事长：古希全

副理事长：何普锐（常务）、陈积贤、李晓霞、周仕峥、罗仲全

秘书长：李维锐

副秘书长：倪书邦、李传辉

2. 重点工作事记

1998年9月1—3日，在昆明召开第五次会员代表大会，选举产生学会第五届理事会（53人）。

（六）第六届

1. 理事会组成

理事长： 何天喜

副理事长： 李晓霞（常务）、周仕峥、何普锐、罗仲全、陈积贤、李国华、赵鸿阳

秘书长： 李维锐

副秘书长： 李传辉、倪书邦

2. 重点工作事记

2003年6月17—19日，在昆明召开第六次会员代表大会，选举产生学会第六届理事会（47人）。

2008年11月，学会原理事长古希全、理事长何天喜陪同农业部原部长何康考察西双版纳橡胶园。

（七）第七届

1. 理事会组成

理事长： 何天喜

副理事长： 高东风、李国华、赵鸿阳、李维锐

秘书长： 李传辉

副秘书长： 倪书邦、杨天武、虎月娟

2. 重点工作事记

2009年4月28—29日，在景洪召开第七次会员代表大会，选举产生学会第七届理事会（72人）。

（八）第八届

1. 理事会组成

理事长：何天喜

副理事长：李国华、李传辉、李志云、宋国敏、沙毓沧、岳建强、白燕冰、岳建伟

秘书长：李维锐

副秘书长：倪书邦、杨天武、虎月娟

2. 重点工作事记

2014年9月16日，在昆明召开第八次会员代表大会，选举产生学会第八届理事会（72人）。

（九）第九届

1. 理事会组成

理事长：刘家训

副理事长：沙毓沧、李思军、李岫峰、刘光华、岳建伟、金杰、穆洪军、李守岭、杜华波

秘书长：李维锐

副秘书长：虎月娟、殷振华、蔺延喜、杨子祥

监事长：赵国祥

2. 重点工作事记

2019年7月9日，在普洱召开第九次会员代表大会，选举生产学会第九届理事会（75人）。

三、工作成效

（一）学术交流

2014年以前，学会不定期组织召开学术研讨会或专题讨论会。2014年以后，学会学术交流会名称确定为云南高原特色现代热带农业创新发展研讨会。由云南省热带作物学会、中国热带作物学会南药专业委员会和科普工作委员会主办，相关单位轮流承办，每两年举办一次。会议围绕云南高原特色现代热带农业创新发展的关键环节，组织3～5个大会主旨报告、7～10个大会交流发言。会后，总结提炼咨询报告1个报送省科学技术协会或省委、省政府。

（二）科技咨询服务

为加强对云南热区开发的服务工作，学会1998年1月成立技术咨询服务部，制定了《云南省热带作物学会技术咨询服务工作暂行管理办法》。1998年2月，学会技术咨询服务部获云南省建设厅颁发的云南省建设项目可行性研究资格证书。证书等级为丙级，证书编号为滇可研丙字

021号。业务范围：热区热带农业工程（咖啡、水果、茶叶及经济作物）的可行性研究。1999年4月，云南省民政厅社会团体管理处正式批准学会在昆明设立技术咨询服务部。之后，学会以技术咨询服务部为平台，充分发挥学会热作科技人才集中的优势，积极组织相关会员和专业技术人员开展特色热作产业发展规划、项目总体规划、项目可行性研究、项目初步设计等科技咨询服务工作。截至2021年7月，学会接受相关单位委托，先后完成特色热作产业发展规划、项目总体规划、项目可行性研究、项目初步设计等科技咨询服务项目83项，为云南热区科学、有序开发及高原特色热作产业持续健康发展做出了重要贡献。

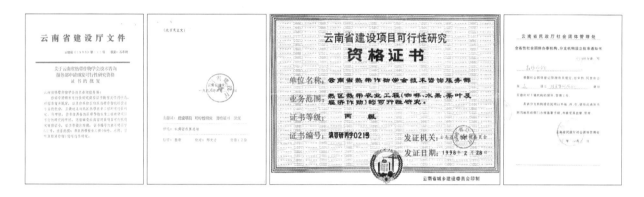

（三）承接云南省"绿色食品牌"咖啡产业专家组日常业务工作

2021年10月22日，学会与云南省农业农村厅签订委托协议，按照协议约定，自2021年6月起，学会承接云南省"绿色食品牌"咖啡产业专家组日常业务工作。主要工作内容为：①按照云南省打造世界一流"绿色食品牌"工作领导小组办公室的要求，及时组织召开专家组会议，研究咖啡产业持续健康发展面临的问题和解决措施；②组织开展专项研究。指定专题研究与临时动态研究相结合，发挥好专家组参谋决策作用，围绕产业发展的短板、痛点、难点等问题，及时组织专家赴咖啡植区和企业调研，精准掌握咖啡产业的基本情况，科学指导云南省咖啡产业发展；③依托专家做好项目指导服务。积极参与咖啡产业"一县一业"、产业基地、产业集群等重大项目的遴选、申报及实施督导等工作；④积极提供产业动态信息。围绕产业发展的相关动态、市场波动、重大舆情等，及时收集咖啡选育种、优质高效栽培、初加工、产品质量、销售与贸易等方面信息，将信息遴选编撰后提供给咖啡植区及咖啡企业；⑤组织相关专家开展咖啡产业标准体系构建研究，进一步加强云南省咖啡产业标准体系建设，提升云南省咖啡产业标准化水平；⑥协助专家组组长、副组长及相关专家，及时完成咖啡产业年度发展报告的编写工作。

（四）开展团体标准制修订业务工作

2021年9月开始，学会根据相关规定相继制定了《云南省热带作物学会团体标准管理办法》《云南省热带作物学会团体标准制修订程序》《云南省热带作物学会团体标准知识产权管理规定》等团体标准管理文件，成立了标准化技术委员会。2021年11月起开始受理省内热带作物产业相关的科研、生产、教学单位申报云南省热带作物学会团体标准。截至2022年6月底，共受理立项团体标准申报项目19项，组织审定发布实施17项。开展此项业务工作后，在标准研制、起草阶段，一大批热作科技骨干特别是中青年科技骨干积极参与团体标准的研制和起草工作，有效扩展了学会工作的覆盖面，体现了学会服务会员、服务热作科技工作者的职责定位。在标准审定阶段，学会组织各方面的权威专家积极参与，充分发挥了学会专家库的作用，确保了学会团体标准的审查质量，为最大限度发挥学会团体标准的效能和作用奠定了坚实基础。

（五）主要荣誉

近年来，除每年被云南省科学技术协会授予目标管理考核先进学会荣誉称号外，2005年获云南省科学技术进步奖三等奖1项，2009年获云南省科学技术进步奖三等奖1项，2014年获云南省科学技术进步奖三等奖1项，2018年获海南省科学技术进步奖三等奖1项。1998年、2002年、2006年、2007年被中国科学技术协会学会部、《学会》杂志社评为全国省级学会之星。2002年以来，学会组织制定云南省地方标准13项，制定国家农业行业标准3项，修订国家农业行业标准2项，制定企业标准1项，出版技术专著1部。2013年，学会被云南省民政厅评为AAA级社会组织；2015年，被云南省科学技术协会评为云南省科技社团三级学会。

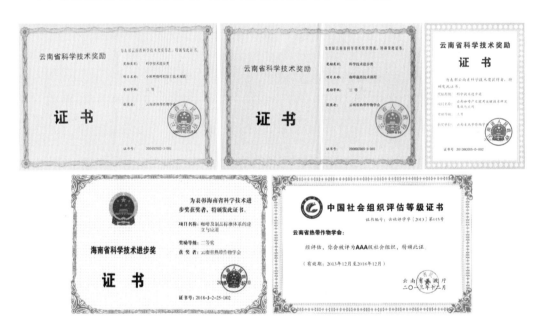

第三十七章
海南省热带作物学会

一、成立背景

为了适应海南建省和创办全国最大特区的新形势，更好地团结广大热作科技人员，繁荣和发展我国最大天然橡胶和热作基地的科技和生产，经海南省科学技术协会（筹）和中国热带作物学会批准，海南省热带作物会于1989年7月18日成立。学会由原广东省热带作物学会下属的海南农垦、海南行政区、通什自治州三个分会合并而成。英文译名：The Tropical Crops Society of Hainan，简称TCSH。

海南省热带作物学会是中国共产党领导下的、由具有一定学术水平的热带作物科技工作者组成的全省性学术团体，是中国热带作物学会下属的省级学会，是海南省科学技术协会的组成部分。海南省热带作物学会坚持四项基本原则，提倡辩证唯物主义，坚持实事求是的科学态度，认真贯彻"百花齐放，百家争鸣"的方针，团结广大科技工作者，为繁荣海南省热带作物科技事业，促进出成果、出人才、出效益，加速热带作物事业现代化做出贡献。

二、学会事记

（一）第一届（1989年7月至1994年4月）

1. 理事会组成

理事长：张鑫真

副理事长：于纪元、要奇峰、毛日东

秘书长：吴嘉涟

副秘书长：张火电、冯淑良

2. 专业委员会组成

橡胶栽培与林业专业委员会

作物选育种专业委员会

采胶及采胶生理专业委员会

植物保护专业委员会

经作水果专业委员会

热带农业气象专业委员会

热带农业专业委员会

热作产品加工专业委员会

民营热作科技专业委员会

3. 重点工作事记

（1）召开海南省热带作物学会成立大会

1989年7月18日，海南省热带作物学会成立大会在通什市海南省农垦招待所举行。大会分别由海南省热带作物学会筹备组成员张鑫真、于纪元、要奇峰、毛日东主持。来自农垦、农业、地方热作等系统的生产、科研、教育等方面的82名代表代表全省963名会员出席大会。海南省科学技术协会（筹）、中国热带作物学会、广东省热带作物学会均派员到会祝贺。

张鑫真同志代表筹备组和海南省农垦总局致贺词。于纪元同志代表筹备组作筹备工作报告。会上宣读了海南省科学技术协会（筹）的贺信。中国热带作物学会常务理事、热作两院情报所所长莫善文副研究员受中国热带作物学会理事长、热作两院院长黄宗道教授的委托到会祝贺，并就国外天然橡胶、热作生产需求和科技现状、前景作学术报告。中国热带作物学会副理事长、广东省热带作物学会理事长姜天民发表了热情洋溢的讲话。

根据"以专业活动为主"的需要，学会下设橡胶栽培与林业、作物选育种、采胶及采胶生理、植物保护、经作水果、热带农业气象、热带农业、热作产品加工专业组和民营热作科技协作组。与会人员认真讨论学会章程。学会挂靠在海南省农垦总局。办事机构设在该局科技协作组。原海南省农垦总局科技出版物《海南农垦科技》同时为学会会刊。经过协商和无记名投票，选举

产生33名理事和13名常务理事。同时召开第一届第一次常务理事会议，选举产生理事长、副理事长、秘书长、副秘书长。

（2）召开海南省热带作物学会第一届第二次常务理事会议

1990年1月，海南省热带作物学会第一届第二次常务理事会议召开，研究增补2名理事，并将原9个专业组（协作组）改为专业委员会，同时筹备离退休工程师协会。

（3）召开海南省热带作物学会第一届第四次常务理事会议

1991年8月初，海南省热带作物学会第一届第四次常务理事会议在海南省农垦总局召开。会议传达了中国科学技术协会相关文件精神，研究增补了1名常务理事。本届理事会共有35名理事，14名常务理事。

（4）开展学术活动和科技服务工作

截至1993年底，学会共召开各种学术会议43次，参加各类学术活动1 123人次，撰写学术报告174篇，举办科技培训班66期，参加培训人数775人，参加科技咨询论证工作13个项目。活动对团结广大科技工作者，繁荣海南省热作科技事业，促进出成果、出人才，推进热作事业现代化做出了重要贡献。

（5）出版《海南农垦科技》

截至1993年底，出版学术刊物30期、15万册，与160个单位进行科技资料交流，在传播热作科技信息、加强学术交流和普及科技知识方面起到积极作用。

（二）第二届（1994年5月至2005年7月）

1. 理事会组成

理事长： 张鑫真

副理事长： 陈怀楠、毛日东、林维刚、李兴甫、吴嘉涟

秘书长： 吴嘉涟（兼）

副秘书长： 张火电、黄邦升

2. 专业委员会组成

橡胶专业委员会

育种专业委员会

植保专业委员会

经济作物专业委员会

热带农业专业委员会

热作加工专业委员会

农业经济专业委员会

民营热作专业委员会

农业综合开发专业委员会

离退休工程师协会

3.重点工作事记

（1）召开海南省热带作物学会第二次会员代表大会暨学术交流会

1994年5月16—17日，海南省热带作物学会第二次会员代表大会暨学术交流会在海南省农垦总局招待所召开。来自农垦、农业、地方热作等系统的生产、科研、教育、企业的62名代表代表全省1 000多名会员出席大会。中国热带作物学会常务理事、副秘书长周德藻同志到会致辞。

会议审议通过了《海南省热带作物学会第一届理事会工作报告》，选举产生了学会第二届理事会（57人）。根据学会"以专业活动为主"和"便于组织活动"的需要，下设橡胶、育种、植保、经济作物、热带农业、热作加工、农业经济、民营热作、农业综合开发等9个专业委员会和离退休工程师协会。会议还举办了高产、高效热带农业发展战略学术交流活动，收到10篇会议论文，7位代表在会上作了发言。

大会期间，召开了第二届第一次理事会会议，选举产生了常务理事。召开第二届第一次常务理事会议，选举产生了理事长、副理事长、秘书长、副秘书长，并进行了分工。

（2）开展学术交流和研讨活动

据不完全统计，2000—2004年，学会依靠挂靠单位和有关部门，与生产单位一起，围绕海南热作产业发展等重大问题，举办学术研讨会32次，960人次参加学术交流和研讨，交流论文158篇。

（3）开展科技推广和专业技术培训工作

2001—2004年，举办热作专业技术培训班，防治橡胶树白粉病、炭疽病技术培训班，荔枝栽培技术培训班共52期，培训人数6 704人次。

（4）撰写调研报告

撰写《巩固提高橡胶基础，大力发展非胶农业，创新农场经济新格局——海南农垦橡胶农场优化结构，创新发展调研报告》，对海南农垦橡胶农场的结构调整具有一定的指导作用。

（5）积极推广橡胶新割制等科技成果

1994—2003年，在海南垦区2 818万亩的开割胶园推广新割制，平均年推广281.8万亩、5 903.7万株，推广率达96.2%。在确保橡胶树安全、保持干胶含量和新增死皮病正常的前提下，获得了巨大的经济和社会效益。推广10年间，累计增产干胶37.373 1万吨，新增产值37.325 91亿元，节约开支12.658 35亿元，新增利税15.529 8亿元，增收节支总额49.984 26亿元，平均每年增收节支5亿元。新割制同时也推广到海南农村橡胶种植户，同样取得了很好的经济和社会效益。

随着新割制的全面推广，为保持橡胶树高产稳产，1995—1999年，在海南垦区推广橡胶树营养诊断配方施肥新技术。5年间，累计增产干胶12.46万吨，年平均增产干胶2.492万吨。年平均新增产值25 024.46万元，新增税金2 002万元。此外，配方施肥也推广到荔枝、芒果、胡椒、水稻等农作物上，同样取得了很好的经济效益。

（6）出版《海南农垦科技》

编辑出版《海南农垦科技》杂志60期，发行30万册，刊登论文达1 000篇。出版专辑、特辑4期，共发行14 000册。

（三）第三届（2005年8月至2011年3月）

1.理事会组成

理事长： 郭奕秋

副理事长： 王木周、李学忠、王澄群、陈献才、黄向前

秘书长： 陈均隆

副秘书长： 谢升标、李智全

2.专业委员会组成

热作育种专业委员会： 王绥通任主任委员

割胶与生理专业委员会： 李学忠任主任委员

植物保护专业委员会： 李智全任主任委员

热作加工专业委员会： 林泽川任主任委员

茶叶专业委员会： 刘燕飞任主任委员

香蕉专业委员会： 陈运文任主任委员

胡椒专业委员会： 王光福任主任委员

芒果专业委员会： 严家春任主任委员

荔枝专业委员会： 李美凤任主任委员

红毛丹专业委员会： 何兆鹏任主任委员

热带饲草、花卉专业委员会： 陈均隆任主任委员

棕榈作物专业委员会： 叶育才任主任委员

南繁育种专业委员会： 邓孚孝任主任委员

土肥专业委员会： 刘志崴任主任委员

民营热作专业委员会： 王澄群任主任委员

农业工程规划设计工作委员会： 潘在焜任主任委员

科技咨询与推广工作委员会：王木周任主任委员
国际交流与对台工作委员会：（缺）

3. 重点工作事记

（1）召开海南省热带作物学会第三次会员代表大会暨学术研讨会

2005年8月9日，海南省热带作物学会第三次会员代表大会暨学术研讨会在海口召开。来自省内外共150名会员代表出席会议。中国热带作物学会理事长吕飞杰、海南省副省长林方略出席大会并作重要讲话。海南省科学技术协会副主席黄俊忠到会祝贺并就办好学会作重要讲话。海南省热带作物学会第二届理事会理事长张鑫真作了题为《与时俱进，改革创新　为发展海南热作事业做出更大的贡献》的工作报告。

会议审议通过了第二届理事会工作报告、财务报告、章程修改报告以及相关事项。选举产生了海南省热带作物学会第三届理事会。大会期间，召开了第三届第一次理事会会议，选举产生了常务理事、理事长、副理事长、秘书长、副秘书长。聘请吴亚荣为名誉理事长，聘请林玉权、张鑫真、陈怀楠、吴嘉涟为顾问。举办学术研讨会，特别邀请中国热带作物学会理事长、中国农业科学院原院长、博士生导师、全国著名热带农业专家吕飞杰教授作题为《发展中的中国农业科技》的学术报告。收集出版《海南省热带作物学会第三次全省会员代表大会暨学术研讨会论文集》。王志光等同志撰写的《十年的试验　推广和总结》等10篇论文被评为海南省热带作物学会第三次会员代表大会暨学术研讨优秀论文。

（2）召开海南省热带作物学会第三届第二次理事会会议暨2006年学术年会

2006年8月29日，海南省热带作物学会第三届第二次理事会会议暨2006年学术年会在海口市海南鸿运大酒店召开。出席会议的有第三届理事会理事、特邀嘉宾、全省各市县热作技术推广中心、各国有农场、热作农场、公司等有关单位领导和会员代表共128人。

郭奕秋理事长作题为《增强自主创新能力　为建设创新型海南做出更大的贡献》的工作报告。陈均隆秘书长传达了2006年度海南省科学技术协会省级学会工作会议精神。李学忠副理事长宣布了新组建的18个专业委员会委员名单。谭基虎教授作了题为《名特优新稀热带作物产业带规划研究》的特邀学术报告。会议还评选出7篇优秀论文在大会作学术交流。

（3）召开海南省热带作物学会第三届第三次理事会会议暨2007年学术年会

2007年11月6日，海南省热带作物学会第三届第三次理事会会议暨2007年学术年会在海口市海南鸿运大酒店召开。会议由副理事长王澄群主持。

会议开展优秀论文评选活动，刘海波等同志的《海南农民专业合作社的发展探析》等7篇论文获评优秀论文一等奖；叶育才等同志的《发展现代热带农业需要把握的关键问题》等20篇论文获评优秀论文二等奖。

（4）召开海南省热带作物学会第三届第四次理事会会议暨2008年学术年会

2008年12月18日，海南省热带作物学会第三届第四次理事会会议暨2008年学术年会在海口市海南鸿运大酒店召开。会议由秘书长陈均隆主持。会上，副理事长李学忠作了题为《深入贯彻落实科学发展观，为海南全面建设小康社会做出更大的贡献》的工作报告。秘书长陈均隆作题为《深入贯彻落实科学发展观，构建海南特色的科技创新体系，为推进海南科技事业大发展做出新的更大的贡献》的报告。会议审议通过了第三届理事会工作报告、财务报告及相关事项。王开兴、黄进彬、罗克桐等11位论文作者在会上作学术交流。同时进行了优秀论文评选活动，王开兴等同志的《橡胶树寒害调查及防治措施》等6篇论文被评为优秀论文一等奖，何泽华等同志的《海南农垦西部香蕉发展展望》等14篇论文被评为优秀论文二等奖。

（5）开展科技推广和科学普及工作

2006—2010年，学会各专业委员会共举办各种专业技术培训班553期，累计培训72 858人次；举办各种实用技术培训836场，累计培训69 274人次；组织科技下乡498次，参与科技人员3 065人次；举办科普讲座或报告65次，听众9 310人次；开展无偿科技咨询543次，参与工作人员723人次；发放科技宣传资料或科技图书等137种，共146 047份。

（6）出版《海南农垦科技》

2006—2010年，编辑出版《海南农垦科技》杂志36期，发行13.2万册，刊登论文512篇。与100多个单位进行了科技资料交流，宣传海南省热作产业发展情况和热作科技的新成果、新成就，同时也获得了大量的科技信息和资料。

（四）第四届（2011年4月至2017年6月）

1. 理事会组成

名誉理事长：吕飞杰

顾问：郑文荣、陈淮南、吴嘉涟、魏小弟

理事长：符月华（法定代表人）

副理事长：郭安平、胡新文、过建春、蒙绪儒、唐正星

秘书长：李美凤

副秘书长：方忠民、陈征强、章程辉

2. 专业委员会组成

植物保护专业委员会：郑服丛任主任委员

土肥专业委员会：刘志崴任主任委员

生态与环境保护专业委员会：（缺）

农业工程与规划设计专业委员会：董保健任主任委员

农业经济专业委员会：过建春任主任委员

国际交流与对台工作专业委员会：方忠民任主任委员

农产品加工专业委员会：杨全运任主任委员

科技咨询与推广专业委员会：周文忠任主任委员

天然橡胶专业委员会：李智全任主任委员

胡椒专业委员会：符气恒任主任委员

果树专业委员会：严家春任主任委员

3. 重点工作事记

（1）召开海南省热带作物学会第四次会员代表大会暨现代热带农业发展研讨会

2011年4月9日上午，海南省热带作物学会第四次会员代表大会在海口召开，来自省内外共150名会员代表出席会议。会议审议并通过了第三届理事会工作报告和财务报告，审议并通过了新的海南省热带作物学会章程草案，选举产生了海南省热带作物学会第四届理事会。大会期间，召开了第四届第一次理事会会议，选举产生了常务理事、理事长、副理事长、秘书长；审议决定设置植物保护、土肥、生态与环境保护、农业工程与规划设计、农业经济、国际交流与对台工作、农产品加工、科技咨询与推广、天然橡胶、胡椒、果树等11个专业委员会，并确定其主任委员。

大会期间，举办了现代热带农业发展研讨会，邀请中国热带作物学会理事长吕飞杰和中国热带农业科学院副院长郭安平在会上作专题报告。蒙绪儒、郑服丛、罗志文、江军、张永北等5位论文作者在会上作学术交流报告。同时进行优秀论文评选活动，《开割胶园节水灌溉胶菌间作高产模式》等6篇论文获优秀论文奖。出版《海南省热带作物学会第四次会员代表大会暨现代热带农业发展研讨会论文集》。

（2）召开第四届第一次常务理事会议暨学会工作座谈会

2011年12月24日，为了更好地开展学会2012年工作，研究各专业委员会的具体工作计划和方案，为海南国际旅游岛建设、热作产业发展做出更大的贡献，学会组织召开第四届第一次常务理事会议暨学会工作座谈会。

（3）召开天然橡胶林下间种咖啡研讨会

2013年8月23日，天然橡胶林下间种咖啡研讨会在海南省军区迎宾馆召开。中国热带农业科学院咖啡种植专家、海南天然橡胶产业集团股份有限公司总部及部分基地分公司总经理、海南森谷咖啡有限公司董事长等20余人参会。与会人员围绕天然橡胶林下间种咖啡的可行性进行了研讨。

（4）召开2014年年会暨热带农业服务体系现代化学术研讨会

2014年4月24—25日，为不断推进海南省热作产业发展，提高热作产业标准化生产水平，海南省热带作物学会2014年年会暨热带农业服务体系现代化学术研讨会在三亚东方海景大酒店召开。会议围绕热带农业服务体系现代化主体，聚焦农业经营形式创新、良好农业示范规范、标准化生产示范园、休闲农业、农业信息化等热点，就如何实现省委、省政府提出的"坚持科学发展、实现绿色崛起"的总体战略目标，为海南省热作产业发展和国际旅游岛建设提供科技支撑开展研讨。

（5）开展科技推广和科学普及工作

据统计，本届理事会任职期间，胡椒专业委员会开展生产技术培训，举办培训班19期，培训1641人次，发放各类胡椒生产技术手册10500册。

植物保护专业委员会开展技术培训3场，培训植保技术员、农民300多人次，发放技术资料400多份。解决病虫害问题5起，发布测报简讯7期。

科技咨询与推广专业委员会举办热作技术培训班61期，培训3611人次，印发热作技术资料10余种8002份，开展热作技术咨询525人次。编写《贫困户家庭贫困原因和发展农业生产脱贫致富的方法》印发给三亚市679个贫困户和843个残疾人。

农业经济专业委员会及香蕉产业经济岗位派出8个批次的调研组，建立并完善部分热带农业产业经济数据库建设平台，发布数据信息1000多条，培训农业致富能手300余人。

土肥专业委员会印发测土配方施肥宣传海报，以手机、宣传册、培训等方式向垦区印发宣传材料15500份。在东方市开展农田测土配方与施肥技术推广，培训1000人。

果树专业委员会共举办果树园艺专业技术培训班和开展技术咨询活动21期，共培训职工1050人次。

农产品加工专业委员会举办天然橡胶检验员培训班、制胶废水检验员培训班，共培训检验人员48人，全部获得检验员资质。

天然橡胶专业委员会累计送科技下乡37次，培训周边农民1320人次，发放技术资料1900多份，示范技术探索短线气刺割胶8000亩以上，建立了1个自动割胶系统示范园。

（6）出版《海南农垦科技》

2011年至2017年间，编辑出版《海南农垦科技》杂志30期，发行9万册，刊登论文近400篇。《海南农垦科技》不仅是学会会员、基层科技工作者进行学术交流的重要载体，而且成为地方农民、垦区职工喜爱的科普读物，对提高海南省农民和职工科技素养、指导农户提高生产经营水平、促进产业结构调整发挥了一定作用。

（五）第五届（2017年7月至今）

1. 理事会组成

顾问：郑文荣、符月华

理事长：张志坚

副理事长：黄贵修、陈圣文、廖民生、胡福初

秘书长：李智全（法定代表人）

副秘书长：贾笑英、李振华

2. 专业委员会组成

植保专业委员会：黄贵修任主任委员

生态环境与土壤肥料专业委员会：茶正早任主任委员

国际交流与合作专业委员会：陈业渊任主任委员

热带作物加工专业委员会：罗海珍任主任委员

天然橡胶专业委员会：白先权任主任委员

热带果树专业委员会：李向宏任主任委员

胡椒专业委员会：陶锐任主任委员

茶叶专业委员会：蔡锦源任主任委员

槟榔专业委员会：朱晓瑜任主任委员

林下经济专业委员会：冀春花任主任委员

科技咨询与推广专业委员会：周文忠任主任委员

农业工程与规划设计专业委员会：董保健任主任委员

生态休闲观光农业专业委员会：谭仁斌任主任委员

农业经济专业委员会：主任委员待定

农业市场与信息化专业委员会：主任委员待定

3. 重点工作事记

（1）召开海南省热带作物学会第五次会员代表大会

2017年8月12日，海南省热带作物学会第五次会员代表大会在海口召开，来自省内外共160名会员代表出席会议。中国热带作物学会秘书长刘国道，中国天然橡胶协会秘书长郑文荣，海南省科学技术协会副主席林峰，海南省热带作物学会第四届理事会副理事长唐正星、秘书长李美凤、副秘书长方忠民、理事代表等出席会议。会议由学会第四届理事会常务理事李智全主持。刘国道、郑文荣分别代表中国热带作物学会、中国天然橡胶协会致贺词。

会议审议并通过了第四届理事会工作报告、财务报告、章程修改草案以及相关事项。同时选举产生了海南省热带作物学会第五届理事会。大会期间，召开了第五届第一次理事会会议，选举产生了常务理事、理事长、副理事长、秘书长。海南省农垦投资控股集团有限公司（海南省农

垦总局）张志坚副总经理当选为海南省热带作物学会第五届理事会理事长。会议审议决定设置植保、生态环境与土壤肥料、国际交流与合作、热带作物加工、天然橡胶、热带果树、胡椒、茶叶、槟榔、林下经济、科技咨询与推广、农业工程与规划设计、生态休闲观光农业、农业经济、农业市场与信息化等15个专业委员会，并确定其中13名主任委员。

（2）举办"互联网+海垦农产品基地+商超"对接论坛

2017年11月3日，由海南省热带作物学会主办，海南富汇达农业开发有限公司、海南健汇热带农产品农超对接专业合作社联合社、海南农垦现代物流集团有限公司协办的"互联网+海垦农产品基地+商超"对接论坛在海南鸿运大酒店召开。各公司产销负责人、种植大户及学会会员等100余人参加会议。

（3）承办2018年海南省科技论坛暨实施乡村振兴战略助推热带农业绿色发展论坛

2018年9月12—14日，学会承办以"科技创新，产业振兴，绿色发展"为主题的2018年海南省科技论坛暨实施乡村振兴战略助推热带农业绿色发展论坛，300余名科技工作者参会。邹学校院士等8位专家作了论坛主旨报告和特邀报告。论坛设4个分会场，32位专家围绕遗传育种与生物工程、植物病虫与绿色农业、药用植物与品牌农业、低碳农业与美丽乡村等主题作专题学术报告。

（4）成立海南省热带作物学会功能型党支部

为贯彻落实《关于进一步做好海南省科协省级学会党建工作的通知》（琼科协社发〔2018〕1号）文件精神，学会于2018年9月向中共海南省科学技术协会科技社团委员会申请在理事会层面成立海南省热带作物学会功能型党支部，10月获得批复。

（5）承办海南橡胶·槟榔·椰子"三棵树"产业科学发展研讨会

2019年11月25—27日，承办海南橡胶·槟榔·椰子"三棵树"产业科学发展研讨会。来自国内外相关产业领域的150多名专家学者、行业代表、企业家及市县领导参会，为"三棵树"产业发展把脉会诊、建言献策，共商合作、共谋发展。

（6）协办2019年度海南荔枝果园冬季管理技术交流会

2019年11月25日，协办2019年度海南荔枝果园冬季管理技术交流会。与会人员针对荔枝冬春管理、减施增效、品种结构优化等问题进行了细致深入的交流。荔枝示范县技术骨干、荔枝示范园技术代表、荔枝重点种植户代表等150余人参会。

（7）组织"抗疫献爱心"捐款倡议活动

2020年2月，学会响应海南省科学技术协会党组倡议，发起"抗疫献爱心"捐款倡议活动。秘书处通过邮件、学会微信群发送《海南省热带作物学会"抗疫献爱心"捐款倡议书》，号召学会全体会员和社会爱心人士通过捐款支持疫情防控工作。2月13—18日，共有包括学会理事长、副理事长、理事、专业委员会主任、会员和社会爱心人士等在内的130人参加募捐，募集捐款30 600元。活动得到海南省科学技术协会的肯定，学会被授予"抗击新冠肺炎疫情献爱心捐赠优秀组织奖"，5月30日，在2020年海南省"全国科技工作者日"优秀科技工作者表彰会暨抗疫科技工作者代表座谈会上受到表彰。

三、获得荣誉

（一）学会荣誉

1. 2005年，被海南省科学技术协会评为2005年度先进学会

2. 2009年，被海南省科学技术协会评为2008—2009年度先进学会

3. 2010年3月，被海南省民政厅评为全省先进社会组织

4. 2018年12月，被海南省科学技术协会评为2017年全省科协系统综合统计调查工作先进单位

5. 2019年12月，被海南省科学技术协会评为2018年全省科协系统综合统计调查工作先进单位

6. 2020年1月，被海南省科学技术协会授予"三星级学会"称号

7. 2020年5月，被中共海南省科学技术协会党组授予"抗击新冠肺炎疫情献爱心捐赠优秀组织奖"

（二）个人荣誉

1. 2018年，李文海同志荣获海南省"科技闯海人"荣誉称号

2. 2019年，李文海同志被授予"海南省优秀科技工作者"荣誉称号

3. 李文海同志被评为2020年海南省"最美科技工作者"；崔志富同志被评为2021年海南省"最美科技工作者"

第三十八章
普洱市热带作物学会

一、成立背景

普洱市热带作物学会是由从事热带作物科研、教育、生产经营的企事业单位及个人自愿组成的具有独立社团法人资格的全市性学术团体，属非营利性社会组织。

普洱市是云南省土地面积最大的市。境内土地面积6 652万亩，海拔1 400米以下的热区面积3 480万亩，占全市土地面积的52%，占全省热区面积的28.6%，是一个热区资源大市。受各种原因影响，普洱市热区开发起步较晚，经济发展滞后，没有体现出热区资源大市的优势。为加快推动普洱市热区资源保护与开发利用，推动热带作物产业发展，2007年5月，杨军、宋国敏、刘标、李宗寿、郭芬等同志发起筹建普洱市热带作物学会的工作，并成立了普洱市热带作物学会筹备组。经过一段时间的准备后，筹备组向普洱市民政局提出组建普洱市热带作物学会的申请。2008年5月6日，普洱市民政局作出《关于同意筹备成立普洱市热带作物学会的批复》（普民复〔2008〕4号），同意普洱市热带作物学会筹备事项。至此，筹备工作步入正轨，由普洱市农垦分局和云南热带作物职业学院（云南农业大学热带作物学院前身）正式负责。

在学会人员组成上，将在普洱市工作的云南省热带作物学会会员纳入普洱市热带作物学会管理。学会挂靠单位是普洱市农垦分局和云南热带作物职业学院。办公地址设在普洱市思茅区思亭路23号云南热带作物职业学院科研信息处。学会接受社团登记管理机关普洱市民政局、云南省热带作物学会的业务指导和监督管理。

二、学会事记

1. 理事会组成

理事长： 宋国敏

副理事长： 龙继文、苏礼聪

秘书长： 郭芬

副秘书长： 李宗寿

2. 重点工作事记

（1）召开普洱市热带作物学会成立大会

2008年11月15日，普洱市热带作物学会成立大会在云南热带作物职业学院召开。普洱市科学技术协会副主席龙春文出席会议并致辞。普洱市农垦分局副局长龙继文、云南热带作物职业学院院长孙运祥、党委书记钟军、党委副书记兼常务副院长雷正福、副院长宋国敏等领导参加会议。

会上，普洱市科学技术协会副主席龙春指出，普洱市热带作物学会的成立标志着普洱市科学技术协会与院校合作开启新篇章，是普洱市科学技术协会的大事。希望新成立的热带作物学会牢固树立"科学技术是第一生产力"的思想，全面贯彻落实科学发展观，充分发挥院校青少年科技教育阵地作用，切实加强青少年科学素质建设；充分发挥院校专业技术人员的优势，努力培养全市科技创新人才，加快普洱市热区资源保护与开发步伐，为热带作物产业发展做出应有的贡献。

会议审议通过了《普洱市热带作物学会章程》，选举产生了第一届理事会，制定了学会工作计划。

（2）《云南热带作物职业学院学报》创刊

2008年11月，由普洱市热带作物学会挂靠单位云南热带作物职业学院主办的《云南热带作物职业学院学报》创刊号诞生。创刊号涵盖热区产业研究、学术探讨与争鸣、教育教学等方面内容。学报编审工作由普洱市热带作物学会办公室承担。学会秘书长郭芬任编辑委员会副主编，编辑委员会委员是宋国敏、周艳飞。2008年编辑出版学报1期。

（3）2009年普洱市热带作物学会工作

2009年，组织橡胶栽培、加工技术、茶艺师等各类培训共计6次，举办学术讲座11次。配合云南省科学技术协会做好云南省专家服务团宣讲活动。举办安全知识竞赛以及心理健康、禁毒防艾等科普活动10次。编辑出版《云南热带作物职业学院学报》2期。

（4）2010年普洱市热带作物学会工作

录制普洱电视台《科普在行动——橡胶树开割规划设计》电视节目1期。举办学术讲座21场。协助做好九三学社云南省委、云南省科学技术协会"百名专家科技下乡"活动。出版专著《云南省天然生胶、标准胶加工清洁生产审核指南》，出版《云南热带作物职业学院学报》2期。开展对外服务及技术咨询培训12次，举办各类科普活动52次。

（5）开展咖啡田间管理和咖啡病虫害防治培训

2011年7月2—3日，云南省咖啡病虫害岗位专家龙亚芹、普洱市咖啡试验示范场李文星场长、普洱市热带作物学会陈治华教授等一行5人深入宁洱县普义乡曼芽村、普胜村，磨黑镇秀柏村，开展咖啡田间管理和咖啡病虫害防治培训工作。龙亚芹结合目前咖啡病虫害的特点，有针对性地对咖啡天牛的生态防控技术、锈病的防控等作了详细的讲解。李文星场长重点介绍了田间管理、修枝整形、施肥等的具体操作方法。陈治华教授为所在村领导、咖啡加工厂负责人介绍了最新的咖啡无水加工技术。培训期间发放了《小粒咖啡病虫害识别及防控技术手册》150余册，培训咖农150余人。

（6）协办2012年云南省咖啡种植、加工、焙炒及杯品技术骨干培训班

2012年9月9—12日，由云南省咖啡行业协会主办，东莞雀巢有限公司驻思茅农艺服务部、普洱咖啡产业联合会、云南热带作物职业学院、上海孚达工贸有限公司等多家单位协办的2012年云南省咖啡种植、加工、焙炒及杯品技术骨干培训班在云南热带作物职业学院举办。来自省内外40余家咖啡企业的相关专业人员、技术骨干160人参加培训。

培训班邀请了雀巢公司邬特、侯家志、罗珏成，上海孚达工贸有限公司张平，巴西企业张国勇等专家进行授课。培训主要内容包括咖啡在中国及世界的发展状况，咖啡的种植加工技术，影响咖啡质量的原因及咖啡的品质控制，咖啡豆拼配、烘焙及杯测技术，国外咖啡市场、生产方面最新动态介绍等。培训班学员还参观了普洱咖啡基地、咖啡鲜果加工厂和咖啡脱壳技术加工厂。

（7）变更学会秘书长

2013年10月28日，学会召开会长办公会，研究秘书长变更事宜。因学院人事变动，原普洱市热带作物学会秘书长郭芬另有任用，不再担任秘书长职务。学会秘书长变更为熊昌云。

（8）举办讲座、培训、科普活动，出版《云南热带作物职业学院学报》及专著

举办学术讲座35场，听众5 300余人次。编辑出版《云南热带作物职业学院学报》4期，共发行1 500册。出版《高职教育与热区经济》（杨国顺）、《南药栽培技术》（何素明）。举办橡胶割胶工、茶园工、茶艺师、咖啡师等培训22次，培训2 000余人次。开展世界读书日宣传、劳动法制宣传等各类科普活动19次，参与人数达7 000余人。

（9）召开2014年常务理事会议

2014年5月18日，在云南热带作物职业学院召开普洱市热带作物学会2014年常务理事会议。学会理事长宋国敏，副理事长龙继文、苏礼聪，理事周艳飞、赵春荣、吕秀文、李中心，秘书长熊昌云，副秘书长李宗寿参加了会议。会议听取了学会工作总结报告，谋划了未来5年工作计划及要点，通报了秘书长变更情况及《云南热带作物职业学院学报》编辑委员会变动情况，审议通过了发展新会员、增补理事、副理事长、常务理事调整的议案，并讨论了学会2014年工作计划主要活动安排。

（10）《云南热带作物职业学院学报》停刊

2014年12月，因云南热带作物职业学院并入云南农业大学，故《云南热带作物职业学院学报》从2015年起停刊。从2008年11月创刊到2014年12月，累计编辑出版学报21期，刊登稿件400余篇，免费赠阅量达8 400余册。

（11）承办九三学社中央"院士专家科普巡讲"暨云南省"百名专家科技下乡"普洱市巡讲活动

2016年9月26日，中国科学院昆明植物研究所研究员周浙昆博士为学院师生作了题为《茶的起源》的专题讲座。该活动系九三学社中央"院士专家科普巡讲"暨云南省"百名专家科技下乡"在普洱市的活动之一。讲座由云南农业大学热带作物学院副院长杨国顺教授主持，滇西应用技术大学茶学院教师代表及云南农业大学热带作物学院茶叶、茶艺相关专业学生约220余人聆听了讲座。

（12）成立普洱市热带作物学会党支部

根据普洱市委《关于加强社会组织党组织组建工作的紧急通知》和普洱市社会组织党委《关于批准成立中国共产党普洱市热带作物学会委员会的批复》精神，普洱市热带作物学会党支

部于2016年12月15日召开党员大会，采用无记名投票和差额选举的办法选举产生第一届支部委员会。中国共产党普洱市热带作物学会党支部由5名党员组成，设党支部书记1名，由理事长宋国敏担任。

（13）承办云南农业大学热带作物学院热区农业大讲堂

2018年3—4月，由学会承办云南农业大学热带作物学院热区农业大讲堂，分别邀请中国科学院西双版纳热带植物园徐进研究员、中国科学院华南植物园刘勋成研究员、昆明理工大学现代农业工程学院院长张兆国教授、海南大学副校长傅国华教授到学院开展讲座。

（14）召开2019年理事会会议

2019年4月19日，普洱市热带作物学会理事会会议在云南农业大学热带作物学院举行，吕秀文、苏礼聪、李宗寿、宋国敏、周艳飞、熊昌云等理事出席会议。会议由理事长宋国敏主持。会议对学会工作进行了总结，研究了学会发展问题，建议优化重组学会机构，广泛吸纳企业会员，充分利用学会会员专业优势，充分发挥学会桥梁纽带作用，服务地方经济发展。

（15）陈治华专家工作站揭牌

2021年7月14日，普洱市热带作物学会会员陈治华专家工作站揭牌仪式在云南农垦咖啡有限公司隆重举行。云南农垦集团技术中心副主任刘佃才、云南农业大学热带作物学院院长杨学虎、云南省高校咖啡资源开发与利用工程研究中心主任陈治华教授、云南农垦咖啡有限公司董事长徐智勇等相关领导出席了揭牌仪式。

（16）主办咖啡新品种选育与推广研讨会

2021年10月19日，由普洱热带作物学会主办，普洱市茶叶和咖啡产业发展中心、雀巢咖啡中心承办的咖啡新品种选育与推广研讨会在圣安迪大酒店举行。普洱市副市长白兆林、普洱市茶叶和咖啡产业发展中心主任张天梅、普洱市热带作物学会理事长宋国敏、雀巢咖啡中心经理王海等出席会议。会议由云南农业大学热带作物学院副院长唐然主持。来自普洱市各县区茶叶和特色生物产业发展中心、咖啡种植场、咖啡农民专业合作社、茶咖庄园等的代表100余人参加会议。

（17）承办中国热带作物学会2022年工作会议暨第十届第四次理事会会议等系列会议

2022年5月24日，中国热带作物学会2022年工作会议暨第十届第四次理事会会议等系列会议在普洱市圣安迪大酒店召开，云南农业大学热带作物学院作为普洱市热带作物学会挂靠单位承办会议，工作得到了中国热带作物学会的充分肯定和表扬。

（18）举办咖啡产业发展综合技术培训会

为进一步落实习近平总书记在云南考察期间重要讲话精神和王宁书记考察普洱咖啡产业时的讲话精神，在"云南咖啡全产业链关键技术示范推广"科普项目的支持下，2022年3月25—26日，学会联合普洱市茶叶和咖啡产业发展中心、普洱市科学技术协会在圣安迪大酒店共同举办2022年普洱市咖啡产业发展综合技术培训会。来自普洱市各区县茶叶和特色生物产业发展中心、云南农业大学、昆明理工大学以及咖啡企业等的代表共计130余人参加培训。

三、获得荣誉

（一）学会荣誉

1. 荣获2010年度目标管理考核先进集体——学术活动奖

2. 荣获2011年度目标管理考核先进集体——科普活动与素质行动奖

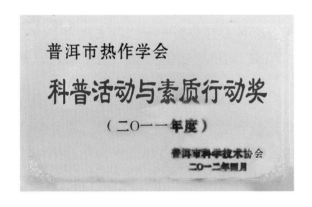

3. 荣获2012年度目标管理考核先进集体——学术成果奖

4. 荣获2013年度目标管理考核先进集体——学术成果奖

（二）个人奖项

1. 郭芬被普洱市科学技术协会评为2010年度优秀协会工作者

2. 宋国敏被普洱市科学技术协会评为2011年度优秀科普工作者

3.熊昌云被普洱市科学技术协会评为2013年度优秀科普工作者

4.宋国敏的《云南橡胶树吸汁性害虫发展动态分析》、郭芬的《论高职院校内涵建设中的师资队伍建设》获2009年普洱市科学技术协会优秀论文奖

5.赵维峰的《菠萝原生质体电融合参数的研究》获2010年度普洱市科学技术协会优秀论文二等奖

6.熊昌云的《普洱茶不同提取成分降脂减肥作用的比较研究》获普洱市科学技术协会2011年度优秀论文二等奖；程双红的《普洱市地被植物的资源调查及应用研究》获普洱市科学技术协会2011年度优秀论文三等奖

7.熊昌云的《普洱茶对3T3-L1脂肪细胞代谢的作用研究》获普洱市科学技术协会2012年度优秀论文一等奖；姚美芹的《云南茶叶氟含量的调查研究初探》、杨明艳的《非洲菊切花水分平衡、鲜重变化和瓶插寿命的关系探究》、曹海燕的《生物凝固法天然橡胶试生产的质量因素分析》获普洱市科学技术协会2012年度优秀论文二等奖；程双红的《野生植物大花田菁的繁殖育苗技术》、丁丽芬的《普洱市小粒咖啡煤污病调查研究及防治方法》、白成元的《普洱市绿地系统建设与防震减灾》获普洱市科学技术协会2012年度优秀论文三等奖

8.张传利的《用咖啡壳在咖啡园复合栽培彩云菇研究与综合效益分析》获普洱市科学技术协会2013年度优秀学术论文二等奖；任雪莹的《腹板横截面剪切弹性模量对木质工字梁静曲挠度的影响》、杨明艳的《普洱市庄园旅游可行性分析——以茶文化为主导模式的休闲观光农业》、熊昌云的《茶树花对大鼠肥胖症预防作用的研究》、吴坚的《云南边疆农业龙头企业对区域经济发展的影响研究》、马巾媛的《茯苓栽培技术研究》获普洱市科学技术协会2013年度优秀学术论文三等奖

9.张传利的《用咖啡壳在咖啡园复合栽培彩云菇研究与综合效益分析》、邓大华的《4个鲜食菠萝新品种在云南幼龄橡胶林下的间作表现》获评云南省热带作物学会第八次会员代表大会暨2014年学术年会优秀论文

第三十九章
昆明服务站

一、成立背景

天然橡胶是四大工业原料（煤炭、石油、钢铁、橡胶）中唯一可再生的环境约束型原料，具有工业品和农产品的双重性质，被广泛应用于日常生活、工业、农业、国防、交通、医疗等领域。橡胶引入中国已有100多年历史。我国天然橡胶产业历经70年多发展，经过三代农垦人不懈努力拼搏，在海南、云南、广东三省初步建立起配套的生产基地和产业体系，并在国民经济建设、国家安全保障中具有重要的战略地位。

云南是我国天然橡胶优质的种植和初加工基地，植胶和加工区域主要分布在西双版纳、普洱、临沧、红河、德宏、文山和保山7个州（市）31个县（市、区）的热区，从业人员超过100万人。截至2021年底，全省天然橡胶种植总面积845.55万亩（其中农垦200.42万亩、民营645.13万亩，在全国占比约50.5%），投产面积542.02万亩（其中农垦144.17万亩、民营397.85万亩），总产干胶47.21万吨（在全国占比约57.1%），平均单产87.1千克/亩。

云南天然橡胶产业集团有限公司（以下简称云胶集团）是云南省规模最大且唯一的橡胶产业集团，集橡胶种植、加工、贸易、电子商务、技术研发于一体，下辖子企业9个，从业人员1.6万余人。拥有天然橡胶林50万亩，橡胶加工厂47座，年产能超过50万吨。云胶集团拥有的"云象""金凤"品牌是上海期货交易所天然橡胶合约指定的交割品牌，在国内市场享有良好

声誉。

为深入贯彻落实国家创新驱动发展战略和中国科学技术协会深入实施创新驱动助力工程有关精神，时任中国热带作物学会理事长李尚兰代表学会与云胶集团多次沟通交流后，于2019年12月19日正式签署协议，学会依托云胶集团共建中国热带作物学会昆明服务站，标志着昆明服务站的各方面工作步入正式轨道。服务站将充分发挥双方优势，切实解决企业战略发展、技术推广、产品研发等方面的难题，为企业可持续发展提供有力的人才和智力支撑，服务地方经济建设和区域产业发展，促进区域产业转型升级，辐射带动周边企业与产业发展。

二、服务站事记

1. 参加云南省天然橡胶加工工程技术研究中心验收考评会

2020年4月10日，云南省天然橡胶加工工程技术研究中心验收考评会在云南昆明召开。云南省天然橡胶加工工程技术研究中心是云南省天然橡胶领域唯一的省级工程技术研究中心，以天然橡胶资源综合利用为研发方向，通过科技创新平台建设，强化产学研合作。经过三年运行，研究中心在天然橡胶加工关键技术和精深加工产业链延伸方面取得了重要突破，为持续提升云南省天然橡胶产业竞争优势提供了有力的技术支撑。经过严格的考核程序，研究中心考评获得"良"的等级，顺利通过验收。云南省科技厅相关处室领导、评审专家及云胶集团相关部门、昆明服务站共18人参加会议。

2. 参加天然橡胶产业标准化建设研究会

2020年11月2—4日，天然橡胶产业标准化建设研究会在北京召开。会议由中国天然橡胶协会主办。会议交流和讨论了当前产业标准遇到的问题和难点，并提出相关建议和解决方案。会后参观考察了玲珑轮胎北京研究分院蒲公英吨级提取线。中国天然橡胶协会、全国橡胶与橡胶制品标准化技术委员会、国家天然橡胶产业技术体系海口综合试验站及相关单位领导、专家共23人出席会议。昆明服务站1名代表参加会议。

3. 参加2020年度行业标准审定会暨"十四五"标准体系建设规划研讨会

2020年12月15—18日，2020年度行业标准审定会暨"十四五"标准体系建设规划研讨会在海南澄迈召开。会议由农业农村部热带作物及制品标准化技术委员会主办。会议对20余项行业标准进行了审定。中国热带农业科学院、农业农村部农垦局热作处及来自科研院所、高校、企业的行业专家40人出席会议。昆明服务站组织1名代表参加会议，参与审定行业标准3项，积极建言献策并交流发言。

4. 参加中国热带作物学会2021年工作会议

2021年5月12—14日，中国热带作物学会2021年工作会议在海南海口召开。昆明服务站组织1名代表参加会议，汇报服务站运行情况及工作计划，与参会代表积极交流。

5. 参加2021（第二届）中国混炼胶暨橡胶新材料技术高峰论坛

2021年6月27—29日，2021（第二届）中国混炼胶暨橡胶新材料技术高峰论坛在南京召开。会议由中国橡胶工业协会主办。会议以"绿色环保，提质创新"为主题。与会代表共同探讨了如何提升混炼胶质量，避免低价竞争，实现差异化、特色化发展，提升我国橡胶工业产品水平等问题。中国橡胶工业协会、青岛科技大学、芜湖集拓橡胶技术有限公司、江苏冠联新材料科技股份有限公司及来自混炼胶上下游行业的200余名代表参加会议。昆明服务站组织2名代表参加会议，积极与原料助剂、混炼胶、下游制品厂商交流探讨提质创新之路。

6. 组织召开2021年首届海南自贸港天然橡胶产业研讨会

2021年7月15日，海南云胶橡胶产业有限公司成立大会暨2021年首届海南自贸港天然橡胶产业研讨会在海南海口召开。会议由云胶集团主办，宣布成立海南云胶橡胶产业有限公司。会议还就20号胶期货结算价交易机制、通胀及流动性收紧预期下的大宗商品走势、天然橡胶产业变化及下半年展望、浓缩胶乳产业现状及未来发展趋势、天胶期权在企业风险管理中的应用等热点议题进行了交流讨论。云胶集团、海南天然橡胶产业集团股份有限公司、杭州橡胶协会、新湖期货股份有限公司、上海期货交易所等来自国内天然橡胶行业、金融行业的50余位嘉宾参加会议。

7. 参加云南省重大科技专项"天然橡胶产业关键技术研究及应用示范——胶乳绿色加工关键技术及生产示范"项目评审会

2021年11月6日，云南省重大科技专项"天然橡胶产业关键技术研究及应用示范"项目子课题"胶乳绿色加工关键技术及生产示范"项目评审会在西双版纳云胶集团景阳公司东风第一制胶厂召开。景阳公司为该子课题的承担单位，东风第一制胶厂为子课题应用示范胶厂。项目针对胶乳生产过程中凸显出的污染和能耗问题，通过开发利用太阳能、生物质能等可再生能源的低能耗胶乳干燥工艺和橡胶废水处理技术，有效降低生产过程中的能耗和废水排放，实现胶乳加工过程的更新换代、绿色生产。所开发的新干燥工艺相比传统工艺实际节能率为59.6%，废水循环处理后比项目立项前年废水排放量降低99%以上，顺利通过72小时运行考核和现场验收。来自云南省科技厅、昆明理工大学、云胶集团相关部门、景阳公司、昆明服务站及东风第一制胶厂等单位的16人参加评审会。

8. 参加全国橡胶与橡胶制品标准化技术委员会天然橡胶分技术委员会第七届第三次全体会议暨标准审查会

2021年12月1—4日，全国橡胶与橡胶制品标准化技术委员会天然橡胶分技术委员会第七届第三次全体会议暨标准审查会（2021年会）在海南海口召开。昆明服务站组织1名代表参加会议。

9. 参与云南省张立群专家工作站验收评审会

2022年5月31日，云南省张立群专家工作站验收评审会以线上、线下相结合的方式在云南昆明召开。北京化工大学张立群教授（中国工程院院士，橡胶材料领域专家）作为建站专家，积极响应云南橡胶产业发展、技术创新、绿色新材料的需求，将工作站设立在云南农垦集团，经过3年实施运行，在天然橡胶纳米复合材料制备技术、高性能天然烟片胶环保加工技术、天然橡胶环氧化技术和天然橡胶氢化技术等关键技术上取得了重要突破，所开发的"白炭黑/天然橡胶纳米复合母胶新产品技术开发"应用技术成果经三方机构认定评价为整体技术达到国内领先水平，并为企业打造了专业天然橡胶加工和应用技术创新团队，充分发挥了相应的技术引领作用。工作站评价等级为"良"并顺利通过考核验收。云南省科技厅副厅长宋光兴，合作二处处长毕红、副处长刘鼎城，评审专家及云胶集团相关部门人员共15人参加会议。

三、获得荣誉

（一）集体荣誉

1. 云胶集团荣获2020年度"诚信橡胶产业服务商"称号

2. 云胶集团在2021年第四届全国农业行业职业技能大赛暨首届橡胶割胶工技能竞赛中荣获佳绩，9名选手进入前40名，江城公司陶建祥同志获得"优秀裁判员"称号

（二）个人荣誉

云胶集团罗建宇同志（昆明服务站管理人员）荣获云南热带作物学会2021年青年科技奖

第四十章
成都服务站

一、成立背景

中国热带作物学会成都服务站是在中国热带作物学会的领导下，依托学会的人才、组织、科研优势，同时依托四川国光农化股份有限公司的研发和热区推广服务优势搭建的产学研协同创新、共同发展的产业应用技术服务平台。

成都服务站自成立以来，坚持以科技为导向，高度重视企业文化建设，为企业引才、聚才和健康发展营造良好的人文环境。成都服务站聚焦植物生长调节剂的科学普及和热带作物调控技术的生产需求，大力开展热区作物调控技术试验探索等工作，助力热区作物标准化生产，推动科技成果向现实生产力转化，切实解决战略规划、产品研发和技术推广中的难题，主动服务国家乡村振兴战略。

目前服务站配备800多名技术营销人员，其中专职在我国热区进行技术服务的人员有100余人，主要工作区域为海南、广东、广西、云南、四川、贵州、重庆、江西、福建等，主要涉及作物为芒果、荔枝、龙眼、菠萝、火龙果、莲雾、胡椒、槟榔、橡胶、木薯、香蕉、甘蔗等，重点开展技术研发、调控技术应用示范、技术推广等方面的工作，打通科研到应用的"最后一公里"。

二、服务站事记

1.重大会议活动

2018年10月，在全国热带作物学术年会上，成都服务站正式成立。

2019年4月24日，成都服务站承办中国热带作物学会2019年工作会议暨第九届第十六次常务理事会议。

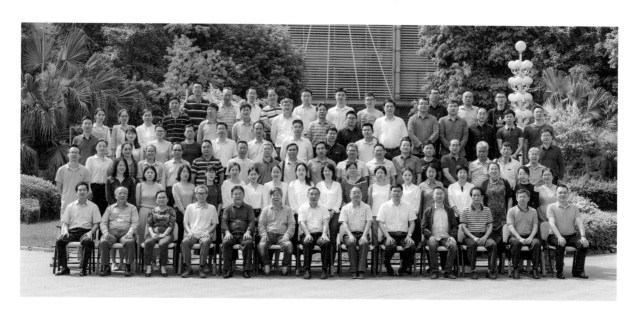

主办2019广西芒果提质增效示范观摩暨植物生长调节剂科学安全用药技术交流会。

2. 开展热带作物调控应用技术研究

成都服务站成立以来，团队成员持续围绕热区作物栽培管理过程中的调控技术需求，在芒果、荔枝、菠萝、青枣、橄榄、木薯、香蕉、火龙果、槟榔、胡椒、莲雾、红毛丹、人参果、澳洲坚果、牛油果、甘蔗等作物上开展试验研究。截至2021年底，已经完成相应的试验报告500多份。开发了热区作物需求的各种调控技术方案，如芒果控梢、促花及提质增产技术，荔枝催花、保果增产技术，槟榔黄化病预防技术，菠萝促花、提质增产及促进成熟技术，火龙果促根、促花、提质增产及保鲜技术等。这些套餐方案对种植者增产增收起到了较大的作用。

3. 编制实用性培训资料及应用技术资料

编制针对热区作物生产的实用性调控技术资料，用以培训服务站内技术人员。如编制了芒果、荔枝、火龙果、红毛丹、百香果、柑橘调控技术书，以及芒果、烟草、火龙果、荔枝等技术报。这些实用性技术资料为培养更多高质量技术服务人员提供了参考。同时，还编写了大量微信文章、"美篇"等，以更为灵活、便捷的方式向种植者传播实用技术。

4. 积极开展基层技术培训，提升热区用户种植水平

成都服务站成立以来，积极开展以热带作物科学种植、科学调控、提质增产为核心的应用技术培训。截至2021年底，已在我国热区开展技术培训1 000多场，培训种植户4万余人，提高了农户对植物生长调节剂及调控技术的认识，将调控技术科学合理地应用到生产中，作物产量和品质显著提升，经济效益显著。

5. 实地为农户提供技术指导

农业技术的传播和实践，除了通过会议的方式外，在实地进行手把手指导更有助于农户理解和掌握。如热带作物的修剪、病虫害识别、树势判断等技术要点，现场实训更为有效。服务站要求热区技术服务人员必须下基地，在一线开展技术服务，并将技术服务人员下基地的天数作为相应的考核指标，同薪资、晋升等挂钩。技术服务人员能力提升快、责任感强，服务站运转高效。

第四十一章
福州服务站

一、成立背景

为切实发挥科学技术协会下属学会的组织和人才优势，通过创新驱动助力工程的示范带动，促进热带作物研发利用与乡村休闲旅游产业发展，根据中国科学技术协会和福建省科学技术协会《关于实施创新驱动助力工程的实施意见》精神，2018年9月，中国热带作物学会与福建省乡村休闲发展协会本着优势互补、科技先导、务实高效、突出重点、助力发展的原则，就"森林生态休闲开发与科学普及""果园生态技术示范推广"等创新驱动发展项目达成战略性科技合作共建协议。围绕开展技术攻关、人员交流、技术推广、人才培养、示范基地建设以及促成新技术、新成果推广运用等方面的工作，创新协同合作新机制，共同构建合作与发展新格局，携手打造推动创新驱动发展的合作典范，推动科技进步与创新驱动发展。

根据协议精神，2018年10月24日，中国热带作物学会与福建省乡村休闲发展协会在福建厦门签约成立福州服务站。建立定期或不定期会商、沟通机制，研究重大合作事项，推动合作开展。福州服务站挂靠福建省乡村休闲发展协会，由福建省乡村休闲发展协会负责提供建设基地和相应办公场所，中国热带作物学会推荐学会专家，整合创新发展要素，组成具备解决需求能力和水平的专家团队，开展相关技术咨询与科技服务。双方指派专人负责服务站具体工作。

二、服务站事记

1. 实施创新驱动助力工程项目

福州服务站自成立以来，成功申报福州国家森林公园为国家级学会创新驱动服务站，在中国热带作物学会指导下开展业务活动，支撑单位为福建省乡村休闲发展协会。成功申报家庭农场等省级学会创新驱动服务站8个，技术支持、业务对接单位为福建省乡村休闲发展协会、福州服务站及相关休闲农业企业。

2. 举办2019海峡科技专家论坛暨海峡两岸休闲农业发展研讨会，开展学术交流活动

2019年6月15—18日，在福建省漳州市成功举办第十一届海峡论坛·2019海峡科技专家论坛暨海峡两岸休闲农业发展研讨会。本届研讨会由中国热带作物学会作为指导单位，福建省乡村休闲发展协会、中国热带作物学会福建服务站、福建声滔实业投资集团、海南省休闲农业协会、中华公共事务管理学会、台湾休闲农业发展协会、台湾乡村旅游协会、中华海峡两岸园艺交流协

会、台湾精致农业发展协会等9家机构作为主办单位。两岸120名代表参加了本次盛会（其中台湾代表54人）。中国残疾人联合会副主席吕世明，福建省政协原副主席陈家骅，国民党原副主席林政则，中国热带作物学会副理事长刘波、秘书长杨礼富，福建省科学技术协会副巡视员游永东，漳州市委常委、副市长张慧德等领导和来宾出席开幕式。

3.举办学术年会

2018年10月28日，在福州举办第十八届福建省科学技术协会年会"乡村振兴 创新引领"分会场。会议邀请浙江大学中国农村发展研究院院长黄祖辉教授和福建师范大学经济学院原副院长林卿教授分别以《乡村振兴战略深度解读与实施》《从现代农业特征看乡村休闲农业发展》为题作学术报告。

4.举办科普活动

2019年9月14—23日，福州服务站与福建省林学会、福州植物园、共青团福建省委等联合在福州植物园、福州国家森林公园举办以"礼赞新时代，智慧新生活"为主题的"约会市树"科普活动。

5. 举办乡村振兴老区行——院士专家革命老区结对帮扶活动

2019年10月25日，福州服务站联合福建省乡村休闲发展协会、福建省热带作物学会、福建省食用菌学会、福建省养蜂学会、福建省昆虫学会、福建省农业科学院科学技术协会、福州市科学技术协会、福州市园艺学会、福州市蜜蜂协会、福州市畜牧兽医学会、罗源县科学技术协会、中房镇政府等单位，共同承办乡村振兴老区行——院士专家革命老区结对帮扶活动。该活动由福建省科学技术协会、中国热带作物学会、福州市人民政府联合主办。中国热带作物科学院原副院长王文壮、中国热带作物学会原副秘书长杨礼富等30多名具有高级职称的农业专家深入革命老区罗源县中房镇的5个行政村和3个农业企业，对农民和农企员工进行实地技术指导。福建省科学技术协会学会学术部部长丁红萍、福州市科学技术协会党组书记尤典真、罗源县委高锦芳和镇村干部陪同专家深入一线，听取专家们的工作汇报和意见建议。

6. 举办学术研讨会

2019年10月25—26日，福州服务站联合福建省泉州师范学院、晋江市农业农村局等单位联合主办乡村振兴学术研讨会。中国热带农业科学院原副院长、研究员王文壮，福建师范大学教授、博士生导师袁书琪，台湾全台民宿联合会总会长刘宁源分别作了题为《生态农业发展现状与未来》《乡村旅游提升的研学实践方向》和《台湾优质民宿的卖点》的专题报告。10月26日，在晋江召开了乡村民宿发展座谈会。

7. 增加共建单位

2021年3月，为了更好地发挥福建省农业科学院农业经济与科技信息所在福州服务站共建中的作用，经向中国热带作物学会和福州服务站申请同意，增加福建省农业科学院农业经济与科技信息所为福州服务站的共建单位。福建省乡村休闲发展协会和福建省农业科学院农业经济与科技信息所共同作为福州服务站的技术支撑单位。

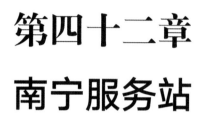

第四十二章
南宁服务站

一、成立背景

基于广西农业发展现状，中国热带作物学会依托广西田园生化股份有限公司和广西热带作物学会共同建设的中国热带作物学会南宁服务站于2019年12月11日正式签约成立。服务站的建设充分发挥中国热带作物学会的人才汇集优势和广西田园生化股份有限公司的产品、技术、市场优势，搭建产学研协同创新、共同发展平台，切实解决企业在战略发展、技术推广、产品研发等方面的难题和瓶颈，为企业可持续发展提供有力的人才和智力支撑。服务站以南宁为中心，辐射广西全区，服务地方经济建设和种植业发展，促进区域产业转型升级，辐射带动周边企业与产业发展。

二、服务站事记

（一）服务站组成

主任：李卫国

常务副主任：罗金仁

副主任：刘玉生、杨正帆

（二）重点工作事记

1. 组织召开广西田园生化股份有限公司"十三五"期间创新研发工作总结及"十四五"发展规划研讨会

2020年1月，邀请中国农业科学院袁会珠研究员等7位专家到广西田园生化股份有限公司，对公司"十三五"期间创新研发工作进行评价指导，并参与公司"十四五"发展规划研讨。会议期间，服务站管理人员分别汇报了施药器械、果树飞防、经济作物有害生物防治、制剂技术的研究进展。专家组进行点评，并共同讨论下一步发展计划。中国农业科学院袁会珠研究员就草地贪夜蛾研究进展作了学术报告。

2. 组织召开桂林理工大学化学与生物工程学院创新合作研讨会

2020年7月20日，服务站邀请桂林理工大学化学与生物工程学院匡小军院长一行洽谈创新合作事宜。双方就微生物农药开发、农药残留检测、农药生产工艺改进与优化、利用表面活性剂及纳米控失剂减少农药流失等方面问题进行了深入交流，并达成了进一步合作的意向。双方还就建立产学研实习就业基地、专业硕士研究生校外导师聘任等事项达成协议。

3. 组织召开贵州大学宋宝安院士团队绿色新农药创制开发学术研讨会

2021年9月，服务站邀请贵州大学校长宋宝安院士及其团队到广西田园生化股份有限公司，针对杀虫剂领域全球热门的介离子化合物新农药的发展现状、研究进展进行了广泛深入的交流。

会议期间，吉林农业大学臧连生教授针对天敌昆虫产品开发及其推广应用作了主题报告。贵州大学李圣坤、金智超两位教授分别对手性新农药创制研究进行了学术介绍。贵州大学张建博士对校企成果转化合作项目异唑虫嘧啶的研究进展作了主题汇报。

4. 参与2020年、2021年广西"两周一展"活动

在2020年和2021年全国科技活动周期间，服务站及依托单位积极参加广西"两周一展"活动，借助依托单位展位向社会公众全面开放展示超低容量施药技术转化农药产品、器械以及抗疫消杀设备，介绍服务站运用科学技术为农业种植业保产增收做出的积极贡献和驰援抗疫工作的成果。

5. 组织参与"创保课堂"系列活动

2020年3月21日，服务站李卫国主任通过云平台在西北农林科技大学"创保课堂"开讲。创新创业知识云讲座吸引了来自西北农林科技大学、华中农业大学、河南农业大学、广西大学、云南农业大学的1 286名学生参与。

2021年10月27日，服务站李卫国主任应广西壮族自治区科学技术厅、广西壮族自治区科学活动中心邀请，前往广西财经学院进行"积淀创新素质，备战事业生涯"专题讲座。

6. 组织开展党史学习教育

在中国共产党建党100周年之际，服务站与建站单位组织管理干部、全体党员赴青海原子城爱国主义示范基地开展庆祝百年华诞党史学习教育。

图书在版编目（CIP）数据

中国热带作物学会发展史：1963—2022/中国热带
作物学会组编. —北京：中国农业出版社，2023.7
ISBN 978-7-109-30878-7

Ⅰ.①中…　Ⅱ.①中…　Ⅲ.①热带作物－学会－发展
－中国－1963—2022　Ⅳ.①S59-242

中国国家版本馆CIP数据核字（2023）第128957号

中国农业出版社出版
地址：北京市朝阳区麦子店街18号楼
邮编：100125
责任编辑：黄　宇　李　瑜
版式设计：王　晨　　责任校对：周丽芳　　责任印制：王　宏
印刷：北京中科印刷有限公司
版次：2023年7月第1版
印次：2023年7月北京第1次印刷
发行：新华书店北京发行所
开本：889mm×1194mm　1/16
印张：30.75
字数：785千字
定价：380.00元